浙江省普通高校“十三五”新形态教材

线性代数

许梅生　雷建光　主　编
胡　月　薛有才　副主编

LINEAR ALGEBRA

ZHEJIANG UNIVERSITY PRESS
浙江大学出版社

图书在版编目(CIP)数据

线性代数 / 许梅生，雷建光主编. — 杭州：浙江大学出版社，2022.2

ISBN 978-7-308-22108-5

Ⅰ. ①线… Ⅱ. ①许… ②雷… Ⅲ. ①线性代数－高等学校－教材 Ⅳ. ①O151.2

中国版本图书馆 CIP 数据核字(2021)第 258103 号

线性代数

许梅生　雷建光　主　编

胡　月　薛有才　副主编

责任编辑　汪荣丽

责任校对　马海城

封面设计　北京春天

出版发行　浙江大学出版社

(杭州市天目山路 148 号　邮政编码 310007)

(网址：http://www.zjupress.com)

排　　版　杭州朝曦图文设计有限公司

印　　刷　杭州宏雅印刷有限公司

开　　本　710mm×1000mm　1/16

印　　张　17.25

字　　数　350 千

版 印 次　2022 年 2 月第 1 版　2022 年 2 月第 1 次印刷

书　　号　ISBN 978-7-308-22108-5

定　　价　49.00 元

前言

PREFACE

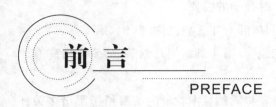

本教材根据教育部高等教育本科线性代数课程的基本要求，以及近年来新工科数学改革的新成果，以创新应用为导向，结合应用型本科院校的办学定位而编写. 教材以培养应用型、创新型、具有可持续竞争力的卓越工程人才为目标，在注重基本理论知识的同时突出线性代数的应用性，使其更适用于应用型本科院校线性代数课程的教学. 教材与在线平台深度融合，线上一流开放课程的建设成果为课程教学提供了充分保障.

本教材包含了线性代数的传统内容：行列式、矩阵、线性方程组、向量与向量空间、特征值与特征向量、矩阵的相似对角化、二次型、线性空间和线性变换等. 同时，也包含了相关的计算方法、计算实验，以帮助读者掌握线性代数的现代计算技术.

本教材具有鲜明的特色：

1. 起点低，难度适中. 教材从学生熟悉的解线性方程组讲起，尽量采用提出问题、讨论问题、解决问题的方式来展开，以适应学生的思维习惯.

2. 突出应用. 教材包含了众多几何应用及工程应用等实例、线性代数的现代计算技术，以及研讨式问题，以培养学生的实践应用能力.

3. 注重思想方法与创新教育. 教材编排了一定数量的阅读材料及研讨式问题，可供教师根据教学时间、学生的学习程度等进行教学安排，以拓展学生的创新思维能力.

4. 处理方法现代化. 教材突出了矩阵思想与初等变换的方法，并融入了现代信息技术，不仅提升了教材的应用性，而且便于教师教学、利于学生学习.

5. 各章小结内容翔实. 导学、基本方法、疑难解析等内容给出了本章学习的重点及基本要求，并对相关内容的一些疑难问题给予解答，增补的例题大多综合了多个知识点，可以帮助读者复习知识，理清关系，加深理解与进一步提高.

本教材内容较为丰富，可以适应不同学生的需求. 教材中的阅读材料可供学有余力的学生阅读与参考；教材中有 * 号的内容，可以供不同学校、不同专业、不同层次的学生选用；教材可以满足 32～48 学时教学的需要.

本教材由许梅生、雷建光任主编，胡月、薛有才任副主编.其中，第 1 章、第 5 章由许梅生编写，第 2 章、第 3 章由雷建光编写，第 4 章由胡月编写，第 6 章由薛有才编写.

浙江科技学院理学院及教务处的领导与同仁对本教材的编写给予了诸多关怀与支持，在此表示衷心的感谢.在教材编写过程中，参考了诸多文献，我们对各位参考文献的作者表示真挚的谢意.因编写水平有限，疏漏和不足之处在所难免，恳请读者不吝赐教，多多指正.

编　者

2021 年 12 月于杭州

课程网站

拓展阅读：线性代数的发展简史

目录

CONTENTS

第1章 n阶行列式

行列式是由一些数字按一定方式构成的一种运算形式.这个思想早在1683—1693年就由日本数学家关孝和与德国数学家莱布尼兹(Leibniz)提出.多年来,行列式主要应用在方程组的讨论中.

1750年,瑞士数学家克拉默(Gramer)在他的《代数曲线分析引论》一文中,为了确定经过5个点的一般二次曲线的系数,给出了著名的用行列式解线性方程组的被后世称为“克拉默法则”的方法.1812年,法国数学家柯西(Cauchy)发表了一篇关于应用行列式计算多面体体积的文章;柯西的工作引起了人们对行列式的极大兴趣,许多数学家纷纷投入研究,持续100多年的时间,基本上形成了完整的行列式理论.

行列式理论由研究线性方程组的解法而产生,近代行列式作为基本的数学工具又被广泛运用到数学、物理以及工程技术等众多领域.本章我们主要介绍 n 阶行列式的定义及其性质、n 阶行列式的计算和解线性方程组的克拉默法则.

1.1 线性方程组

包含未知量 $x_1,x_2,\cdots,x_n$ 的一个一次方程

$$a_1x_1+a_2x_2+\cdots+a_nx_n=b \tag{1.1.1}$$

称为一个 **n 元线性方程**(linear equation in n unknowns);其中,$a_1,a_2,\cdots,a_n,b$ 是实数或复数,b 称为**常数**,$a_1,a_2,\cdots,a_n$ 称为**系数**.例如,方程 $4x+2y-z=3$ 与方程 $2x_1+3x_2-4x_3+x_4=0$ 都是线性方程.

由一个或几个包含相同未知量 $x_1,x_2,\cdots,x_n$ 的线性方程所组成的集合称为一个 **n 元线性方程组**(system of linear equations in n unknowns).例如,

$$\begin{cases}2x_1+\ \ x_2-5x_3+\ \ x_4=8,\\ \ \ x_1+4x_2-7x_3+6x_4=0\end{cases} \tag{1.1.2}$$

是一个包含2个方程的四元线性方程组.

为了给出线性方程组的一般形式,我们采用带有两个下标的字母 a_{ij} 表示第 i 个方程中第 j 个未知量 x_j 的系数,由此一个含 m 个方程的 n 元线性方程组的一般形式为

$$
\begin{cases}
a_{11}x_1+a_{12}x_2+\cdots+a_{1n}x_n=b_1, \\
a_{21}x_1+a_{22}x_2+\cdots+a_{2n}x_n=b_2, \\
\quad\vdots \\
a_{m1}x_1+a_{m2}x_2+\cdots+a_{mn}x_n=b_m.
\end{cases}
\tag{1.1.3}
$$

当线性方程组(1.1.3)右端的常数项 $b_1,b_2,\cdots,b_m$ 全为 0 时，线性方程组(1.1.3)称为**齐次线性方程组**；当 $b_1,b_2,\cdots,b_m$ 不全为 0 时，线性方程组(1.1.3)称为**非齐次线性方程组**.

若有一组数 $c_1,c_2,\cdots,c_n$，用这组数分别代替线性方程组中的未知量 $x_1,x_2,\cdots,x_n$ 时，所有方程的两边都相等，就称这组数为线性方程组的一个**解**. 如果一个线性方程组是有解的，那么它的解可能不止一个；方程组所有解的集合称为方程组的**解集**. 所谓解线性方程组，就是要找出这个线性方程组的所有解.

如果两个线性方程组有相同的解集，我们就称这两个线性方程组**等价**；就是说，第一个方程组的每个解都是第二个方程组的解，第二个方程组的每个解也都是第一个方程组的解，这两个方程组是同解方程组.

线性方程组是线性代数的核心概念之一. 自然科学、社会科学及工程技术等领域中的许多问题可归结为求解线性方程组的问题. 据不完全统计，工程实践中提出的计算问题，有一半以上需要求解线性方程组. 比如，在石油勘探中，当勘探船寻找海底石油储藏时，它的计算机每天要解几千个线性方程组；在电路设计中，工程师使用仿真软件来设计电路和微芯片，这样的软件技术依赖于线性代数方法与线性方程组. 下面看两个实例.

实例 1 为确定一颗小行星绕太阳运行的轨道，天文学家在轨道平面内建立以太阳为原点的直角坐标系，其单位取天文测量单位(一个天文单位是地球到太阳的平均距离：1.4959787×10^8 千米)，并在 5 个不同的时间对小行星做了 5 次观察，测得轨道上 5 个点的坐标数据，如表 1.1 所示.

表 1.1 5 个点的坐标数据

x	5.764	6.286	6.759	7.168	7.408
y	0.648	1.202	1.823	2.526	3.360

由开普勒(Kepler)第一定律可知，小行星绕太阳运行的轨道为一椭圆，椭圆的一般方程可表示为

$$a_1x^2+2a_2xy+a_3y^2+2a_4x+2a_5y+1=0.$$

将 5 个点的坐标数据分别代入上面的方程，就得到以 a_1,a_2,a_3,a_4,a_5 为未知量的线性方程组

$$\begin{cases}33.2237a_1+7.4701a_2+0.4199a_3+11.5280a_4+1.2960a_5=-1,\\39.5138a_1+15.1115a_2+1.4448a_3+12.5720a_4+2.4040a_5=-1,\\45.6841a_1+24.6433a_2+3.3233a_3+13.5180a_4+3.6460a_5=-1,\\51.3802a_1+36.2127a_2+6.3807a_3+14.3360a_4+5.0520a_5=-1,\\54.8785a_1+49.7818a_2+11.2896a_3+14.8160a_4+6.7200a_5=-1.\end{cases}$$

求出这一线性方程组的解，即可得到小行星的轨道方程.

实例 2　1949 年夏末，美国哈佛大学教授列昂惕夫(Wassily Leontief)把美国经济分解为 500 个部门，例如煤炭工业、交通系统等. 对于每个部门，他采用投入产出分析方法写出了一个描述将该部门的产出如何分配给其他经济部门的线性方程. 这样，他就得到了一个含有 500 个未知量 500 个方程的线性方程组. 但由于当时最大的计算机也无法处理含有 500 个未知量 500 个方程的方程组，所以最后他不得不把该方程组简化为包含 42 个未知量 42 个方程的方程组. 为解列昂惕夫的包含 42 个方程的方程组，人们用了几个月的时间编写了当时最大的计算机之一的 Mark-II 的应用程序，并运行了 56 个小时才得到最后的答案. 1973 年，列昂惕夫因发展了投入产出分析方法及这种方法在经济领域产生了重大作用，而获得了诺贝尔经济学奖.

作为重要的数学工具之一，线性代数在应用中的重要性与广泛性随着计算机技术的飞速发展而迅速增加，当今图像处理、大数据、云计算、人工智能、机器学习、信息加密、信息检索等信息技术的运用更是离不开线性代数.

1.2　二阶与三阶行列式

1.2.1　二阶行列式

对二元线性方程组

$$\begin{cases}a_{11}x_1+a_{12}x_2=b_1,\\a_{21}x_1+a_{22}x_2=b_2,\end{cases}\tag{1.2.1}$$

利用消元法可以得到

$$\begin{cases}(a_{11}a_{22}-a_{12}a_{21})x_1=b_1a_{22}-a_{12}b_2,\\(a_{11}a_{22}-a_{12}a_{21})x_2=a_{11}b_2-b_1a_{21}.\end{cases}$$

当 $a_{11}a_{22}-a_{12}a_{21}\neq 0$ 时，方程组(1.2.1)有唯一解

$$\begin{cases} x_1 = \dfrac{b_1 a_{22} - a_{12} b_2}{a_{11} a_{22} - a_{12} a_{21}}, \\ x_2 = \dfrac{a_{11} b_2 - b_1 a_{21}}{a_{11} a_{22} - a_{12} a_{21}}. \end{cases} \tag{1.2.2}$$

这样，方程组的解用它的系数与常数项表示了出来. 不难看出，方程组解的表达具有规则的形式，首先方程组的解是一个分式；其次，方程组的解中，x_1，x_2 的分母都一样，是由方程组(1.2.1)的四个系数确定的一个式子；再者，方程组的解中分子、分母具有相同的结构.

为方便起见，我们引进一个符号 $\begin{vmatrix} a_{11} & a_{12} \\ a_{21} & a_{22} \end{vmatrix}$ 来表示数 $a_{11}a_{22} - a_{12}a_{21}$，即

$$\begin{vmatrix} a_{11} & a_{12} \\ a_{21} & a_{22} \end{vmatrix} = a_{11}a_{22} - a_{12}a_{21}, \tag{1.2.3}$$

并把它称为一个**二阶行列式**(determinant). 其中，四个数 a_{11}，a_{12}，a_{21}，a_{22} 称为它的**元素**，横的排称为**行**(row)，竖的排称为**列**(column)；元素 a_{ij} 称为行列式的**第 i 行第 j 列元素**，i 称为**行标**，j 称为**列标**.

式(1.2.3)中二阶行列式的值可用**对角线法则**来确定，如图 1.1 所示.

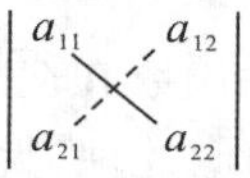

图 1.1　对角线法则(二阶)

我们称从左上角到右下角的对角线为**主对角线**，从右上角到左下角的对角线为**次(副)对角线**. 于是，二阶行列式的值就是其主对角线元素乘积减去次对角线元素乘积.

有了二阶行列式的概念，方程组(1.2.1)的解(1.2.2)的分子可写成二阶行列式

$$a_{22}b_1 - a_{12}b_2 = \begin{vmatrix} b_1 & a_{12} \\ b_2 & a_{22} \end{vmatrix}, a_{11}b_2 - b_1 a_{21} = \begin{vmatrix} a_{11} & b_1 \\ a_{21} & b_2 \end{vmatrix}.$$

若记

$$D = \begin{vmatrix} a_{11} & a_{12} \\ a_{21} & a_{22} \end{vmatrix}, D_1 = \begin{vmatrix} b_1 & a_{12} \\ b_2 & a_{22} \end{vmatrix}, D_2 = \begin{vmatrix} a_{11} & b_1 \\ a_{21} & b_2 \end{vmatrix},$$

则方程组(1.2.1)的解(1.2.2)可以写成(设 $D \neq 0$)

$$x_1 = \frac{D_1}{D}, x_2 = \frac{D_2}{D}. \tag{1.2.4}$$

其中 D 是由方程组(1.2.1)的系数按原来的位置次序排列而成的二阶行列式(称为方程组的**系数行列式**)，而 D_1 与 D_2 分别是用方程组中的常数项 b_1，b_2 构成的常

数列代替 D 中的第一列与第二列所得的二阶行列式. 式(1.2.4)就是二元线性方程组解的**克拉默公式**.

例 1.2.1　用行列式解方程组 $\begin{cases}3x-\ y=-1,\\4x+2y=7.\end{cases}$

解　由于 $D=\begin{vmatrix}3 & -1\\4 & 2\end{vmatrix}=3\times2-(-1)\times4=10\neq0$,

$$D_1=\begin{vmatrix}-1 & -1\\7 & 2\end{vmatrix}=(-1)\times2-(-1)\times7=5,$$

$$D_2=\begin{vmatrix}3 & -1\\4 & 7\end{vmatrix}=3\times7-(-1)\times4=25,$$

所以方程组有唯一解

$$x=\frac{D_1}{D}=\frac{5}{10}=\frac{1}{2},y=\frac{D_2}{D}=\frac{25}{10}=\frac{5}{2}.$$

例 1.2.2　试用二阶行列式讨论平面内两条不同的直线 L_1 和 L_2 平行与重合的条件.

解　我们知道,两条不同的直线 L_1 和 L_2 平行的充要条件是它们的斜率相等. 设直线 L_1 和 L_2 的一般方程分别为

$$L_1: A_1x+B_1y=C_1,$$
$$L_2: A_2x+B_2y=C_2.$$

不妨设 $B_1\neq0,B_2\neq0$,则直线 L_1 和 L_2 的斜率分别为

$$k_1=-\frac{A_1}{B_1},k_2=-\frac{A_2}{B_2},$$

因此,两直线的斜率相等,等价于

$$-\frac{A_1}{B_1}=-\frac{A_2}{B_2}\Leftrightarrow A_1B_2=A_2B_1\Leftrightarrow A_1B_2-A_2B_1=0$$

$$\Leftrightarrow\begin{vmatrix}A_1 & B_1\\A_2 & B_2\end{vmatrix}=0. \tag{1.2.5}$$

若 L_1 和 L_2 皆垂直于 x 轴,则 $B_1=0,B_2=0$,式(1.2.5)仍成立. 因此式(1.2.5)就是两条直线平行的条件.

如果我们把 L_1 与 L_2 的方程联立,此时,式(1.2.5)就是 $D=\begin{vmatrix}A_1 & B_1\\A_2 & B_2\end{vmatrix}=0$.

当两条直线 L_1 和 L_2 重合时,

$$\frac{A_1}{A_2}=\frac{B_1}{B_2}=\frac{C_1}{C_2}.$$

也就是

$$D=D_1=D_2=0, \tag{1.2.6}$$

其中 $D_1=\begin{vmatrix} C_1 & B_1 \\ C_2 & B_2 \end{vmatrix}, D_2=\begin{vmatrix} A_1 & C_1 \\ A_2 & C_2 \end{vmatrix}$.

当式(1.2.5)与式(1.2.6)都不成立时,即两直线既不平行,又不重合,那么它们必然相交于唯一的一点.

1.2.2 三阶行列式

与二元线性方程组相类似,对于三元线性方程组

$$\begin{cases} a_{11}x_1+a_{12}x_2+a_{13}x_3=b_1, \\ a_{21}x_1+a_{22}x_2+a_{23}x_3=b_2, \\ a_{31}x_1+a_{32}x_2+a_{33}x_3=b_3, \end{cases} \tag{1.2.7}$$

利用消元法消去 x_2,x_3 后,可以得到

$$\begin{aligned} &(a_{11}a_{22}a_{33}+a_{12}a_{23}a_{31}+a_{13}a_{21}a_{32}-a_{13}a_{22}a_{31}-a_{12}a_{21}a_{33}-a_{11}a_{23}a_{32})x_1 \\ &=b_1a_{22}a_{33}+a_{12}a_{23}b_3+a_{13}b_2a_{32}-a_{13}a_{22}b_3-a_{12}b_2a_{33}-b_1a_{23}a_{32}. \end{aligned} \tag{1.2.8}$$

同理,消去 x_1,x_3 可以得到只含 x_2 的完全类似的关系式,消去 x_1,x_2 可以得到只含 x_3 的完全类似的关系式.这一结果不便于表述及记忆,注意到式(1.2.8)中 x_1 前面的数是由方程组(1.2.7)的 9 个系数确定的,且式(1.2.8)等号右边的数与 x_1 前面的数具有相同的结构;因此,类似于二阶行列式的引入,我们同样引入一个符号 $\begin{vmatrix} a_{11} & a_{12} & a_{13} \\ a_{21} & a_{22} & a_{23} \\ a_{31} & a_{32} & a_{33} \end{vmatrix}$,称它为一个**三阶行列式**,其值规定为

$$\begin{aligned} \begin{vmatrix} a_{11} & a_{12} & a_{13} \\ a_{21} & a_{22} & a_{23} \\ a_{31} & a_{32} & a_{33} \end{vmatrix} &= a_{11}a_{22}a_{33}+a_{12}a_{23}a_{31}+a_{13}a_{21}a_{32} \\ &\quad -a_{13}a_{22}a_{31}-a_{12}a_{21}a_{33}-a_{11}a_{23}a_{32}. \end{aligned} \tag{1.2.9}$$

由上述定义式可见,三阶行列式的值是一个代数和,每一项都是三个元素的乘积,每项中的三个元素取自于不同行不同列,共有 3!=6 项,且其中 3 项前面带正号,3 项前面带负号;也就是三阶行列式表示所有取自不同行不同列的三个元素乘积的代数和.

三阶行列式的值也可用**对角线法则**来确定,如图 1.2 所示.

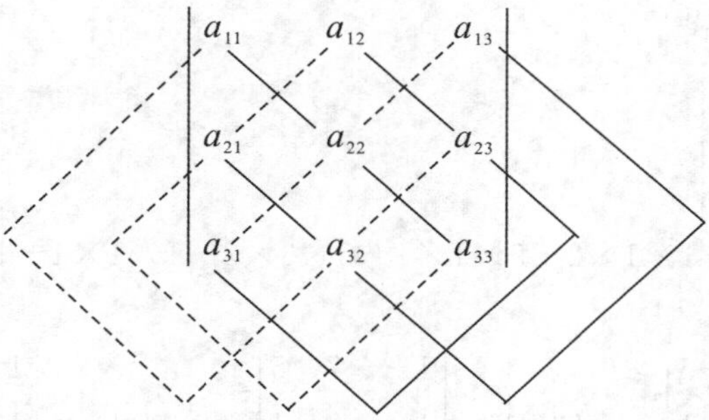

图 1.2　对角线法则(三阶)

三条实线(可看作与主对角线平行)上的三个元素的乘积取正号,三条虚线(可看作与次对角线平行)上的三个元素的乘积取负号.

注意:对角线法则只适用于二阶与三阶行列式.

例 1.2.3　计算三阶行列式 $D=\begin{vmatrix} 1 & 2 & 3 \\ 4 & 5 & 6 \\ -1 & 7 & 8 \end{vmatrix}$.

解

$$\begin{aligned} D &= 1\times5\times8+2\times6\times(-1)+3\times4\times7 \\ &\quad -3\times5\times(-1)-2\times4\times8-1\times6\times7 \\ &= 21. \end{aligned}$$

有了三阶行列式,对三元线性方程组(1.2.7),与二元线性方程组相类似,我们可得,当系数行列式

$$D=\begin{vmatrix} a_{11} & a_{12} & a_{13} \\ a_{21} & a_{22} & a_{23} \\ a_{31} & a_{32} & a_{33} \end{vmatrix} \neq 0$$

时,方程组有唯一解

$$x_1=\frac{D_1}{D}, x_2=\frac{D_2}{D}, x_3=\frac{D_3}{D}. \tag{1.2.10}$$

其中 $D_j(j=1,2,3)$是用方程组中的常数列代替 D 中的第 j 列所得的三阶行列式,即

$$D_1=\begin{vmatrix} b_1 & a_{12} & a_{13} \\ b_2 & a_{22} & a_{23} \\ b_3 & a_{32} & a_{33} \end{vmatrix}, D_2=\begin{vmatrix} a_{11} & b_1 & a_{13} \\ a_{21} & b_2 & a_{23} \\ a_{31} & b_2 & a_{33} \end{vmatrix}, D_3=\begin{vmatrix} a_{11} & a_{12} & b_1 \\ a_{21} & a_{22} & b_2 \\ a_{31} & a_{32} & b_3 \end{vmatrix}.$$

例 1.2.4　解三元线性方程组 $\begin{cases} x_1+x_2+5x_3=-7, \\ x_1+3x_2+x_3=5, \\ 2x_1+x_2+x_3=2. \end{cases}$

解 系数行列式

$$D=\begin{vmatrix}1&1&5\\1&3&1\\2&1&1\end{vmatrix}$$

$$=1\times3\times1+1\times1\times2+5\times1\times1-5\times3\times2-1\times1\times1-1\times1\times1$$

$$=-22\neq0,$$

由于 $D_1=\begin{vmatrix}-7&1&5\\5&3&1\\2&1&1\end{vmatrix}=-22, D_2=\begin{vmatrix}1&-7&5\\1&5&1\\2&2&1\end{vmatrix}=-44, D_3=\begin{vmatrix}1&1&-7\\1&3&5\\2&1&2\end{vmatrix}=44,$

所以方程组的解为

$$x_1=\frac{D_1}{D}=1, x_2=\frac{D_2}{D}=2, x_3=\frac{D_3}{D}=-2.$$

习题 1.2

1. 计算下列二阶行列式：

(1) $\begin{vmatrix}1&3\\2&7\end{vmatrix}$；(2) $\begin{vmatrix}a&b\\a^2&b^2\end{vmatrix}$；(3) $\begin{vmatrix}x&x-1\\x+1&x^2+2x-1\end{vmatrix}$；(4) $\begin{vmatrix}\ln x&y^2\\x&\ln y\end{vmatrix}$.

2. 计算行列式：

(1) $\begin{vmatrix}1&3\\2&6\end{vmatrix}$；(2) $\begin{vmatrix}2&5\\4&10\end{vmatrix}$.

比较计算结果，想一想，能找出规律么？

3. 用二阶行列式解下列二元线性方程组：

(1) $\begin{cases}x+y=2,\\x-y=1;\end{cases}$ (2) $\begin{cases}x+3y=4,\\2x-y=5.\end{cases}$

4. 计算下列三阶行列式：

(1) $\begin{vmatrix}1&-2&1\\2&1&-3\\-1&1&-1\end{vmatrix}$；(2) $\begin{vmatrix}2&3&4\\-1&1&-1\\-1&3&5\end{vmatrix}$；

(3) $\begin{vmatrix}1&a&a\\a&2&a\\a&a&3\end{vmatrix}$；(4) $\begin{vmatrix}x&y&z\\y&z&x\\z&x&y\end{vmatrix}$.

1.3　排列及其逆序数

三阶行列式是所有取自不同行不同列的三个元素乘积的代数和；由式(1.2.9)，我们看到：每个乘积项中的三个元素的行下标依次为 1,2,3，而列下标是 1,2,3 的某个排列，每一项的符号与这个排列的次序有关. 因此，为了研究 n 阶行列式，我们先介绍一个预备知识——排列及其逆序数.

定义 1.3.1　把 n 个自然数 $1,2,\cdots,n$ 排成一列，这称之为 n 个自然数的一个**全排列**，也称为一个 ***n* 级排列**(简称为**排列**).

例如，由 1,2,3 这三个自然数所组成的不同的排列有 123,132,213,231,312,321，共有 6 种.

在所有 n 级排列的不同排列中，$12\cdots n$ 是唯一的一个按从小到大的次序组成的排列，称为**标准排列**(或**自然排列**).

定义 1.3.2　一个排列中的两个数，如果排在前面的数大于排在它后面的数，则称这两个数构成一个**逆序**. 一个排列中逆序的总数，称为这个排列的**逆序数**.

逆序数为奇数的排列称为**奇排列**，逆序数为偶数的排列称为**偶排列**.

例如，排列 213 的逆序数是 1，是奇排列；而排列 231 的逆序数是 2，为偶排列.

排列 $p_1p_2\cdots p_n$ 的逆序数记为 $\tau(p_1p_2\cdots p_n)$. 可按以下方法计算排列的逆序数：

设在一个 n 级排列 $p_1p_2\cdots p_n$ 中，如果比 $p_i\ (i=1,2,\cdots,n)$ 大且排在 p_i 前面的数有 t_i 个，则称 t_i 为数 p_i 的逆序数；一个排列的逆序数等于这个排列中所有数的逆序数之和，即

$$\tau(p_1p_2\cdots p_n)=t_1+t_2+\cdots+t_n=\sum_{i=1}^{n}t_i.$$

例 1.3.1　求排列 41325 的逆序数.

解　在排列 41325 中，4 排在首位，其逆序数为 0；1 的前面比 1 大的数有一个 4，故其逆序数为 1；3 的前面比 3 大的数是一个数 4，故其逆序数也为 1；2 的前面比 2 大的数有两个：3 和 4，故其逆序数为 2；5 的前面没有比 5 大的数，故其逆序数为 0.

于是排列 41325 的逆序数 $\tau(41325)=0+1+1+2+0=4$，它是一个偶排列.

例 1.3.2　求排列 $n(n-1)\cdots21$ 的逆序数.

解　此排列中第一个数 n 的逆序数为 0，第二个数 $n-1$ 的逆序数为 1，第三个数 $n-2$ 的逆序数为 2，$\cdots$，第 n 个数 1 的逆序数为 $n-1$，所以此排列的逆序数为

$$\tau[n(n-1)\cdots21]=0+1+2+\cdots+(n-1)=\frac{n(n-1)}{2}.$$

* **定义 1.3.3** 把一个排列中某两个数的位置互换，而其余的数不动，就得到另一个排列；对于排列所进行的这样一种变换称为**对换**.

例如，偶排列 41325 中 3 与 5 对换后，得到排列 41523，经计算知，41523 的逆序数为 5，所以偶排列 41325 经过一次对换后变成奇排列 41523.

一般地，我们有以下结论：

* **定理 1.3.1** 一个排列经一次对换后必改变其奇偶性.

证 首先证明被对换的两个数在排列中是相邻的情形：

设有排列 $a_1a_2\cdots a_kabb_1\cdots b_m$，将 a 与 b 对换后变成排列 $a_1a_2\cdots a_kbab_1\cdots b_m$；显然排列中数 $a_1,a_2,\cdots,a_k,b_1,\cdots,b_m$ 的逆序数经过对换后并不改变，而数 a 与 b 的逆序数改变为：当 $a<b$ 时，经过对换后 a 的逆序数增加 1，而 b 的逆序数不变；当 $a>b$时，经过对换后 a 的逆序数不变，而 b 的逆序数减少 1. 所以排列 $a_1a_2\cdots a_kbab_1\cdots b_m$ 与 $a_1a_2\cdots a_kabb_1\cdots b_m$ 的奇偶性不同.

其次证明一般情形：

在排列 $a_1a_2\cdots a_kab_1\cdots b_mbc_1\cdots c_l$ 中将 a 与 b 对换后变成排列 $a_1a_2\cdots a_kbb_1\cdots b_mac_1\cdots c_l$，这个对换可以通过一系列的相邻数的对换来实现. 即首先将 a 作 $m+1$ 次相邻对换变为 $a_1a_2\cdots a_kb_1\cdots b_mbac_1\cdots c_l$，再将 b 作 m 次相邻对换，变为 $a_1a_2\cdots a_kbb_1\cdots b_mac_1\cdots c_l$. 前面已经证明，经过一次相邻数的对换，排列改变奇偶性. 现在经过 $2m+1$ 次的相邻对换，排列 $a_1a_2\cdots a_kab_1\cdots b_mbc_1\cdots c_l$ 变成 $a_1a_2\cdots a_kbb_1\cdots b_mac_1\cdots c_l$，它们有不同的奇偶性. 证毕

从上面的叙述和实例中，大家可以想到，任何一个排列 $i_1i_2\cdots i_n$ 经若干次对换后可变为标准排列 $12\cdots n$，且有

* **推论 1.3.1** 奇排列变成标准排列的对换次数为奇数；偶排列变成标准排列的对换次数为偶数.

习题 1.3

1. 求下列各排列的逆序数：

(1)21453； (2)134782695；

(3)$135\cdots(2n-1)246\cdots(2n)$； (4)$135\cdots(2n-1)(2n)(2n-2)\cdots42$.

2. 证明：任一排列都可经对换化为一个标准排列.

1.4　n 阶行列式的定义

在 1.2 节中,我们介绍了二阶行列式

$$\begin{vmatrix} a_{11} & a_{12} \\ a_{21} & a_{22} \end{vmatrix} = a_{11}a_{22} - a_{12}a_{21}$$

及三阶行列式

$$\begin{vmatrix} a_{11} & a_{12} & a_{13} \\ a_{21} & a_{22} & a_{23} \\ a_{31} & a_{32} & a_{33} \end{vmatrix}$$

$$= a_{11}a_{22}a_{33} + a_{12}a_{23}a_{31} + a_{13}a_{21}a_{32} - a_{13}a_{22}a_{31} - a_{12}a_{21}a_{33} - a_{11}a_{23}a_{32}. \qquad (1.4.1)$$

下面我们通过研究三阶行列式的结构,来推出 n 阶行列式的定义. 容易看出三阶行列式(1.4.1)的右端有以下两个特点:

第一,式(1.4.1)右端每一项都是三个数的乘积,这三个数位于三阶行列式中不同的行、不同的列. 因此,式(1.4.1)右端任意项除符号外可以写成 $a_{1p_1}a_{2p_2}a_{3p_3}$,这里第一个下标(行标)排成标准排列,而第二个下标(列标)排成 $p_1p_2p_3$,它是 1,2,3 这三个数的某个排列. 这样不同的排列有 6 种,对应式(1.4.1)右端的 6 项.

第二,式(1.4.1)右端各项符号与列标排列对照:带正号的三项列标排列为 123,231,312;带负号的三项列标排列为 321,213,132.

经计算知,前三个排列为偶排列,后三个排列为奇排列. 因此式(1.4.1)右端各项的符号可以用 $(-1)^{\tau(p_1p_2p_3)}$ 来表示,其中 $\tau(p_1p_2p_3)$ 为列标排列 $p_1p_2p_3$ 的逆序数.

从而三阶行列式可以写成

$$\begin{vmatrix} a_{11} & a_{12} & a_{13} \\ a_{21} & a_{22} & a_{23} \\ a_{31} & a_{32} & a_{33} \end{vmatrix} = \sum_{p_1p_2p_3} (-1)^{\tau(p_1p_2p_3)} a_{1p_1}a_{2p_2}a_{3p_3},$$

其中 $\sum\limits_{p_1p_2p_3}$ 表示对所有的三级排列求和. 由此我们给出 n 阶行列式的定义.

定义 1.4.1　由 n^2 个数 $a_{ij}(i,j=1,2,\cdots,n)$ 按

$$\sum_{p_1p_2\cdots p_n} (-1)^{\tau(p_1p_2\cdots p_n)} a_{1p_1}a_{2p_2}\cdots a_{np_n}$$

确定的数值,记为

$$D=\begin{vmatrix} a_{11} & a_{12} & \cdots & a_{1n} \\ a_{21} & a_{22} & \cdots & a_{2n} \\ \vdots & \vdots & & \vdots \\ a_{n1} & a_{n2} & \cdots & a_{nn} \end{vmatrix},$$

称为 **n 阶行列式**，其中 a_{ij} 称为行列式 D 中第 i 行第 j 列的元素或 (i,j) 元. 即

$$D=\begin{vmatrix} a_{11} & a_{12} & \cdots & a_{1n} \\ a_{21} & a_{22} & \cdots & a_{2n} \\ \vdots & \vdots & & \vdots \\ a_{n1} & a_{n2} & \cdots & a_{nn} \end{vmatrix}=\sum_{p_1p_2\cdots p_n}(-1)^{\tau(p_1p_2\cdots p_n)}a_{1p_1}a_{2p_2}\cdots a_{np_n} \tag{1.4.2}$$

是所有取自不同行不同列的 n 个元素的乘积，并冠以符号 $(-1)^{\tau(p_1p_2\cdots p_n)}$ 的代数和，其中 $p_1p_2\cdots p_n$ 是 $1,2,\cdots,n$ 的一个排列，$\tau(p_1p_2\cdots p_n)$ 是排列 $p_1p_2\cdots p_n$ 的逆序数，$\sum\limits_{p_1p_2\cdots p_n}$ 表示对所有的 n 级排列求和. n 阶行列式 D 也可简记作 $\det(a_{ij})$. 特别地，当 $n=1$ 时，我们规定一阶行列式 $|a|=a$.

注意：不要把行列式符号与绝对值记号相混淆.

* **注**　在行列式的定义式(1.4.2)中，每一项相乘的 n 个元素的行标固定取 n 级标准排列. 由于数的乘法是可以交换的，故这 n 个元素相乘的次序是可以改变的，所以 n 阶行列式中的通项一般可写为

$$(-1)^{\tau}a_{i_1j_1}a_{i_2j_2}\cdots a_{i_nj_n}. \tag{1.4.3}$$

其中 $i_1,i_2,\cdots,i_n$ 和 $j_1,j_2,\cdots,j_n$ 是两个 n 级排列. 下面主要讨论该项的逆序数 τ 如何确定.

由于排列 $i_1,i_2,\cdots,i_n$ 可经若干次对换变为标准排列 $1,2,\cdots,n$，因此，可通过对换式(1.4.3)中元素的位置使

$$a_{i_1j_1}a_{i_2j_2}\cdots a_{i_nj_n}=a_{1p_1}a_{2p_2}\cdots a_{np_n}.$$

由于每对换式(1.4.3)中的两个元素的位置，对应的行标的排列与列标的排列均作了一次对换，因而它们的逆序数之和的奇偶性不变. 于是有

$$(-1)^{\tau(i_1i_2\cdots i_n)+\tau(j_1j_2\cdots j_n)}=(-1)^{\tau(12\cdots n)+\tau(p_1p_2\cdots p_n)}=(-1)^{\tau(p_1p_2\cdots p_n)}.$$

而 $(-1)^{\tau(p_1p_2\cdots p_n)}$ 正是行列式展开式中项 $a_{1p_1}a_{2p_2}\cdots a_{np_n}$ 的符号，从而有

$$(-1)^{\tau(p_1p_2\cdots p_n)}a_{1p_1}a_{2p_2}\cdots a_{np_n}=(-1)^{\tau(i_1i_2\cdots i_n)+\tau(j_1j_2\cdots j_n)}a_{i_1j_1}a_{i_2j_2}\cdots a_{i_nj_n}.$$

这表明行列式中项 $a_{i_1j_1}a_{i_2j_2}\cdots a_{i_nj_n}$ 的符号为 $(-1)^{\tau(i_1i_2\cdots i_n)+\tau(j_1j_2\cdots j_n)}$. 由以上分析，我们可知，$n$ 阶行列式有以下表达形式：

(1) 设 $i_1,i_2,\cdots,i_n$ 是取定的行标的某个 n 级排列，则

$$D=\det(a_{ij})=\sum_{j_1j_2\cdots j_n}(-1)^{\tau(i_1i_2\cdots i_n)+\tau(j_1j_2\cdots j_n)}a_{i_1j_1}a_{i_2j_2}\cdots a_{i_nj_n}. \tag{1.4.4}$$

特别地,当取 $i_1,i_2,\cdots,i_n$ 为标准排列 $1,2,\cdots,n$ 时,式(1.4.4)即为行列式定义中的式(1.4.2).

(2)设 $j_1,j_2,\cdots,j_n$ 是取定的列标的某个 n 级排列,则

$$D=\det(a_{ij})=\sum_{i_1i_2\cdots i_n}(-1)^{\tau(i_1i_2\cdots i_n)+\tau(j_1j_2\cdots j_n)}a_{i_1j_1}a_{i_2j_2}\cdots a_{i_nj_n}. \tag{1.4.5}$$

特别地,当取 $j_1,j_2,\cdots,j_n$ 为标准排列 $1,2,\cdots,n$ 时,有

$$D=\det(a_{ij})=\sum_{i_1i_2\cdots i_n}(-1)^{\tau(i_1i_2\cdots i_n)}a_{i_11}a_{i_22}\cdots a_{i_nn}. \tag{1.4.6}$$

这些结论说明了行列式中行与列的地位是平等的.今后我们在研究行列式的性质时,如果某个结论对于行列式的行是成立的,则它对于行列式的列也是成立的.

例 1.4.1 证明

$$D=\begin{vmatrix} a_{11} & a_{12} & \cdots & a_{1n} \\ 0 & a_{22} & \cdots & a_{2n} \\ \vdots & \vdots & & \vdots \\ 0 & 0 & \cdots & a_{nn} \end{vmatrix}=a_{11}a_{22}\cdots a_{nn},$$

其中主对角线以下的元素都为0,我们称这种形式的行列式为**上三角形行列式**.

证　因为当 $i>j$ 时,$a_{ij}=0$,故 D 中所有可能不为零的元素 a_{ip_i} 的下标应满足 $p_i\geqslant i(i=1,2,\cdots,n)$,即有 $p_1\geqslant 1,p_2\geqslant 2,\cdots,p_n\geqslant n$.

在列标排列 $p_1p_2\cdots p_n$ 中,能满足上述条件的排列只有一个标准排列 $123\cdots n$.所以 D 中可能不为零的项只有一项 $(-1)^{\tau}a_{11}a_{22}\cdots a_{nn}$,又因此项的符号 $(-1)^{\tau}=(-1)^0=1$,所以

$$D=a_{11}a_{22}\cdots a_{nn}.$$

证毕

由此得:**上三角形行列式的值等于其主对角线上元素的乘积.**

同理可得:**下三角形行列式**(主对角线以上的元素都为0)**的值等于其主对角线上元素的乘积.**

显然对于**对角行列式**(主对角线以上和以下的元素都为0)有

$$\begin{vmatrix} \lambda_1 & & & \\ & \lambda_2 & & \\ & & \ddots & \\ & & & \lambda_n \end{vmatrix}=\lambda_1\lambda_2\cdots\lambda_n.$$

例 1.4.2 证明

$$D=\begin{vmatrix} a_{11} & a_{12} & \cdots & a_{1,n-1} & a_{1n} \\ a_{21} & a_{22} & \cdots & a_{2,n-1} & 0 \\ \vdots & \vdots & & \vdots & \vdots \\ a_{n1} & 0 & \cdots & 0 & 0 \end{vmatrix}=(-1)^{\frac{n(n-1)}{2}}a_{1n}a_{2,n-1}\cdots a_{n1}.$$

证 与例 1.4.1 类似，D 中可能不为零的元素 a_{ip_i} 的下标应满足 $p_n\leqslant 1,p_{n-1}\leqslant 2,\cdots,p_2\leqslant n-1,p_1\leqslant n$. 在 $p_1p_2\cdots p_n$ 的所有排列中，能够满足上述条件的排列只有一个 $n(n-1)\cdots 21$，此排列的逆序数为 $\dfrac{n(n-1)}{2}$，所以

$$D=(-1)^{\frac{n(n-1)}{2}}a_{1n}a_{2,n-1}\cdots a_{n1}.$$

证毕

例 1.4.3 设 $D=\begin{vmatrix} a_{11} & a_{12} & \cdots & a_{1k} & & & & \\ \vdots & \vdots & & \vdots & & & O & \\ a_{k1} & a_{k2} & \cdots & a_{kk} & & & & \\ c_{11} & c_{12} & \cdots & c_{1k} & b_{11} & b_{12} & \cdots & b_{1n} \\ \vdots & \vdots & & \vdots & \vdots & \vdots & & \vdots \\ c_{n1} & c_{n2} & \cdots & c_{nk} & b_{n1} & b_{n2} & \cdots & b_{nn} \end{vmatrix}$，

令

$$D_1=\begin{vmatrix} a_{11} & a_{12} & \cdots & a_{1k} \\ \vdots & \vdots & & \vdots \\ a_{k1} & a_{k2} & \cdots & a_{kk} \end{vmatrix},D_2=\begin{vmatrix} b_{11} & b_{12} & \cdots & b_{1n} \\ \vdots & \vdots & & \vdots \\ b_{n1} & b_{n2} & \cdots & b_{nn} \end{vmatrix},$$

证明 $D=D_1D_2$.

证 令 $D=\det(d_{ij})$，其中 $d_{ij}=a_{ij}\ (i,j=1,2,\cdots,k)$，$d_{k+i,k+j}=b_{ij}\ (i,j=1,2,\cdots,n)$. 考察 D 的一般项 $(-1)^l d_{1r_1}d_{2r_2}\cdots d_{kr_k}d_{k+1,r_{k+1}}\cdots d_{k+n,r_{k+n}}$. 由于当 $i\leqslant k,j>k$ 时，$d_{ij}=0$，因此列标 $r_1,r_2,\cdots,r_k$ 只有在 $1,2,\cdots,k$ 中选取时，该项才可能不为零；而当 $r_1,r_2,\cdots,r_k$ 在 $1,2,\cdots,k$ 中选取时，后 n 个列标 $r_{k+1},r_{k+2},\cdots,r_{k+n}$ 只能在 $k+1,k+2,\cdots,k+n$ 中选取. 从而 D 中可能不为零的项可以记作 $(-1)^l a_{1p_1}a_{2p_2}\cdots a_{kp_k}b_{1q_1}b_{2q_2}\cdots b_{nq_n}$，其中 $p_i=r_i,q_i=r_{k+i}-k$，l 为排列 $p_1p_2\cdots p_k(q_1+k)(q_2+k)\cdots(q_n+k)$ 的逆序数. 令 t,s 分别表示排列 $p_1p_2\cdots p_k$ 及 $q_1q_2\cdots q_n$ 的逆序数，则有 $l=t+s$. 从而

$$\begin{aligned} D&=\sum_{p_1p_2\cdots p_k}\sum_{q_1q_2\cdots q_n}(-1)^{t+s}a_{1p_1}a_{2p_2}\cdots a_{kp_k}b_{1q_1}b_{2q_2}\cdots b_{nq_n} \\ &=\Big(\sum_{p_1p_2\cdots p_k}(-1)^t a_{1p_1}a_{2p_2}\cdots a_{kp_k}\Big)\Big(\sum_{q_1q_2\cdots q_n}(-1)^s b_{1q_1}b_{2q_2}\cdots b_{nq_n}\Big) \\ &=D_1D_2. \end{aligned}$$

证毕

习题　1.4

1. 写出四阶行列式中含有因子 $a_{11}a_{23}$ 的项.

2. 确定六阶行列式中下列各项的符号：

(1) $a_{14}a_{23}a_{31}a_{42}a_{56}a_{65}$；　　(2) $a_{51}a_{32}a_{43}a_{14}a_{65}a_{26}$.

3. 用行列式定义计算下列各行列式：

(1) $\begin{vmatrix} 1 & 0 & 1 & 8 \\ 0 & 2 & 4 & 0 \\ 0 & 0 & 1 & 1 \\ 0 & 0 & 0 & 5 \end{vmatrix}$；　　(2) $\begin{vmatrix} 0 & 1 & 0 & 0 \\ 1 & 0 & 0 & 0 \\ 0 & 0 & 1 & 0 \\ 0 & 0 & 0 & 1 \end{vmatrix}$；

(3) $\begin{vmatrix} 0 & 0 & \cdots & 0 & n \\ 0 & 0 & \cdots & n-1 & 0 \\ \vdots & \vdots & & \vdots & \vdots \\ 0 & 2 & \cdots & 0 & 0 \\ 1 & 0 & \cdots & 0 & 0 \end{vmatrix}$；　　(4) $\begin{vmatrix} 0 & 0 & 0 & 9 \\ 0 & 0 & 1 & 2 \\ 6 & 12 & 0 & 0 \\ 1 & 4 & 0 & 0 \end{vmatrix}$.

1.5　行列式的性质

利用行列式的定义，求 n 阶行列式值的计算量非常大，因此直接计算非常困难. 在 1.4 节中我们知道一个三角形行列式的值等于其主对角线上元素的乘积. 那么，有没有方法能使一个 n 阶行列式化为一个三角形行列式呢？或者我们可以找到其他的方法来求 n 阶行列式的值，本节就来讨论这些问题. 我们首先来复习一下中学解二元或三元线性方程组的方法，从中找到一些启示.

例 1.5.1　解三元线性方程组

$$\begin{cases} 2x_1+2x_2-3x_3=9, \\ x_1+2x_2+x_3=4, \\ 3x_1+9x_2+2x_3=19. \end{cases} \tag{1.5.1}$$

解　我们应用中学学过的加减消元法解线性方程组. 为方便起见，将方程组 (1.5.1) 中的第 1、2 两个方程互换，方程组 (1.5.1) 变为

$$\begin{cases} x_1+2x_2+x_3=4, \\ 2x_1+2x_2-3x_3=9, \\ 3x_1+9x_2+2x_3=19. \end{cases} \tag{1.5.2}$$

将方程组(1.5.2)中第 1 个方程两边乘以(−2)加到第 2 个方程，乘以(−3)加到第 3 个方程，得

$$\begin{cases} x_1+2x_2+\ x_3=4, \\ \quad -2x_2-5x_3=1, \\ \qquad 3x_2-\ x_3=7. \end{cases} \tag{1.5.3}$$

在方程组(1.5.3)中，将第 3 个方程两边同乘以 2，得

$$\begin{cases} x_1+2x_2+\ x_3=4, \\ \quad -2x_2-5x_3=1, \\ \qquad 6x_2-2x_3=14. \end{cases} \tag{1.5.4}$$

把上面方程组(1.5.4)中第 2 个方程乘以 3 加到第 3 个方程上去，得

$$\begin{cases} x_1+2x_2+\ x_3=4, \\ \quad -2x_2-5x_3=1, \\ \qquad\quad -17x_3=17. \end{cases} \tag{1.5.5}$$

在方程组(1.5.5)中，将第 3 个方程两边同除以(−17)，得

$$\begin{cases} x_1+2x_2+\ x_3=4, \\ \quad -2x_2-5x_3=1, \\ \qquad\qquad x_3=-1. \end{cases} \tag{1.5.6}$$

再把 $x_3=-1$ 代入方程组(1.5.6)中第 2 个与第 1 个方程，得

$$\begin{cases} x_1+2x_2\quad =5, \\ \quad -2x_2\quad =-4, \\ \qquad\quad x_3=-1. \end{cases} \tag{1.5.7}$$

将方程组(1.5.6)中第 2 个方程两边同除以(−2)，得 $x_2=2$，再把 $x_2=2$ 代入第 1 个方程，得原方程组的解为

$$\begin{cases} x_1=1, \\ x_2=2, \\ x_3=-1. \end{cases} \tag{1.5.8}$$

我们仔细分析上述例 1.5.1 用消元法解方程组的过程，可以看出，用消元法解线性方程组的过程就是反复地将方程组进行以下三种基本变换以化简原方程组：

(1)互换方程组中两个方程的位置；

(2)用一个非零的数乘某一个方程；

(3)用一个数乘一个方程后加到另一个方程上.

我们把以上三种变换称为**线性方程组的初等变换**(elementary transformation).

以后大家可以看到，这三种变换是我们经常使用的方法. 而且我们通过以上解线性方程组的过程，可以知道，初等变换把线性方程组变成其同解方程组（在第 2 章中我们将证明这个结论）.

再分析上述解线性方程组的过程，我们可以看出，在作初等变换化简方程组时，只是对这些方程的系数和常数项进行变换，下面我们把例 1.5.1 解方程组的过程通过下面矩形数表（也称矩阵数表，即第 2 章中的矩阵）的形式再做一遍：

$$\begin{pmatrix}2 & 2 & -3 & 9\\1 & 2 & 1 & 4\\3 & 9 & 2 & 19\end{pmatrix}\xrightarrow{\text{交换一、二两行}}\begin{pmatrix}1 & 2 & 1 & 4\\2 & 2 & -3 & 9\\3 & 9 & 2 & 19\end{pmatrix}\xrightarrow[\text{第一行乘以}(-3)\text{加到第三行}]{\text{第一行乘以}(-2)\text{加到第二行}}$$

（对应方程组(1.5.1)）　　（对应方程组(1.5.2)）

$$\begin{pmatrix}1 & 2 & 1 & 4\\0 & -2 & -5 & 1\\0 & 3 & -1 & 7\end{pmatrix}\xrightarrow{\text{第三行乘以 }2}\begin{pmatrix}1 & 2 & 1 & 4\\0 & -2 & -5 & 1\\0 & 6 & -2 & 14\end{pmatrix}\xrightarrow{\text{第二行乘以 3 加到第三行}}$$

（对应方程组(1.5.3)）　　（对应方程组(1.5.4)）

$$\begin{pmatrix}1 & 2 & 1 & 4\\0 & -2 & -5 & 1\\0 & 0 & -17 & 17\end{pmatrix}\xrightarrow{\text{第三行除以}(-17)}\begin{pmatrix}1 & 2 & 1 & 4\\0 & -2 & -5 & 1\\0 & 0 & 1 & -1\end{pmatrix}\xrightarrow[\text{第三行乘以 5 加到第二行}]{\text{第三行乘以}(-1)\text{加到第一行}}$$

（对应方程组(1.5.5)）　　（对应方程组(1.5.6)）

$$\begin{pmatrix}1 & 2 & 0 & 5\\0 & -2 & 0 & -4\\0 & 0 & 1 & -1\end{pmatrix}\xrightarrow{\text{第二行除以}(-2)}\begin{pmatrix}1 & 2 & 0 & 5\\0 & 1 & 0 & 2\\0 & 0 & 1 & -1\end{pmatrix}\xrightarrow{\text{第二行乘以}(-2)\text{加到第一行}}$$

（对应方程组(1.5.7)）　（方程组(1.5.7)到方程组(1.5.8)的过渡）

$$\begin{pmatrix}1 & 0 & 0 & 1\\0 & 1 & 0 & 2\\0 & 0 & 1 & -1\end{pmatrix}.$$

（对应方程组(1.5.8)）

可以看到，对矩阵中的“行”进行类似于解方程组“加减消元法”的运算，最后得到了方程组的解. 这种方法的优点是“记号”简单，节省书写过程，尤其是它适用于在计算机上操作，即我们可以通过编写相应的解题“程序”，然后把它交给计算机来演算.

同时，也可看到，这一“初等变换”的方法可以把一个矩阵化为一个形式更简单的矩阵. 我们是否可以利用这一方法来对行列式进行“变换”呢？其中的一个重要问题就是这些“初等变换”会改变行列式的值吗？在这一节里，我们就来讨论这些问题，即讨论 n 阶行列式的基本性质. 我们只要灵活应用这些性质，就可以大大简化 n 阶行列式的计算.

令

$$D=\begin{vmatrix} a_{11} & a_{12} & \cdots & a_{1n} \\ a_{21} & a_{22} & \cdots & a_{2n} \\ \vdots & \vdots & & \vdots \\ a_{i1} & a_{i2} & \cdots & a_{in} \\ \vdots & \vdots & & \vdots \\ a_{n1} & a_{n2} & \cdots & a_{nn} \end{vmatrix}, D^{\mathrm{T}}=\begin{vmatrix} a_{11} & a_{21} & \cdots & a_{i1} & \cdots & a_{n1} \\ a_{12} & a_{22} & \cdots & a_{i2} & \cdots & a_{n2} \\ \vdots & \vdots & & \vdots & & \vdots \\ a_{1n} & a_{2n} & \cdots & a_{in} & \cdots & a_{nn} \end{vmatrix},$$

其中行列式 D^{T}(也可以记为 D')称为行列式 D 的**转置行列式**.

性质 1.5.1 行列式转置后值不变,即 $D^{\mathrm{T}}=D$.

证 令 $D^{\mathrm{T}}=\det(b_{ij})$,其中 $b_{ij}=a_{ji}(i,j=1,2,\cdots,n)$. 由式(1.4.2)与式(1.4.6)得

$$\begin{aligned} D^{\mathrm{T}} &= \sum (-1)^{\tau(p_1 p_2 \cdots p_n)} b_{1p_1} b_{2p_2} \cdots b_{np_n} \\ &= \sum (-1)^{\tau(p_1 p_2 \cdots p_n)} a_{p_1 1} a_{p_2 2} \cdots a_{p_n n} = D. \end{aligned}$$

证毕

这一性质同 1.4 节中一样说明了,行列式中行与列具有同等的地位.

性质 1.5.2 互换行列式的两行(列),行列式改变符号.

证 设行列式

$$D=\begin{vmatrix} a_{11} & a_{12} & \cdots & a_{1n} \\ a_{21} & a_{22} & \cdots & a_{2n} \\ \vdots & \vdots & & \vdots \\ a_{i1} & a_{i2} & \cdots & a_{in} \\ \vdots & \vdots & & \vdots \\ a_{j1} & a_{j2} & \cdots & a_{jn} \\ \vdots & \vdots & & \vdots \\ a_{n1} & a_{n2} & \cdots & a_{nn} \end{vmatrix},$$

交换 i,j 两行后,得到行列式

$$D_1=\begin{vmatrix} a_{11} & a_{12} & \cdots & a_{1n} \\ a_{21} & a_{22} & \cdots & a_{2n} \\ \vdots & \vdots & & \vdots \\ a_{j1} & a_{j2} & \cdots & a_{jn} \\ \vdots & \vdots & & \vdots \\ a_{i1} & a_{i2} & \cdots & a_{in} \\ \vdots & \vdots & & \vdots \\ a_{n1} & a_{n2} & \cdots & a_{nn} \end{vmatrix}=\begin{vmatrix} b_{11} & b_{12} & \cdots & b_{1n} \\ b_{21} & b_{22} & \cdots & b_{2n} \\ \vdots & \vdots & & \vdots \\ b_{i1} & b_{i2} & \cdots & b_{in} \\ \vdots & \vdots & & \vdots \\ b_{j1} & b_{j2} & \cdots & b_{jn} \\ \vdots & \vdots & & \vdots \\ b_{n1} & b_{n2} & \cdots & b_{nn} \end{vmatrix}.$$

其中当 $k\neq i,j$ 时，$b_{kp}=a_{kp}$；当 $k=i,j$ 时，$a_{ip}=b_{jp}$，$a_{jp}=b_{ip}$. 从而

$$\begin{aligned} D_1 &= \sum (-1)^{\tau} b_{1p_1} b_{2p_2} \cdots b_{ip_i} \cdots b_{jp_j} \cdots b_{np_n} \\ &= \sum (-1)^{\tau} a_{1p_1} a_{2p_2} \cdots a_{jp_i} \cdots a_{ip_j} \cdots a_{np_n} \\ &= \sum (-1)^{\tau} a_{1p_1} a_{2p_2} \cdots a_{ip_j} \cdots a_{jp_i} \cdots a_{np_n}. \end{aligned}$$

其中 $12\cdots i\cdots j\cdots n$ 为标准排列，τ 为 $p_1p_2\cdots p_i\cdots p_j\cdots p_n$ 的逆序数. 设排列 $p_1p_2\cdots p_j\cdots p_i\cdots p_n$ 的逆序数为 t_1，则 $(-1)^{\tau}=-(-1)^{t_1}$，故

$$D_1=-\sum (-1)^{t_1} a_{1p_1} a_{2p_2} \cdots a_{ip_j} \cdots a_{jp_i} \cdots a_{np_n}=-D.$$

证毕

为了方便起见，一般地，我们以 r_i 表示行列式的第 i 行，以 c_i 表示行列式的第 i 列. 交换 i,j 两行记作 $r_i\leftrightarrow r_j$，交换 i,j 两列记作 $c_i\leftrightarrow c_j$（其中 r,c 分别为行、列的英文单词 row、column 的第一个字母）.

推论 1.5.1　若行列式中有两行(列)的元素对应相等，则此行列式的值为零.

性质 1.5.3　行列式中某一行(列)的所有元素都乘以同一数 k，等于用数 k 乘此行列式.

即有

$$\begin{vmatrix} a_{11} & a_{12} & \cdots & a_{1n} \\ a_{21} & a_{22} & \cdots & a_{2n} \\ \vdots & \vdots & & \vdots \\ ka_{i1} & ka_{i2} & \cdots & ka_{in} \\ \vdots & \vdots & & \vdots \\ a_{n1} & a_{n2} & \cdots & a_{nn} \end{vmatrix} = k \begin{vmatrix} a_{11} & a_{12} & \cdots & a_{1n} \\ a_{21} & a_{22} & \cdots & a_{2n} \\ \vdots & \vdots & & \vdots \\ a_{i1} & a_{i2} & \cdots & a_{in} \\ \vdots & \vdots & & \vdots \\ a_{n1} & a_{n2} & \cdots & a_{nn} \end{vmatrix}.$$

第 i 行(列)乘以常数 k，记作 $r_i\times k(c_i\times k)$.

推论 1.5.2　行列式中某一行(列)的所有元素的公因子可以提到行列式符号外面.

第 i 行(列)提出公因子 k 记作 $r_i\div k(c_i\div k)$.

推论 1.5.3　行列式中如果有两行(列)的元素对应成比例，则此行列式的值为零.

例 1.5.2　计算行列式

$$D=\begin{vmatrix} 2 & -1 & -4 \\ -3 & 3 & 6 \\ 5 & 4 & -10 \end{vmatrix}.$$

解　因 D 的第一列与第三列对应元素成比例，由推论 1.5.3 得，$D=0$.

性质 1.5.4　若行列式中某一行(列)的元素都是两数之和，即

$$D=\begin{vmatrix} a_{11} & a_{12} & \cdots & a_{1i}+a'_{1i} & \cdots & a_{1n} \\ a_{21} & a_{22} & \cdots & a_{2i}+a'_{2i} & \cdots & a_{2n} \\ \vdots & \vdots & & \vdots & & \vdots \\ a_{n1} & a_{n2} & \cdots & a_{ni}+a'_{ni} & \cdots & a_{nn} \end{vmatrix},$$

则 D 等于下列两个行列式之和：

$$D=\begin{vmatrix} a_{11} & a_{12} & \cdots & a_{1i} & \cdots & a_{1n} \\ a_{21} & a_{22} & \cdots & a_{2i} & \cdots & a_{2n} \\ \vdots & \vdots & & \vdots & & \vdots \\ a_{n1} & a_{n2} & \cdots & a_{ni} & \cdots & a_{nn} \end{vmatrix}+\begin{vmatrix} a_{11} & a_{12} & \cdots & a'_{1i} & \cdots & a_{1n} \\ a_{21} & a_{22} & \cdots & a'_{2i} & \cdots & a_{2n} \\ \vdots & \vdots & & \vdots & & \vdots \\ a_{n1} & a_{n2} & \cdots & a'_{ni} & \cdots & a_{nn} \end{vmatrix}.$$

性质 1.5.5 把行列式中某一行(列)的各元素乘以同一数 k 后加到另一行(列)对应的元素上去，行列式的值不变.

第 i 列的元素乘以常数 k 后加到第 j 列上，记作 c_j+kc_i. 第 i 行的元素乘以常数 k 后加到第 j 行上去，记作 r_j+kr_i. 即

$$\begin{vmatrix} a_{11} & a_{12} & \cdots & a_{1i} & \cdots & a_{1j} & \cdots & a_{1n} \\ a_{21} & a_{22} & \cdots & a_{2i} & \cdots & a_{2j} & \cdots & a_{2n} \\ \vdots & \vdots & & \vdots & & \vdots & & \vdots \\ a_{n1} & a_{n2} & \cdots & a_{ni} & \cdots & a_{nj} & \cdots & a_{nn} \end{vmatrix} \xlongequal{c_j+kc_i} \begin{vmatrix} a_{11} & a_{12} & \cdots & a_{1i} & \cdots & a_{1j}+ka_{1i} & \cdots & a_{1n} \\ a_{21} & a_{22} & \cdots & a_{2i} & \cdots & a_{2j}+ka_{2i} & \cdots & a_{2n} \\ \vdots & \vdots & & \vdots & & \vdots & & \vdots \\ a_{n1} & a_{n2} & \cdots & a_{ni} & \cdots & a_{nj}+ka_{ni} & \cdots & a_{nn} \end{vmatrix}.$$

利用行列式的定义即可证明性质 1.5.3～性质 1.5.5，请读者自己完成.

互换行列式的两行(列)、将行列式的某一行(列)的所有元素同乘以数 k、把行列式的某一行(列)的所有元素同乘以数 k 后加到另一行(列)对应的元素上去，这三种对行列式施行的运算称为**行列式的初等变换**.

灵活运用行列式的这三种初等变换，我们可以把一些行列式化为上(下)三角形行列式进行计算. 如再结合其他性质，则可以"方便"地计算行列式.

例 1.5.3 计算行列式 $D=\begin{vmatrix} 1 & 2 & 0 & 1 \\ 1 & \frac{3}{2} & 5 & 0 \\ 0 & 1 & \frac{5}{3} & 6 \\ 1 & 2 & 3 & \frac{4}{5} \end{vmatrix}$.

解 为了计算方便，我们先提出公因子，使行列式中各元素都变成整数，然后再利用行列式的性质将其化为上三角形行列式进行计算.

$$D\xlongequal[\substack{r_3\div\frac{1}{3}\\ r_4\div\frac{1}{5}}]{r_2\div\frac{1}{2}}\frac{1}{2}\times\frac{1}{3}\times\frac{1}{5}\begin{vmatrix}1&2&0&1\\2&3&10&0\\0&3&5&18\\5&10&15&4\end{vmatrix}\xlongequal[r_4-5r_1]{r_2-2r_1}\frac{1}{30}\begin{vmatrix}1&2&0&1\\0&-1&10&-2\\0&3&5&18\\0&0&15&-1\end{vmatrix}$$

$$\xlongequal{r_3+3r_2}\frac{1}{30}\begin{vmatrix}1&2&0&1\\0&-1&10&-2\\0&0&35&12\\0&0&15&-1\end{vmatrix}\xlongequal{r_4-\frac{3}{7}r_3}\frac{1}{30}\begin{vmatrix}1&2&0&1\\0&-1&10&-2\\0&0&35&12\\0&0&0&-\frac{43}{7}\end{vmatrix}$$

$$=\frac{1}{30}\times1\times(-1)\times35\times\left(-\frac{43}{7}\right)=\frac{43}{6}.$$

例 1.5.4　计算行列式 $D=\begin{vmatrix}a^2&(a+1)^2&(a+2)^2&(a+3)^2\\b^2&(b+1)^2&(b+2)^2&(b+3)^2\\c^2&(c+1)^2&(c+2)^2&(c+3)^2\\d^2&(d+1)^2&(d+2)^2&(d+3)^2\end{vmatrix}$.

解　$D\xlongequal[\substack{c_3-c_2\\ c_2-c_1}]{c_4-c_3}\begin{vmatrix}a^2&2a+1&2a+3&2a+5\\b^2&2b+1&2b+3&2b+5\\c^2&2c+1&2c+3&2c+5\\d^2&2d+1&2d+3&2d+5\end{vmatrix}\xlongequal[c_3-c_2]{c_4-c_3}\begin{vmatrix}a^2&2a+1&2&2\\b^2&2b+1&2&2\\c^2&2c+1&2&2\\d^2&2d+1&2&2\end{vmatrix}=0.$

例 1.5.5　计算 n 阶行列式 $D_n=\begin{vmatrix}a&b&\cdots&b\\b&a&\cdots&b\\\vdots&\vdots&&\vdots\\b&b&\cdots&a\end{vmatrix}$.

拓展阅读：高斯消元法与主元素消元法

解　这个行列式的特点是每一行(列)的元素之和相等,我们把各列的元素都加到第一列得

$$D_n\xlongequal{c_1+(c_2+\cdots+c_n)}\begin{vmatrix}a+(n-1)b&b&\cdots&b\\a+(n-1)b&a&\cdots&b\\\vdots&\vdots&&\vdots\\a+(n-1)b&b&\cdots&a\end{vmatrix}\xlongequal{c_1\div[a+(n-1)b]}[a+(n-1)b]$$

$$\begin{vmatrix}1&b&\cdots&b\\1&a&\cdots&b\\\vdots&\vdots&&\vdots\\1&b&\cdots&a\end{vmatrix}\xlongequal[i=2,\cdots,n]{r_i-r_1}[a+(n-1)b]\begin{vmatrix}1&b&\cdots&b\\0&a-b&\cdots&0\\\vdots&\vdots&&\vdots\\0&0&\cdots&a-b\end{vmatrix}$$

$$=[a+(n-1)b](a-b)^{n-1}.$$

习题 1.5

1. 应用行列式性质计算下列行列式：

(1) $\begin{vmatrix} 4 & 1 & 2 & 4 \\ 1 & 2 & 0 & 2 \\ 10 & 5 & 2 & 0 \\ 0 & 1 & 1 & 7 \end{vmatrix}$；　(2) $\begin{vmatrix} 1 & 1 & 1 & 0 \\ 1 & 1 & 0 & 1 \\ 1 & 0 & 1 & 1 \\ 0 & 1 & 1 & 1 \end{vmatrix}$；

(3) $\begin{vmatrix} 1 & 2 & 3 & 4 \\ 2 & 3 & 4 & 1 \\ 3 & 4 & 1 & 2 \\ 4 & 1 & 2 & 3 \end{vmatrix}$；　(4) $\begin{vmatrix} 0 & 0 & 0 & 9 \\ 0 & 0 & 1 & 2 \\ 0 & 12 & 20 & 16 \\ 1 & 0 & 0 & 2 \end{vmatrix}$；

(5) $\begin{vmatrix} 1 & 1 & 1 & 1 \\ 2 & 3 & 4 & 1 \\ 3 & 4 & 1 & 2 \\ 4 & 1 & 2 & 3 \end{vmatrix}$；　(6) $\begin{vmatrix} 1 & 1 & 1 & 1 \\ -1 & 1 & 1 & 1 \\ -1 & -1 & 1 & 1 \\ -1 & -1 & -1 & 1 \end{vmatrix}$；

(7) $\begin{vmatrix} a & b & c \\ a^2 & b^2 & c^2 \\ b+c & a+c & a+b \end{vmatrix}$；　(8) $\begin{vmatrix} 1+x_1 & 1+x_2 & 1+x_3 \\ 2+x_1 & 2+x_2 & 2+x_3 \\ 3+x_1 & 3+x_2 & 3+x_3 \end{vmatrix}$；

(9) $\begin{vmatrix} -ab & ac & ae \\ bd & -cd & de \\ bf & cf & -ef \end{vmatrix}$；　(10) $\begin{vmatrix} 1 & 2 & 3 & \cdots & n \\ -1 & 0 & 3 & \cdots & n \\ -1 & -2 & 0 & \cdots & n \\ \vdots & \vdots & \vdots & & \vdots \\ -1 & -2 & -3 & \cdots & 0 \end{vmatrix}$.

2. 证明：

(1) $\begin{vmatrix} a^2 & ab & b^2 \\ 2a & a+b & 2b \\ 1 & 1 & 1 \end{vmatrix}=(a-b)^3$；　(2) $\begin{vmatrix} (a+1)^2 & a^2 & a & 1 \\ (b+1)^2 & b^2 & b & 1 \\ (c+1)^2 & c^2 & c & 1 \\ (d+1)^2 & d^2 & d & 1 \end{vmatrix}=0$.

1.6　行列式按行(列)展开

1.6.1　余子式

一般说来，低阶行列式的计算要比高阶行列式简单. 本节将介绍把高阶行列式化为低阶行列式的方法. 为此，我们先介绍余子式与代数余子式的概念.

定义 1.6.1　在 n 阶行列式 D 中，划去元素 a_{ij} 所在的第 i 行、第 j 列的元素，剩下的元素按原来的次序构成的 $n-1$ 阶行列式，称为元素 a_{ij} 的**余子式**(cofactor)，记作 M_{ij}，又称 $A_{ij}=(-1)^{i+j}M_{ij}$ 为元素 a_{ij} 的**代数余子式**(algebraic cofactor).

例如，四阶行列式 $\begin{vmatrix} a_{11} & a_{12} & a_{13} & a_{14} \\ a_{21} & a_{22} & a_{23} & a_{24} \\ a_{31} & a_{32} & a_{33} & a_{34} \\ a_{41} & a_{42} & a_{43} & a_{44} \end{vmatrix}$ 中元素 a_{31}，a_{23} 的余子式和代数余子式分别是

$$M_{31}=\begin{vmatrix} a_{12} & a_{13} & a_{14} \\ a_{22} & a_{23} & a_{24} \\ a_{42} & a_{43} & a_{44} \end{vmatrix}, A_{31}=(-1)^{3+1}M_{31}=M_{31},$$

$$M_{23}=\begin{vmatrix} a_{11} & a_{12} & a_{14} \\ a_{31} & a_{32} & a_{34} \\ a_{41} & a_{42} & a_{44} \end{vmatrix}, A_{23}=(-1)^{2+3}M_{23}=-M_{23}.$$

1.6.2　行列式的降阶——按行(列)展开

定理 1.6.1　行列式的值等于它的任一行(列)的各个元素与其对应的代数余子式的乘积之和，即

$$D=a_{i1}A_{i1}+a_{i2}A_{i2}+\cdots+a_{in}A_{in}=\sum_{k=1}^{n}a_{ik}A_{ik}\quad(i=1,2,\cdots,n),\qquad(1.6.1)$$

或

$$D=a_{1j}A_{1j}+a_{2j}A_{2j}+\cdots+a_{nj}A_{nj}=\sum_{k=1}^{n}a_{kj}A_{kj}\quad(j=1,2,\cdots,n).\qquad(1.6.2)$$

证　我们只讨论按行展开的情形，按列展开的情形可以进行类似的证明.

首先考虑 D 中第一行元素除 a_{11} 外其余元素均为零. 由前面例 1.4.3 知，

$$D=\begin{vmatrix} a_{11} & 0 & \cdots & 0 \\ a_{21} & a_{22} & \cdots & a_{2n} \\ \vdots & \vdots & & \vdots \\ a_{n1} & a_{n2} & \cdots & a_{nn} \end{vmatrix}=a_{11}\begin{vmatrix} a_{22} & \cdots & a_{2n} \\ \vdots & & \vdots \\ a_{n2} & \cdots & a_{nn} \end{vmatrix}=a_{11}M_{11}=a_{11}A_{11},$$

又因此时 $a_{12}=a_{13}=\cdots=a_{1n}=0$,所以

$$D=a_{11}A_{11}+a_{12}A_{12}+\cdots+a_{1n}A_{1n}.$$

其次考虑 D 中第 i 行除元素 a_{ij} 外其余元素均为零的情形,即

$$D=\begin{vmatrix} a_{11} & \cdots & a_{1j} & \cdots & a_{1n} \\ \vdots & & \vdots & & \vdots \\ 0 & \cdots & a_{ij} & \cdots & 0 \\ \vdots & & \vdots & & \vdots \\ a_{n1} & \cdots & a_{nj} & \cdots & a_{nn} \end{vmatrix}.$$

为了利用前面的结果,将 D 中的第 i 行元素依次与第 $i-1$ 行,第 $i-2$ 行,…,第 1 行对调,这样经过 $i-1$ 次对调,D 变成了 D_1:

$$D_1=\begin{vmatrix} 0 & \cdots & a_{ij} & \cdots & 0 \\ a_{11} & \cdots & a_{1j} & \cdots & a_{1n} \\ \vdots & & \vdots & & \vdots \\ a_{n1} & \cdots & a_{nj} & \cdots & a_{nn} \end{vmatrix}.$$

再将 D_1 中第 j 列的元素依次与第 $j-1$ 列,第 $j-2$ 列,…,第 1 列对调,这样经过 $j-1$次对调,D_1 又变成了 D_2:

$$D_2=\begin{vmatrix} a_{ij} & 0 & \cdots & 0 \\ a_{1j} & a_{11} & \cdots & a_{1n} \\ \vdots & \vdots & & \vdots \\ a_{nj} & a_{n1} & \cdots & a_{nn} \end{vmatrix}.$$

从而经过 $i+j-2$ 次行与列的对调,D 变成了 D_2,根据行列式的性质,有

$$D=(-1)^{i+j-2}D_2=(-1)^{i+j}D_2.$$

又由前面的结果知 $D_2=a_{ij}M_{ij}$,所以 $D=(-1)^{i+j}a_{ij}M_{ij}=a_{ij}A_{ij}$,且此时

$$a_{i1}=\cdots=a_{i,j-1}=a_{i,j+1}=\cdots=a_{in}=0,$$

所以

$$D=a_{i1}A_{i1}+a_{i2}A_{i2}+\cdots+a_{in}A_{in}.$$

最后证明一般情形,设

$$D=\begin{vmatrix} a_{11} & a_{12} & \cdots & a_{1n} \\ a_{21} & a_{22} & \cdots & a_{2n} \\ \vdots & \vdots & & \vdots \\ a_{n1} & a_{n2} & \cdots & a_{nn} \end{vmatrix},$$

对 D 作变形，得

$$D=\begin{vmatrix} a_{11} & a_{12} & \cdots & a_{1n} \\ a_{21} & a_{22} & \cdots & a_{2n} \\ \vdots & \vdots & & \vdots \\ a_{i1}+0+\cdots+0 & 0+a_{i2}+\cdots+0 & \cdots & 0+0+\cdots+a_{in} \\ \vdots & \vdots & & \vdots \\ a_{n1} & a_{n2} & \cdots & a_{nn} \end{vmatrix}$$

$$=\begin{vmatrix} a_{11} & a_{12} & \cdots & a_{1n} \\ a_{21} & a_{22} & \cdots & a_{2n} \\ \vdots & \vdots & & \vdots \\ a_{i1} & 0 & \cdots & 0 \\ \vdots & \vdots & & \vdots \\ a_{n1} & a_{n2} & \cdots & a_{nn} \end{vmatrix}+\begin{vmatrix} a_{11} & a_{12} & \cdots & a_{1n} \\ a_{21} & a_{22} & \cdots & a_{2n} \\ \vdots & \vdots & & \vdots \\ 0 & a_{i2} & \cdots & 0 \\ \vdots & \vdots & & \vdots \\ a_{n1} & a_{n2} & \cdots & a_{nn} \end{vmatrix}+\cdots+\begin{vmatrix} a_{11} & a_{12} & \cdots & a_{1n} \\ a_{21} & a_{22} & \cdots & a_{2n} \\ \vdots & \vdots & & \vdots \\ 0 & 0 & \cdots & a_{in} \\ \vdots & \vdots & & \vdots \\ a_{n1} & a_{n2} & \cdots & a_{nn} \end{vmatrix}$$

$$=a_{i1}A_{i1}+a_{i2}A_{i2}+\cdots+a_{in}A_{in}\ (i=1,2,\cdots,n).$$

证毕

例 1.6.1　计算行列式 $D=\begin{vmatrix} 2 & 1 & -3 & -1 \\ 3 & 1 & 0 & 7 \\ -1 & 2 & 4 & -2 \\ 1 & 0 & -1 & 5 \end{vmatrix}$.

解　行列式中第二行已有一个元素为 0，现保留 $a_{22}=1$，运用"初等列变换"把该行的其余元素化为 0，然后按第二行展开，接着对得到的三阶行列式作类似的变换，得

$$D\xlongequal[c_4-7c_2]{c_1-3c_2}\begin{vmatrix} -1 & 1 & -3 & -8 \\ 0 & 1 & 0 & 0 \\ -7 & 2 & 4 & -16 \\ 1 & 0 & -1 & 5 \end{vmatrix}=1\times(-1)^{2+2}\begin{vmatrix} -1 & -3 & -8 \\ -7 & 4 & -16 \\ 1 & -1 & 5 \end{vmatrix}$$

$$\xlongequal[r_3+r_1]{r_2-7r_1}\begin{vmatrix} -1 & -3 & -8 \\ 0 & 25 & 40 \\ 0 & -4 & -3 \end{vmatrix}=-1\times(-1)^{1+1}\begin{vmatrix} 25 & 40 \\ -4 & -3 \end{vmatrix}$$

$$=-(-75+160)=-85.$$

例 1.6.2 计算行列式 $D_n=\begin{vmatrix} x & -1 & 0 & \cdots & 0 & 0 \\ 0 & x & -1 & \cdots & 0 & 0 \\ 0 & 0 & x & \cdots & 0 & 0 \\ \vdots & \vdots & \vdots & & \vdots & \vdots \\ 0 & 0 & 0 & \cdots & x & -1 \\ a_n & a_{n-1} & a_{n-2} & \cdots & a_2 & x+a_1 \end{vmatrix}$.

解 先按第一列展开,得

$$D_n=x\begin{vmatrix} x & -1 & \cdots & 0 & 0 \\ 0 & x & \cdots & 0 & 0 \\ \vdots & \vdots & & \vdots & \vdots \\ 0 & 0 & & x & -1 \\ a_{n-1} & a_{n-2} & \cdots & a_2 & x+a_1 \end{vmatrix}+a_n\times(-1)^{n+1}\begin{vmatrix} -1 & 0 & \cdots & 0 & 0 \\ x & -1 & \cdots & 0 & 0 \\ 0 & x & \cdots & 0 & 0 \\ \vdots & \vdots & & \vdots & \vdots \\ 0 & 0 & \cdots & x & -1 \end{vmatrix}$$

$$=xD_{n-1}+(-1)^{n+1}(-1)^{n-1}a_n=xD_{n-1}+a_n.$$

依此类推,得

$$\begin{aligned} D_n &=xD_{n-1}+a_n=x(xD_{n-2}+a_{n-1})+a_n=x^2D_{n-2}+a_{n-1}x+a_n \\ &=x^2(xD_{n-3}+a_{n-2})+a_{n-1}x+a_n=\cdots=x^{n-2}D_2+a_3x^{n-3}+\cdots+a_{n-1}x+a_n. \end{aligned}$$

又因为 $D_2=\begin{vmatrix} x & -1 \\ a_2 & a_1+x \end{vmatrix}=x^2+a_1x+a_2$,

所以
$$\begin{aligned} D_n &=x^{n-2}(x^2+a_1x+a_2)+a_3x^{n-3}+\cdots+a_{n-1}x+a_n \\ &=x^n+a_1x^{n-1}+a_2x^{n-2}+\cdots+a_{n-1}x+a_n. \end{aligned}$$

例 1.6.3 **证明范德蒙德(Vandermonde)行列式**

$$D_n=\begin{vmatrix} 1 & 1 & 1 & \cdots & 1 \\ x_1 & x_2 & x_3 & \cdots & x_n \\ x_1^2 & x_2^2 & x_3^2 & \cdots & x_n^2 \\ \vdots & \vdots & \vdots & & \vdots \\ x_1^{n-1} & x_2^{n-1} & x_3^{n-1} & \cdots & x_n^{n-1} \end{vmatrix}=\prod_{n\geqslant i>j\geqslant 1}(x_i-x_j).$$

证 用数学归纳法证明:

当 $n=2$ 时,$D_2=\begin{vmatrix} 1 & 1 \\ x_1 & x_2 \end{vmatrix}=x_2-x_1$,等式成立.

假设等式对 $n=k-1(k\geqslant 3)$ 成立,下面证明等式对 $n=k$ 也成立. 从 D_k 的最后一行开始到第二行,逐行减去前行的 x_k 倍,得

$$D_k=\begin{vmatrix}1 & 1 & \cdots & 1 & 1\\ x_1-x_k & x_2-x_k & \cdots & x_{k-1}-x_k & 0\\ x_1(x_1-x_k) & x_2(x_2-x_k) & \cdots & x_{k-1}(x_{k-1}-x_k) & 0\\ \vdots & \vdots & & \vdots & \vdots\\ x_1^{k-2}(x_1-x_k) & x_2^{k-2}(x_2-x_k) & \cdots & x_{k-1}^{k-2}(x_{k-1}-x_k) & 0\end{vmatrix}.$$

将 D_k 按第 k 列展开,并把每一列的公因子提出,得

$$D_k=(-1)^{1+k}(x_1-x_k)(x_2-x_k)\cdots(x_{k-1}-x_k)\begin{vmatrix}1 & 1 & \cdots & 1\\ x_1 & x_2 & \cdots & x_{k-1}\\ x_1^2 & x_2^2 & \cdots & x_{k-1}^2\\ \vdots & \vdots & & \vdots\\ x_1^{k-2} & x_2^{k-2} & \cdots & x_{k-1}^{k-2}\end{vmatrix}$$

$$=(x_k-x_1)(x_k-x_2)\cdots(x_k-x_{k-1})D_{k-1}.$$

由归纳假设

$$D_k=(x_k-x_1)(x_k-x_2)\cdots(x_k-x_{k-1})\prod_{k-1\geqslant i>j\geqslant 1}(x_i-x_j)=\prod_{k\geqslant i>j\geqslant 1}(x_i-x_j),$$

所以,对任意正整数 n,等式成立. 证毕

显然,范德蒙德行列式为零的充要条件是:$x_1,x_2,\cdots,x_n$ 中至少有两个元素相等.

行列式按行(列)展开定理还有一个重要推论:

推论 1.6.1 行列式中任一行(列)的元素与另一行(列)的对应元素的代数余子式乘积之和等于零,即

$$a_{i1}A_{j1}+a_{i2}A_{j2}+\cdots+a_{in}A_{jn}=\sum_{k=1}^{n}a_{ik}A_{jk}=0\quad(i\neq j),\tag{1.6.3}$$

$$a_{1i}A_{1j}+a_{2i}A_{2j}+\cdots+a_{ni}A_{nj}=\sum_{k=1}^{n}a_{ki}A_{kj}=0\quad(i\neq j).\tag{1.6.4}$$

证 不妨设 $i<j$,作辅助行列式

$$D_1=\begin{vmatrix}a_{11} & a_{12} & \cdots & a_{1n}\\ a_{21} & a_{22} & \cdots & a_{2n}\\ \vdots & \vdots & & \vdots\\ a_{i1} & a_{i2} & \cdots & a_{in}\\ \vdots & \vdots & & \vdots\\ a_{i1} & a_{i2} & \cdots & a_{in}\\ \vdots & \vdots & & \vdots\\ a_{n1} & a_{n2} & \cdots & a_{nn}\end{vmatrix}\begin{matrix}\\ \\ \\ \leftarrow\text{第 } i \text{ 行}\\ \\ \leftarrow\text{第 } j \text{ 行}\\ \\ \\ \end{matrix},$$

显然，行列式 D_1 的值为零. 将其按第 j 行展开有

$$D_1=a_{i1}A_{j1}+a_{i2}A_{j2}+\cdots+a_{in}A_{jn}.$$

所以

$$a_{i1}A_{j1}+a_{i2}A_{j2}+\cdots+a_{in}A_{jn}=\sum_{k=1}^{n}a_{ik}A_{jk}=0\quad(i\neq j).$$

同理可证

$$a_{1i}A_{1j}+a_{2i}A_{2j}+\cdots+a_{ni}A_{nj}=\sum_{k=1}^{n}a_{ki}A_{kj}=0\quad(i\neq j).$$

综合定理 1.6.1 及推论 1.6.1，我们有

$$\sum_{k=1}^{n}a_{ik}A_{jk}=D\delta_{ij}=\begin{cases}D, & i=j\\ 0, & i\neq j\end{cases}; \tag{1.6.5}$$

$$\sum_{k=1}^{n}a_{ki}A_{kj}=D\delta_{ij}=\begin{cases}D, & i=j\\ 0, & i\neq j\end{cases}, \tag{1.6.6}$$

其中 $\delta_{ij}=\begin{cases}1, & i=j\\ 0, & i\neq j\end{cases}$.

* 类似地，我们有以下定义：若在行列式 D 中任取 k 行 k 列 $(1\leqslant k\leqslant n)$，位于这 k 行 k 列交叉处的 k^2 个元素按原来的顺序组成的 k 阶行列式 S，称为 D 的一个 **k 阶子式**. 在 D 中划去 S 所在的 k 行 k 列，余下的元素按原来的顺序组成的 $n-k$ 阶行列式 M，称为 S 的**余子式**；若 S 的各行各列分别位于 D 中的第 $i_1,i_2,\cdots,i_k$ 行与第 $j_1,j_2,\cdots,j_k$ 列，那么称 $A=(-1)^{(i_1+\cdots+i_k)+(j_1+\cdots+j_k)}M$ 为 S 的**代数余子式**.

* **定理 1.6.2** [拉普拉斯(Laplace)定理]若在行列式 D 中任取 k 行 $(1\leqslant k\leqslant n)$，则这 k 行组成的所有 k 阶子式与其代数余子式的乘积之和等于 D.

该定理的证明从略.

例 1.6.4 计算 $D=\begin{vmatrix}75 & 92 & 52 & -103\\ 0 & -1 & 83 & -307\\ 0 & 0 & 1 & 2\\ 0 & 0 & 72 & 31\end{vmatrix}$.

计算实验：行列式的计算

解 按第 3、第 4 行展开，显然第 3、第 4 行中仅有一个不为零的子式，所以

$$D=\begin{vmatrix}1 & 2\\ 72 & 31\end{vmatrix}\times(-1)^{(3+4)+(3+4)}\begin{vmatrix}75 & 92\\ 0 & -1\end{vmatrix}=(31-144)\times(-75)=8475.$$

此例也可按例 1.4.3 的方法去做. 读者可以对比一下两种方法的异同.

习题 1.6

1. 求行列式 $\begin{vmatrix} -3 & 0 & 4 \\ 5 & 0 & 3 \\ 2 & -2 & 1 \end{vmatrix}$ 中元素5与2的代数余子式.

2. 已知四阶行列式第3行元素依次为$-1,2,0,1$,它们的余子式依次为$5,3,-1,4$,求行列式的值.

3. 求下列行列式的值:

(1) $D=\begin{vmatrix} 1 & 2 & 3 & 4 \\ 1 & 0 & 1 & 2 \\ 3 & -1 & -1 & 0 \\ 1 & 2 & 0 & -5 \end{vmatrix}$; (2) $D=\begin{vmatrix} a & -1 & 0 & 0 \\ 1 & b & -1 & 0 \\ 0 & 1 & c & -1 \\ 0 & 0 & 1 & d \end{vmatrix}$;

(3) $D=\begin{vmatrix} 1+x & 1 & 1 & 1 \\ 1 & 1-x & 1 & 1 \\ 1 & 1 & 1+y & 1 \\ 1 & 1 & 1 & 1-y \end{vmatrix}$; (4) $D=\begin{vmatrix} 0 & a & b & a \\ a & 0 & a & b \\ b & a & 0 & a \\ a & b & a & 0 \end{vmatrix}$;

(5) $D=\begin{vmatrix} 1 & 1 & 1 & 1 \\ 1 & 2 & -2 & x \\ 1 & 4 & 4 & x^2 \\ 1 & 8 & -8 & x^3 \end{vmatrix}$; (6) $D_n=\begin{vmatrix} 1 & 1 & 1 & \cdots & 1 \\ 2 & 2^2 & 2^3 & \cdots & 2^n \\ 3 & 3^2 & 3^3 & \cdots & 3^n \\ \vdots & \vdots & \vdots & & \vdots \\ n & n^2 & n^3 & \cdots & n^n \end{vmatrix}$;

(7) $D_n=\begin{vmatrix} 1+a_1 & 1 & 1 & \cdots & 1 \\ 1 & 1+a_2 & 1 & \cdots & 1 \\ 1 & 1 & 1+a_3 & \cdots & 1 \\ \vdots & \vdots & \vdots & & \vdots \\ 1 & 1 & 1 & \cdots & 1+a_n \end{vmatrix}$ $(a_i\neq 0, i=1,2,\cdots,n)$.

4. 证明:

(1) $D_n=\begin{vmatrix} \alpha+\beta & \alpha\beta & 0 & \cdots & 0 & 0 \\ 1 & \alpha+\beta & \alpha\beta & \cdots & 0 & 0 \\ 0 & 1 & \alpha+\beta & \cdots & 0 & 0 \\ \vdots & \vdots & \vdots & & \vdots & \vdots \\ 0 & 0 & 0 & \cdots & \alpha+\beta & \alpha\beta \\ 0 & 0 & 0 & \cdots & 1 & \alpha+\beta \end{vmatrix}=\dfrac{\alpha^{n+1}-\beta^{n+1}}{\alpha-\beta}(\alpha\neq\beta)$;

$$(2)D_{n+1}=\begin{vmatrix} a^n & (a-1)^n & \cdots & (a-n)^n \\ a^{n-1} & (a-1)^{n-1} & \cdots & (a-n)^{n-1} \\ \vdots & \vdots & & \vdots \\ a & a-1 & \cdots & a-n \\ 1 & 1 & \cdots & 1 \end{vmatrix}=n!\ (n-1)!\ \cdots 3!\ 2!\ 1!.$$

5. 证明与讨论:证明

$$\begin{vmatrix} 1 & 1 & 1 & 1 \\ a & b & c & d \\ a^2 & b^2 & c^2 & d^2 \\ a^4 & b^4 & c^4 & d^4 \end{vmatrix}=(a+b+c+d)(b-a)(c-a)(d-a)(c-b)(d-b)(d-c).$$

讨论:此问题的一般形式是什么?给出至少两种证明.

1.7 克拉默法则

前面在 1.2 节中曾提到一个公式——克拉默公式,现在利用前面几节的理论来得出关于一般线性方程组的克拉默公式,它具有重要的理论价值.

设有 n 元线性方程组

$$\begin{cases} a_{11}x_1+a_{12}x_2+\cdots+a_{1n}x_n=b_1, \\ a_{21}x_1+a_{22}x_2+\cdots+a_{2n}x_n=b_2, \\ \qquad\vdots \\ a_{n1}x_1+a_{n2}x_2+\cdots+a_{nn}x_n=b_n. \end{cases} \tag{1.7.1}$$

由它们的系数 $a_{ij}(i,j=1,2,\cdots,n)$所组成的 n 阶行列式

$$D=\begin{vmatrix} a_{11} & a_{12} & \cdots & a_{1n} \\ a_{21} & a_{22} & \cdots & a_{2n} \\ \vdots & \vdots & & \vdots \\ a_{n1} & a_{n2} & \cdots & a_{nn} \end{vmatrix},$$

称为方程组的**系数行列式**.

定理 1.7.1(克拉默法则) 如果线性方程组(1.7.1)的系数行列式 $D\neq 0$,则其有唯一解

$$x_1=\frac{D_1}{D},x_2=\frac{D_2}{D},\cdots,x_n=\frac{D_n}{D}. \tag{1.7.2}$$

其中,$D_j(j=1,2,\cdots,n)$是将 D 中第 j 列元素用方程组右端的常数项代替后得到的 n 阶行列式,即

$$D_j=\begin{vmatrix} a_{11} & a_{12} & \cdots & a_{1,j-1} & b_1 & a_{1,j+1} & \cdots & a_{1n} \\ a_{21} & a_{22} & \cdots & a_{2,j-1} & b_2 & a_{2,j+1} & \cdots & a_{2n} \\ \vdots & \vdots & & \vdots & \vdots & \vdots & & \vdots \\ a_{n1} & a_{n2} & \cdots & a_{n,j-1} & b_n & a_{n,j+1} & \cdots & a_{nn} \end{vmatrix} \quad (j=1,2,\cdots,n).$$

证 首先设方程组(1.7.1)有一组解 $x_1,x_2,\cdots,x_n$,即将 $x_1,x_2,\cdots,x_n$ 代入方程组(1.7.1)等式成立. 用 x_1 乘系数行列式 D,并根据行列式的性质,有

$$Dx_1=\begin{vmatrix} a_{11}x_1 & a_{12} & \cdots & a_{1n} \\ a_{21}x_1 & a_{22} & \cdots & a_{2n} \\ \vdots & \vdots & & \vdots \\ a_{n1}x_1 & a_{n2} & \cdots & a_{nn} \end{vmatrix}$$

$$\xlongequal{c_1+x_2c_2+\cdots+x_nc_n}\begin{vmatrix} a_{11}x_1+a_{12}x_2+\cdots+a_{1n}x_n & a_{12} & \cdots & a_{1n} \\ a_{21}x_1+a_{22}x_2+\cdots+a_{2n}x_n & a_{22} & \cdots & a_{2n} \\ \vdots & \vdots & & \vdots \\ a_{n1}x_1+a_{n2}x_2+\cdots+a_{nn}x_n & a_{n2} & \cdots & a_{nn} \end{vmatrix}$$

$$=\begin{vmatrix} b_1 & a_{12} & \cdots & a_{1n} \\ b_2 & a_{22} & \cdots & a_{2n} \\ \vdots & \vdots & & \vdots \\ b_n & a_{n2} & \cdots & a_{nn} \end{vmatrix}=D_1.$$

所以当 $D\neq0$ 时,有 $x_1=\dfrac{D_1}{D}$. 同理可证,当 $D\neq0$ 时,有

$$x_2=\frac{D_2}{D},\cdots,x_n=\frac{D_n}{D}.$$

这说明,当方程组(1.7.1)的系数行列式 $D\neq0$ 时,它如果有解,这个解只能是式(1.7.2)的形式.

下面要证明当方程组(1.7.1)的系数行列式 $D\neq0$ 时,式(1.7.2)确实是它的解,也即它有解. 即要验证

$$a_{i1}\frac{D_1}{D}+a_{i2}\frac{D_2}{D}+\cdots+a_{in}\frac{D_n}{D}=b_i \quad (i=1,2,\cdots,n).$$

为此考虑有两行相同的 $n+1$ 阶行列式

$$\begin{vmatrix} b_i & a_{i1} & \cdots & a_{in} \\ b_1 & a_{11} & \cdots & a_{1n} \\ \vdots & \vdots & & \vdots \\ b_i & a_{i1} & \cdots & a_{in} \\ \vdots & \vdots & & \vdots \\ b_n & a_{n1} & \cdots & a_{nn} \end{vmatrix} \quad (i=1,2,\cdots,n),$$

显然，它的值为零. 把它按第一行展开，由于第一行中 a_{ij} 的代数余子式为

$$(-1)^{1+j+1}\begin{vmatrix} b_1 & a_{11} & \cdots & a_{1,j-1} & a_{1,j+1} & \cdots & a_{1n} \\ b_2 & a_{21} & \cdots & a_{2,j-1} & a_{2,j+1} & \cdots & a_{2n} \\ \vdots & \vdots & & \vdots & \vdots & & \vdots \\ b_n & a_{n1} & \cdots & a_{n,j-1} & a_{n,j+1} & \cdots & a_{nn} \end{vmatrix}$$

$$=(-1)^{j+2}\cdot(-1)^{j-1}D_j=-D_j \quad (j=1,2,\cdots,n).$$

所以有

$$b_iD-a_{i1}D_1-a_{i2}D_2-\cdots-a_{in}D_n=0,$$

即

$$a_{i1}\frac{D_1}{D}+a_{i2}\frac{D_2}{D}+\cdots+a_{in}\frac{D_n}{D}=b_i \quad (i=1,2,\cdots,n).$$

这说明若 $D\neq 0$，方程组(1.7.1)确实有解，且解就是式(1.7.2). 证毕

当方程组(1.7.1)的右端常数项全为零时，方程组是一个齐次线性方程组

$$\begin{cases} a_{11}x_1+a_{12}x_2+\cdots+a_{1n}x_n=0, \\ a_{21}x_1+a_{22}x_2+\cdots+a_{2n}x_n=0, \\ \qquad\vdots \\ a_{n1}x_1+a_{n2}x_2+\cdots+a_{nn}x_n=0. \end{cases} \tag{1.7.3}$$

显然，齐次线性方程组(1.7.3)一定有零解 $x_1=x_2=\cdots=x_n=0$；若其解 x_1，x_2，$\cdots$，x_n 不全为零，则称为齐次线性方程组(1.7.3)的一个非零解，且由定理 1.7.1，我们有：

推论 1.7.1 若齐次线性方程组(1.7.3)的系数行列式 $D\neq 0$，则它只有零解.

在具体应用时，常用到推论 1.7.1 的逆否命题：

推论 1.7.2 若齐次线性方程组(1.7.3)有非零解，则它的系数行列式 $D=0$.

通过第 2 章中的定理 2.7.3，我们还可得到：$D\neq 0$ 是方程组(1.7.3)只有零解的充要条件，$D=0$ 是方程组(1.7.3)有非零解的充要条件.

例 1.7.1 解线性方程组 $\begin{cases} x_1+x_2+x_3=5, \\ 2x_1+x_2-x_3+x_4=1, \\ x_1+2x_2-x_3+x_4=2, \\ x_2+2x_3+3x_4=3. \end{cases}$

解 因为系数行列式

$$D=\begin{vmatrix} 1 & 1 & 1 & 0 \\ 2 & 1 & -1 & 1 \\ 1 & 2 & -1 & 1 \\ 0 & 1 & 2 & 3 \end{vmatrix} \xlongequal[r_3-r_1]{r_2-2r_1} \begin{vmatrix} 1 & 1 & 1 & 0 \\ 0 & -1 & -3 & 1 \\ 0 & 1 & -2 & 1 \\ 0 & 1 & 2 & 3 \end{vmatrix}$$

$$=\begin{vmatrix}-1 & -3 & 1\\ 1 & -2 & 1\\ 1 & 2 & 3\end{vmatrix}\xrightarrow[r_3+r_1]{r_2+r_1}\begin{vmatrix}-1 & -3 & 1\\ 0 & -5 & 2\\ 0 & -1 & 4\end{vmatrix}$$

$$=-\begin{vmatrix}-5 & 2\\ -1 & 4\end{vmatrix}=18\neq 0.$$

所以方程组有唯一解；又因为

$$D_1=\begin{vmatrix}5 & 1 & 1 & 0\\ 1 & 1 & -1 & 1\\ 2 & 2 & -1 & 1\\ 3 & 1 & 2 & 3\end{vmatrix}=18,\quad D_2=\begin{vmatrix}1 & 5 & 1 & 0\\ 2 & 1 & -1 & 1\\ 1 & 2 & -1 & 1\\ 0 & 3 & 2 & 3\end{vmatrix}=36,$$

$$D_3=\begin{vmatrix}1 & 1 & 5 & 0\\ 2 & 1 & 1 & 1\\ 1 & 2 & 2 & 1\\ 0 & 1 & 3 & 3\end{vmatrix}=36,\quad D_4=\begin{vmatrix}1 & 1 & 1 & 5\\ 2 & 1 & -1 & 1\\ 1 & 2 & -1 & 2\\ 0 & 1 & 2 & 3\end{vmatrix}=-18.$$

所以方程组的解为

$$x_1=\frac{D_1}{D}=1,x_2=\frac{D_2}{D}=2,x_3=\frac{D_3}{D}=2,x_4=\frac{D_4}{D}=-1.$$

例 1.7.2 问 λ 为何值时，齐次线性方程组

$$\begin{cases}(5-\lambda)x+2y+2z=0,\\ 2x+(6-\lambda)y=0,\\ 2x+(4-\lambda)z=0\end{cases}$$

有非零解？

解 因为系数行列式

$$D=\begin{vmatrix}5-\lambda & 2 & 2\\ 2 & 6-\lambda & 0\\ 2 & 0 & 4-\lambda\end{vmatrix}$$

$$=2\times(-1)^{1+3}\begin{vmatrix}2 & 6-\lambda\\ 2 & 0\end{vmatrix}+(4-\lambda)\times(-1)^{3+3}\begin{vmatrix}5-\lambda & 2\\ 2 & 6-\lambda\end{vmatrix}$$

$$=-4(6-\lambda)+(4-\lambda)[(5-\lambda)(6-\lambda)-4]=(2-\lambda)(5-\lambda)(8-\lambda).$$

所以当 $D=0$，即 $\lambda=2$ 或 $\lambda=5$ 或 $\lambda=8$ 时，方程组有非零解.

例 1.7.3 证明 $n-1$ 次方程

$$f(x)=a_0+a_1x+a_2x^2+\cdots+a_{n-1}x^{n-1}=0\ (a_{n-1}\neq 0),$$

最多有 $n-1$ 个互异的根.

证 我们用反证法. 不妨设 $f(x)=0$ 有 n 个互异的根 $x_1,x_2,\cdots,x_n$，逐个代入

$f(x)=0$，得

$$\begin{cases} a_0+a_1x_1+a_2x_1^2+\cdots+a_{n-1}x_1^{n-1}=0, \\ a_0+a_1x_2+a_2x_2^2+\cdots+a_{n-1}x_2^{n-1}=0, \\ \qquad\qquad\vdots \\ a_0+a_1x_n+a_2x_n^2+\cdots+a_{n-1}x_n^{n-1}=0. \end{cases}$$

这里，$x_1,x_2,\cdots,x_n$ 是已知的 n 个互异的数，把 $a_0,a_1,\cdots,a_{n-1}$ 看作未知量，则上述方程组是 n 元线性方程组，其系数行列式为

$$D=\begin{vmatrix} 1 & x_1 & x_1^2 & \cdots & x_1^{n-1} \\ 1 & x_2 & x_2^2 & \cdots & x_2^{n-1} \\ \vdots & \vdots & \vdots & & \vdots \\ 1 & x_n & x_n^2 & \cdots & x_n^{n-1} \end{vmatrix}.$$

它是 n 阶范德蒙德行列式的转置行列式，故 $D=\prod\limits_{n\geqslant i>j\geqslant 1}(x_i-x_j)\neq 0$，从而推知 $a_{n-1}=0$，这与题设矛盾，故结论得证.

证毕

例 1.7.4 试建立用行列式表示的过 xOy 平面上两点 $M_1(x_1,y_1)$，$M_2(x_2,y_2)$ 的直线方程.

解 设直线方程为 $ax+by+c=0$，由于直线过 M_1,M_2 两点，所以

$$ax_1+by_1+c=0, ax_2+by_2+c=0.$$

因为两点确定一条直线，从而得：以 a,b,c 为未知量的线性方程组

$$\begin{cases} ax+by+c=0, \\ ax_1+by_1+c=0, \\ ax_2+by_2+c=0 \end{cases}$$

有非零解，由推论 1.7.2 得

$$\begin{vmatrix} x & y & 1 \\ x_1 & y_1 & 1 \\ x_2 & y_2 & 1 \end{vmatrix}=0.$$

这就是直线上的点 (x,y) 满足用行列式表示的方程.

拓展阅读：行列式在解析几何中的应用

习题 1.7

1. 用克拉默法则解线性方程组：

(1) $\begin{cases} x+y-2z=-3, \\ 5x-2y+7z=22, \\ 2x-5y+4z=4; \end{cases}$ (2) $\begin{cases} 2x+2y-z=0, \\ x-2y+4z=0, \\ 5x+8y-2z=0; \end{cases}$

(3) $\begin{cases} 5x_1 + 4x_3 + 2x_4 = 3, \\ x_1 - x_2 + x_3 + x_4 = 1, \\ 4x_1 + x_2 + 2x_3 = 1, \\ x_1 + x_2 + x_3 + x_4 = 0; \end{cases}$　(4) $\begin{cases} x_1 + x_2 + x_3 + x_4 = 5, \\ x_1 + 2x_2 - x_3 + 4x_4 = -2, \\ 2x_1 - 3x_2 - x_3 - 5x_4 = -2, \\ 3x_1 + x_2 + 2x_3 + 11x_4 = 0. \end{cases}$

2. 问 λ,μ 取何值时下列齐次线性方程组有非零解？

$$\begin{cases} \lambda x_1 + x_2 + x_3 = 0, \\ x_1 + \mu x_2 + x_3 = 0, \\ x_1 + 2\mu x_2 + x_3 = 0. \end{cases}$$

小　结

行列式是线性代数的基本概念之一.本章的重点是行列式的计算，要掌握应用行列式性质、按行(列)展开等化简行列式计算的方法.

一、导学

行列式是线性代数重要的内容之一，而行列式的计算又是线性代数运算的重点.对于 n 阶行列式的定义，只要了解它的大概意思(即行列式是一个记号，表示构成行列式的元素按一定的算式确定的数值)即可；重点是会利用行列式的性质与按行(列)展开等方法来简化行列式的计算，并重点掌握两行(列)交换、用一个非零数乘行列式的某一行(列)、某行(列)加上另一行(列)的 k 倍这三类运算(行列式的初等变换)，而对于一些复杂的行列式运算技巧不必做过多要求.

二、基本方法

1. 求逆序的方法；

2. 按行列式性质化简行列式的方法；

3. 按行(列)展开行列式的方法；

4. 按范德蒙德行列式计算某些特殊行列式的方法；

5. 按克拉默法则解线性方程组，特别是判断齐次线性方程组有非零解的方法.

三、疑难解析

1. 四阶及四阶以上的行列式能否按照对角线的方法来计算？

答　不能.这是因为若按照对角线的方法计算四阶及四阶以上的行列式，则不能写出行列式展开式中所有的项，而且即使能写出某些项，其符号也不一定正确.

初学者一定要注意这一点.对于四阶及四阶以上的行列式一定要按照定义、行列式性质及按行(列)展开进行计算.

2.行列式按照元素排列的定义有几种等价形式?

答 有三种等价形式:

(1)设 $i_1,i_2,\cdots,i_n$ 是取定的某个 n 级排列,则

$$D=\det(a_{ij})=\sum_{j_1j_2\cdots j_n}(-1)^{\tau(i_1i_2\cdots i_n)+\tau(j_1j_2\cdots j_n)}a_{i_1j_1}a_{i_2j_2}\cdots a_{i_nj_n}.$$

或设 $j_1,j_2,\cdots,j_n$ 是取定的某个 n 级排列,则

$$D=\det(a_{ij})=\sum_{i_1i_2\cdots i_n}(-1)^{\tau(i_1i_2\cdots i_n)+\tau(j_1j_2\cdots j_n)}a_{i_1j_1}a_{i_2j_2}\cdots a_{i_nj_n}.$$

(2)在上式中取 $i_1,i_2,\cdots,i_n$ 为标准排列 $1,2,\cdots,n$ 时,即为行列式定义中

$$D=\det(a_{ij})=\sum_{j_1j_2\cdots j_n}(-1)^{\tau(j_1j_2\cdots j_n)}a_{1j_1}a_{2j_2}\cdots a_{nj_n}.$$

(3)在(1)中取 $j_1,j_2,\cdots,j_n$ 为标准排列 $1,2,\cdots,n$ 时,有

$$D=\det(a_{ij})=\sum_{i_1i_2\cdots i_n}(-1)^{\tau(i_1i_2\cdots i_n)}a_{i_11}a_{i_22}\cdots a_{i_nn}.$$

这些结论说明了行列式中行与列的地位是平等的.在研究行列式的性质时,如果某个结论对于行列式的行是成立的,则它对于行列式的列也是成立的.

3.计算行列式常用的方法有哪些?

答 (1)定义法:对于某些特殊的行列式,直接用行列式的定义计算.

(2)三角形法:利用行列式的性质将行列式化为三角形行列式.

(3)降阶法:利用行列式按行(列)展开的定理,将行列式化为阶数更低的行列式.一般先用性质将行列式化简,再降价计算.

(4)升阶法(加边法):将行列式增加一特殊的行(列),使行列式的值保持不变,以利于化为三角形行列式或快速降阶.

(5)拆开法:利用行列式的性质将某一行(列)拆开,把原来行列式拆开成两个或多个便于计算的行列式.

(6)递推法与数学归纳法:根据行列式的特点,找出高阶行列式与一个或几个结构相同的低阶行列式之间的关系(递推关系),再归结出计算结果;或用数学归纳法证明.

4.如果用克拉默法则直接判断线性方程组解的情况,那么对方程组有何要求?

答 要求线性方程组未知量的个数与方程的个数相等,且判断其解的情况及求解,完全转换成了计算其对应的行列式值的问题.

5.对于未知量的个数与方程的个数相等的齐次线性方程组是否有非零解,如何判定?

答　该问题已经完全转化为判断其系数行列式 D 是否等于 0 的问题. 齐次线性方程组有非零解的充分必要条件是其系数行列式 $D=0$.

四、例题增补

例 1.1　证明在 n 级排列中($n\geqslant 2$),奇排列与偶排列的个数相等,各为 $\frac{1}{2}n!$ 个.

分析　要证明奇排列与偶排列的个数相等,可以利用一次对换改变排列的奇偶性证明,或利用行列式的定义来证明.

证一　在 n 级排列中($n\geqslant 2$),所有排列个数为 $n!$ 个. 设奇排列与偶排列个数各为 p 和 q,对 p 个奇排列进行一次对换,得到 p 个偶排列,则 $p\leqslant q$;同理可证 $q\leqslant p$,所以 $p=q$;故 $p=q=\frac{1}{2}n!$.

证二　由行列式性质知,n 阶行列式 $D_n=\begin{vmatrix} 1 & 1 & \cdots & 1 \\ 1 & 1 & \cdots & 1 \\ \vdots & \vdots & & \vdots \\ 1 & 1 & \cdots & 1 \end{vmatrix}=0$;根据行列式定义可知该行列式

$$D_n=\sum_{j_1 j_2 \cdots j_n}(-1)^{\tau(j_1 j_2 \cdots j_n)}.$$

其中 $j_1,j_2,\cdots,j_n$ 是 $1,2,\cdots,n$ 的某一个排列,该和式共有 $n!$ 项,且每一项的绝对值都是 1;又因为 $D_n=0$,则该式中 1 和 -1 的个数相等,均为 $\frac{1}{2}n!$,即在 n 级排列中($n\geqslant 2$),奇排列与偶排列的个数各为一半.

例 1.2　求下列 $n+1$ 阶行列式的值($a_i\neq 0,1\leqslant i\leqslant n$):

$$D=\begin{vmatrix} a_0 & 1 & 1 & \cdots & 1 \\ 1 & a_1 & 0 & \cdots & 0 \\ 1 & 0 & a_2 & \cdots & 0 \\ \vdots & \vdots & \vdots & & \vdots \\ 1 & 0 & 0 & \cdots & a_n \end{vmatrix}.$$

分析　这是通常所说的**爪形(箭形)行列式**,可以将它化为三角形行列式来计算.

解　第 i($i=2,3,\cdots,n+1$)列乘以($-a_{i-1}^{-1}$)加到第一列上,得

$$D=\begin{vmatrix} a_0-\sum\limits_{i=1}^{n}a_i^{-1} & 1 & 1 & \cdots & 1 \\ 0 & a_1 & 0 & \cdots & 0 \\ 0 & 0 & a_2 & \cdots & 0 \\ \vdots & \vdots & \vdots & & \vdots \\ 0 & 0 & 0 & \cdots & a_n \end{vmatrix}=a_1a_2\cdots a_n(a_0-\sum_{i=1}^{n}a_i^{-1}).$$

例 1.3 计算 $D=\begin{vmatrix} 3 & 2 & -1 & 4 \\ 2 & -3 & 5 & 1 \\ 1 & 0 & -2 & 3 \\ 5 & 4 & 1 & 3 \end{vmatrix}$.

分析 数字形行列式的计算可以用"三角形"法.但往往是将性质与展开法则结合使用,再降阶计算.一般先用性质将行列式的某一行(列)化为只含一个非零元素,再按此行(列)展开;或化出更多的0,再取零元素较多的行(列)展开;或直接取零元素较多的行(列)展开.此行列式第三行中有一个零,可先利用行列式性质把第三行中元素-2,3 化为零,再按该行展开.

解 $$D\xlongequal[c_4-3c_1]{c_3+2c_1}\begin{vmatrix} 3 & 2 & 5 & -5 \\ 2 & -3 & 9 & -5 \\ 1 & 0 & 0 & 0 \\ 5 & 4 & 11 & -12 \end{vmatrix}=1\times(-1)^{3+1}\begin{vmatrix} 2 & 5 & -5 \\ -3 & 9 & -5 \\ 4 & 11 & -12 \end{vmatrix}$$

$$\xlongequal[r_3-2r_1]{r_2+\frac{3}{2}r_1}\begin{vmatrix} 2 & 5 & -5 \\ 0 & \frac{33}{2} & -\frac{25}{2} \\ 0 & 1 & -2 \end{vmatrix}=2\begin{vmatrix} \frac{33}{2} & -\frac{25}{2} \\ 1 & -2 \end{vmatrix}=-41.$$

例 1.4 计算 $D=\begin{vmatrix} 1+a_1 & a_2 & \cdots & a_n \\ a_1 & 1+a_2 & \cdots & a_n \\ \vdots & \vdots & & \vdots \\ a_1 & a_2 & \cdots & 1+a_n \end{vmatrix}$.

分析 观察行列式中元素的规律,可以看出:如果除去1,则每一行都是 a_1, $a_2,\cdots,a_n$;所以考虑用升阶法进行计算,即将行列式增加一特殊的行(列)化为与之等值的高一阶的行列式,以利于化为三角形行列式或快速降阶.升阶过程一般为:

$$D\xlongequal{\text{升阶}}\begin{vmatrix} 1 & * & \cdots & * \\ 0 & & & \\ \vdots & & D\text{的元素} & \\ 0 & & & \end{vmatrix}\text{或}D\xlongequal{\text{升阶}}\begin{vmatrix} 1 & 0 & \cdots & 0 \\ * & & & \\ \vdots & & D\text{的元素} & \\ * & & & \end{vmatrix}.$$

从式子看，* 号位置上的元素可以任意选取；但为了升阶后的行列式更容易化简计算，这些元素要根据行列式 D 的元素特征来选取.

解

$$D=\begin{vmatrix} 1 & a_1 & a_2 & \cdots & a_n \\ 0 & 1+a_1 & a_2 & \cdots & a_n \\ 0 & a_1 & 1+a_2 & \cdots & a_n \\ \vdots & \vdots & \vdots & & \vdots \\ 0 & a_1 & a_2 & \cdots & 1+a_n \end{vmatrix} \xlongequal[i=2,\cdots,n+1]{r_i-r_1} \begin{vmatrix} 1 & a_1 & a_2 & \cdots & a_n \\ -1 & 1 & 0 & \cdots & 0 \\ -1 & 0 & 1 & \cdots & 0 \\ \vdots & \vdots & \vdots & & \vdots \\ -1 & 0 & 0 & \cdots & 1 \end{vmatrix}$$

$$\xlongequal[i=2,\cdots,n+1]{c_1+c_i} \begin{vmatrix} 1+\sum_{i=1}^{n}a_i & a_1 & a_2 & \cdots & a_n \\ 0 & 1 & 0 & \cdots & 0 \\ 0 & 0 & 1 & \cdots & 0 \\ \vdots & \vdots & \vdots & & \vdots \\ 0 & 0 & 0 & \cdots & 1 \end{vmatrix} = 1+\sum_{i=1}^{n} a_i.$$

例 1.5　计算

$$D=\begin{vmatrix} 0 & 1 & 1 & 1 & \cdots & 1 & 1 \\ x_1 & a_1 & 0 & 0 & \cdots & 0 & 0 \\ x_2 & x_2 & a_2 & 0 & \cdots & 0 & 0 \\ x_3 & x_3 & x_3 & a_3 & \cdots & 0 & 0 \\ \vdots & \vdots & \vdots & \vdots & & \vdots & \vdots \\ x_n & x_n & x_n & x_n & \cdots & x_n & a_n \end{vmatrix}.$$

分析　如果第 1 行第 1 列的元素为 1，则行列式很容易化为上三角形行列式，所以考虑用拆开法进行计算.

解

$$D=\begin{vmatrix} 1-1 & 1+0 & 1+0 & 1+0 & \cdots & 1+0 & 1+0 \\ x_1 & a_1 & 0 & 0 & \cdots & 0 & 0 \\ x_2 & x_2 & a_2 & 0 & \cdots & 0 & 0 \\ x_3 & x_3 & x_3 & a_3 & \cdots & 0 & 0 \\ \vdots & \vdots & \vdots & \vdots & & \vdots & \vdots \\ x_n & x_n & x_n & x_n & \cdots & x_n & a_n \end{vmatrix}$$

$$=\begin{vmatrix} 1 & 1 & 1 & 1 & \cdots & 1 & 1 \\ x_1 & a_1 & 0 & 0 & \cdots & 0 & 0 \\ x_2 & x_2 & a_2 & 0 & \cdots & 0 & 0 \\ x_3 & x_3 & x_3 & a_3 & \cdots & 0 & 0 \\ \vdots & \vdots & \vdots & \vdots & & \vdots & \vdots \\ x_n & x_n & x_n & x_n & \cdots & x_n & a_n \end{vmatrix} + \begin{vmatrix} -1 & 0 & 0 & 0 & \cdots & 0 & 0 \\ x_1 & a_1 & 0 & 0 & \cdots & 0 & 0 \\ x_2 & x_2 & a_2 & 0 & \cdots & 0 & 0 \\ x_3 & x_3 & x_3 & a_3 & \cdots & 0 & 0 \\ \vdots & \vdots & \vdots & \vdots & & \vdots & \vdots \\ x_n & x_n & x_n & x_n & \cdots & x_n & a_n \end{vmatrix}$$

$$\xlongequal[i=1,\cdots,n]{\text{第一个行列式中}\ r_{i+1}-x_ir_1} \begin{vmatrix} 1 & 1 & 1 & 1 & \cdots & 1 & 1 \\ 0 & a_1-x_1 & -x_1 & -x_1 & \cdots & -x_1 & -x_1 \\ 0 & 0 & a_2-x_2 & -x_2 & \cdots & -x_2 & -x_2 \\ 0 & 0 & 0 & a_3-x_3 & \cdots & -x_3 & -x_3 \\ \vdots & \vdots & \vdots & \vdots & & \vdots & \vdots \\ 0 & 0 & 0 & 0 & \cdots & 0 & a_n-x_n \end{vmatrix} - a_1a_2\cdots a_n$$

$=(a_1-x_1)(a_2-x_2)\cdots(a_n-x_n)-a_1a_2\cdots a_n.$

例 1.6 计算

$$D_{n+1}=\begin{vmatrix} a_0 & -1 & 0 & 0 & \cdots & 0 \\ a_1 & x & -1 & 0 & \cdots & 0 \\ a_2 & 0 & x & -1 & \cdots & 0 \\ \vdots & \vdots & \vdots & \vdots & & \vdots \\ a_{n-1} & 0 & 0 & 0 & \cdots & -1 \\ a_n & 0 & 0 & 0 & \cdots & x \end{vmatrix}.$$

解 将行列式按第 $n+1$ 行展开,得递推公式

$$D_{n+1}=a_n(-1)^{(n+1)+1}\cdot(-1)^n+xD_n=a_n+xD_n,$$

以此类推,得

$$\begin{aligned} D_{n+1}&=a_n+xD_n=a_n+x(a_{n-1}+xD_{n-1}) \\ &=\cdots=a_n+a_{n-1}x+\cdots+x^{n-2}(a_2+xD_2) \\ &=a_n+a_{n-1}x+\cdots+a_2x^{n-2}+x^{n-1}\begin{vmatrix} a_0 & -1 \\ a_1 & x \end{vmatrix} \\ &=a_n+a_{n-1}x+\cdots+a_2x^{n-2}+a_1x^{n-1}+a_0x^n. \end{aligned}$$

例 1.7 设行列式

$$D_n=\begin{vmatrix} a_0+a_1 & a_1 & 0 & 0 & \cdots & 0 & 0 \\ a_1 & a_1+a_2 & a_2 & 0 & \cdots & 0 & 0 \\ 0 & a_2 & a_2+a_3 & a_3 & \cdots & 0 & 0 \\ \vdots & \vdots & \vdots & \vdots & & \vdots & \vdots \\ 0 & 0 & 0 & 0 & \cdots & a_{n-1} & a_{n-1}+a_n \end{vmatrix} (a_i\neq 0, 0\leqslant i\leqslant n),$$

求证 $D_n=a_0a_1\cdots a_n(\frac{1}{a_0}+\frac{1}{a_1}+\cdots+\frac{1}{a_n})$.

分析　考虑使用数学归纳法证明.一般来讲,数学归纳法主要是对于其结论较易猜出或要证明已给出结论的题目.

证　当 $n=1,2$ 时结论显然成立.

假设 $n\leqslant k$ 时结论成立,当 $n=k+1$ 时,按照最后一行展开有

$$D_{k+1}=(a_k+a_{k+1})D_k-a_k\begin{vmatrix} a_0+a_1 & a_1 & 0 & \cdots & 0 & 0 & 0 \\ a_1 & a_1+a_2 & a_2 & \cdots & 0 & 0 & 0 \\ 0 & a_2 & a_2+a_3 & \cdots & 0 & 0 & 0 \\ \vdots & \vdots & \vdots & & \vdots & \vdots & \vdots \\ 0 & 0 & 0 & \cdots & a_{k-3}+a_{k-2} & a_{k-2} & 0 \\ 0 & 0 & 0 & \cdots & a_{k-2} & a_{k-2}+a_{k-1} & 0 \\ 0 & 0 & 0 & \cdots & 0 & a_{k-1} & a_k \end{vmatrix}$$

$$=(a_k+a_{k+1})D_k-a_k^2D_{k-1}.$$

从而

$$D_{k+1}=(a_k+a_{k+1})a_0a_1\cdots a_k\left(\frac{1}{a_0}+\frac{1}{a_1}+\cdots+\frac{1}{a_k}\right)-a_k^2a_0a_1\cdots a_{k-1}\left(\frac{1}{a_0}+\frac{1}{a_1}+\cdots+\frac{1}{a_{k-1}}\right)$$

$$=a_0a_1\cdots a_ka_{k+1}\left(\frac{1}{a_0}+\frac{1}{a_1}+\cdots+\frac{1}{a_k}\right)+a_0a_1\cdots a_{k-1}a_k$$

$$=a_0a_1\cdots a_ka_{k+1}\left(\frac{1}{a_0}+\frac{1}{a_1}+\cdots+\frac{1}{a_{k+1}}\right).$$

故 $n=k+1$ 时结论也成立.综上所证,对任意的 n,结论成立.　　证毕

例 1.8　计算行列式 $D=\begin{vmatrix} x & x^2 & (x+1)^2 \\ y & y^2 & (y+1)^2 \\ z & z^2 & (z+1)^2 \end{vmatrix}$.

分析　有一些行列式,可以通过适当的变换化为范德蒙德行列式进行计算.

解

$$D=\begin{vmatrix} x & x^2 & x^2+2x+1 \\ y & y^2 & y^2+2y+1 \\ z & z^2 & z^2+2z+1 \end{vmatrix}\xlongequal[c_3-c_2]{c_3-2c_1}\begin{vmatrix} x & x^2 & 1 \\ y & y^2 & 1 \\ z & z^2 & 1 \end{vmatrix}\xlongequal[c_1\leftrightarrow c_2]{c_2\leftrightarrow c_3}\begin{vmatrix} 1 & x & x^2 \\ 1 & y & y^2 \\ 1 & z & z^2 \end{vmatrix}$$

$$=\begin{vmatrix} 1 & 1 & 1 \\ x & y & z \\ x^2 & y^2 & z^2 \end{vmatrix}=(z-x)(z-y)(y-x).$$

例 1.9 计算 n 阶行列式 $D_n=\begin{vmatrix} 1 & 1 & \cdots & 1 \\ a_1+1 & a_2+1 & \cdots & a_n+1 \\ a_1^2+a_1 & a_2^2+a_2 & \cdots & a_n^2+a_n \\ \vdots & \vdots & & \vdots \\ a_1^{n-1}+a_1^{n-2} & a_2^{n-1}+a_2^{n-2} & \cdots & a_n^{n-1}+a_n^{n-2} \end{vmatrix}$.

解 观察行列式中元素的规律,可以通过 $r_i-r_{i-1}(i=2,3,\cdots,n)$化为

$$D_n=\begin{vmatrix} 1 & 1 & \cdots & 1 \\ a_1 & a_2 & \cdots & a_n \\ a_1^2 & a_2^2 & \cdots & a_n^2 \\ \vdots & \vdots & & \vdots \\ a_1^{n-1} & a_2^{n-1} & \cdots & a_n^{n-1} \end{vmatrix}.$$

由范德蒙德行列式得 $D_n=\prod\limits_{n\geqslant i>j\geqslant 1}(a_i-a_j)$.

五、思考题

1. 如何理解 n 阶行列式的定义？四阶及其以上的行列式可以用对角线法则计算吗？

2. 是否需要记住一些特殊行列式的结果？如果需要,那么是哪几个特殊行列式的结果？

3. 余子式与代数余子式有什么异同？

4. 克拉默法则在判定齐次线性方程组的解中有什么作用？

讨论:计算行列式的方法

本章小结中给出了计算行列式的一些常用方法.请读者就一种或两种方法举出两三个例子,并对各种方法的适用范围等进行讨论.

总习题一

一、选择题

1. 设行列式 $\begin{vmatrix} a_1 & b_1 \\ a_2 & b_2 \end{vmatrix}=1$, $\begin{vmatrix} a_1 & c_1 \\ a_2 & c_2 \end{vmatrix}=2$,则 $\begin{vmatrix} a_1 & b_1+c_1 \\ a_2 & b_2+c_2 \end{vmatrix}$ 等于(　　).

(A) -3　　(B) -1　　(C) 1　　(D) 3

2. 设 $f(x)=\begin{vmatrix} x-2 & x-1 & x-2 \\ 2x-2 & 2x-1 & 2x-2 \\ 3x-2 & 3x-2 & 3x-5 \end{vmatrix}$，则方程 $f(x)=0$ 的根的个数为（　　）.

(A)0　　(B)1　　(C)2　　(D)3

3. 已知数 1309，1139，1275，1700 均能被 17 整除，则行列式 $D=\begin{vmatrix} 1 & 3 & 0 & 9 \\ 1 & 1 & 3 & 9 \\ 1 & 2 & 7 & 5 \\ 1 & 7 & 0 & 0 \end{vmatrix}$（　　）.

(A)仅被 17 整除　　(B)被 17^4 整除

(C)不能被 17 整除　　(D)被 17^2 整除

4. 设行列式 $\begin{vmatrix} a_{11} & a_{12} & a_{13} \\ a_{21} & a_{22} & a_{23} \\ a_{31} & a_{32} & a_{33} \end{vmatrix}=1$，则 $\begin{vmatrix} 2a_{11} & a_{13} & a_{11}-2a_{12} \\ 2a_{21} & a_{23} & a_{21}-2a_{22} \\ 2a_{31} & a_{33} & a_{31}-2a_{32} \end{vmatrix}$ 等于（　　）.

(A)4　　(B)-4　　(C)2　　(D)-2

5. 行列式 $\begin{vmatrix} 0 & 1 & -1 & 1 \\ -1 & 0 & 1 & -1 \\ 1 & -1 & 0 & 1 \\ -1 & 1 & -1 & 0 \end{vmatrix}$ 第二行第一列元素的代数余子式 $A_{21}=$（　　）.

(A)-2　　(B)-1　　(C)1　　(D)2

6. (2014)　行列式 $\begin{vmatrix} 0 & a & b & 0 \\ a & 0 & 0 & b \\ 0 & c & d & 0 \\ c & 0 & 0 & d \end{vmatrix}$ 等于（　　）.

(A)$(ad-bc)^2$　　(B)$-(ad-bc)^2$　　(C)$a^2d^2-b^2c^2$　　(D)$-a^2d^2+b^2c^2$

注：(2014)是指该题为 2014 年全国硕士研究生入学考试试题，下同.

二、填空题

1. 当 $k=$________，$l=$________时，$a_{13}a_{2k}a_{34}a_{42}a_{5l}$ 是五阶行列式 $D=\det(a_{ij})$ 中带有负号的项.

2. 行列式 $\begin{vmatrix} 2007 & 2008 \\ 2009 & 2010 \end{vmatrix}$ 的值为________.

3. 已知 3 阶行列式 D 中第 3 列元素依次为 $-1,2,0$，它们的余子式依次为

5，3，−7，则 $D=$ ________.

4. 设 $D=\begin{vmatrix}1 & 2 & 3 & 4\\0 & 1 & 2 & 5\\3 & 3 & 4 & 6\\1 & 1 & 1 & 1\end{vmatrix}$，则 D 中第二行各元素的代数余子式之和等于 ________.

5.（2001） 设 $D=\begin{vmatrix}3 & 0 & 4 & 0\\2 & 2 & 2 & 2\\0 & -7 & 0 & 0\\5 & 3 & -2 & 2\end{vmatrix}$，则 D 中第四行各元素的余子式之和等于 ________.

6.（2015） n 阶行列式 $\begin{vmatrix}2 & 0 & \cdots & 0 & 2\\-1 & 2 & \cdots & 0 & 2\\\vdots & \vdots & & \vdots & \vdots\\0 & 0 & \cdots & 2 & 2\\0 & 0 & \cdots & -1 & 2\end{vmatrix}=$ ________.

三、计算与证明题

1. 证明任一 n 级排列 $p_1p_2\cdots p_n$ 通过对换变为标准排列 $12\cdots n$ 的对换次数不超过 n.

2. 用行列式定义计算 $D=\begin{vmatrix}1 & 0 & \cdots & 0 & 0\\0 & 0 & \cdots & 0 & 2\\0 & 0 & \cdots & 3 & 0\\\vdots & \vdots & & \vdots & \vdots\\0 & 2012 & \cdots & 0 & 0\end{vmatrix}$.

3. 计算下列各行列式（D_k 为 k 阶行列式）：

(1) $\begin{vmatrix}2 & 1 & 4 & 1\\3 & -1 & 2 & 1\\1 & 2 & 3 & 2\\5 & 0 & 6 & 2\end{vmatrix}$；　　(2) $\begin{vmatrix}2 & 1 & 0 & 0\\1 & 2 & 1 & 0\\0 & 1 & 2 & 1\\0 & 0 & 1 & 2\end{vmatrix}$；

(3) $\begin{vmatrix}123 & 23 & 3\\249 & 49 & 9\\367 & 67 & 7\end{vmatrix}$；　　(4) $\begin{vmatrix}1 & 2 & 3 & 4\\3 & 3 & 4 & 4\\1 & 5 & 6 & 7\\1 & 1 & 2 & 2\end{vmatrix}$；

(5) $D_n=\begin{vmatrix}1&3&3&\cdots&3\\3&2&3&\cdots&3\\3&3&3&\cdots&3\\\vdots&\vdots&\vdots&&\vdots\\3&3&3&\cdots&n\end{vmatrix}$；　　(6) $\begin{vmatrix}a_1&0&0&\cdots&0&1\\0&a_2&0&\cdots&0&0\\0&0&a_3&\cdots&0&0\\\vdots&\vdots&\vdots&&\vdots&\vdots\\0&0&0&\cdots&a_{n-1}&0\\1&0&0&\cdots&0&a_n\end{vmatrix}$；

(7) $\begin{vmatrix}a_3&0&0&0&0&b_3\\0&a_2&0&0&b_2&0\\0&0&a_1&b_1&0&0\\0&0&c_1&d_1&0&0\\0&c_2&0&0&d_2&0\\c_3&0&0&0&0&d_3\end{vmatrix}$；　　(8) $D_n=\det(a_{ij})$，其中 $a_{ij}=|i-j|$.

4. 解下列方程：

(1) $\begin{vmatrix}x+1&2&-1\\2&x+1&1\\-1&1&x+1\end{vmatrix}=0$；　　(2) $\begin{vmatrix}1&1&1&1\\x&a&b&c\\x^2&a^2&b^2&c^2\\x^3&a^3&b^3&c^3\end{vmatrix}=0$；

(3) $\begin{vmatrix}1&x&y&z\\x&1&0&0\\y&0&1&0\\z&0&0&1\end{vmatrix}=1$.

5. 解下列方程组：

(1) $\begin{cases}5x_1+6x_2=1,\\x_1+5x_2+6x_3=0,\\x_2+5x_3+6x_4=0,\\x_3+5x_4+6x_5=0,\\x_4+5x_5=1;\end{cases}$

(2) 问 λ 取何值时，齐次线性方程组 $\begin{cases}(1-\lambda)x_1-2x_2+4x_3=0,\\2x_1+(3-\lambda)x_2+x_3=0,\\x_1+x_2+(1-\lambda)x_3=0\end{cases}$ 有非零解？

6.(1996) 计算行列式 $\begin{vmatrix} 1-a & a & 0 & 0 & 0 \\ -1 & 1-a & a & 0 & 0 \\ 0 & -1 & 1-a & a & 0 \\ 0 & 0 & -1 & 1-a & a \\ 0 & 0 & 0 & -1 & 1-a \end{vmatrix}$.

7.(1999) 记行列式 $f(x)=\begin{vmatrix} x-2 & x-1 & x-2 & x-3 \\ 2x-2 & 2x-1 & 2x-2 & 2x-3 \\ 3x-3 & 3x-2 & 4x-5 & 3x-5 \\ 4x & 4x-3 & 5x-7 & 4x-3 \end{vmatrix}$，试解方程 $f(x)=0$.

8.(1997) 计算 n 阶行列式 $\begin{vmatrix} 0 & 1 & \cdots & 1 & 1 \\ 1 & 0 & \cdots & 1 & 1 \\ \vdots & \vdots & & \vdots & \vdots \\ 1 & 1 & \cdots & 0 & 1 \\ 1 & 1 & \cdots & 1 & 0 \end{vmatrix}$.

9.设 $D=\begin{vmatrix} 3 & 1 & -1 & 2 \\ -5 & 1 & 3 & -4 \\ 12 & 9 & 7 & -21 \\ 1 & -5 & 3 & -3 \end{vmatrix}$ 的第 i 行第 j 列元素的代数余子式为 A_{ij}，求 $A_{31}+3A_{32}-2A_{33}+2A_{34}$.

10.设 $f(x)=a_0+a_1x+a_2x^2+\cdots+a_nx^n$，试用克拉默法则证明：如果 $f(x)$ 有 $n+1$ 个互不相同的根，则 $f(x)$ 是零多项式.

第 2 章 矩 阵

在 1.1 节中，我们把含有多个未知量的一次方程称为线性方程，而把若干个线性方程所组成的方程组称为线性方程组. 线性方程组是线性代数的核心问题之一. 我们在中学仅仅学习了线性方程组的一些最简单的知识，在第 1 章中我们对线性方程组进行了一定的讨论，但主要讨论的是方程个数与未知量个数相等的情况，对于一般的线性方程组的求解、线性方程组解的存在性等许多问题还未涉及.

本章主要介绍矩阵的概念、矩阵的运算、矩阵的初等变换、逆矩阵及矩阵的分块等知识与方法，它们是线性代数的基础知识，最后利用矩阵的相关知识处理线性方程组解的存在性和求解问题.

2.1 矩阵的概念

问题(介绍性实例)

实例 1 某航空公司在 A,B,C,D 四个城市之间开辟了若干条航线. 为了计算的方便，我们用数 1 表示两地之间有航班，而用数 0 表示两地之间没有航班，如表 2.1 所示.

表 2.1 A、B、C、D 四地之间航班

城市	A	B	C	D
A	0	1	1	0
B	1	0	1	0
C	1	0	0	1
D	0	1	0	0

我们还可以用更简单的数表(矩阵)来表示，即 A、B、C、D 四地之间航班的数表(矩阵)为

$$\begin{pmatrix} 0 & 1 & 1 & 0 \\ 1 & 0 & 1 & 0 \\ 1 & 0 & 0 & 1 \\ 0 & 1 & 0 & 0 \end{pmatrix}.$$

实例 2 线性方程组的数表(矩阵)表示.

线性方程组

$$\begin{cases}a_{11}x_1+a_{12}x_2+\cdots+a_{1n}x_n=b_1,\\a_{21}x_1+a_{22}x_2+\cdots+a_{2n}x_n=b_2,\\\qquad\qquad\vdots\\a_{m1}x_1+a_{m2}x_2+\cdots+a_{mn}x_n=b_m\end{cases}$$

的系数 $a_{ij}(i=1,2,\cdots,m;j=1,2,\cdots,n)$和常数项 $b_j(j=1,2,\cdots,m)$按照在方程组中的位置构成下面的数表(矩阵)

$$\begin{pmatrix}a_{11}&a_{12}&\cdots&a_{1n}&b_1\\a_{21}&a_{22}&\cdots&a_{2n}&b_2\\\vdots&\vdots&&\vdots&\vdots\\a_{m1}&a_{m2}&\cdots&a_{mn}&b_m\end{pmatrix}.$$

这个数表(矩阵)决定了线性方程组的解,它与线性方程组有一一对应关系,因而对线性方程组的研究就转化为对这个数表(矩阵)的研究.

在工程技术中存在大量的问题与矩阵概念有关.可以说,矩阵已成为数学中一个极其重要且应用广泛的概念,特别是随着计算机等现代科技的广泛应用,矩阵知识已经成为现代科技的重要数学基础.本节主要介绍矩阵的概念.

2.1.1 矩阵的概念

定义 2.1.1 由 $m\times n$ 个数 $a_{ij}(i=1,2,\cdots,m;j=1,2,\cdots,n)$排成的 m 行 n 列的数表

$$\begin{pmatrix}a_{11}&a_{12}&\cdots&a_{1n}\\a_{21}&a_{22}&\cdots&a_{2n}\\\vdots&\vdots&&\vdots\\a_{m1}&a_{m2}&\cdots&a_{mn}\end{pmatrix}\tag{2.1.1}$$

称为一个 m **行** n **列矩阵**(matrix),简称为 $m\times n$ 矩阵.

通常用大写字母 $\boldsymbol{A},\boldsymbol{B},\boldsymbol{C},\cdots$ 等表示矩阵,如上面的 $m\times n$ 矩阵可以记为 $\boldsymbol{A}$、$\boldsymbol{A}_{m\times n}$或$\boldsymbol{A}=(a_{ij})_{m\times n}$.矩阵 $\boldsymbol{A}$ 中的 $m\times n$ 个数称为矩阵 $\boldsymbol{A}$ 的**元素**,位于第 i 行第 j 列的元素 $a_{ij}(i=1,2,\cdots,m;j=1,2,\cdots,n)$称为矩阵 $\boldsymbol{A}$ 的**第 i 行第 j 列元素**.

元素全为实数的矩阵称为**实矩阵**,元素全为复数的矩阵称为**复矩阵**.本书中的矩阵除特别说明外,都指实矩阵.

矩阵

$$A=\begin{pmatrix} a_{11} & a_{12} & \cdots & a_{1n} \\ a_{21} & a_{22} & \cdots & a_{2n} \\ \vdots & \vdots & & \vdots \\ a_{n1} & a_{n2} & \cdots & a_{nn} \end{pmatrix}$$

的行数等于列数(都等于 n),称为 n **阶矩阵**或 n **阶方阵**,n 阶方阵 A 可记作 A_n. 其中由元素 $a_{11},a_{22},\cdots,a_{nn}$ 形成的对角线称为方阵 A 的主对角线,由 $a_{1n},a_{2,n-1},\cdots,a_{n1}$ 形成的对角线称为方阵 A 的次对角线. 特别地,一阶矩阵就是一个数,为了便于区分,我们把一阶矩阵记为 $A=(a)$.

若两个矩阵的行数相同、列数也相同,就称它们为**同型矩阵**. 如 $A_{3\times4}$ 与 $B_{3\times4}$ 是同型矩阵,而 $A_{4\times3}$ 与 $B_{3\times4}$ 不是同型矩阵.

元素全为 0 的 $m\times n$ 矩阵称为**零矩阵**,记作 $O_{m\times n}$. 在明确行数、列数的情况下,简记为 O. 要注意的是,不同型的两个零矩阵是不相等的.

定义 2.1.2 设矩阵 $A=(a_{ij})_{m\times n}$ 与 $B=(b_{ij})_{m\times n}$ 都是 $m\times n$ 矩阵,并且它们对应的元素都相等,即

$$a_{ij}=b_{ij}\,(i=1,2,\cdots,m;j=1,2,\cdots,n),$$

则称矩阵 A 与 B **相等**,记作 $A=B$.

显然,两个不同型的矩阵不可能相等.

2.1.2 几种常见的特殊矩阵

1. 只有一行的矩阵

$$A=(a_1\ a_2\cdots\ a_n)$$

称为**行矩阵**,也称为**行向量**. 为避免元素间的混淆,通常将行矩阵也记作

$$A=(a_1,a_2,\cdots,a_n).$$

只有一列的矩阵

$$B=\begin{pmatrix} b_1 \\ b_2 \\ \vdots \\ b_n \end{pmatrix}$$

称为**列矩阵**或**列向量**.

元素全为 0 的向量称为**零向量**,记作 $\mathbf{0}$.

注 向量的有关理论,将在第 3 章中作详细介绍.

2. 单位矩阵(identity matrix)

矩阵

$$
\boldsymbol{E}_n=\begin{pmatrix} 1 & 0 & \cdots & 0 \\ 0 & 1 & \cdots & 0 \\ \vdots & \vdots & & \vdots \\ 0 & 0 & \cdots & 1 \end{pmatrix}
$$

称为 n **阶单位矩阵**,简记为 $\boldsymbol{E}$ 或 $\boldsymbol{I}$(本书中用 $\boldsymbol{E}$ 表示). 其特点是,主对角线上的元素全为 1,其余元素全为 0.

3. 对角矩阵(diagonal matrix)

矩阵

$$
\boldsymbol{\Lambda}=\begin{pmatrix} \lambda_1 & & & \\ & \lambda_2 & & \\ & & \ddots & \\ & & & \lambda_n \end{pmatrix}
$$

计算实验:特殊矩阵的生成

称为**对角矩阵**,其特点是不在主对角线上的元素全为 0. 为方便起见,对角矩阵常记作 $\boldsymbol{\Lambda}=\operatorname{diag}(\lambda_1,\lambda_2,\cdots,\lambda_n)$. 若 $\lambda_1=\lambda_2=\cdots=\lambda_n=\lambda$,则称 $\boldsymbol{\Lambda}$ 是一个数量矩阵. 特别地,当 $\lambda=1$ 时,即为上面的单位矩阵.

习题 2.1

1. 两人零和对策问题:两儿童 A、B 玩“石头—剪子—布”的游戏,每人的出法只能是在{石头,剪子,布}中选择一种. 当他们各选定一个出法(亦称策略)时,就确定了一个“局势”,也就得出了一个各自的输赢. 若规定胜者得 1 分,负者得 −1 分,平手各得零分,对于各种可能的局势,使用矩阵来表示 A、B 的得分.

2. 有 6 名选手参加乒乓球比赛,成绩如下:选手 A 胜 BDEF,负于 C;选手 B 胜 DEF 负于 AC;选手 C 胜 ABD,负于 EF;选手 D 胜 EF,负于 ABC;选手 E 胜 CF,负于 ABD. 若胜一场得 1 分,负一场得零分,试用矩阵表示输赢情况,并按得分多少进行排序.

2.2　矩阵的运算

2.2.1　矩阵的加法

定义 2.2.1　设 $\boldsymbol{A}=(a_{ij})_{m\times n}$，$\boldsymbol{B}=(b_{ij})_{m\times n}$ 是两个同型矩阵，则矩阵 $\boldsymbol{A}$ 与 $\boldsymbol{B}$ 的和记为 $\boldsymbol{A}+\boldsymbol{B}$，定义为

$$\boldsymbol{A}+\boldsymbol{B}=(a_{ij}+b_{ij})_{m\times n}=\begin{pmatrix} a_{11}+b_{11} & a_{12}+b_{12} & \cdots & a_{1n}+b_{1n} \\ a_{21}+b_{21} & a_{22}+b_{22} & \cdots & a_{2n}+b_{2n} \\ \vdots & \vdots & & \vdots \\ a_{m1}+b_{m1} & a_{m2}+b_{m2} & \cdots & a_{mn}+b_{mn} \end{pmatrix},$$

即 $\boldsymbol{A}$ 与 $\boldsymbol{B}$ 的对应元素相加.

由定义可以看出，只有同型矩阵才能进行加法运算.

例 2.2.1　某校 A、B、C、D 四个班级在两周的劳动课中，参加植树活动. 第一、第二周的植树记录如表 2.2 所示.

表 2.2　第一、第二周植树劳动记录

单位：棵

班级	树种					
	桂花树		樱花树		梅花树	
	第一周	第二周	第一周	第二周	第一周	第二周
A	90	92	88	90	85	85
B	75	80	98	92	102	105
C	82	80	85	90	96	94
D	93	92	105	95	98	92

解　我们分别用矩阵 $\boldsymbol{A}$、$\boldsymbol{B}$ 简单地将第一、第二周的劳动成果记为

$$\boldsymbol{A}=\begin{pmatrix} 90 & 88 & 85 \\ 75 & 98 & 102 \\ 82 & 85 & 96 \\ 93 & 105 & 98 \end{pmatrix},\boldsymbol{B}=\begin{pmatrix} 92 & 90 & 85 \\ 80 & 92 & 105 \\ 80 & 90 & 94 \\ 92 & 95 & 92 \end{pmatrix},$$

则 A、B、C、D 四个班级的劳动成果用矩阵表示为

$$A+B=\begin{pmatrix}182 & 178 & 170\\155 & 190 & 207\\162 & 175 & 190\\185 & 200 & 190\end{pmatrix}.$$

显然,矩阵的加法有着直观的意义.

设 $\boldsymbol{A}=(a_{ij})_{m\times n}$,我们称矩阵

$$\begin{pmatrix}-a_{11} & -a_{12} & \cdots & -a_{1n}\\-a_{21} & -a_{22} & \cdots & -a_{2n}\\\vdots & \vdots & & \vdots\\-a_{m1} & -a_{m2} & \cdots & -a_{mn}\end{pmatrix}=(-a_{ij})_{m\times n}$$

为 $\boldsymbol{A}$ 的**负矩阵**,记作 $-\boldsymbol{A}$.

由定义 2.2.1 容易验证,矩阵的加法满足:

(1)交换律　$\boldsymbol{A}+\boldsymbol{B}=\boldsymbol{B}+\boldsymbol{A}$;

(2)结合律　$(\boldsymbol{A}+\boldsymbol{B})+\boldsymbol{C}=\boldsymbol{A}+(\boldsymbol{B}+\boldsymbol{C})$;

(3)$\boldsymbol{A}+\boldsymbol{O}=\boldsymbol{O}+\boldsymbol{A}$;

(4)$\boldsymbol{A}+(-\boldsymbol{A})=(-\boldsymbol{A})+\boldsymbol{A}=\boldsymbol{O}$.

其中 $\boldsymbol{A},\boldsymbol{B},\boldsymbol{C},\boldsymbol{O}$ 均为 $m\times n$ 矩阵.

由此,我们可以定义矩阵的减法为

$$\boldsymbol{A}-\boldsymbol{B}=\boldsymbol{A}+(-\boldsymbol{B}),$$

显然,$\boldsymbol{A}-\boldsymbol{A}=\boldsymbol{O}$.

2.2.2　数与矩阵相乘

定义 2.2.2　数 λ 与矩阵 $\boldsymbol{A}=(a_{ij})_{m\times n}$ 的乘积,记作 $\lambda\boldsymbol{A}$ 或 $\boldsymbol{A}\lambda$,定义为

$$\lambda\boldsymbol{A}=(\lambda a_{ij})_{m\times n}=\begin{pmatrix}\lambda a_{11} & \lambda a_{12} & \cdots & \lambda a_{1n}\\\lambda a_{21} & \lambda a_{22} & \cdots & \lambda a_{2n}\\\vdots & \vdots & & \vdots\\\lambda a_{m1} & \lambda a_{m2} & \cdots & \lambda a_{mn}\end{pmatrix},$$

简称为**数乘矩阵**.

注　数乘矩阵是用该数乘矩阵中的每一个元素.

设 $\boldsymbol{A}$、$\boldsymbol{B}$ 为同型矩阵,λ 与 μ 为数,由定义 2.2.2 可知,数乘矩阵满足:

(1)$(\lambda\mu)\boldsymbol{A}=\lambda(\mu\boldsymbol{A})=\mu(\lambda\boldsymbol{A})$;

(2)$(\lambda+\mu)\boldsymbol{A}=\lambda\boldsymbol{A}+\mu\boldsymbol{A}$;

(3)$\lambda(\boldsymbol{A}+\boldsymbol{B})=\lambda\boldsymbol{A}+\lambda\boldsymbol{B}$;

(4) $1 \cdot \boldsymbol{A}=\boldsymbol{A}$，$-1 \cdot \boldsymbol{A}=-\boldsymbol{A}$.

矩阵的加法与数乘矩阵这两种运算，统称为矩阵的**线性运算**.

例 2.2.2 假设某中学 3 名学生甲、乙、丙的 4 门课程的期中、期末考试的成绩，如表 2.3 所示.

表 2.3 期中、期末考试成绩

学生	课程							
	语文		数学		英语		综合课程	
	期中	期末	期中	期末	期中	期末	期中	期末
甲	120	116	136	141	112	118	225	226
乙	108	105	142	135	125	130	232	245
丙	115	122	106	120	96	107	253	255

解 则三名学生的期中考试成绩可以用矩阵表示

$$\boldsymbol{A}=\begin{pmatrix}120 & 136 & 112 & 225\\108 & 142 & 125 & 232\\115 & 106 & 96 & 253\end{pmatrix}.$$

这三名学生期末考试成绩也可以用矩阵表示

$$\boldsymbol{B}=\begin{pmatrix}116 & 141 & 118 & 226\\105 & 135 & 130 & 245\\122 & 120 & 107 & 255\end{pmatrix}.$$

若期中考试成绩占学期总成绩的 20%，期末考试成绩占学期总成绩的 80%，则该三名学生本学期的总成绩为

$$\boldsymbol{C}=0.2\boldsymbol{A}+0.8\boldsymbol{B}=\begin{pmatrix}24.0 & 27.2 & 22.4 & 45.0\\21.6 & 28.4 & 25.0 & 46.4\\23.0 & 21.2 & 19.2 & 50.6\end{pmatrix}+\begin{pmatrix}92.8 & 112.8 & 94.4 & 180.8\\84.0 & 108.0 & 104.0 & 196.0\\97.6 & 96.0 & 85.6 & 204.0\end{pmatrix}$$

$$=\begin{pmatrix}116.8 & 140.0 & 116.8 & 225.8\\105.6 & 136.4 & 129.0 & 242.4\\120.6 & 117.2 & 104.8 & 254.6\end{pmatrix}.$$

例 2.2.3 设 $\boldsymbol{A}=\begin{pmatrix}5 & 0 & 1 & 7\\1 & 3 & 6 & -1\\8 & 1 & -4 & 3\end{pmatrix}$，$\boldsymbol{B}=\begin{pmatrix}4 & 3 & 2 & -1\\5 & -3 & 0 & 1\\1 & 2 & -5 & 0\end{pmatrix}$，求解矩阵方程 $3\boldsymbol{X}+2\boldsymbol{B}=\boldsymbol{A}$.

解 $X=\frac{1}{3}(A-2B)=\frac{1}{3}\begin{pmatrix}-3 & -6 & -3 & 9\\ -9 & 9 & 6 & -3\\ 6 & -3 & 6 & 3\end{pmatrix}=\begin{pmatrix}-1 & -2 & -1 & 3\\ -3 & 3 & 2 & -1\\ 2 & -1 & 2 & 1\end{pmatrix}.$

注 一般地,若一个由矩阵组成的等式中含有未知矩阵,我们就称其为**矩阵方程**.

2.2.3 矩阵与矩阵相乘

我们先引入变量线性变换的概念.对于变量 $y_1,y_2,\cdots,y_m$,若它们能由变量 $x_1,x_2,\cdots,x_n$ 线性表示,即有

$$\begin{cases}y_1=a_{11}x_1+a_{12}x_2+\cdots+a_{1n}x_n,\\ y_2=a_{21}x_1+a_{22}x_2+\cdots+a_{2n}x_n,\\ \qquad\vdots\\ y_m=a_{m1}x_1+a_{m2}x_2+\cdots+a_{mn}x_n.\end{cases}\tag{2.2.1}$$

其中 $a_{ij}(i=1,2,\cdots,m;j=1,2,\cdots,n)$ 为常数,则称式(2.2.1)为由变量 $x_1,x_2,\cdots,x_n$ 到 $y_1,y_2,\cdots,y_m$ 的一个**线性变换**;其中,$\begin{pmatrix}a_{11} & a_{12} & \cdots & a_{1n}\\ a_{21} & a_{22} & \cdots & a_{2n}\\ \vdots & \vdots & & \vdots\\ a_{m1} & a_{m2} & \cdots & a_{mn}\end{pmatrix}$ 称为该线性变换的**系数矩阵**.

设有两个线性变换

$$\begin{cases}y_1=a_{11}x_1+a_{12}x_2+a_{13}x_3,\\ y_2=a_{21}x_1+a_{22}x_2+a_{23}x_3;\end{cases}\tag{2.2.2}$$

$$\begin{cases}x_1=b_{11}t_1+b_{12}t_2,\\ x_2=b_{21}t_1+b_{22}t_2,\\ x_3=b_{31}t_1+b_{32}t_2.\end{cases}\tag{2.2.3}$$

当我们想求从 t_1,t_2 到 y_1,y_2 的线性变换时,可将式(2.2.3)代入式(2.2.2),有

$$\begin{cases}y_1=(a_{11}b_{11}+a_{12}b_{21}+a_{13}b_{31})t_1+(a_{11}b_{12}+a_{12}b_{22}+a_{13}b_{32})t_2,\\ y_2=(a_{21}b_{11}+a_{22}b_{21}+a_{23}b_{31})t_1+(a_{21}b_{12}+a_{22}b_{22}+a_{23}b_{32})t_2.\end{cases}\tag{2.2.4}$$

如果我们用矩阵

$$A=\begin{pmatrix}a_{11} & a_{12} & a_{13}\\ a_{21} & a_{22} & a_{23}\end{pmatrix},B=\begin{pmatrix}b_{11} & b_{12}\\ b_{21} & b_{22}\\ b_{31} & b_{32}\end{pmatrix},$$

$$C=\begin{pmatrix}a_{11}b_{11}+a_{12}b_{21}+a_{13}b_{31} & a_{11}b_{12}+a_{12}b_{22}+a_{13}b_{32}\\ a_{21}b_{11}+a_{22}b_{21}+a_{23}b_{31} & a_{21}b_{12}+a_{22}b_{22}+a_{23}b_{32}\end{pmatrix}=\begin{pmatrix}c_{11} & c_{12}\\ c_{21} & c_{22}\end{pmatrix},$$

分别表示线性变换(2.2.2),(2.2.3),(2.2.4)的系数矩阵,则我们看到矩阵 $\boldsymbol{C}$ 中第 i 行第 j 列的元素 $c_{ij}(i,j=1,2)$ 是矩阵 $\boldsymbol{A}$ 中第 i 行的元素与矩阵 $\boldsymbol{B}$ 中第 j 列的对应元素乘积的和,并且矩阵 $\boldsymbol{C}$ 的行数与列数分别等于矩阵 $\boldsymbol{A}$ 的行数与矩阵 $\boldsymbol{B}$ 的列数,同时矩阵 $\boldsymbol{A}$ 的列数必须与矩阵 $\boldsymbol{B}$ 的行数相等.我们把矩阵 $\boldsymbol{C}$ 称为矩阵 $\boldsymbol{A}$ 与 $\boldsymbol{B}$ 的乘积,记作 $\boldsymbol{C}=\boldsymbol{AB}$.

一般地,我们有:

定义 2.2.3　设矩阵 $\boldsymbol{A}=(a_{ij})_{m\times s}$,$\boldsymbol{B}=(b_{ij})_{s\times n}$,则矩阵 $\boldsymbol{A}$ 与 $\boldsymbol{B}$ 的**乘积** $\boldsymbol{C}=(c_{ij})$ 是一个 $m\times n$ 矩阵,记作 $\boldsymbol{C}=\boldsymbol{AB}$,其中

$$c_{ij}=a_{i1}b_{1j}+a_{i2}b_{2j}+\cdots+a_{is}b_{sj}=\sum_{k=1}^{s}a_{ik}b_{kj}\ (i=1,2,\cdots,m;j=1,2,\cdots,n).\tag{2.2.5}$$

由定义可知,只有当左边矩阵的列数与右边矩阵的行数相等时,两个矩阵才能相乘.

例 2.2.4　求矩阵

$$\boldsymbol{A}=\begin{pmatrix}4&3&1\\2&1&3\\3&1&2\end{pmatrix}\text{与}\boldsymbol{B}=\begin{pmatrix}2&2\\1&3\\0&1\end{pmatrix}$$

的乘积 $\boldsymbol{AB}$ 与 $\boldsymbol{BA}$.

解　$$\boldsymbol{AB}=\begin{pmatrix}4&3&1\\2&1&3\\3&1&2\end{pmatrix}\begin{pmatrix}2&2\\1&3\\0&1\end{pmatrix}$$

$$=\begin{pmatrix}4\times2+3\times1+1\times0&4\times2+3\times3+1\times1\\2\times2+1\times1+3\times0&2\times2+1\times3+3\times1\\3\times2+1\times1+2\times0&3\times2+1\times3+2\times1\end{pmatrix}=\begin{pmatrix}11&18\\5&10\\7&11\end{pmatrix}.$$

由于矩阵 $\boldsymbol{B}$ 的列数不等于矩阵 $\boldsymbol{A}$ 的行数,所以 $\boldsymbol{BA}$ 不存在.

例 2.2.5　已知

$$\boldsymbol{A}=\begin{pmatrix}-2&4\\1&-2\end{pmatrix},\boldsymbol{B}=\begin{pmatrix}2&4\\-3&-6\end{pmatrix},\boldsymbol{C}=\begin{pmatrix}-2&0\\-5&-8\end{pmatrix},$$

求 $\boldsymbol{AB}$,$\boldsymbol{AC}$,$\boldsymbol{BA}$.

解　$$\boldsymbol{AB}=\begin{pmatrix}-2&4\\1&-2\end{pmatrix}\begin{pmatrix}2&4\\-3&-6\end{pmatrix}=\begin{pmatrix}-16&-32\\8&16\end{pmatrix};$$

$$\boldsymbol{AC}=\begin{pmatrix}-2&4\\1&-2\end{pmatrix}\begin{pmatrix}-2&0\\-5&-8\end{pmatrix}=\begin{pmatrix}-16&-32\\8&16\end{pmatrix};$$

$$\boldsymbol{BA}=\begin{pmatrix}2&4\\-3&-6\end{pmatrix}\begin{pmatrix}-2&4\\1&-2\end{pmatrix}=\begin{pmatrix}0&0\\0&0\end{pmatrix}.$$

由此例可以看出：

(1)矩阵乘法不满足交换律，即在一般情况下 $\boldsymbol{AB}\neq\boldsymbol{BA}$；

(2)不能由 $\boldsymbol{AB}=\boldsymbol{O}$，推出 $\boldsymbol{A}=\boldsymbol{O}$ 或 $\boldsymbol{B}=\boldsymbol{O}$；

(3)不能由 $\boldsymbol{AB}=\boldsymbol{AC},\boldsymbol{A}\neq\boldsymbol{O}$，推出 $\boldsymbol{B}=\boldsymbol{C}$.

不过矩阵乘法仍满足以下运算规律(假设运算都是可行的)：

(1)$(\boldsymbol{AB})\boldsymbol{C}=\boldsymbol{A}(\boldsymbol{BC})$；

(2)$\boldsymbol{A}(\boldsymbol{B}+\boldsymbol{C})=\boldsymbol{AB}+\boldsymbol{AC},(\boldsymbol{A}+\boldsymbol{B})\boldsymbol{C}=\boldsymbol{AC}+\boldsymbol{BC}$；

(3)$\lambda(\boldsymbol{AB})=(\lambda\boldsymbol{A})\boldsymbol{B}=\boldsymbol{A}(\lambda\boldsymbol{B})$ (其中 λ 为数).

(4)对于单位矩阵 $\boldsymbol{E}$，可以验证

$\boldsymbol{A}_{m\times n}\boldsymbol{E}_n=\boldsymbol{E}_m\boldsymbol{A}_{m\times n}=\boldsymbol{A}_{m\times n}$，或简写成 $\boldsymbol{AE}=\boldsymbol{EA}=\boldsymbol{A}$.

以上性质，请读者自己证明.

若 $\boldsymbol{AB}=\boldsymbol{BA}$，则称矩阵 $\boldsymbol{A}$ 与 $\boldsymbol{B}$ **可交换**，此时 $\boldsymbol{A},\boldsymbol{B}$ 一定是同阶方阵.

由矩阵的乘法，可以定义**方阵的正整数次幂**：

定义 2.2.4 设 $\boldsymbol{A}$ 为 n 阶方阵，定义 $\boldsymbol{A}^k=\underbrace{\boldsymbol{AA}\cdots\boldsymbol{A}}_{k\text{个}}$，即 $\boldsymbol{A}^k$ 为 k 个 $\boldsymbol{A}$ 相乘；并规定 $\boldsymbol{A}^0=\boldsymbol{E}$.

显然只有方阵的幂才有意义. 并且方阵的幂满足

$$\boldsymbol{A}^k\boldsymbol{A}^l=\boldsymbol{A}^{k+l},(\boldsymbol{A}^k)^l=\boldsymbol{A}^{kl},$$

其中 k,l 为正整数.

由于矩阵乘法不满足交换律，故一般来说，$(\boldsymbol{AB})^k\neq\boldsymbol{A}^k\boldsymbol{B}^k$.

类似地，$(\boldsymbol{A}+\boldsymbol{B})^2\neq\boldsymbol{A}^2+2\boldsymbol{AB}+\boldsymbol{B}^2,(\boldsymbol{A}+\boldsymbol{B})(\boldsymbol{A}-\boldsymbol{B})\neq\boldsymbol{A}^2-\boldsymbol{B}^2$，等等. 只有当 $\boldsymbol{A}$ 与 $\boldsymbol{B}$ 可交换的时候，上述三个等式才成立.

定义 2.2.5 设 $f(x)=a_kx^k+a_{k-1}x^{k-1}+\cdots+a_1x+a_0$ 是 x 的 k 次多项式，$\boldsymbol{A}$ 是 n 阶方阵，则

$$f(\boldsymbol{A})=a_k\boldsymbol{A}^k+a_{k-1}\boldsymbol{A}^{k-1}+\cdots+a_1\boldsymbol{A}+a_0\boldsymbol{E},$$

称为方阵 $\boldsymbol{A}$ 的 **k 次多项式**.

容易证明，若 $f(x),g(x)$ 为多项式，$\boldsymbol{A}$ 是 n 阶方阵，则

$$f(\boldsymbol{A})g(\boldsymbol{A})=g(\boldsymbol{A})f(\boldsymbol{A}).$$

例如，$2\boldsymbol{A}^2+5\boldsymbol{A}-3\boldsymbol{E}=(2\boldsymbol{A}-\boldsymbol{E})(\boldsymbol{A}+3\boldsymbol{E})=(\boldsymbol{A}+3\boldsymbol{E})(2\boldsymbol{A}-\boldsymbol{E})$. 但一般情况下，若 $\boldsymbol{A},\boldsymbol{B}$ 是不同的方阵，则 $f(\boldsymbol{A})g(\boldsymbol{B})\neq g(\boldsymbol{B})f(\boldsymbol{A})$.

方阵的多项式可以像数的多项式一样分解因式，如

$$3\boldsymbol{A}^2+13\boldsymbol{A}-10\boldsymbol{E}=(3\boldsymbol{A}-2\boldsymbol{E})(\boldsymbol{A}+5\boldsymbol{E})=(\boldsymbol{A}+5\boldsymbol{E})(3\boldsymbol{A}-2\boldsymbol{E}).$$

例 2.2.6　证明$\begin{pmatrix}\cos\theta & -\sin\theta\\ \sin\theta & \cos\theta\end{pmatrix}^n=\begin{pmatrix}\cos n\theta & -\sin n\theta\\ \sin n\theta & \cos n\theta\end{pmatrix}$.

证　用数学归纳法:

当 $n=1$ 时,等式显然成立.

设当 $n=k$ 时等式成立,即有

$$\begin{pmatrix}\cos\theta & -\sin\theta\\ \sin\theta & \cos\theta\end{pmatrix}^k=\begin{pmatrix}\cos k\theta & -\sin k\theta\\ \sin k\theta & \cos k\theta\end{pmatrix}.$$

现证当 $n=k+1$ 时,等式也成立. 此时有

$$\begin{aligned}\begin{pmatrix}\cos\theta & -\sin\theta\\ \sin\theta & \cos\theta\end{pmatrix}^{k+1}&=\begin{pmatrix}\cos\theta & -\sin\theta\\ \sin\theta & \cos\theta\end{pmatrix}^k\begin{pmatrix}\cos\theta & -\sin\theta\\ \sin\theta & \cos\theta\end{pmatrix}\\&=\begin{pmatrix}\cos k\theta & -\sin k\theta\\ \sin k\theta & \cos k\theta\end{pmatrix}\begin{pmatrix}\cos\theta & -\sin\theta\\ \sin\theta & \cos\theta\end{pmatrix}\\&=\begin{pmatrix}\cos k\theta\cos\theta-\sin k\theta\sin\theta & -\cos k\theta\sin\theta-\sin k\theta\cos\theta\\ \sin k\theta\cos\theta+\cos k\theta\sin\theta & -\sin k\theta\sin\theta+\cos k\theta\cos\theta\end{pmatrix}\\&=\begin{pmatrix}\cos(k+1)\theta & -\sin(k+1)\theta\\ \sin(k+1)\theta & \cos(k+1)\theta\end{pmatrix},\end{aligned}$$

从而等式成立.　　证毕

同样可以利用数学归纳法证明(请读者自己完成):

对任意的非负整数 k,有

$$\begin{pmatrix}\lambda_1 & & & \\ & \lambda_2 & & \\ & & \ddots & \\ & & & \lambda_n\end{pmatrix}^k=\begin{pmatrix}\lambda_1^k & & & \\ & \lambda_2^k & & \\ & & \ddots & \\ & & & \lambda_n^k\end{pmatrix},$$

即对于对角矩阵 $\boldsymbol{\Lambda}=\mathrm{diag}(\lambda_1,\lambda_2,\cdots,\lambda_n)$,$\boldsymbol{\Lambda}^k=\mathrm{diag}(\lambda_1^k,\lambda_2^k,\cdots,\lambda_n^k)$.

这一结论在后续内容中有着重要的应用.

2.2.4　矩阵的转置

定义 2.2.6　设 $\boldsymbol{A}=(a_{ij})$是一个 $m\times n$ 矩阵,将矩阵 $\boldsymbol{A}$ 中的行换成同序数的列得到的一个 $n\times m$ 矩阵,称为 $\boldsymbol{A}$ 的**转置矩阵**(transpose matrix),记作 $\boldsymbol{A}^{\mathrm{T}}$(或 $\boldsymbol{A}'$).

例如,$\boldsymbol{A}=\begin{pmatrix}3 & 2\\ 1 & 0\\ 4 & 3\end{pmatrix}$,则 $\boldsymbol{A}^{\mathrm{T}}=\begin{pmatrix}3 & 1 & 4\\ 2 & 0 & 3\end{pmatrix}$.

矩阵的转置满足以下运算规律(假设运算都是可行的,λ 为数):

(1) $(\boldsymbol{A}^{\mathrm{T}})^{\mathrm{T}}=\boldsymbol{A}$;

(2) $(\boldsymbol{A}+\boldsymbol{B})^{\mathrm{T}}=\boldsymbol{A}^{\mathrm{T}}+\boldsymbol{B}^{\mathrm{T}}$;

(3) $(\lambda\boldsymbol{A})^{\mathrm{T}}=\lambda\boldsymbol{A}^{\mathrm{T}}$;

(4) $(\boldsymbol{AB})^{\mathrm{T}}=\boldsymbol{B}^{\mathrm{T}}\boldsymbol{A}^{\mathrm{T}}$.

其中(1)、(2)、(3)的证明比较简单,在这里我们仅证明(4),其余的留给读者.

证 设 $\boldsymbol{A}=(a_{ij})_{m\times s}$,$\boldsymbol{B}=(b_{ij})_{s\times n}$. 首先,$(\boldsymbol{AB})^{\mathrm{T}}$ 与 $\boldsymbol{B}^{\mathrm{T}}\boldsymbol{A}^{\mathrm{T}}$ 都是 $n\times m$ 矩阵. 记 $\boldsymbol{AB}=(c_{ij})_{m\times n}$,$\boldsymbol{B}^{\mathrm{T}}\boldsymbol{A}^{\mathrm{T}}=(d_{ij})_{n\times m}$,从而有 $c_{ji}=a_{j1}b_{1i}+a_{j2}b_{2i}+\cdots+a_{js}b_{si}=\sum\limits_{k=1}^{s}a_{jk}b_{ki}$;又因为 $\boldsymbol{B}^{\mathrm{T}}$ 中第 i 行的元素为 $b_{1i},b_{2i},\cdots,b_{si}$,$\boldsymbol{A}^{\mathrm{T}}$ 中第 j 列元素为 $a_{j1},a_{j2},\cdots,a_{js}$,所以

$$d_{ij}=b_{1i}a_{j1}+b_{2i}a_{j2}+\cdots+b_{si}a_{js}=\sum_{k=1}^{s}b_{ki}a_{jk}=\sum_{k=1}^{s}a_{jk}b_{ki},$$

所以 $d_{ij}=c_{ji}(i=1,2,\cdots,n;j=1,2,\cdots,m)$,即 $(\boldsymbol{AB})^{\mathrm{T}}=\boldsymbol{B}^{\mathrm{T}}\boldsymbol{A}^{\mathrm{T}}$. 证毕

例 2.2.7 设 $\boldsymbol{A}=\begin{pmatrix}1&2&0\\3&-1&1\end{pmatrix}$,$\boldsymbol{B}=\begin{pmatrix}2&-1&0\\1&1&3\\4&2&1\end{pmatrix}$,求 $(\boldsymbol{AB})^{\mathrm{T}}$.

解法 1 因为

$$\boldsymbol{AB}=\begin{pmatrix}1&2&0\\3&-1&1\end{pmatrix}\begin{pmatrix}2&-1&0\\1&1&3\\4&2&1\end{pmatrix}=\begin{pmatrix}4&1&6\\9&-2&-2\end{pmatrix},$$

所以 $(\boldsymbol{AB})^{\mathrm{T}}=\begin{pmatrix}4&9\\1&-2\\6&-2\end{pmatrix}$.

解法 2 $(\boldsymbol{AB})^{\mathrm{T}}=\boldsymbol{B}^{\mathrm{T}}\boldsymbol{A}^{\mathrm{T}}=\begin{pmatrix}2&1&4\\-1&1&2\\0&3&1\end{pmatrix}\begin{pmatrix}1&3\\2&-1\\0&1\end{pmatrix}=\begin{pmatrix}4&9\\1&-2\\6&-2\end{pmatrix}$.

设 $\boldsymbol{A}$ 为 n 阶方阵,如果 $\boldsymbol{A}^{\mathrm{T}}=\boldsymbol{A}$,即 $a_{ij}=a_{ji}(i,j=1,2,\cdots,n)$,则称 $\boldsymbol{A}$ 为**对称矩阵**(symmetric matrix),其特点是 $\boldsymbol{A}$ 中的元素以主对角线为对称轴对应相等. 如果 $\boldsymbol{A}^{\mathrm{T}}=-\boldsymbol{A}$,即 $a_{ij}=-a_{ji}(i,j=1,2,\cdots,n)$,则称 $\boldsymbol{A}$ 为**反对称矩阵**(antisymmetric matrix),其特点是其主对角线上的元素全都为零(请读者考虑为什么),以主对角线为对称轴的对应元素互为相反数.

例如,矩阵 $\begin{pmatrix}2&-1&3\\-1&6&4\\3&4&5\end{pmatrix}$ 为对称矩阵,矩阵 $\begin{pmatrix}0&-2&3\\2&0&1\\-3&-1&0\end{pmatrix}$ 为反对称矩阵.

例 2.2.8 设 $\boldsymbol{A},\boldsymbol{B}$ 为 n 阶对称矩阵,证明:$\boldsymbol{AB}$ 是对称矩阵的充分必要条件是 $\boldsymbol{AB}=\boldsymbol{BA}$.

证 必要性:因为 $\boldsymbol{AB}$ 是对称矩阵,所以 $(\boldsymbol{AB})^{\mathrm{T}}=\boldsymbol{AB}$,又因为 $(\boldsymbol{A})^{\mathrm{T}}=\boldsymbol{A},\boldsymbol{B}^{\mathrm{T}}=\boldsymbol{B}$,所以 $(\boldsymbol{AB})^{\mathrm{T}}=\boldsymbol{B}^{\mathrm{T}}\boldsymbol{A}^{\mathrm{T}}=\boldsymbol{BA}$,故 $\boldsymbol{AB}=\boldsymbol{BA}$.

充分性:因为 $(\boldsymbol{A})^{\mathrm{T}}=\boldsymbol{A},\boldsymbol{B}^{\mathrm{T}}=\boldsymbol{B}$,且 $\boldsymbol{AB}=\boldsymbol{BA}$,所以 $(\boldsymbol{AB})^{\mathrm{T}}=\boldsymbol{B}^{\mathrm{T}}\boldsymbol{A}^{\mathrm{T}}=\boldsymbol{BA}=\boldsymbol{AB}$,故 $\boldsymbol{AB}$ 是对称矩阵. 证毕

容易证明,对任意方阵 $\boldsymbol{A}$,$\boldsymbol{AA}^{\mathrm{T}}$ 与 $\boldsymbol{A}^{\mathrm{T}}\boldsymbol{A}$ 都是对称矩阵.

在以上矩阵运算中,我们看到一阶方阵 (a) 与数 a 的运算规律相同:

$$(a)+(b)=(a+b),(a)-(b)=(a-b),(a)(b)=(ab).$$

因此对一阶方阵,有时我们也把它与数一样看待,不过在运算过程中,还是要按矩阵对待.

2.2.5 方阵的行列式

设 $\boldsymbol{A}=\begin{pmatrix} a_{11} & a_{12} & \cdots & a_{1n} \\ a_{21} & a_{22} & \cdots & a_{2n} \\ \vdots & \vdots & & \vdots \\ a_{n1} & a_{n2} & \cdots & a_{nn} \end{pmatrix}$ 是一个 n 阶方阵,称行列式 $\begin{vmatrix} a_{11} & a_{12} & \cdots & a_{1n} \\ a_{21} & a_{22} & \cdots & a_{2n} \\ \vdots & \vdots & & \vdots \\ a_{n1} & a_{n2} & \cdots & a_{nn} \end{vmatrix}$ 为**方阵 $\boldsymbol{A}$ 的行列式**,记为 $|\boldsymbol{A}|$ 或 $\det(\boldsymbol{A})$. n 阶方阵的行列式具有以下性质:

(1) $|k\boldsymbol{A}|=k^n|\boldsymbol{A}|$;

(2) $|\boldsymbol{A}^{\mathrm{T}}|=|\boldsymbol{A}|$;

(3) $|\boldsymbol{AB}|=|\boldsymbol{A}||\boldsymbol{B}|$.

证 (仅证(3))设 $\boldsymbol{A}=(a_{ij})_n,\boldsymbol{B}=(b_{ij})_n,\boldsymbol{C}=\boldsymbol{AB}=(c_{ij})_n$,其中,$c_{ij}=\sum\limits_{k=1}^{n}a_{ik}b_{kj}$ $(i,j=1,2,\cdots,n)$.

考虑 $2n$ 阶行列式

$$D=\begin{vmatrix} a_{11} & a_{12} & \cdots & a_{1n} & 0 & 0 & \cdots & 0 \\ a_{21} & a_{22} & \cdots & a_{2n} & 0 & 0 & \cdots & 0 \\ \vdots & \vdots & & \vdots & \vdots & \vdots & & \vdots \\ a_{n1} & a_{n2} & \cdots & a_{nn} & 0 & 0 & \cdots & 0 \\ -1 & 0 & \cdots & 0 & b_{11} & b_{12} & \cdots & b_{1n} \\ 0 & -1 & \cdots & 0 & b_{21} & b_{22} & \cdots & b_{2n} \\ \vdots & \vdots & & \vdots & \vdots & \vdots & & \vdots \\ 0 & 0 & \cdots & -1 & b_{n1} & b_{n2} & \cdots & b_{nn} \end{vmatrix},$$

由分块矩阵性质可以证明 $D=|\boldsymbol{A}||\boldsymbol{B}|$，另一方面

$$D\xlongequal[j=1,2,\cdots,n]{c_{n+j}+\sum_{i=1}^{n}b_{ij}c_i}\begin{vmatrix} a_{11} & a_{12} & \cdots & a_{1n} & c_{11} & c_{12} & \cdots & c_{1n} \\ a_{21} & a_{22} & \cdots & a_{2n} & c_{21} & c_{22} & \cdots & c_{2n} \\ \vdots & \vdots & & \vdots & \vdots & \vdots & & \vdots \\ a_{n1} & a_{n2} & \cdots & a_{nn} & c_{n1} & c_{n2} & \cdots & c_{nn} \\ -1 & 0 & \cdots & 0 & 0 & 0 & \cdots & 0 \\ 0 & -1 & \cdots & 0 & 0 & 0 & \cdots & 0 \\ \vdots & \vdots & & \vdots & \vdots & \vdots & & \vdots \\ 0 & 0 & \cdots & -1 & 0 & 0 & \cdots & 0 \end{vmatrix}$$

计算实验：矩阵运算

$$=(-1)^{n^2}\begin{vmatrix} c_{11} & c_{12} & \cdots & c_{1n} \\ c_{21} & c_{22} & \cdots & c_{2n} \\ \vdots & \vdots & & \vdots \\ c_{n1} & c_{n2} & \cdots & c_{nn} \end{vmatrix}\begin{vmatrix} -1 & 0 & \cdots & 0 \\ 0 & -1 & \cdots & 0 \\ \vdots & \vdots & & \vdots \\ 0 & 0 & \cdots & -1 \end{vmatrix}$$

$$=(-1)^{n^2+n}|\boldsymbol{AB}|=|\boldsymbol{AB}|.$$

所以 $|\boldsymbol{AB}|=|\boldsymbol{A}||\boldsymbol{B}|$. 证毕

2.2.6 共轭矩阵

定义 2.2.7 当 $\boldsymbol{A}=(a_{ij})$ 为复矩阵时，用 $\overline{a}_{ij}$ 表示 a_{ij} 的共轭复数，记 $\overline{\boldsymbol{A}}=(\overline{a}_{ij})$，并称 $\overline{\boldsymbol{A}}$ 为 $\boldsymbol{A}$ 的共轭矩阵.

共轭矩阵满足以下运算规律（设 $\boldsymbol{A},\boldsymbol{B}$ 为复矩阵，λ 为复数，且运算都是可行的）：

(1) $\overline{\boldsymbol{A}+\boldsymbol{B}}=\overline{\boldsymbol{A}}+\overline{\boldsymbol{B}}$；

(2) $\overline{\lambda\boldsymbol{A}}=\overline{\lambda}\,\overline{\boldsymbol{A}}$；

(3) $\overline{\boldsymbol{AB}}=\overline{\boldsymbol{A}}\,\overline{\boldsymbol{B}}$.

习题 2.2

1. 设 $\boldsymbol{A}=\begin{pmatrix} 1 & 1 & 1 \\ 1 & 1 & -1 \\ 1 & -1 & 1 \end{pmatrix}$，$\boldsymbol{B}=\begin{pmatrix} 1 & 2 & 3 \\ -1 & -2 & 4 \\ 0 & 5 & -1 \end{pmatrix}$.

(1) 求 $3\boldsymbol{AB}-2\boldsymbol{A}$； (2) 求 $\boldsymbol{A}^{\mathrm{T}}\boldsymbol{B}$； (3) 求 $\boldsymbol{A}^2$； (4) 若 $\boldsymbol{A}+\boldsymbol{X}=\boldsymbol{B}$，求 $\boldsymbol{X}$.

2. 计算：

(1) $(1\ \ 2\ \ 3)\begin{pmatrix}3\\2\\1\end{pmatrix}$；　　(2) $\begin{pmatrix}3\\2\\1\end{pmatrix}(1\ \ 2\ \ 3)$；

(3) $\begin{pmatrix}4 & 3 & 1\\1 & -2 & 3\\5 & 7 & 0\end{pmatrix}\begin{pmatrix}7\\2\\1\end{pmatrix}$；　　(4) $\begin{pmatrix}1 & 2 & 3\\2 & 4 & 6\\3 & 6 & 9\end{pmatrix}\begin{pmatrix}-1 & -2 & -4\\-1 & -2 & -4\\1 & 2 & 4\end{pmatrix}$；

(5) $\begin{pmatrix}2 & 1 & 4 & 0\\1 & -1 & 3 & 4\end{pmatrix}\begin{pmatrix}1 & 3 & 1\\0 & -1 & 2\\1 & -3 & 1\\4 & 0 & -2\end{pmatrix}$.

3. 设 $\boldsymbol{A}=\begin{pmatrix}1 & 2\\1 & 3\end{pmatrix}$， $\boldsymbol{B}=\begin{pmatrix}1 & 0\\1 & 2\end{pmatrix}$. 问：

(1) $\boldsymbol{AB}=\boldsymbol{BA}$ 吗？

(2) $(\boldsymbol{A}+\boldsymbol{B})^2=\boldsymbol{A}^2+2\boldsymbol{AB}+\boldsymbol{B}^2$ 吗？

4. 举例说明下列命题是错误的：

(1) 若 $\boldsymbol{A}^2=\boldsymbol{O}$，则 $\boldsymbol{A}=\boldsymbol{O}$；

(2) 若 $\boldsymbol{A}^2=\boldsymbol{A}$，则 $\boldsymbol{A}=\boldsymbol{O}$ 或 $\boldsymbol{A}=\boldsymbol{E}$；

(3) 若 $\boldsymbol{AX}=\boldsymbol{AY}$，且 $\boldsymbol{A}\neq\boldsymbol{O}$，则 $\boldsymbol{X}=\boldsymbol{Y}$.

5. 设 $\boldsymbol{A}=\begin{pmatrix}1 & 1\\0 & 1\end{pmatrix}$，求所有可与 $\boldsymbol{A}$ 交换的矩阵.

6. 计算：

(1) $\begin{pmatrix}1 & 1\\0 & 1\end{pmatrix}^3$；　　(2) $\begin{pmatrix}x & 1 & 0\\0 & x & 1\\0 & 0 & x\end{pmatrix}^n$.

2.3 分块矩阵

在实际应用中，经常会遇到很大的矩阵，有时把矩阵适当分块会使计算简单；有时我们只需要知道矩阵中的一部分就够了；有时矩阵中有很多零元素，比如计算流体力学的方程组中就会有零元素，只要将变量正确地分组就会产生许多由零元素组成的方块，会大大地简化矩阵的计算. 这时就产生了“分块矩阵”的概念.

2.3.1 矩阵的分块

在矩阵的运算中，特别是在高阶矩阵的运算中，常常采用矩阵的分块法，即用一些横线与纵线将矩阵 $\boldsymbol{A}$ 分成若干个小矩阵，每个小矩阵称为矩阵 $\boldsymbol{A}$ 的**子块**(**子矩阵**). 以子块为元素的形式上的矩阵称为**分块矩阵**.

设矩阵

$$\boldsymbol{A}=\begin{pmatrix} a_{11} & a_{12} & a_{13} & a_{14} & a_{15} \\ a_{21} & a_{22} & a_{23} & a_{24} & a_{25} \\ a_{31} & a_{32} & a_{33} & a_{34} & a_{35} \end{pmatrix},$$

将其分块的方法有很多，下面是三种分块形式：

$$(1)\boldsymbol{A}=\left(\begin{array}{c:cc:cc} a_{11} & a_{12} & a_{13} & a_{14} & a_{15} \\ \hdashline a_{21} & a_{22} & a_{23} & a_{24} & a_{25} \\ a_{31} & a_{32} & a_{33} & a_{34} & a_{35} \end{array}\right);$$

$$(2)\boldsymbol{A}=\left(\begin{array}{cc:ccc} a_{11} & a_{12} & a_{13} & a_{14} & a_{15} \\ a_{21} & a_{22} & a_{23} & a_{24} & a_{25} \\ \hdashline a_{31} & a_{32} & a_{33} & a_{34} & a_{35} \end{array}\right);$$

$$(3)\boldsymbol{A}=\left(\begin{array}{cc:cc:c} a_{11} & a_{12} & a_{13} & a_{14} & a_{15} \\ a_{21} & a_{22} & a_{23} & a_{24} & a_{25} \\ \hdashline a_{31} & a_{32} & a_{33} & a_{34} & a_{35} \end{array}\right).$$

按第(1)种分法，矩阵 $\boldsymbol{A}$ 可记作

$$\begin{pmatrix} \boldsymbol{A}_{11} & \boldsymbol{A}_{12} & \boldsymbol{A}_{13} \\ \boldsymbol{A}_{21} & \boldsymbol{A}_{22} & \boldsymbol{A}_{23} \end{pmatrix},$$

其中

$$\boldsymbol{A}_{11}=(a_{11}),\quad \boldsymbol{A}_{12}=(a_{12}\quad a_{13}),\quad \boldsymbol{A}_{13}=(a_{14}\quad a_{15}),$$

$$\boldsymbol{A}_{21}=\begin{pmatrix} a_{21} \\ a_{31} \end{pmatrix},\quad \boldsymbol{A}_{22}=\begin{pmatrix} a_{22} & a_{23} \\ a_{32} & a_{33} \end{pmatrix},\quad \boldsymbol{A}_{23}=\begin{pmatrix} a_{24} & a_{25} \\ a_{34} & a_{35} \end{pmatrix},$$

是矩阵 $\boldsymbol{A}$ 的子块，而矩阵 $\begin{pmatrix} \boldsymbol{A}_{11} & \boldsymbol{A}_{12} & \boldsymbol{A}_{13} \\ \boldsymbol{A}_{21} & \boldsymbol{A}_{22} & \boldsymbol{A}_{23} \end{pmatrix}$ 是以这些子块为元素的形式上的矩阵，经过分块后，矩阵 $\boldsymbol{A}$ 就变成了一个 2 行 3 列的分块矩阵.

同理，按第(2)种分法得到的分块矩阵分别为 $\begin{pmatrix} \boldsymbol{A}_{11} & \boldsymbol{A}_{12} \\ \boldsymbol{A}_{21} & \boldsymbol{A}_{22} \end{pmatrix}$，是一个 2 行 2 列的分块矩阵；按第(3)种分法得到的分块矩阵形式上与按第(1)种分法得到的分块矩阵一样，但每个子块不相同.

注 一个矩阵被分块后,同一行上的子块具有相同的行数,同一列上的子块具有相同的列数.

在矩阵的分块中,有一种特殊的分法,就是把矩阵的每一行或者每一列分为一块.

将下列矩阵每两列之间都加一条竖线,即把每一列分成一块(按列分块),则可得到如下分块矩阵

$$\boldsymbol{A}=\left(\begin{array}{c:c:c:c} a_{11} & a_{12} & \cdots & a_{1n} \\ a_{21} & a_{22} & \cdots & a_{2n} \\ \vdots & \vdots & & \vdots \\ a_{m1} & a_{m2} & \cdots & a_{mn} \end{array}\right)=(\boldsymbol{\alpha}_1,\boldsymbol{\alpha}_2,\cdots,\boldsymbol{\alpha}_n).$$

其中,$\boldsymbol{\alpha}_j=\begin{pmatrix} a_{1j} \\ a_{2j} \\ \vdots \\ a_{mj} \end{pmatrix}$,$j=1,2,\cdots,n$;$\boldsymbol{\alpha}_1,\boldsymbol{\alpha}_2,\cdots,\boldsymbol{\alpha}_n$ 称为 $\boldsymbol{A}$ 的列向量组.

若每两行之间都加一条横线,即把每一行分为一块(按行分块),则有

$$\boldsymbol{A}=\left(\begin{array}{cccc} a_{11} & a_{12} & \cdots & a_{1n} \\ \hdashline a_{21} & a_{22} & \cdots & a_{2n} \\ \hdashline \vdots & \vdots & & \vdots \\ \hdashline a_{m1} & a_{m2} & \cdots & a_{mn} \end{array}\right)=\begin{pmatrix} \boldsymbol{\beta}_1^{\mathrm{T}} \\ \boldsymbol{\beta}_2^{\mathrm{T}} \\ \vdots \\ \boldsymbol{\beta}_m^{\mathrm{T}} \end{pmatrix}.$$

其中,$\boldsymbol{\beta}_i^{\mathrm{T}}=(a_{i1}\quad a_{i2}\quad \cdots\quad a_{in})$,$i=1,2,\cdots,m$;$\boldsymbol{\beta}_1^{\mathrm{T}},\boldsymbol{\beta}_2^{\mathrm{T}},\cdots,\boldsymbol{\beta}_m^{\mathrm{T}}$ 称为 $\boldsymbol{A}$ 的行向量组.

例 2.3.1 当某一矩阵 $\boldsymbol{A}$ 出现在物理问题的数学模型中时,例如,电子网络、传输系统,或超大公司等,就会很自然地把 $\boldsymbol{A}$ 看作一个分块矩阵.例如,若一个微型计算机电路板主要由 3 块超大规模的集成电路芯片组成,那么这个电路板的矩阵可以写成一般形式

$$\boldsymbol{A}=\begin{pmatrix} \boldsymbol{A}_{11} & \boldsymbol{A}_{12} & \boldsymbol{A}_{13} \\ \boldsymbol{A}_{21} & \boldsymbol{A}_{22} & \boldsymbol{A}_{23} \\ \boldsymbol{A}_{31} & \boldsymbol{A}_{32} & \boldsymbol{A}_{33} \end{pmatrix}.$$

其中,$\boldsymbol{A}$ 的“对角”线上的子矩阵,即 $\boldsymbol{A}_{11},\boldsymbol{A}_{22},\boldsymbol{A}_{33}$ 是有关 3 块超大规模集成电路本身的矩阵,其他子矩阵则与这 3 块芯片之间的相互联系有关.

2.3.2 分块矩阵的运算

分块矩阵的运算规律与普通矩阵类似,分别说明如下.

1.分块矩阵的加法

设 $\boldsymbol{A},\boldsymbol{B}$ 均是 $m\times n$ 矩阵，将 $\boldsymbol{A},\boldsymbol{B}$ 以相同的方法分块为

$$\boldsymbol{A}=\begin{pmatrix}\boldsymbol{A}_{11} & \boldsymbol{A}_{12} & \cdots & \boldsymbol{A}_{1s}\\ \boldsymbol{A}_{21} & \boldsymbol{A}_{22} & \cdots & \boldsymbol{A}_{2s}\\ \vdots & \vdots & & \vdots\\ \boldsymbol{A}_{r1} & \boldsymbol{A}_{r2} & \cdots & \boldsymbol{A}_{rs}\end{pmatrix},\quad \boldsymbol{B}=\begin{pmatrix}\boldsymbol{B}_{11} & \boldsymbol{B}_{12} & \cdots & \boldsymbol{B}_{1s}\\ \boldsymbol{B}_{21} & \boldsymbol{B}_{22} & \cdots & \boldsymbol{B}_{2s}\\ \vdots & \vdots & & \vdots\\ \boldsymbol{B}_{r1} & \boldsymbol{B}_{r2} & \cdots & \boldsymbol{B}_{rs}\end{pmatrix}.$$

其中 $\boldsymbol{A}_{ij}$ 与 $\boldsymbol{B}_{ij}$ 均是同型矩阵($i=1,2,\cdots,r;j=1,2,\cdots,s$)，则

$$\boldsymbol{A}+\boldsymbol{B}=\begin{pmatrix}\boldsymbol{A}_{11}+\boldsymbol{B}_{11} & \boldsymbol{A}_{12}+\boldsymbol{B}_{12} & \cdots & \boldsymbol{A}_{1s}+\boldsymbol{B}_{1s}\\ \boldsymbol{A}_{21}+\boldsymbol{B}_{21} & \boldsymbol{A}_{22}+\boldsymbol{B}_{22} & \cdots & \boldsymbol{A}_{2s}+\boldsymbol{B}_{2s}\\ \vdots & \vdots & & \vdots\\ \boldsymbol{A}_{r1}+\boldsymbol{B}_{r1} & \boldsymbol{A}_{r2}+\boldsymbol{B}_{r2} & \cdots & \boldsymbol{A}_{rs}+\boldsymbol{B}_{rs}\end{pmatrix}.$$

2.数乘分块矩阵

设 $\boldsymbol{A}$ 是 $m\times n$ 矩阵，λ 是数，将 $\boldsymbol{A}$ 分块后，有

$$\boldsymbol{A}=\begin{pmatrix}\boldsymbol{A}_{11} & \boldsymbol{A}_{12} & \cdots & \boldsymbol{A}_{1s}\\ \boldsymbol{A}_{21} & \boldsymbol{A}_{22} & \cdots & \boldsymbol{A}_{2s}\\ \vdots & \vdots & & \vdots\\ \boldsymbol{A}_{r1} & \boldsymbol{A}_{r2} & \cdots & \boldsymbol{A}_{rs}\end{pmatrix},$$

则

$$\lambda\boldsymbol{A}=\lambda\begin{pmatrix}\boldsymbol{A}_{11} & \boldsymbol{A}_{12} & \cdots & \boldsymbol{A}_{1s}\\ \boldsymbol{A}_{21} & \boldsymbol{A}_{22} & \cdots & \boldsymbol{A}_{2s}\\ \vdots & \vdots & & \vdots\\ \boldsymbol{A}_{r1} & \boldsymbol{A}_{r2} & \cdots & \boldsymbol{A}_{rs}\end{pmatrix}=\begin{pmatrix}\lambda\boldsymbol{A}_{11} & \lambda\boldsymbol{A}_{12} & \cdots & \lambda\boldsymbol{A}_{1s}\\ \lambda\boldsymbol{A}_{21} & \lambda\boldsymbol{A}_{22} & \cdots & \lambda\boldsymbol{A}_{2s}\\ \vdots & \vdots & & \vdots\\ \lambda\boldsymbol{A}_{r1} & \lambda\boldsymbol{A}_{r2} & \cdots & \lambda\boldsymbol{A}_{rs}\end{pmatrix}.$$

3.分块矩阵的乘法

设 $\boldsymbol{A}$ 为 $m\times l$ 矩阵，$\boldsymbol{B}$ 是 $l\times n$ 矩阵，将 $\boldsymbol{A},\boldsymbol{B}$ 矩阵分别分块成

$$\boldsymbol{A}=\begin{pmatrix}\boldsymbol{A}_{11} & \boldsymbol{A}_{12} & \cdots & \boldsymbol{A}_{1t}\\ \boldsymbol{A}_{21} & \boldsymbol{A}_{22} & \cdots & \boldsymbol{A}_{2t}\\ \vdots & \vdots & & \vdots\\ \boldsymbol{A}_{r1} & \boldsymbol{A}_{r2} & \cdots & \boldsymbol{A}_{rt}\end{pmatrix},\quad \boldsymbol{B}=\begin{pmatrix}\boldsymbol{B}_{11} & \boldsymbol{B}_{12} & \cdots & \boldsymbol{B}_{1s}\\ \boldsymbol{B}_{21} & \boldsymbol{B}_{22} & \cdots & \boldsymbol{B}_{2s}\\ \vdots & \vdots & & \vdots\\ \boldsymbol{B}_{t1} & \boldsymbol{B}_{t2} & \cdots & \boldsymbol{B}_{ts}\end{pmatrix}.$$

这里要求 $\boldsymbol{A}$ 的列的分法要与其 $\boldsymbol{B}$ 的行的分法一致，这样就保证了 $\boldsymbol{A}$ 的分块矩阵的列数等于 $\boldsymbol{B}$ 的分块矩阵的行数，而且 $\boldsymbol{A}_{i1},\boldsymbol{A}_{i2},\cdots,\boldsymbol{A}_{it}$ 的列数分别等于 $\boldsymbol{B}_{1j},\boldsymbol{B}_{2j},\cdots,\boldsymbol{B}_{tj}$ 的行数($i=1,2,\cdots,r;j=1,2,\cdots,s$)；则

$$\boldsymbol{AB}=\begin{pmatrix}\boldsymbol{C}_{11} & \boldsymbol{C}_{12} & \cdots & \boldsymbol{C}_{1s}\\ \boldsymbol{C}_{21} & \boldsymbol{C}_{22} & \cdots & \boldsymbol{C}_{2s}\\ \vdots & \vdots & & \vdots\\ \boldsymbol{C}_{r1} & \boldsymbol{C}_{r2} & \cdots & \boldsymbol{C}_{rs}\end{pmatrix}.$$

其中，$\boldsymbol{C}_{ij}=\boldsymbol{A}_{i1}\boldsymbol{B}_{1j}+\boldsymbol{A}_{i2}\boldsymbol{B}_{2j}+\cdots+\boldsymbol{A}_{it}\boldsymbol{B}_{tj}=\sum\limits_{k=1}^{t}\boldsymbol{A}_{ik}\boldsymbol{B}_{kj}\ (i=1,2,\cdots,r;j=1,2,\cdots,s)$.

例 2.3.2 设

$$\boldsymbol{A}=\begin{pmatrix}5&2&0&0\\2&1&0&0\\0&0&8&3\\0&0&5&2\end{pmatrix},\boldsymbol{B}=\begin{pmatrix}3&2&1&0\\4&5&0&1\\0&0&4&1\\0&0&6&2\end{pmatrix}.$$

求：(1)$\boldsymbol{A}+\boldsymbol{B}$；(2)$\boldsymbol{AB}$.

解 对矩阵分块如下：

$$\boldsymbol{A}=\left(\begin{array}{cc:cc}5&2&0&0\\2&1&0&0\\ \hdashline 0&0&8&3\\0&0&5&2\end{array}\right)=\begin{pmatrix}\boldsymbol{A}_1&\boldsymbol{O}\\ \boldsymbol{O}&\boldsymbol{A}_2\end{pmatrix},\boldsymbol{B}=\left(\begin{array}{cc:cc}3&2&1&0\\4&5&0&1\\ \hdashline 0&0&4&1\\0&0&6&2\end{array}\right)=\begin{pmatrix}\boldsymbol{B}_1&\boldsymbol{E}\\ \boldsymbol{O}&\boldsymbol{B}_2\end{pmatrix},$$

其中 $\boldsymbol{A}_1=\begin{pmatrix}5&2\\2&1\end{pmatrix},\boldsymbol{A}_2=\begin{pmatrix}8&3\\5&2\end{pmatrix},\boldsymbol{B}_1=\begin{pmatrix}3&2\\4&5\end{pmatrix},\boldsymbol{B}_2=\begin{pmatrix}4&1\\6&2\end{pmatrix}$，则：

$$(1)\boldsymbol{A}+\boldsymbol{B}=\begin{pmatrix}\boldsymbol{A}_1+\boldsymbol{B}_1&\boldsymbol{E}\\ \boldsymbol{O}&\boldsymbol{A}_2+\boldsymbol{B}_2\end{pmatrix}=\begin{pmatrix}8&4&1&0\\6&6&0&1\\0&0&12&4\\0&0&11&4\end{pmatrix};$$

$$(2)\boldsymbol{AB}=\begin{pmatrix}\boldsymbol{A}_1&\boldsymbol{O}\\ \boldsymbol{O}&\boldsymbol{A}_2\end{pmatrix}\begin{pmatrix}\boldsymbol{B}_1&\boldsymbol{E}\\ \boldsymbol{O}&\boldsymbol{B}_2\end{pmatrix}=\begin{pmatrix}\boldsymbol{A}_1\boldsymbol{B}_1&\boldsymbol{A}_1\\ \boldsymbol{O}&\boldsymbol{A}_2\boldsymbol{B}_2\end{pmatrix},$$

又因为

$$\boldsymbol{A}_1\boldsymbol{B}_1=\begin{pmatrix}5&2\\2&1\end{pmatrix}\begin{pmatrix}3&2\\4&5\end{pmatrix}=\begin{pmatrix}23&20\\10&9\end{pmatrix},\boldsymbol{A}_2\boldsymbol{B}_2=\begin{pmatrix}8&3\\5&2\end{pmatrix}\begin{pmatrix}4&1\\6&2\end{pmatrix}=\begin{pmatrix}50&14\\32&9\end{pmatrix},$$

所以

$$\boldsymbol{AB}=\begin{pmatrix}23&20&5&2\\10&9&2&1\\0&0&50&14\\0&0&32&9\end{pmatrix}.$$

例 2.3.3 设 $\boldsymbol{A}=(a_{ij})_{m\times n}$，$\boldsymbol{B}=(b_{ij})_{n\times s}$，将 $\boldsymbol{B}$ 按行分块为 $\boldsymbol{B}=\begin{pmatrix}\boldsymbol{B}_1\\\boldsymbol{B}_2\\\vdots\\\boldsymbol{B}_n\end{pmatrix}$，则

$$\boldsymbol{AB}=\begin{pmatrix}a_{11}&a_{12}&\cdots&a_{1n}\\a_{21}&a_{22}&\cdots&a_{2n}\\\vdots&\vdots&&\vdots\\a_{m1}&a_{m2}&\cdots&a_{mn}\end{pmatrix}\begin{pmatrix}\boldsymbol{B}_1\\\boldsymbol{B}_2\\\vdots\\\boldsymbol{B}_n\end{pmatrix}=\begin{pmatrix}a_{11}\boldsymbol{B}_1+a_{12}\boldsymbol{B}_2+\cdots+a_{1n}\boldsymbol{B}_n\\a_{21}\boldsymbol{B}_1+a_{22}\boldsymbol{B}_2+\cdots+a_{2n}\boldsymbol{B}_n\\\vdots\\a_{m1}\boldsymbol{B}_1+a_{m2}\boldsymbol{B}_2+\cdots+a_{mn}\boldsymbol{B}_n\end{pmatrix}.$$

例 2.3.4 对于线性方程组

$$\begin{cases}a_{11}x_1+a_{12}x_2+\cdots+a_{1n}x_n=b_1,\\a_{21}x_1+a_{22}x_2+\cdots+a_{2n}x_n=b_2,\\\qquad\vdots\\a_{m1}x_1+a_{m2}x_2+\cdots+a_{mn}x_n=b_m.\end{cases}\tag{2.3.1}$$

记

$$\boldsymbol{A}=\begin{pmatrix}a_{11}&a_{12}&\cdots&a_{1n}\\a_{21}&a_{22}&\cdots&a_{2n}\\\vdots&\vdots&&\vdots\\a_{m1}&a_{m2}&\cdots&a_{mn}\end{pmatrix},\boldsymbol{x}=\begin{pmatrix}x_1\\x_2\\\vdots\\x_n\end{pmatrix},\boldsymbol{b}=\begin{pmatrix}b_1\\b_2\\\vdots\\b_m\end{pmatrix},$$

$$\boldsymbol{B}=\left(\begin{array}{cccc:c}a_{11}&a_{12}&\cdots&a_{1n}&b_1\\a_{21}&a_{22}&\cdots&a_{2n}&b_2\\\vdots&\vdots&&\vdots&\vdots\\a_{m1}&a_{m2}&\cdots&a_{mn}&b_m\end{array}\right)=(\boldsymbol{A},\boldsymbol{b}).$$

其中 $\boldsymbol{A}$ 称为**方程组**(2.3.1)的**系数矩阵**(coefficient matrix)，$\boldsymbol{x}$ 称为方程组的**未知量向量**，$\boldsymbol{b}$ 称为方程组的**常数项向量**，$\boldsymbol{B}$ 称为方程组的**增广矩阵**(augmented matrix). 由引例 2 知，方程组(2.3.1)与增广矩阵 $\boldsymbol{B}$ 有一一对应关系.

由矩阵的乘法运算，我们可将方程组(2.3.1)表示成以下的矩阵方程

$$\boldsymbol{Ax}=\boldsymbol{b},\tag{2.3.2}$$

它的解 $\boldsymbol{x}$ 称为方程组(2.3.1)的**解向量**.

若将系数矩阵 $\boldsymbol{A}$ 按列分块成 $\boldsymbol{A}=(\boldsymbol{\alpha}_1,\boldsymbol{\alpha}_2,\cdots,\boldsymbol{\alpha}_n)$，则

$$\boldsymbol{Ax}=(\boldsymbol{\alpha}_1,\boldsymbol{\alpha}_2,\cdots,\boldsymbol{\alpha}_n)\begin{pmatrix}x_1\\x_2\\\vdots\\x_n\end{pmatrix}=x_1\boldsymbol{\alpha}_1+x_2\boldsymbol{\alpha}_2+\cdots+x_n\boldsymbol{\alpha}_n.$$

所以方程组可表示成 $\boldsymbol{x}_1\boldsymbol{\alpha}_1+\boldsymbol{x}_2\boldsymbol{\alpha}_2+\cdots+\boldsymbol{x}_n\boldsymbol{\alpha}_n=\boldsymbol{b}$.

若方程组是齐次线性方程组，则其矩阵形式为 $\boldsymbol{Ax}=\boldsymbol{0}$.

4. 分块矩阵的转置

设矩阵 $\boldsymbol{A}$ 分块成

$$\boldsymbol{A}=\begin{pmatrix}\boldsymbol{A}_{11} & \boldsymbol{A}_{12} & \cdots & \boldsymbol{A}_{1s}\\ \boldsymbol{A}_{21} & \boldsymbol{A}_{22} & \cdots & \boldsymbol{A}_{2s}\\ \vdots & \vdots & & \vdots\\ \boldsymbol{A}_{r1} & \boldsymbol{A}_{r2} & \cdots & \boldsymbol{A}_{rs}\end{pmatrix},$$

则

$$\boldsymbol{A}^{\mathrm{T}}=\begin{pmatrix}\boldsymbol{A}_{11} & \boldsymbol{A}_{12} & \cdots & \boldsymbol{A}_{1s}\\ \boldsymbol{A}_{21} & \boldsymbol{A}_{22} & \cdots & \boldsymbol{A}_{2s}\\ \vdots & \vdots & & \vdots\\ \boldsymbol{A}_{r1} & \boldsymbol{A}_{r2} & \cdots & \boldsymbol{A}_{rs}\end{pmatrix}^{\mathrm{T}}=\begin{pmatrix}\boldsymbol{A}_{11}^{\mathrm{T}} & \boldsymbol{A}_{21}^{\mathrm{T}} & \cdots & \boldsymbol{A}_{r1}^{\mathrm{T}}\\ \boldsymbol{A}_{12}^{\mathrm{T}} & \boldsymbol{A}_{22}^{\mathrm{T}} & \cdots & \boldsymbol{A}_{r2}^{\mathrm{T}}\\ \vdots & \vdots & & \vdots\\ \boldsymbol{A}_{1s}^{\mathrm{T}} & \boldsymbol{A}_{2s}^{\mathrm{T}} & \cdots & \boldsymbol{A}_{rs}^{\mathrm{T}}\end{pmatrix},$$

即分块矩阵的转置，不仅要把每个子块看作元素对矩阵转置，而且每个子块本身也要转置.

5. 两类特殊的分块矩阵

如果 n 阶方阵 $\boldsymbol{A}$ 的分块矩阵只有在主对角线上有非零子块，其余子块都为零矩阵，且在主对角线上的子块都是方阵，即

$$\boldsymbol{A}=\begin{pmatrix}\boldsymbol{A}_1 & & & \\ & \boldsymbol{A}_2 & & \\ & & \ddots & \\ & & & \boldsymbol{A}_r\end{pmatrix}.$$

其中 $\boldsymbol{A}_i(i=1,2,\cdots,r)$ 均是方阵，那么称 $\boldsymbol{A}$ 为**分块对角矩阵**，或**准对角矩阵**.

分块对角矩阵具有以下性质：

(1) $|\boldsymbol{A}|=|\boldsymbol{A}_1||\boldsymbol{A}_2|\cdots|\boldsymbol{A}_r|$；

(2) 对任意的正整数 k，有

$$\boldsymbol{A}^k=\begin{pmatrix}\boldsymbol{A}_1^k & & & \\ & \boldsymbol{A}_2^k & & \\ & & \ddots & \\ & & & \boldsymbol{A}_r^k\end{pmatrix}.$$

形如

$$\begin{pmatrix} \boldsymbol{A}_{11} & \boldsymbol{A}_{12} & \cdots & \boldsymbol{A}_{1s} \\ \boldsymbol{O} & \boldsymbol{A}_{22} & \cdots & \boldsymbol{A}_{2s} \\ \vdots & \vdots & & \vdots \\ \boldsymbol{O} & \boldsymbol{O} & \cdots & \boldsymbol{A}_{ss} \end{pmatrix}$$

(其中，$\boldsymbol{A}_{ii}(i=1,2,\cdots,s)$都是方阵)的分块矩阵称为**准上三角形矩阵**.类似地，有**准下三角形矩阵**.

例 2.3.5 已知 $\boldsymbol{A}^{\mathrm{T}}\boldsymbol{A}=\boldsymbol{O}$，证明 $\boldsymbol{A}=\boldsymbol{O}$.

证 设 $\boldsymbol{A}=(a_{ij})_{m\times n}$，将 $\boldsymbol{A}$ 按列分块为 $\boldsymbol{A}=(\boldsymbol{\alpha}_1,\boldsymbol{\alpha}_2,\cdots,\boldsymbol{\alpha}_n)$，则

$$\boldsymbol{A}^{\mathrm{T}}\boldsymbol{A}=\begin{pmatrix} \boldsymbol{\alpha}_1^{\mathrm{T}} \\ \boldsymbol{\alpha}_2^{\mathrm{T}} \\ \vdots \\ \boldsymbol{\alpha}_n^{\mathrm{T}} \end{pmatrix}(\boldsymbol{\alpha}_1,\boldsymbol{\alpha}_2,\cdots,\boldsymbol{\alpha}_n)=\begin{pmatrix} \boldsymbol{\alpha}_1^{\mathrm{T}}\boldsymbol{\alpha}_1 & \boldsymbol{\alpha}_1^{\mathrm{T}}\boldsymbol{\alpha}_2 & \cdots & \boldsymbol{\alpha}_1^{\mathrm{T}}\boldsymbol{\alpha}_n \\ \boldsymbol{\alpha}_2^{\mathrm{T}}\boldsymbol{\alpha}_1 & \boldsymbol{\alpha}_2^{\mathrm{T}}\boldsymbol{\alpha}_2 & \cdots & \boldsymbol{\alpha}_2^{\mathrm{T}}\boldsymbol{\alpha}_n \\ \vdots & \vdots & & \vdots \\ \boldsymbol{\alpha}_n^{\mathrm{T}}\boldsymbol{\alpha}_1 & \boldsymbol{\alpha}_n^{\mathrm{T}}\boldsymbol{\alpha}_2 & \cdots & \boldsymbol{\alpha}_n^{\mathrm{T}}\boldsymbol{\alpha}_n \end{pmatrix}.$$

由已知条件得 $\boldsymbol{\alpha}_i^{\mathrm{T}}\boldsymbol{\alpha}_j=0(i,j=1,2,\cdots,n)$，特别地 $\boldsymbol{\alpha}_j^{\mathrm{T}}\boldsymbol{\alpha}_j=0(j=1,2,\cdots,n)$，而

$$\boldsymbol{\alpha}_j^{\mathrm{T}}\boldsymbol{\alpha}_j=(a_{1j},a_{2j},\cdots,a_{mj})\begin{pmatrix} a_{1j} \\ a_{2j} \\ \vdots \\ a_{mj} \end{pmatrix}=a_{1j}^2+a_{2j}^2+\cdots+a_{mj}^2,$$

由此得 $a_{1j}=a_{2j}=\cdots=a_{mj}=0(j=1,2,\cdots,n)$，即 $\boldsymbol{A}=\boldsymbol{O}$. 证毕

习题 2.3

1. 按照指定分块方法计算：

(1) $\left(\begin{array}{ccc} 2 & 1 & -1 \\ \hdashline 3 & 0 & -2 \\ \hdashline 1 & -1 & 1 \end{array}\right)\left(\begin{array}{c:c:c} 1 & 1 & 0 \\ 0 & 0 & -1 \\ -1 & 2 & 1 \end{array}\right)$； (2) $\left(\begin{array}{cc:cc} a & 0 & 0 & 0 \\ 0 & a & 0 & 0 \\ \hdashline 1 & 0 & b & 0 \\ 0 & 1 & 0 & b \end{array}\right)\left(\begin{array}{cc:cc} 1 & 0 & c & 0 \\ 0 & 1 & 0 & c \\ \hdashline 0 & 0 & d & 0 \\ 0 & 0 & 0 & d \end{array}\right)$.

2. 设 $\boldsymbol{A}=(a_{ij})_{m\times n}$，$\boldsymbol{B}=(b_{ij})_{n\times s}$，将 $\boldsymbol{A}$ 按列分块为 $\boldsymbol{A}=(\boldsymbol{A}_1\ \ \boldsymbol{A}_2\ \ \cdots\ \ \boldsymbol{A}_n)$，$\boldsymbol{B}$ 不分块，计算 $\boldsymbol{AB}$.

3. 利用分块矩阵方法计算：

(1) $\begin{pmatrix} 1 & 2 & 1 & 0 \\ 0 & 1 & 0 & 1 \\ 0 & 0 & 2 & 1 \\ 0 & 0 & 3 & 0 \end{pmatrix}\begin{pmatrix} 1 & 0 & 3 & 0 \\ 0 & 1 & 2 & -1 \\ 0 & 0 & -2 & 3 \\ 0 & 0 & 0 & -3 \end{pmatrix}$； (2) $\begin{pmatrix} 1 & 0 & 0 & 0 \\ 3 & -1 & 0 & 0 \\ 1 & 0 & -1 & 0 \\ 0 & 1 & -3 & 1 \end{pmatrix}^2$.

2.4 矩阵的初等变换

矩阵的初等变换是矩阵的一种十分重要的运算，它在解线性方程组、求逆矩阵及矩阵理论的探讨中都起到非常重要的作用.

2.4.1 初等变换

在 1.5 节中，我们简单介绍了求解线性方程组的“初等变换”法，其过程可以通过对方程组的增广矩阵的行作相应的变换来完成，相应的就有矩阵的初等变换. 下面我们再通过一个例题复习一下前面的方法.

例 2.4.1 解三元一次方程组

$$\begin{cases} x_1+\ x_2+5x_3=-7, \\ x_1+3x_2+\ x_3=\ \ 5, \\ 2x_1+\ x_2+\ x_3=\ \ 2. \end{cases} \tag{2.4.1}$$

解 写出上述方程组对应的增广矩阵，并作“行”的变换化简增广矩阵（为了书写方便，我们采用与行列式的初等变换类似的记号，用 r_i 表示矩阵的第 i 行，用 r_i+kr_j 表示矩阵的第 i 行元素加上第 j 行对应元素的 k 倍，等等）：

$$\begin{pmatrix} 1 & 1 & 5 & -7 \\ 1 & 3 & 1 & 5 \\ 2 & 1 & 1 & 2 \end{pmatrix} \xrightarrow[r_3-2r_1]{r_2-r_1} \begin{pmatrix} 1 & 1 & 5 & -7 \\ 0 & 2 & -4 & 12 \\ 0 & -1 & -9 & 16 \end{pmatrix} \xrightarrow{\frac{1}{2}r_2} \begin{pmatrix} 1 & 1 & 5 & -7 \\ 0 & 1 & -2 & 6 \\ 0 & -1 & -9 & 16 \end{pmatrix}$$

（对应于方程组 2.4.1） （相当于消去第 2 个和第 3 个方程中的 x_1）（相当于第 2 个方程两边同除以 2）

$$\xrightarrow{r_3+r_2} \begin{pmatrix} 1 & 1 & 5 & -7 \\ 0 & 1 & -2 & 6 \\ 0 & 0 & -11 & 22 \end{pmatrix} \xrightarrow{-\frac{1}{11}r_3} \begin{pmatrix} 1 & 1 & 5 & -7 \\ 0 & 1 & -2 & 6 \\ 0 & 0 & 1 & -2 \end{pmatrix} \xrightarrow[r_1-5r_3]{r_2+2r_3} \begin{pmatrix} 1 & 1 & 0 & 3 \\ 0 & 1 & 0 & 2 \\ 0 & 0 & 1 & -2 \end{pmatrix}$$

（消去第 3 个方程中的 x_2） （得 $x_3=-2$） （把 $x_3=-2$ 分别代入方程 1,2）

$$\xrightarrow{r_1-r_2} \begin{pmatrix} 1 & 0 & 0 & 1 \\ 0 & 1 & 0 & 2 \\ 0 & 0 & 1 & -2 \end{pmatrix}.$$

（把 x_2 代入方程 1）

最后一个矩阵对应了方程组的解

$$\begin{cases} x_1=\ \ 1, \\ x_2=\ \ 2, \\ x_3=-2. \end{cases}$$

下面我们就引入矩阵的初等变换.

定义 2.4.1 下面三种变换称为**矩阵的初等行变换**:

(1)对调两行(对调第 i 行和第 j 行,记作 $r_i \leftrightarrow r_j$);

(2)用一个非零数乘矩阵某一行的所有元素(第 i 行乘 k,记作 $r_i \times k$ 或 kr_i);

(3)把某一行所有元素都乘以数 k 后加到另一行的对应元素上(把第 j 行的 k 倍加到第 i 行上,记作 $r_i + kr_j$).

注 $r_i \times \frac{1}{k}$ 可记作 $r_i \div k$.

把定义中的"行"换成"列",就得到了**矩阵初等列变换**的定义(所用的记号只需把 r 改成 c 即可).

矩阵的初等行变换和初等列变换统称为**矩阵的初等变换**.

定义 2.4.2 矩阵 $\boldsymbol{A}$ 经有限次初等变换变为矩阵 $\boldsymbol{B}$,就称矩阵 $\boldsymbol{A}$ 与 $\boldsymbol{B}$ **等价**,记为 $\boldsymbol{A} \cong \boldsymbol{B}$.

若 $\boldsymbol{A}$ 经有限次初等行变换变为矩阵 $\boldsymbol{B}$,则称矩阵 $\boldsymbol{A}$ 与 $\boldsymbol{B}$ **行等价**,记为 $\boldsymbol{A} \overset{r}{\cong} \boldsymbol{B}$;若 $\boldsymbol{A}$ 经有限次初等列变换变为矩阵 $\boldsymbol{B}$,则称矩阵 $\boldsymbol{A}$ 与 $\boldsymbol{B}$ **列等价**,记为 $\boldsymbol{A} \overset{c}{\cong} \boldsymbol{B}$.

易知,矩阵的等价关系满足以下性质:

(1)反身性:任意一个矩阵和它自身等价,即 $\boldsymbol{A} \cong \boldsymbol{A}$;

(2)对称性:若 $\boldsymbol{A} \cong \boldsymbol{B}$,则 $\boldsymbol{B} \cong \boldsymbol{A}$;

(3)传递性:若 $\boldsymbol{A} \cong \boldsymbol{B}$,$\boldsymbol{B} \cong \boldsymbol{C}$,则 $\boldsymbol{A} \cong \boldsymbol{C}$.

矩阵 $\boldsymbol{A}$ 经初等变换化为矩阵 $\boldsymbol{B}$ 时,可简记为 $\boldsymbol{A} \to \boldsymbol{B}$;而 $\boldsymbol{A} \xrightarrow{r} \boldsymbol{B}$ 表示 $\boldsymbol{A}$ 只经过初等行变换化为 $\boldsymbol{B}$,$\boldsymbol{A} \xrightarrow{c} \boldsymbol{B}$ 表示 $\boldsymbol{A}$ 只经过初等列变换化为 $\boldsymbol{B}$.

在用矩阵的初等行变换来解线性方程组(2.4.1)的过程中,下面两个矩阵起到了非常重要的作用:

$$\boldsymbol{B}_1 = \begin{pmatrix} 1 & 1 & 5 & -7 \\ 0 & 1 & -2 & 6 \\ 0 & 0 & -11 & 22 \end{pmatrix}, \boldsymbol{B}_2 = \begin{pmatrix} 1 & 0 & 0 & 1 \\ 0 & 1 & 0 & 2 \\ 0 & 0 & 1 & -2 \end{pmatrix}.$$

我们称它们为行阶梯形矩阵. 一般地, 如果一个矩阵的每个非零行的非零首元都出现在上一行非零首元的右边,同时没有一个非零行出现在零行(即该行元素全为零)之下,则称这种矩阵为**行阶梯形矩阵**. 例如矩阵

$$\boldsymbol{A} = \begin{pmatrix} 1 & 1 & -2 & 1 & 4 \\ 0 & 1 & -1 & 1 & 0 \\ 0 & 0 & 0 & 1 & -3 \\ 0 & 0 & 0 & 0 & 0 \end{pmatrix}$$

是一个行阶梯形矩阵.

如果一个行阶梯形矩阵的每一个非零行的非零首元都是 1,且非零首元所在列的其余元都是零,则称这种矩阵为**行最简形矩阵**.上面的 $\boldsymbol{B}_2$ 就是行最简形矩阵,而 $\boldsymbol{B}_1$ 不是行最简形矩阵.对上面的矩阵 $\boldsymbol{A}$ 做适当的初等行变换就可以化成行最简形矩阵,具体过程如下:

$$\boldsymbol{A}=\begin{pmatrix}1&1&-2&1&4\\0&1&-1&1&0\\0&0&0&1&-3\\0&0&0&0&0\end{pmatrix}\xrightarrow[r_2-r_3]{r_1-r_3}\begin{pmatrix}1&1&-2&0&7\\0&1&-1&0&3\\0&0&0&1&-3\\0&0&0&0&0\end{pmatrix}$$

$$\xrightarrow{r_1-r_2}\begin{pmatrix}1&0&-1&0&4\\0&1&-1&0&3\\0&0&0&1&-3\\0&0&0&0&0\end{pmatrix}=\boldsymbol{A}_1,$$

$\boldsymbol{A}_1$ 即为行最简形矩阵.

细心的读者一定会问,是否任意一个矩阵经过一系列初等行变换后一定能变为一个行阶梯形矩阵呢？下面我们来讨论这个问题.

设

$$\boldsymbol{A}=\begin{pmatrix}a_{11}&a_{12}&\cdots&a_{1n}\\a_{21}&a_{22}&\cdots&a_{2n}\\\vdots&\vdots&&\vdots\\a_{m1}&a_{m2}&\cdots&a_{mn}\end{pmatrix},$$

若 $\boldsymbol{A}=\boldsymbol{O}$,则 $\boldsymbol{A}$ 已是行阶梯形矩阵.下设 $\boldsymbol{A}\neq\boldsymbol{O}$.

先看第一列元素 $a_{11},a_{21},\cdots,a_{m1}$.如果这 m 个元素不全为 0,就可以经第一种初等行变换,使第 1 列的第 1 个元素不等于零.然后依次用一个适当的数乘第 1 行后加到第 $2,\cdots,m$ 行上,使得第 1 列除去第 1 个元素以外都等于零.也就是说,经过一系列初等行变换后,得

$$\boldsymbol{A}\xrightarrow{r}\boldsymbol{B}=\begin{pmatrix}b_{11}&b_{12}&\cdots&b_{1n}\\0&b_{22}&\cdots&b_{2n}\\\vdots&\vdots&&\vdots\\0&b_{m2}&\cdots&b_{mn}\end{pmatrix},$$

再对 $\boldsymbol{B}$ 的右下角块

$$\begin{pmatrix}b_{22}&\cdots&b_{2n}\\\vdots&&\vdots\\b_{m2}&\cdots&b_{mn}\end{pmatrix}$$

重复以上的变换(注意,在对这一块进行初等行变换时,$\boldsymbol{B}$ 的第 1 行和第 1 列不起变化),这样下去,由于 m,n 的有限性,我们就可以把 $\boldsymbol{A}$ 化为一个行阶梯形矩阵;如果 $\boldsymbol{A}$ 的第 1 列元素全为 0,就从 $\boldsymbol{A}$ 的第 2 列元素开始做起,等等. 所以,任意一个矩阵都可以通过一系列的初等行变换把它化为行阶梯形矩阵. 类似地,可以证明行阶梯形矩阵经过有限次初等行变换可以化为行最简形矩阵. 综上所述,我们得:

定理 2.4.1 任一矩阵 $\boldsymbol{A}$ 总可以经过有限次初等行变换化为行阶梯形矩阵和行最简形矩阵.

利用初等行变换,把一个矩阵化为行阶梯形矩阵和行最简形矩阵,这是一种很重要的运算.

进一步可以证明,一个矩阵的行最简形矩阵是唯一的.

对行最简形矩阵再施以初等列变换,可以变成一种形状更简单的矩阵,我们称之为标准形. 例如

$$\boldsymbol{A}=\begin{pmatrix}1&1&-2&1&4\\0&1&-1&1&0\\0&0&0&1&-3\\0&0&0&0&0\end{pmatrix}\xrightarrow{r}\begin{pmatrix}1&0&-2&0&4\\0&1&-1&0&3\\0&0&0&1&-3\\0&0&0&0&0\end{pmatrix}\xrightarrow{c_3\leftrightarrow c_4}$$

$$\begin{pmatrix}1&0&0&-2&4\\0&1&0&-1&3\\0&0&1&0&-3\\0&0&0&0&0\end{pmatrix}\xrightarrow[\substack{c_5-4c_1\\c_5-3c_2\\c_5+3c_3}]{\substack{c_4+2c_1\\c_4+c_2}}\left(\begin{array}{ccc:cc}1&0&0&0&0\\0&1&0&0&0\\0&0&1&0&0\\\hdashline 0&0&0&0&0\end{array}\right)=\begin{pmatrix}\boldsymbol{E}_3&\boldsymbol{O}\\\boldsymbol{O}&\boldsymbol{O}\end{pmatrix}=\boldsymbol{F}.$$

矩阵 $\boldsymbol{F}$ 称为矩阵 $\boldsymbol{A}$ 的**标准形**,其特点是:$\boldsymbol{F}$ 的左上角是一个单位矩阵,其余元素全为 0.

任何一个 $m\times n$ 矩阵 $\boldsymbol{A}$,总可以经过有限次初等变换(行变换和列变换)把它化为标准形

$$\begin{pmatrix}\boldsymbol{E}_r&\boldsymbol{O}\\\boldsymbol{O}&\boldsymbol{O}\end{pmatrix}.$$

此标准形中 r 是由矩阵 $\boldsymbol{A}$ 完全确定的数,称为矩阵 $\boldsymbol{A}$ 的秩,就是 $\boldsymbol{A}$ 的行阶梯形矩阵中非零行的行数(矩阵的秩将在 2.6 节中详细讨论).

例 2.4.2 求矩阵 $\boldsymbol{A}$ 的行最简形矩阵

$$\boldsymbol{A}=\begin{pmatrix}1&2&3&-1&-1\\2&-1&1&0&2\\-1&3&-1&1&-2\end{pmatrix}.$$

解法 1 用初等行变换先将 $\boldsymbol{A}$ 化为行阶梯形矩阵,再化为行最简形矩阵:

$$\boldsymbol{A}=\begin{pmatrix}1&2&3&-1&-1\\2&-1&1&0&2\\-1&3&-1&1&-2\end{pmatrix}\xrightarrow[r_3+r_1]{r_2-2r_1}\begin{pmatrix}1&2&3&-1&-1\\0&-5&-5&2&4\\0&5&2&0&-3\end{pmatrix}$$

$$\xrightarrow{r_3+r_2}\begin{pmatrix}1&2&3&-1&-1\\0&-5&-5&2&4\\0&0&-3&2&1\end{pmatrix}\xrightarrow[r_3\div(-3)]{r_2\div(-5)}\begin{pmatrix}1&2&3&-1&-1\\0&1&1&-\frac{2}{5}&-\frac{4}{5}\\0&0&1&-\frac{2}{3}&-\frac{1}{3}\end{pmatrix}$$

$$\xrightarrow[r_2-r_3]{r_1-3r_3}\begin{pmatrix}1&2&0&1&0\\0&1&0&\frac{4}{15}&-\frac{7}{15}\\0&0&1&-\frac{2}{3}&-\frac{1}{3}\end{pmatrix}\xrightarrow{r_1-2r_2}\begin{pmatrix}1&0&0&\frac{7}{15}&\frac{14}{15}\\0&1&0&\frac{4}{15}&-\frac{7}{15}\\0&0&1&-\frac{2}{3}&-\frac{1}{3}\end{pmatrix}.$$

解法 2 用初等行变换直接将 $\boldsymbol{A}$ 化为行最简形矩阵：

$$\boldsymbol{A}=\begin{pmatrix}1&2&3&-1&-1\\2&-1&1&0&2\\-1&3&-1&1&-2\end{pmatrix}\xrightarrow[r_3+r_1]{r_2-2r_1}\begin{pmatrix}1&2&3&-1&-1\\0&-5&-5&2&4\\0&5&2&0&-3\end{pmatrix}$$

$$\xrightarrow[\substack{r_3+r_2\\ r_2\div(-5)}]{r_1+\frac{2}{5}r_2}\begin{pmatrix}1&0&1&-\frac{1}{5}&\frac{3}{5}\\0&1&1&-\frac{2}{5}&-\frac{4}{5}\\0&0&-3&2&1\end{pmatrix}\xrightarrow[\substack{r_2+\frac{1}{3}r_3\\ r_3\div(-3)}]{r_1+\frac{1}{3}r_3}\begin{pmatrix}1&0&0&\frac{7}{15}&\frac{14}{15}\\0&1&0&\frac{4}{15}&-\frac{7}{15}\\0&0&1&-\frac{2}{3}&-\frac{1}{3}\end{pmatrix}.$$

由例 2.4.1 可知，要解线性方程组，只需把方程组的增广矩阵化为行最简形矩阵，与行最简形矩阵对应的线性方程组是原方程组通过初等变换得到的最简的同解方程组(这一点将在 2.7 节中进一步说明).

例 2.4.3 解线性方程组

$$\begin{cases}x_1-2x_2+3x_3-4x_4=4,\\ \qquad x_2-x_3+x_4=-3,\\ x_1+3x_2\qquad -3x_4=1,\\ \quad -7x_2+3x_3+x_4=-3.\end{cases}\qquad(2.4.2)$$

计算实验：化矩阵为行最简形

解 对方程组的增广矩阵作初等行变换，化为行最简形矩阵

$$\begin{pmatrix}1&-2&3&-4&4\\0&1&-1&1&-3\\1&3&0&-3&1\\0&-7&3&1&-3\end{pmatrix}\xrightarrow{r_3-r_1}\begin{pmatrix}1&-2&3&-4&4\\0&1&-1&1&-3\\0&5&-3&1&-3\\0&-7&3&1&-3\end{pmatrix}$$

$$\xrightarrow[r_4+7r_2]{\substack{r_1+2r_2\\r_3-5r_2}}\begin{pmatrix}1&0&1&-2&-2\\0&1&-1&1&-3\\0&0&2&-4&12\\0&0&-4&8&-24\end{pmatrix}\xrightarrow[\substack{r_4+2r_3\\r_3\div 2}]{\substack{r_1-\frac{1}{2}r_3\\r_2+\frac{1}{2}r_3}}\begin{pmatrix}1&0&0&0&-8\\0&1&0&-1&3\\0&0&1&-2&6\\0&0&0&0&0\end{pmatrix}.$$

于是得到与原方程组同解的方程组

$$\begin{cases}x_1=-8,\\x_2-\ \ x_4=3,\\x_3-2x_4=6,\end{cases}$$

即

$$\begin{cases}x_1=-8,\\x_2=3+\ \ x_4,\\x_3=6+2x_4.\end{cases}\tag{2.4.3}$$

可以看到,方程组(2.4.3)中 x_2,x_3 可用 x_4 表示出来,x_4 可以任意取值;而当 x_4 取一定值后,x_1,x_2,x_3 就可用方程组(2.4.3)求出,从而得到方程组的一个解 x_1,x_2,x_3,x_4;若取 $x_4=c$(c 为任意实数),则方程组(2.4.2)的解为

$$\begin{cases}x_1=-8,\\x_2=3+c,\\x_3=6+2c,\\x_4=c.\end{cases}$$

可以看到,方程组(2.4.2)有无穷多个解. 由于 x_4 可以任意取值,我们称其为**自由未知量**.

为进一步说明初等变换在矩阵理论中的作用,以下我们通过初等矩阵来建立初等变换与矩阵乘法之间的关系.

2.4.2 初等矩阵

定义 2.4.3 单位矩阵 $\boldsymbol{E}$ 经过一次初等变换所得的矩阵称为**初等矩阵**(elementary matrix).

三种初等变换分别对应着三种初等矩阵:

(1)将单位矩阵 $\boldsymbol{E}$ 中第 i,j 两行(或第 i,j 两列)互换得初等矩阵

$$E(i,j)=\begin{pmatrix}1 &&&&&&&&& \\ & \ddots &&&&&&&& \\ && 1 &&&&&&& \\ &&& 0 & \cdots & & 1 &&& \\ &&& & 1 & & &&& \\ &&& \vdots & & \ddots & \vdots &&& \\ &&& & & 1 & &&& \\ &&& 1 & \cdots & & 0 &&& \\ &&&&&&& 1 && \\ &&&&&&&& \ddots & \\ &&&&&&&&& 1\end{pmatrix}\begin{matrix} \\ \\ \\ \leftarrow \text{第 } i \text{ 行} \\ \\ \\ \\ \leftarrow \text{第 } j \text{ 行} \\ \\ \\ \\ \end{matrix}, \tag{2.4.4}$$

即 $E\xrightarrow{r_i\leftrightarrow r_j(\text{或 } c_i\leftrightarrow c_j)}E(i,j)$.

(2)以非零数 k 乘单位矩阵的第 i 行(或第 i 列),得初等矩阵

$$E(i(k))=\begin{pmatrix}1 &&&&&& \\ & \ddots &&&&& \\ && 1 &&&& \\ &&& k &&& \\ &&&& 1 && \\ &&&&& \ddots & \\ &&&&&& 1\end{pmatrix}\leftarrow \text{第 } i \text{ 行}, \tag{2.4.5}$$

即 $E\xrightarrow{kr_i(\text{或 } kc_i)}E(i(k))$.

(3)将单位矩阵第 j 行元素的 k 倍加到第 i 行的对应元素上(或将第 i 列元素的 k 倍加到第 j 列对应元素上),得初等矩阵

$$E(i,j(k))=\begin{pmatrix}1 &&&&& \\ & \ddots &&&& \\ && 1 & \cdots & k && \\ &&& \ddots & \vdots && \\ &&&& 1 && \\ &&&&& \ddots & \\ &&&&&& 1\end{pmatrix}\begin{matrix} \\ \\ \leftarrow \text{第 } i \text{ 行} \\ \\ \leftarrow \text{第 } j \text{ 行} \\ \\ \\ \end{matrix}, \tag{2.4.6}$$

即 $E\xrightarrow{r_i+kr_j(\text{或 }c_j+kc_i)}E(i,j(k))$.

容易验证,对矩阵施行初等变换,可以用乘以相应的初等矩阵的形式来实现.对此,有以下结论.

定理 2.4.2 设 $\boldsymbol{A}$ 是一个 $m\times n$ 矩阵,对 $\boldsymbol{A}$ 施行一次初等行变换,相当于在 $\boldsymbol{A}$ 的左边乘以相应的 m 阶初等矩阵;对 $\boldsymbol{A}$ 施行一次初等列变换,相当于在 $\boldsymbol{A}$ 的右边乘以相应的 n 阶初等矩阵.

我们不妨以互换两行(列)这种初等变换来验证:

用 m 阶初等矩阵 $\boldsymbol{E}_m(i,j)$ 左乘矩阵 $\boldsymbol{A}=(a_{ij})_{m\times n}$,得

$$\boldsymbol{E}_m(i,j)\boldsymbol{A}=\begin{pmatrix} a_{11} & a_{12} & \cdots & a_{1n} \\ a_{21} & a_{22} & \cdots & a_{2n} \\ \vdots & \vdots & & \vdots \\ a_{j1} & a_{j2} & \cdots & a_{jn} \\ \vdots & \vdots & & \vdots \\ a_{i1} & a_{i2} & \cdots & a_{in} \\ \vdots & \vdots & & \vdots \\ a_{m1} & a_{m2} & \cdots & a_{mn} \end{pmatrix}\begin{matrix} \\ \\ \\ \leftarrow \text{第 } i \text{ 行} \\ \\ \leftarrow \text{第 } j \text{ 行} \\ \\ \\ \end{matrix}.$$

其结果相当于对矩阵 $\boldsymbol{A}$ 施行一次初等行变换:互换 $\boldsymbol{A}$ 的第 i 行与第 j 行.类似地,用 n 阶初等矩阵 $\boldsymbol{E}_n(i,j)$ 右乘矩阵 $\boldsymbol{A}$,其结果相当于对矩阵 $\boldsymbol{A}$ 施行一次初等列变换:互换 $\boldsymbol{A}$ 的第 i 列与第 j 列.

对于其他两种初等变换,这里就不做验证,读者不妨自己去验证.

习题 2.4

1. 把下列矩阵作初等行变换化为行最简形矩阵:

(1) $\begin{pmatrix} 1 & -1 & 2 \\ 3 & -3 & 1 \\ -2 & 2 & -4 \end{pmatrix}$; (2) $\begin{pmatrix} 1 & 2 & 0 & -1 \\ 2 & 3 & 0 & 1 \\ 3 & 4 & 0 & 3 \end{pmatrix}$; (3) $\begin{pmatrix} 1 & 1 & -1 & 2 & 3 \\ 2 & 1 & 0 & -3 & 1 \\ -2 & 0 & -2 & 10 & 4 \end{pmatrix}$;

(4) $\begin{pmatrix} 0 & 2 & -3 & 1 \\ 0 & 3 & -4 & 3 \\ 0 & 4 & -7 & -1 \end{pmatrix}$; (5) $\begin{pmatrix} 2 & 3 & 1 & -3 & -7 \\ 1 & 2 & 0 & -2 & -4 \\ 3 & -2 & 8 & 3 & 0 \\ 2 & -3 & 7 & 4 & 3 \end{pmatrix}$.

2. 用初等行变换解下列线性方程组：

(1) $\begin{cases} x_1+ \quad\quad x_3=1, \\ 2x_1+3x_2+4x_3=2, \\ 2x_1+2x_2+3x_3=3; \end{cases}$　　(2) $\begin{cases} x_1+2x_2+3x_3=-7, \\ 2x_1-x_2+2x_3=-8, \\ x_1+3x_2 \quad\quad =7. \end{cases}$

3. 对三阶单位矩阵作下列初等变换，写出其对应的初等矩阵：

(1) $c_1 \leftrightarrow c_3$；　　(2) r_3+3r_1；　　(3) $2r_2$.

4. 设矩阵 $\boldsymbol{A}=\begin{pmatrix} a_{11} & a_{12} & a_{13} \\ a_{21} & a_{22} & a_{23} \\ a_{31} & a_{32} & a_{33} \end{pmatrix}$，$\boldsymbol{P}_1=\begin{pmatrix} 0 & 1 & 0 \\ 1 & 0 & 0 \\ 0 & 0 & 1 \end{pmatrix}$，$\boldsymbol{P}_2=\begin{pmatrix} 1 & 0 & 0 \\ 0 & 1 & 0 \\ 1 & 0 & 1 \end{pmatrix}$，请利用初等变换与初等矩阵的关系确定 $\boldsymbol{P}_1\boldsymbol{P}_2\boldsymbol{A}$.

2.5　逆矩阵

本节讨论矩阵运算中与实数除法相类似的问题，即矩阵的逆矩阵问题.

2.5.1　逆矩阵的概念

在 2.2 节中讨论矩阵运算时，没有提到矩阵的除法. 那么，矩阵能否进行除法运算呢？我们联系实数的除法可以表述为乘法的逆运算，即若 $a\neq 0, d\div a=d\times\frac{1}{a}$，若记 $b=\frac{1}{a}$，则 b 由下式唯一确定：$ab=ba=1$. 我们把这种方法推广到矩阵.

定义 2.5.1　设 $\boldsymbol{A}$ 是 n 阶方阵，若存在 n 阶方阵 $\boldsymbol{B}$，使得

$$\boldsymbol{AB}=\boldsymbol{BA}=\boldsymbol{E}, \tag{2.5.1}$$

则称 $\boldsymbol{A}$ 是**可逆的**，并称矩阵 $\boldsymbol{B}$ 为 $\boldsymbol{A}$ 的**逆矩阵**.

不是所有方阵都是可逆的. 不可逆方阵也称为奇异(或退化)矩阵，而可逆矩阵也称为非奇异(非退化)矩阵.

由定义，若 $\boldsymbol{B}$ 是 $\boldsymbol{A}$ 的逆矩阵，则 $\boldsymbol{A}$ 也是 $\boldsymbol{B}$ 的逆矩阵，即矩阵 $\boldsymbol{A}$ 与 $\boldsymbol{B}$ 是互逆的.

如果矩阵 $\boldsymbol{A}$ 是可逆的，则 $\boldsymbol{A}$ 的逆矩阵是唯一的. 因为，若 $\boldsymbol{B}$,$\boldsymbol{C}$ 都是 $\boldsymbol{A}$ 的逆矩阵，则有

$$\boldsymbol{AB}=\boldsymbol{BA}=\boldsymbol{E}, \boldsymbol{AC}=\boldsymbol{CA}=\boldsymbol{E},$$

从而

$$\boldsymbol{B}=\boldsymbol{BE}=\boldsymbol{B}(\boldsymbol{AC})=(\boldsymbol{BA})\boldsymbol{C}=\boldsymbol{EC}=\boldsymbol{C}.$$

把 $\boldsymbol{A}$ 的唯一逆矩阵记为 $\boldsymbol{A}^{-1}$，即 $\boldsymbol{AA}^{-1}=\boldsymbol{A}^{-1}\boldsymbol{A}=\boldsymbol{E}$.

定义中要求 $\boldsymbol{AB}=\boldsymbol{BA}$，即要求 $\boldsymbol{A}$,$\boldsymbol{B}$ 是可交换的，且 $\boldsymbol{A}$,$\boldsymbol{B}$ 都是同阶的方阵. 以后我们将会看到，当存在矩阵 $\boldsymbol{B}$ 使得 $\boldsymbol{AB}=\boldsymbol{E}$ 时，那么 $\boldsymbol{B}$ 也一定满足 $\boldsymbol{BA}=\boldsymbol{E}$. 所以我

们可以仅从 $\boldsymbol{AB}=\boldsymbol{E}$,判断 $\boldsymbol{A}$ 是可逆的.

例 2.5.1 (1)零矩阵是不可逆的.因为对任意矩阵 $\boldsymbol{A}$,$\boldsymbol{OA}=\boldsymbol{AO}=\boldsymbol{O}$;

(2)单位矩阵 $\boldsymbol{E}$ 是可逆矩阵,因为 $\boldsymbol{EE}=\boldsymbol{EE}=\boldsymbol{E}$,所以 $\boldsymbol{E}^{-1}=\boldsymbol{E}$;

(3)对角矩阵

$$\boldsymbol{A}=\begin{pmatrix} a_1 & & & \\ & a_2 & & \\ & & \ddots & \\ & & & a_n \end{pmatrix} \quad (a_i\neq 0,i=1,2,\cdots,n)$$

是可逆矩阵,且

$$\boldsymbol{A}^{-1}=\begin{pmatrix} a_1^{-1} & & & \\ & a_2^{-1} & & \\ & & \ddots & \\ & & & a_n^{-1} \end{pmatrix}.$$

例 2.5.2 对于初等矩阵,如果对 $\boldsymbol{E}(i,j)$ 作 i 行与 j 行的互换,则 $\boldsymbol{E}(i,j)\to\boldsymbol{E}$,即

$$\boldsymbol{E}(i,j)\boldsymbol{E}(i,j)=\boldsymbol{E};$$

对 $\boldsymbol{E}(i(k))$,第 k 列(行)乘以 $\frac{1}{k}$,则 $\boldsymbol{E}(i(k))\to\boldsymbol{E}$,即

$$\boldsymbol{E}(i(k))\boldsymbol{E}(i(\frac{1}{k}))=\boldsymbol{E}(i(\frac{1}{k}))\boldsymbol{E}(i(k))=\boldsymbol{E};$$

对 $\boldsymbol{E}(i,j(k))$,将第 j 列元素减去第 i 列对应元素的 k 倍(或第 i 行元素减去第 j 行对应元素的 k 倍),则 $\boldsymbol{E}(i,j(k))\to\boldsymbol{E}$,即

$$\boldsymbol{E}(i,j(k))\boldsymbol{E}(i,j(-k))=\boldsymbol{E}(i,j(-k))\boldsymbol{E}(i,j(k))=\boldsymbol{E}.$$

所以初等矩阵都是可逆矩阵,且

$$\boldsymbol{E}(i,j)^{-1}=\boldsymbol{E}(i,j),$$

$$[\boldsymbol{E}(i(k))]^{-1}=\boldsymbol{E}(i(\frac{1}{k})),$$

$$[\boldsymbol{E}(i,j(k))]^{-1}=\boldsymbol{E}(i,j(-k)).$$

由上可知,初等矩阵的逆矩阵还是同类型的初等矩阵.

不是所有矩阵都是可逆的,那么怎样的矩阵才是可逆的?下面我们来讨论这个问题.

2.5.2 伴随矩阵及其与逆矩阵的关系

定义 2.5.2 n 阶矩阵 $\boldsymbol{A}$ 的行列式 $|\boldsymbol{A}|$ 的各个元素的代数余子式 $\boldsymbol{A}_{ij}$ 所构成的

方阵

$$\boldsymbol{A}^*=\begin{pmatrix}\boldsymbol{A}_{11} & \boldsymbol{A}_{21} & \cdots & \boldsymbol{A}_{n1}\\ \boldsymbol{A}_{12} & \boldsymbol{A}_{22} & \cdots & \boldsymbol{A}_{n2}\\ \vdots & \vdots & & \vdots\\ \boldsymbol{A}_{1n} & \boldsymbol{A}_{2n} & \cdots & \boldsymbol{A}_{nn}\end{pmatrix}, \tag{2.5.2}$$

称为方阵 $\boldsymbol{A}$ 的**伴随矩阵**(adjoint matrix).

伴随矩阵有下面一个非常重要的性质:

性质 2.5.1 设 $\boldsymbol{A}$ 为一个 n 阶方阵,则 $\boldsymbol{A}\boldsymbol{A}^*=\boldsymbol{A}^*\boldsymbol{A}=|\boldsymbol{A}|\boldsymbol{E}$.

证 设 $\boldsymbol{A}=(a_{ij})_{n\times n}$,记 $\boldsymbol{A}\boldsymbol{A}^*=(b_{ij})_{n\times n}$,则

$$b_{ij}=a_{i1}\boldsymbol{A}_{j1}+a_{i2}\boldsymbol{A}_{j2}+\cdots+a_{in}\boldsymbol{A}_{jn}=\sum_{k=1}^{n}a_{ik}\boldsymbol{A}_{jk}=|\boldsymbol{A}|\delta_{ij}.$$

故 $\boldsymbol{A}\boldsymbol{A}^*=(|\boldsymbol{A}|\delta_{ij})_{n\times n}=|\boldsymbol{A}|(\delta_{ij})_{n\times n}=|\boldsymbol{A}|\boldsymbol{E}$.

类似地,可以证明

$$\boldsymbol{A}^*\boldsymbol{A}=\Big(\sum_{k=1}^{n}\boldsymbol{A}_{ki}a_{kj}\Big)_{n\times n}=(|\boldsymbol{A}|\delta_{ij})_{n\times n}=|\boldsymbol{A}|(\delta_{ij})_{n\times n}=|\boldsymbol{A}|\boldsymbol{E}.$$

所以有 $\boldsymbol{A}\boldsymbol{A}^*=\boldsymbol{A}^*\boldsymbol{A}=|\boldsymbol{A}|\boldsymbol{E}$. 证毕

定理 2.5.1 方阵 $\boldsymbol{A}$ 可逆的充要条件是 $|\boldsymbol{A}|\neq 0$,且 $\boldsymbol{A}^{-1}=\dfrac{1}{|\boldsymbol{A}|}\boldsymbol{A}^*$,其中 $\boldsymbol{A}^*$ 为 $\boldsymbol{A}$ 的伴随矩阵.

证 必要性:设 $\boldsymbol{A}$ 可逆,则 $\boldsymbol{A}\boldsymbol{A}^{-1}=\boldsymbol{E}$,故 $|\boldsymbol{A}\boldsymbol{A}^{-1}|=|\boldsymbol{E}|$,即 $|\boldsymbol{A}||\boldsymbol{A}^{-1}|=1$,所以 $|\boldsymbol{A}|\neq 0$.

充分性:设 $|\boldsymbol{A}|\neq 0$,因为 $\boldsymbol{A}\boldsymbol{A}^*=\boldsymbol{A}^*\boldsymbol{A}=|\boldsymbol{A}|\boldsymbol{E}$,则有

$$\boldsymbol{A}\left(\frac{1}{|\boldsymbol{A}|}\boldsymbol{A}^*\right)=\left(\frac{1}{|\boldsymbol{A}|}\boldsymbol{A}^*\right)\boldsymbol{A}=\boldsymbol{E},$$

所以矩阵 $\boldsymbol{A}$ 可逆,且 $\boldsymbol{A}^{-1}=\dfrac{1}{|\boldsymbol{A}|}\boldsymbol{A}^*$. 证毕

在矩阵可逆的定义中要求 $\boldsymbol{AB}=\boldsymbol{BA}=\boldsymbol{E}$ 时,矩阵 $\boldsymbol{A}$ 才是可逆的. 由定理 2.5.1 可以证明:$\boldsymbol{AB}=\boldsymbol{E}$ 与 $\boldsymbol{BA}=\boldsymbol{E}$ 其中一个成立,就可以推出另外一个等式成立,即 $\boldsymbol{AB}=\boldsymbol{E}$ 与 $\boldsymbol{BA}=\boldsymbol{E}$ 中有一个成立,则说明 $\boldsymbol{A}$ 就是可逆的.

推论 2.5.1 设 $\boldsymbol{A}$ 是 n 阶方阵,如果存在 n 阶方阵 $\boldsymbol{B}$,使得 $\boldsymbol{AB}=\boldsymbol{E}$(或 $\boldsymbol{BA}=\boldsymbol{E}$),则 $\boldsymbol{B}=\boldsymbol{A}^{-1}$.

证 因为 $\boldsymbol{AB}=\boldsymbol{E}$,故 $|\boldsymbol{AB}|=|\boldsymbol{E}|$,即 $|\boldsymbol{A}||\boldsymbol{B}|=1$,所以 $|\boldsymbol{A}|\neq 0$,因此 $\boldsymbol{A}$ 可逆. 于是

$$\boldsymbol{B}=\boldsymbol{EB}=(\boldsymbol{A}^{-1}\boldsymbol{A})\boldsymbol{B}=\boldsymbol{A}^{-1}(\boldsymbol{AB})=\boldsymbol{A}^{-1}\boldsymbol{E}=\boldsymbol{A}^{-1}.$$ 证毕

推论 2.5.2 如果 n 阶方阵 $\boldsymbol{A}$ 可逆,则有:

(1) $|\boldsymbol{A}^{-1}|=|\boldsymbol{A}|^{-1}$; (2) $|\boldsymbol{A}^*|=|\boldsymbol{A}|^{n-1}$.

证 (1)因为 $\boldsymbol{AA}^{-1}=\boldsymbol{E}$,所以 $|\boldsymbol{AA}^{-1}|=|\boldsymbol{A}|\cdot|\boldsymbol{A}^{-1}|=1$;又因为 $|\boldsymbol{A}|\neq 0$, 所以

$$|\boldsymbol{A}^{-1}|=\frac{1}{|\boldsymbol{A}|}=|\boldsymbol{A}|^{-1};$$

(2)因为 $\boldsymbol{AA}^*=|\boldsymbol{A}|\boldsymbol{E}$, 所以

$$|\boldsymbol{A}||\boldsymbol{A}^*|=|\boldsymbol{AA}^*|=||\boldsymbol{A}|\boldsymbol{E}|=|\boldsymbol{A}|^n,$$

又因为 $|\boldsymbol{A}|\neq 0$,所以 $|\boldsymbol{A}^*|=|\boldsymbol{A}|^{n-1}$. 证毕

例 2.5.3 设 $\boldsymbol{A}=\begin{pmatrix} a & b \\ c & d \end{pmatrix}$,若 $|\boldsymbol{A}|=ad-bc\neq 0$,则 $\boldsymbol{A}$ 可逆,由于

$$\boldsymbol{A}^*=\begin{pmatrix} \boldsymbol{A}_{11} & \boldsymbol{A}_{21} \\ \boldsymbol{A}_{12} & \boldsymbol{A}_{22} \end{pmatrix}=\begin{pmatrix} d & -b \\ -c & a \end{pmatrix},$$

所以 $\boldsymbol{A}^{-1}=\dfrac{1}{|\boldsymbol{A}|}\boldsymbol{A}^*=\dfrac{1}{ad-bc}\begin{pmatrix} d & -b \\ -c & a \end{pmatrix}$.

例 2.5.4 设 $\boldsymbol{A}=\begin{pmatrix} 2 & 2 & 2 \\ 1 & 2 & 3 \\ 1 & 3 & 6 \end{pmatrix}$,求 $\boldsymbol{A}^{-1}$.

解 因为 $|\boldsymbol{A}|=\begin{vmatrix} 2 & 2 & 2 \\ 1 & 2 & 3 \\ 1 & 3 & 6 \end{vmatrix}=2\neq 0$,所以 $\boldsymbol{A}$ 可逆. 再计算 $|\boldsymbol{A}|$ 的代数余子式:

$$\begin{aligned} &\boldsymbol{A}_{11}=3, \quad \boldsymbol{A}_{21}=-6, \quad \boldsymbol{A}_{31}=2, \\ &\boldsymbol{A}_{12}=-3, \quad \boldsymbol{A}_{22}=10, \quad \boldsymbol{A}_{32}=-4, \\ &\boldsymbol{A}_{13}=1, \quad \boldsymbol{A}_{23}=-4, \quad \boldsymbol{A}_{33}=2, \end{aligned}$$

所以 $\boldsymbol{A}^*=\begin{pmatrix} \boldsymbol{A}_{11} & \boldsymbol{A}_{21} & \boldsymbol{A}_{31} \\ \boldsymbol{A}_{12} & \boldsymbol{A}_{22} & \boldsymbol{A}_{32} \\ \boldsymbol{A}_{13} & \boldsymbol{A}_{23} & \boldsymbol{A}_{33} \end{pmatrix}=\begin{pmatrix} 3 & -6 & 2 \\ -3 & 10 & -4 \\ 1 & -4 & 2 \end{pmatrix}$,

故 $\boldsymbol{A}^{-1}=\dfrac{1}{|\boldsymbol{A}|}\boldsymbol{A}^*=\dfrac{1}{2}\begin{pmatrix} 3 & -6 & 2 \\ -3 & 10 & -4 \\ 1 & -4 & 2 \end{pmatrix}=\begin{pmatrix} \frac{3}{2} & -3 & 1 \\ -\frac{3}{2} & 5 & -2 \\ \frac{1}{2} & -2 & 1 \end{pmatrix}$.

例 2.5.5 设方阵 $\boldsymbol{A}$ 满足 $\boldsymbol{A}^2-\boldsymbol{A}-2\boldsymbol{E}=\boldsymbol{O}$,证明 $\boldsymbol{A}$ 及 $\boldsymbol{A}+2\boldsymbol{E}$ 可逆,并求 $\boldsymbol{A}^{-1}$ 及 $(\boldsymbol{A}+2\boldsymbol{E})^{-1}$.

证 由 $A^2-A-2E=O$ 可得 $A(A-E)=2E$,即 $A\left[\frac{1}{2}(A-E)\right]=E$,所以 A 可逆,且 $A^{-1}=\frac{1}{2}(A-E)$;

由于 $(A+2E)(A-3E)=A^2-A-6E=-4E$,所以 $(A+2E)\left[\frac{1}{4}(3E-A)\right]=E$,所以 $A+2E$ 可逆,且 $(A+2E)^{-1}=\frac{1}{4}(3E-A)$. 证毕

例 2.5.6 设 A^* 是四阶矩阵 A 的伴随矩阵,已知 $|A|=-1$,求 $\left|\left(\frac{1}{3}A\right)^{-1}+A^*\right|$.

解 因为 $|A|=-1\neq 0$,所以 A 可逆,从而由 $A^{-1}=\frac{1}{|A|}A^*$ 得 $A^*=|A|A^{-1}=-A^{-1}$,所以

$$\left|\left(\frac{1}{3}A\right)^{-1}+A^*\right|=|3A^{-1}-A^{-1}|=|2A^{-1}|=2^4|A^{-1}|=16|A|^{-1}=-16.$$

2.5.3 逆矩阵的性质

定理 2.5.2 设 A,B 均为 n 阶可逆矩阵,数 $\lambda\neq 0$,则:

(1)A^{-1} 可逆,且 $(A^{-1})^{-1}=A$;

(2)λA 可逆,且 $(\lambda A)^{-1}=\frac{1}{\lambda}A^{-1}$;

(3)AB 可逆,且 $(AB)^{-1}=B^{-1}A^{-1}$;

(4)A^{T} 可逆,且 $(A^{\mathrm{T}})^{-1}=(A^{-1})^{\mathrm{T}}$.

证 (1)显然成立,以下只证(2)、(3)、(4).

(2)因为 $\lambda A\left(\frac{1}{\lambda}A^{-1}\right)=E$,所以 λA 可逆,且 $(\lambda A)^{-1}=\frac{1}{\lambda}A^{-1}$;

(3)因为

$$(AB)(B^{-1}A^{-1})=A(BB^{-1})A^{-1}=AEA^{-1}=AA^{-1}=E,$$

所以 AB 可逆,且 $(AB)^{-1}=B^{-1}A^{-1}$;

(4)因为 $A^{\mathrm{T}}(A^{-1})^{\mathrm{T}}=(A^{-1}A)^{\mathrm{T}}=E^{\mathrm{T}}=E$,所以 A^{T} 可逆,且

$$(A^{\mathrm{T}})^{-1}=(A^{-1})^{\mathrm{T}}.$$

证毕

对于定理 2.5.2 中的(3),利用数学归纳法不难推广到多个可逆矩阵乘积的情形,即

$$(A_1A_2\cdots A_m)^{-1}=A_m^{-1}\cdots A_2^{-1}A_1^{-1},$$

其中 A_k 均可逆,$k=1,2,\cdots,m$.

当 n 阶方阵 A 可逆时,还可以定义 A 的负整数次幂

$$A^{-k}=(A^{-1})^k,$$

其中 k 为正整数.这样,当 A 可逆,λ,μ 为整数,有

$$A^{\lambda}A^{\mu}=A^{\lambda+\mu},(A^{\lambda})^{\mu}=A^{\lambda\mu}.$$

2.5.4 求逆矩阵的初等变换法

定理 2.5.3 方阵 A 可逆的充分必要条件是存在有限个初等矩阵 $P_1,P_2,\cdots,P_l$,使

$$A=P_1P_2\cdots P_l.$$

证 先证充分性:设 $A=P_1P_2\cdots P_l$,因初等矩阵可逆,且有限个可逆矩阵的乘积仍可逆,故 A 可逆;

再证必要性:设 n 阶方阵 A 可逆,且 A 的标准形为 F;由于 $F\cong A$,故 F 经过有限次初等变换可化为 A,即存在初等矩阵 $P_1,P_2,\cdots,P_l$,使

$$A=P_1\cdots P_sFP_{s+1}\cdots P_l,$$

又因为 A 可逆,$P_1,P_2,\cdots,P_l$ 也可逆,故标准形 F 也可逆;因此 $F=\begin{pmatrix}E_r & O\\ O & O\end{pmatrix}_{n\times n}$ 中的 $r=n$,否则若 $r<n$,则 $|F|=0$,与 F 可逆矛盾,所以 $F=E$,从而

$$A=P_1P_2\cdots P_l.$$

证毕

由定理 2.5.3,有 $P_l^{-1}\cdots P_2^{-1}P_1^{-1}A=E$ 及 $AP_l^{-1}\cdots P_2^{-1}P_1^{-1}=E$,由此得:

推论 2.5.3 方阵 A 可逆的充分必要条件是 A 与单位矩阵 E 行等价或列等价,即 $A\overset{r}{\cong}E$ 或 $A\overset{c}{\cong}E$.

由于初等矩阵都是可逆矩阵,而可逆矩阵的乘积还是可逆矩阵,从而由定理 2.5.3,还可以推得:

推论 2.5.4 两个 $m\times n$ 矩阵 A,B 等价的充分必要条件是存在 m 阶可逆方阵 P 和 n 阶可逆方阵 Q,使得 $B=PAQ$.

由定理 2.5.3,设 A 是一个 n 阶可逆方阵,则有初等矩阵 $P_1,P_2,\cdots,P_l$ 使得

$$A=P_1P_2\cdots P_l,$$

从而

$$P_l^{-1}\cdots P_2^{-1}P_1^{-1}A=E, \tag{2.5.3}$$

式(2.5.3)两边右乘 A^{-1} 得

$$P_l^{-1}\cdots P_2^{-1}P_1^{-1}E=A^{-1}. \tag{2.5.4}$$

式(2.5.3)和(2.5.4)说明,当对 A 进行一系列初等行变换将 A 化为单位矩阵 E 时,对单位矩阵 E 进行同样的初等行变换,则将 E 化为 A^{-1};据此,我们找到了一个求 A^{-1} 的方法,即构造一个 $n\times 2n$ 的矩阵 (A,E),对其作初等行变换,则有

$$(\boldsymbol{A},\boldsymbol{E})\xrightarrow{\text{初等行变换}}(\boldsymbol{E},\boldsymbol{A}^{-1}).\tag{2.5.5}$$

上述方法对初等列变换也成立，这时需构造一个 $2n\times n$ 矩阵 $\begin{pmatrix}\boldsymbol{A}\\\boldsymbol{E}\end{pmatrix}$，对其作初等列变换，则有

$$\begin{pmatrix}\boldsymbol{A}\\\boldsymbol{E}\end{pmatrix}\xrightarrow{\text{初等列变换}}\begin{pmatrix}\boldsymbol{E}\\\boldsymbol{A}^{-1}\end{pmatrix}.$$

求 $\boldsymbol{A}^{-1}$ 的算法：对矩阵 $(\boldsymbol{A},\boldsymbol{E})$ 作初等行变换，若 $\boldsymbol{A}$ 行等价于单位矩阵 $\boldsymbol{E}$，则 $(\boldsymbol{A},\boldsymbol{E})$ 行等价于 $(\boldsymbol{E},\boldsymbol{A}^{-1})$；否则，$\boldsymbol{A}$ 不可逆.

例 2.5.7 设 $\boldsymbol{A}=\begin{pmatrix}0&1&2\\1&1&4\\2&-1&0\end{pmatrix}$，求 $\boldsymbol{A}^{-1}$.

解 $(\boldsymbol{A},\boldsymbol{E})=\begin{pmatrix}0&1&2&1&0&0\\1&1&4&0&1&0\\2&-1&0&0&0&1\end{pmatrix}\xrightarrow[r_1\leftrightarrow r_2]{r_3-2r_2}\begin{pmatrix}1&1&4&0&1&0\\0&1&2&1&0&0\\0&-3&-8&0&-2&1\end{pmatrix}$

$$\xrightarrow[r_3+3r_2]{r_1-r_2}\begin{pmatrix}1&0&2&-1&1&0\\0&1&2&1&0&0\\0&0&-2&3&-2&1\end{pmatrix}\xrightarrow[r_3\div(-2)]{\substack{r_1+r_3\\r_2+r_3}}\begin{pmatrix}1&0&0&2&-1&1\\0&1&0&4&-2&1\\0&0&1&-\frac{3}{2}&1&-\frac{1}{2}\end{pmatrix},$$

所以 $\boldsymbol{A}^{-1}=\begin{pmatrix}2&-1&1\\4&-2&1\\-\frac{3}{2}&1&-\frac{1}{2}\end{pmatrix}$.

例 2.5.8 判别矩阵 $\boldsymbol{A}=\begin{pmatrix}1&-2&1\\2&0&1\\0&4&-1\end{pmatrix}$ 是否可逆？

解 $\boldsymbol{A}=\begin{pmatrix}1&-2&1\\2&0&1\\0&4&-1\end{pmatrix}\xrightarrow{r_2-2r_1}\begin{pmatrix}1&-2&1\\0&4&-1\\0&4&-1\end{pmatrix}\xrightarrow{r_3-r_2}\begin{pmatrix}1&-2&1\\0&4&-1\\0&0&0\end{pmatrix}$.

由上可知，$\boldsymbol{A}$ 不能通过初等变换化成单位矩阵 $\boldsymbol{E}$，所以 $\boldsymbol{A}$ 不可逆.

2.5.5 利用逆矩阵求解矩阵方程

常见的矩阵方程主要有以下三种形式：

$$\boldsymbol{AX}=\boldsymbol{B},\tag{2.5.6}$$

$$XA=B, \tag{2.5.7}$$
$$AXB=C. \tag{2.5.8}$$

其中，$\boldsymbol{A},\boldsymbol{B},\boldsymbol{C}$ 为已知矩阵，$\boldsymbol{X}$ 为未知矩阵，这里我们主要讨论当 $\boldsymbol{A},\boldsymbol{B}$ 可逆的情形.

对于矩阵方程(2.5.6)，由于 $\boldsymbol{A}$ 可逆，故在方程两边同时左乘 $\boldsymbol{A}^{-1}$，则有

$$\boldsymbol{X}=\boldsymbol{A}^{-1}\boldsymbol{B}.$$

因此，要得到 $\boldsymbol{X}$，只需先求出 $\boldsymbol{A}^{-1}$，然后算出 $\boldsymbol{A}^{-1}$ 与 $\boldsymbol{B}$ 的乘积即可；当然也可以不求出 $\boldsymbol{A}^{-1}$，直接利用矩阵的初等行变换求出 $\boldsymbol{X}=\boldsymbol{A}^{-1}\boldsymbol{B}$. 具体方法如下：

因为 $\boldsymbol{A}^{-1}(\boldsymbol{A},\boldsymbol{B})=(\boldsymbol{E},\boldsymbol{A}^{-1}\boldsymbol{B})$，这说明当对 $\boldsymbol{A}$ 作初等行变换将其化成单位矩阵 $\boldsymbol{E}$ 时，对矩阵 $\boldsymbol{B}$ 作同样的初等行变换，则可得到 $\boldsymbol{A}^{-1}\boldsymbol{B}$，即

$$(\boldsymbol{A},\boldsymbol{B})\xrightarrow{\text{初等行变换}}(\boldsymbol{E},\boldsymbol{A}^{-1}\boldsymbol{B}).$$

类似地，在方程(2.5.7)的两边同时右乘 $\boldsymbol{A}^{-1}$，则有

$$\boldsymbol{X}=\boldsymbol{B}\boldsymbol{A}^{-1},$$

也可以直接通过初等列变换求出 $\boldsymbol{X}=\boldsymbol{B}\boldsymbol{A}^{-1}$：

$$\begin{pmatrix}\boldsymbol{A}\\ \boldsymbol{B}\end{pmatrix}\xrightarrow{\text{初等列变换}}\begin{pmatrix}\boldsymbol{E}\\ \boldsymbol{B}\boldsymbol{A}^{-1}\end{pmatrix}.$$

在方程(2.5.8)的两边同时左乘 $\boldsymbol{A}^{-1}$ 和右乘 $\boldsymbol{B}^{-1}$，则有

$$\boldsymbol{X}=\boldsymbol{A}^{-1}\boldsymbol{C}\boldsymbol{B}^{-1}.$$

例 2.5.9 解线性方程组

$$\begin{cases} x_2+2x_3=2,\\ x_1+x_2+4x_3=1,\\ 2x_1-x_2=1. \end{cases}$$

解 将方程组表示成矩阵方程 $\boldsymbol{A}\boldsymbol{x}=\boldsymbol{b}$，其中

$$\boldsymbol{A}=\begin{pmatrix}0&1&2\\1&1&4\\2&-1&0\end{pmatrix},\boldsymbol{x}=\begin{pmatrix}x_1\\x_2\\x_3\end{pmatrix},\boldsymbol{b}=\begin{pmatrix}2\\1\\1\end{pmatrix}.$$

由例 2.5.7 知，$\boldsymbol{A}$ 可逆且

$$\boldsymbol{A}^{-1}=\begin{pmatrix}2&-1&1\\4&-2&1\\-\frac{3}{2}&1&-\frac{1}{2}\end{pmatrix},$$

所以，在 $\boldsymbol{A}\boldsymbol{x}=\boldsymbol{b}$ 两边同时左乘 $\boldsymbol{A}^{-1}$，得

$$\boldsymbol{x}=\boldsymbol{A}^{-1}\boldsymbol{b}=\left(4,7,-\frac{5}{2}\right)^{\mathrm{T}},$$

即方程组的解为 $x_1=4, x_2=7, x_3=-\frac{5}{2}$.

例 2.5.10 求矩阵 $\boldsymbol{X}$,使 $\boldsymbol{AX}=\boldsymbol{B}$,其中 $\boldsymbol{A}=\begin{pmatrix}1&2&3\\2&2&1\\3&4&3\end{pmatrix}$, $\boldsymbol{B}=\begin{pmatrix}2&5\\3&1\\4&3\end{pmatrix}$.

解

$$(\boldsymbol{A},\boldsymbol{B})=\begin{pmatrix}1&2&3&2&5\\2&2&1&3&1\\3&4&3&4&3\end{pmatrix}\xrightarrow[r_3-3r_1]{r_2-2r_1}\begin{pmatrix}1&2&3&2&5\\0&-2&-5&-1&-9\\0&-2&-6&-2&-12\end{pmatrix}$$

$$\xrightarrow[r_2\div(-2)]{\substack{r_1+r_2\\ r_3-r_2}}\begin{pmatrix}1&0&-2&1&-4\\0&1&\frac{5}{2}&\frac{1}{2}&\frac{9}{2}\\0&0&-1&-1&-3\end{pmatrix}\xrightarrow[r_3\times(-1)]{\substack{r_1-2r_3\\ r_2+\frac{5}{2}r_3}}\begin{pmatrix}1&0&0&3&2\\0&1&0&-2&-3\\0&0&1&1&3\end{pmatrix},$$

所以 $\boldsymbol{X}=\begin{pmatrix}3&2\\-2&-3\\1&3\end{pmatrix}$.

对于其他类型的矩阵方程,一般可以通过变形转化为方程(2.5.6)～方程(2.5.8)这三种形式.

例 2.5.11 求解矩阵方程 $\boldsymbol{AX}=\boldsymbol{A}+\boldsymbol{X}$,其中 $\boldsymbol{A}=\begin{pmatrix}2&2&0\\2&1&3\\0&1&0\end{pmatrix}$.

解 对矩阵方程 $\boldsymbol{AX}=\boldsymbol{A}+\boldsymbol{X}$ 通过变形得到 $(\boldsymbol{A}-\boldsymbol{E})\boldsymbol{X}=\boldsymbol{A}$,而

$$(\boldsymbol{A}-\boldsymbol{E},\boldsymbol{A})=\begin{pmatrix}1&2&0&2&2&0\\2&0&3&2&1&3\\0&1&-1&0&1&0\end{pmatrix}\xrightarrow{r_2-2r_1}\begin{pmatrix}1&2&0&2&2&0\\0&-4&3&-2&-3&3\\0&1&-1&0&1&0\end{pmatrix}$$

$$\xrightarrow[r_2\leftrightarrow r_3]{\substack{r_1-2r_3\\ r_2+4r_3}}\begin{pmatrix}1&0&2&2&0&0\\0&1&-1&0&1&0\\0&0&-1&-2&1&3\end{pmatrix}\xrightarrow[r_3\times(-1)]{\substack{r_1+2r_3\\ r_2-r_3}}\begin{pmatrix}1&0&0&-2&2&6\\0&1&0&2&0&-3\\0&0&1&2&-1&-3\end{pmatrix},$$

所以 $\boldsymbol{X}=(\boldsymbol{A}-\boldsymbol{E})^{-1}\boldsymbol{A}=\begin{pmatrix}-2&2&6\\2&0&-3\\2&-1&-3\end{pmatrix}$.

计算实验:方阵求逆及求解矩阵方程

*** 例 2.5.12**(矩阵密码问题)

矩阵密码法是信息编码与解码的技巧,其中的一种是利用可逆矩阵的方法,先在 26 个英文字母与数字间建立起一一对应的关系,例如可以是

$$\begin{matrix} A & B & \cdots & Y & Z \\ \updownarrow & \updownarrow & & \updownarrow & \updownarrow. \\ 1 & 2 & \cdots & 25 & 26 \end{matrix}$$

若要发信息“SEND MONEY”，使用上述代码，则此信息的编码是 19,5,14,4,13,15,14,5,25，其中 5 表示字母 E；不幸的是，这种编码很容易被别人破译. 在一个较长的信息编码中，人们会根据那个出现频率最高的数值而猜出它代表的是哪个字母，比如上述编码中出现次数最多的数值是 5，人们自然会想到它代表的是字母 E，因为统计规律告诉我们，字母 E 是英文单词中出现频率最高的.

我们可以利用矩阵乘法来对“明文”SEND MONEY 进行加密，让其变成“密文”后再行传达，以增加非法用户破译的难度，而让合法用户轻松解密. 如果一个矩阵 $\boldsymbol{A}$ 的元素均为整数，且其行列式 $|\boldsymbol{A}|=\pm1$，那么由 $\boldsymbol{A}^{-1}=\frac{1}{|\boldsymbol{A}|}\boldsymbol{A}^*$ 即知，$\boldsymbol{A}^{-1}$ 的元素均为整数，我们可以利用这样的矩阵 $\boldsymbol{A}$ 来对明文加密，使加密之后的密文很难破译，现在取

$$\boldsymbol{A}=\begin{pmatrix} 1 & 2 & 1 \\ 2 & 5 & 3 \\ 2 & 3 & 2 \end{pmatrix},$$

明文“SEND MONEY”对应的 9 个数值按 3 列被排成以下的矩阵

$$\boldsymbol{B}=\begin{pmatrix} 19 & 4 & 14 \\ 5 & 13 & 5 \\ 14 & 15 & 25 \end{pmatrix}.$$

矩阵乘积

$$\boldsymbol{AB}=\begin{pmatrix} 43 & 45 & 49 \\ 105 & 118 & 128 \\ 81 & 77 & 93 \end{pmatrix},$$

对应着将发出去的密文编码

$$43,105,81,45,118,77,49,128,93,$$

合法用户用 $\boldsymbol{A}^{-1}$ 去左乘上述矩阵即可解密得到明文.

为了构造“密钥”矩阵 $\boldsymbol{A}$，我们可以从单位矩阵 $\boldsymbol{E}$ 开始，有限次地使用第三种初等行变换，而且只用某行的整数倍加到另一行，当然，第一种初等行变换也能使用，这样得到的矩阵 $\boldsymbol{A}$，其元素均为整数，而且由于 $|\boldsymbol{A}|=\pm1$，所以 $\boldsymbol{A}^{-1}$ 的元素必然均为整数.

***例 2.5.13** 如图 2.1 所示，一个两端有支柱的一条水平弹性梁，在点 1,2,3 受到一个力 $\boldsymbol{f}$（它是一个 3×1 矩阵，或说是一个向量）的作用. 设 $\boldsymbol{y}$ 为梁在这三点

的形变(它同样也是一个向量),利用胡克定律(Hooke's law),可以证明

$$\boldsymbol{y}=\boldsymbol{D}\boldsymbol{f},$$

这里,$\boldsymbol{D}$ 为弹性矩阵,其逆为刚性矩阵.试说明 $\boldsymbol{D}$ 与 $\boldsymbol{D}^{-1}$ 各列的物理意义.

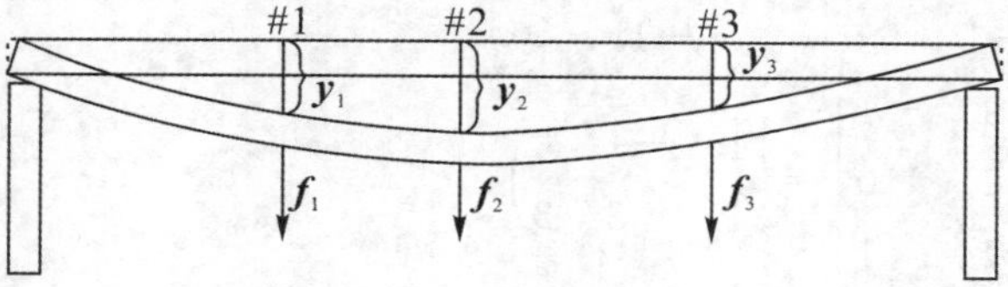

图 2.1 弹性梁的形变

解 记 $\boldsymbol{E}_3=(\boldsymbol{e}_1,\boldsymbol{e}_2,\boldsymbol{e}_3)$,其中 $\boldsymbol{e}_1=(1,0,0)^{\mathrm{T}}$,$\boldsymbol{e}_2=(0,1,0)^{\mathrm{T}}$,$\boldsymbol{e}_3=(0,0,1)^{\mathrm{T}}$ 分别表示 1 单位向下的力作用于点 1,2,3 处(其他两点的力为零).此时 $\boldsymbol{D}\boldsymbol{E}_3=(\boldsymbol{D}\boldsymbol{e}_1,\boldsymbol{D}\boldsymbol{e}_2,\boldsymbol{D}\boldsymbol{e}_3)$,$\boldsymbol{D}\boldsymbol{e}_1$ 即 $\boldsymbol{D}$ 的第 1 列表示在点 1 处施加 1 单位的力产生的形变,$\boldsymbol{D}\boldsymbol{e}_2$,$\boldsymbol{D}\boldsymbol{e}_3$ 分别表示在点 2,3 处施加 1 单位的力产生的形变.

为研究刚性矩阵,注意到方程 $\boldsymbol{f}=\boldsymbol{D}^{-1}\boldsymbol{y}$,可用来计算形变向量 $\boldsymbol{y}$ 给定时所需要的力 $\boldsymbol{f}$.

记 $\boldsymbol{D}^{-1}=\boldsymbol{D}^{-1}\boldsymbol{E}_3=(\boldsymbol{D}^{-1}\boldsymbol{e}_1,\boldsymbol{D}^{-1}\boldsymbol{e}_2,\boldsymbol{D}^{-1}\boldsymbol{e}_3)$,于是,$\boldsymbol{D}^{-1}\boldsymbol{e}_1$ 给出产生形变 $\boldsymbol{e}_1$ 所需的力,因此,$\boldsymbol{D}^{-1}$ 的第 1 列表示使点 1 产生 1 单位的形变,而点 2,3 的形变为 0 所需要的作用力,其他两列类似.

习题 2.5

1. 确定下列哪些矩阵为可逆矩阵,请说明理由,并对可逆矩阵求出其逆:

(1) $\begin{pmatrix} 5 & 7 \\ -3 & 6 \end{pmatrix}$; (2) $\begin{pmatrix} -4 & 6 \\ 6 & -9 \end{pmatrix}$;

(3) $\begin{pmatrix} 1 & 0 & 0 \\ 7 & 2 & 0 \\ -2 & 4 & -3 \end{pmatrix}$.

2. 求下列矩阵的逆矩阵:

(1) $\begin{pmatrix} 0 & 2 & -1 \\ 1 & 1 & 2 \\ -1 & -1 & -1 \end{pmatrix}$; (2) $\begin{pmatrix} 1 & 1 & 1 \\ 1 & 2 & 3 \\ 1 & 1 & 2 \end{pmatrix}$;

(3) $\begin{pmatrix} 3 & 2 & 1 \\ 3 & 1 & 5 \\ 3 & 2 & 3 \end{pmatrix}$; (4) $\begin{pmatrix} 3 & -2 & 0 & -1 \\ 0 & 2 & 2 & 1 \\ 1 & -2 & -3 & -2 \\ 0 & 1 & 2 & 1 \end{pmatrix}$.

3. 解下列矩阵方程：

(1) $\begin{pmatrix} -2 & 1 & 1 \\ 0 & 2 & -1 \\ 1 & -1 & 0 \end{pmatrix} X = \begin{pmatrix} 0 & 1 \\ 2 & -1 \\ -1 & 0 \end{pmatrix}$；

(2) $X \begin{pmatrix} 2 & 1 & -1 \\ 2 & 1 & 0 \\ 1 & -1 & 1 \end{pmatrix} = \begin{pmatrix} 1 & -1 & 3 \\ 4 & 3 & 2 \end{pmatrix}$；

(3) $\begin{pmatrix} 1 & 4 \\ -1 & 2 \end{pmatrix} X \begin{pmatrix} 2 & 0 \\ -1 & 1 \end{pmatrix} = \begin{pmatrix} 3 & 1 \\ 0 & -1 \end{pmatrix}$；

(4) $\begin{pmatrix} 0 & 1 & 0 \\ 1 & 0 & 0 \\ 0 & 0 & 1 \end{pmatrix} X \begin{pmatrix} 1 & 0 & 0 \\ 0 & 0 & 1 \\ 0 & 1 & 0 \end{pmatrix} = \begin{pmatrix} 1 & -4 & 3 \\ 2 & 0 & -1 \\ 1 & -2 & 0 \end{pmatrix}$.

4. (1) 设 $A = \begin{pmatrix} 1 & 0 & 1 \\ 0 & 2 & 0 \\ 1 & 0 & 1 \end{pmatrix}$，$AB + E = A^2 + B$，求 B；

(2) 设 $A = \begin{pmatrix} 0 & 3 & 3 \\ 1 & 1 & 0 \\ -1 & 2 & 3 \end{pmatrix}$，$AB = A + 2B$，求 B.

5. 设 n 阶方阵 A 满足 $A^2 = 3A$：

(1) 证明 $4E - A$ 可逆，并求其逆；　(2) 如果 $A \neq O$，证明 $3E - A$ 不可逆.

6. 设 n 阶方阵 A 的伴随矩阵为 A^*，证明：

(1) 若 $|A| = 0$，则 $|A^*| = 0$；　(2) $|A^*| = |A|^{n-1}$.

7. 若三阶矩阵 A 的伴随矩阵为 A^*，已知 $|A| = \frac{1}{2}$，求 $|(3A)^{-1} - 2A^*|$.

8. 证明：奇数阶反对称矩阵的行列式等于零.

9. 利用逆矩阵解线性方程组 $\begin{cases} x_1 + 2x_2 + 3x_3 = 1, \\ 2x_1 + 2x_2 + 5x_3 = 2, \\ 3x_1 + 5x_2 + x_3 = 3. \end{cases}$

2.6 矩阵的秩

“秩”是矩阵的一个重要的数值特征，在 2.4 节我们曾提到它，下面我们利用矩阵子式给出矩阵秩的定义.

定义 2.6.1 在 $m \times n$ 矩阵 $A = (a_{ij})$ 中任取 k 行 k 列 $(k \leqslant \min\{m, n\})$，位于这

些行和列交叉处的 k^2 个元素，按照它们在矩阵 $\boldsymbol{A}$ 中所处的位置次序而得到的 k 阶行列式，称为矩阵 $\boldsymbol{A}$ 的一个 k **阶子式**.

例如，设

$$\boldsymbol{A}=\begin{pmatrix}1 & 3 & 4 & 5\\1 & 0 & -2 & 3\\0 & 1 & -1 & 0\end{pmatrix},$$

矩阵 $\boldsymbol{A}$ 的第一、第三行与第二、第四列相交处的元素构成的二阶子式为 $\begin{vmatrix}3 & 5\\1 & 0\end{vmatrix}$.

$m\times n$ 矩阵 $\boldsymbol{A}$ 的 k 阶子式共有 $\mathrm{C}_m^k\cdot\mathrm{C}_n^k$ 个.

定义 2.6.2 设在矩阵 $\boldsymbol{A}$ 中有一个不等于零的 r 阶子式 D，且所有 $r+1$ 阶子式(如果存在的话)都等于零，那么称 D 为 $\boldsymbol{A}$ 的最高阶非零子式，数 r 称为矩阵 $\boldsymbol{A}$ 的**秩**(rank)，记作 $R(\boldsymbol{A})$，并规定零矩阵的秩为零.

由行列式的性质可知，在 $\boldsymbol{A}$ 中当所有的 $r+1$ 阶子式(如果有的话)全等于零时，则所有高于 $r+1$ 的阶子式(如果还有的话)也全为零. 所以，矩阵的秩就是矩阵中不等于零的子式的最高阶数. 显然，对任意矩阵 $\boldsymbol{A}$，其秩 $R(\boldsymbol{A})$ 是唯一的.

定义 2.6.2 实际上包含了两层意思：一方面如果矩阵 $\boldsymbol{A}$ 中有一个不等于零的 s 阶子式，则 $R(\boldsymbol{A})\geqslant s$；另一方面如果矩阵 $\boldsymbol{A}$ 的所有 t 阶子式(如果存在的话)全等于零，则 $R(\boldsymbol{A})<t$.

显然，若 $\boldsymbol{A}$ 是一个 $m\times n$ 矩阵，则 $R(\boldsymbol{A})\leqslant\min(m,n)$.

由于行列式与其转置行列式相等，因此 $\boldsymbol{A}^{\mathrm{T}}$ 的子式与 $\boldsymbol{A}$ 的子式对应相等，从而 $R(\boldsymbol{A}^{\mathrm{T}})=R(\boldsymbol{A})$.

如果 n 阶方阵 $\boldsymbol{A}$ 的秩 $R(\boldsymbol{A})=n$，则称 $\boldsymbol{A}$ 是一个**满秩方阵**；若 $R(\boldsymbol{A})<n$，则称 $\boldsymbol{A}$ 是**降秩方阵**.

由于 n 阶方阵 $\boldsymbol{A}$ 的 n 阶子式只有一个 $|\boldsymbol{A}|$，因此当 $|\boldsymbol{A}|\neq 0$ 时 $R(\boldsymbol{A})=n$，当 $|\boldsymbol{A}|=0$ 时 $R(\boldsymbol{A})<n$. 由此可见，**$\boldsymbol{A}$ 是可逆矩阵等价于 $\boldsymbol{A}$ 是满秩方阵；$\boldsymbol{A}$ 是不可逆矩阵等价于 $\boldsymbol{A}$ 是降秩方阵.**

例 2.6.1 求矩阵 $\boldsymbol{A}=\begin{pmatrix}1 & 2 & 3 & 0\\2 & 3 & -5 & 1\\4 & 7 & 1 & 1\end{pmatrix}$ 的秩.

解 矩阵 $\boldsymbol{A}$ 有一个二阶子式 $\begin{vmatrix}1 & 2\\2 & 3\end{vmatrix}=-1\neq 0$，而所有的三阶子式有 4 个：

$$\begin{vmatrix}1 & 2 & 3\\2 & 3 & -5\\4 & 7 & 1\end{vmatrix}=0,\quad\begin{vmatrix}1 & 2 & 0\\2 & 3 & 1\\4 & 7 & 1\end{vmatrix}=0,\quad\begin{vmatrix}1 & 3 & 0\\2 & -5 & 1\\4 & 1 & 1\end{vmatrix}=0,\quad\begin{vmatrix}3 & 3 & 0\\3 & -5 & 1\\7 & 1 & 1\end{vmatrix}=0,$$

因此 $R(\boldsymbol{A})=2$.

例 2.6.2 求矩阵 $\boldsymbol{B}=\begin{pmatrix}-1 & 3 & 0 & 5 & -3\\0 & 5 & 2 & -1 & 5\\0 & 0 & 0 & 2 & 1\\0 & 0 & 0 & 0 & 0\end{pmatrix}$的秩.

解 $\boldsymbol{B}$ 是一个行阶梯形矩阵，只有 3 个非零行，故 $\boldsymbol{B}$ 的四阶子式全为零；显然 $\boldsymbol{B}$ 存在一个不等于零的三阶子式 $\begin{vmatrix}-1 & 3 & 5\\0 & 5 & -1\\0 & 0 & 2\end{vmatrix}=-10$，因此 $R(\boldsymbol{B})=3$.

由例 2.6.1 和例 2.6.2 可知，当矩阵的行数与列数较大时，按定义求矩阵的秩比较困难. 然而对于行阶梯形矩阵，求秩却非常简单，就等于非零行的行数；因此，一个自然的想法就是作初等行变换把矩阵化为行阶梯形矩阵，然后从行阶梯形矩阵求出原来矩阵的秩. 但问题是，矩阵作初等变换后秩会发生改变吗？下面的定理将告诉我们，矩阵作初等变换后，秩不会发生改变.

定理 2.6.1 矩阵的初等变换不改变矩阵的秩，即若 $\boldsymbol{A}\cong\boldsymbol{B}$，则 $R(\boldsymbol{A})=R(\boldsymbol{B})$.

证 我们只对初等行变换的情形进行证明.

对于第一、第二种初等行变换，由于变换后的每一个子式都能在原来的矩阵中找到相应的子式，它们之间或只是行的次序的不同，或只是某一行扩大了 k 倍，所以相应子式或同为零，或同为非零，所以矩阵的秩不变.

对于第三种初等行变换，设

$$\boldsymbol{A}=\begin{pmatrix}a_{11} & a_{12} & \cdots & a_{1n}\\a_{21} & a_{22} & \cdots & a_{2n}\\\vdots & \vdots & & \vdots\\a_{m1} & a_{m2} & \cdots & a_{mn}\end{pmatrix},$$

为方便起见，我们不妨假设把 $\boldsymbol{A}$ 的第二行的 k 倍加到第一行上，得

$$\boldsymbol{A}\xrightarrow{r_1+kr_2}\boldsymbol{B}=\begin{pmatrix}a_{11}+ka_{21} & a_{12}+ka_{22} & \cdots & a_{1n}+ka_{2n}\\a_{21} & a_{22} & \cdots & a_{2n}\\\vdots & \vdots & & \vdots\\a_{m1} & a_{m2} & \cdots & a_{mn}\end{pmatrix}.$$

设 $R(\boldsymbol{B})=t$，即 $\boldsymbol{B}$ 中有 t 阶子式 B_t 不为零；若 B_t 不包含第一行的元素，则在 $\boldsymbol{A}$ 中能找到与 B_t 完全相同的 t 阶子式，所以 $R(\boldsymbol{A})\geqslant t$；若 B_t 包含第一行的元素，即

$$0\neq B_t=\begin{vmatrix} a_{1j_1}+ka_{2j_1} & \cdots & a_{1j_t}+ka_{2j_t} \\ \vdots & & \vdots \\ a_{i_tj_1} & \cdots & a_{i_tj_t}\end{vmatrix}=\begin{vmatrix} a_{1j_1} & \cdots & a_{1j_t} \\ \vdots & & \vdots \\ a_{i_tj_1} & \cdots & a_{i_tj_t}\end{vmatrix}+k\begin{vmatrix} a_{2j_1} & \cdots & a_{2j_t} \\ \vdots & & \vdots \\ a_{i_tj_1} & \cdots & a_{i_tj_t}\end{vmatrix};$$

若 B_t 不包含第二行元素，则上式最右边两个行列式中至少有一个不为零；若 B_t 包含第二行元素，则上式右端第一个行列式不为零，而以上两种情形的非零行列式均为 $\boldsymbol{A}$ 中的 t 阶子式，所以 $R(\boldsymbol{A})\geqslant t$。归纳以上情形可知，若矩阵 $\boldsymbol{A}$ 经第三种初等行变换得到矩阵 $\boldsymbol{B}$，则 $R(\boldsymbol{A})\geqslant R(\boldsymbol{B})$. 但事实上，我们又可以经第三种初等行变换把 $\boldsymbol{B}$ 化为 $\boldsymbol{A}$，所以又有 $R(\boldsymbol{B})\geqslant R(\boldsymbol{A})$，从而 $R(\boldsymbol{A})=R(\boldsymbol{B})$. 证毕

由定理 2.6.1 及推论 2.5.4，我们可得：

推论 2.6.1 若存在可逆矩阵 $\boldsymbol{P},\boldsymbol{Q}$ 使得 $\boldsymbol{B}=\boldsymbol{PAQ}$，则 $R(\boldsymbol{A})=R(\boldsymbol{B})$.

定理 2.6.1 结合例 2.6.2 后的说明，给出了**求矩阵的秩的算法**：将矩阵用初等行变换化为行阶梯形矩阵，行阶梯形矩阵中非零行的行数就是该矩阵的秩.

由于矩阵的标准形 $\begin{pmatrix}\boldsymbol{E}_r & \boldsymbol{O}\\ \boldsymbol{O} & \boldsymbol{O}\end{pmatrix}$ 中的 r 就是行阶梯形矩阵中非零行的行数，所以在 2.4 节中，我们把 r 定义为矩阵的秩.

例 2.6.3 设

$$\boldsymbol{A}=\begin{pmatrix}1 & -1 & 1 & 2 & 0\\ 2 & 1 & 2 & 4 & 1\\ 3 & 0 & -1 & 6 & 1\\ 0 & 3 & 0 & 0 & 1\end{pmatrix},$$

求矩阵 $\boldsymbol{A}$ 的秩.

解 对矩阵 $\boldsymbol{A}$ 作初等行变换，将其化为行阶梯形矩阵：

$$\boldsymbol{A}\xrightarrow[r_3-3r_1]{r_2-2r_1}\begin{pmatrix}1 & -1 & 1 & 2 & 0\\ 0 & 3 & 0 & 0 & 1\\ 0 & 3 & -4 & 0 & 1\\ 0 & 3 & 0 & 0 & 1\end{pmatrix}\xrightarrow[r_4-r_2]{r_3-r_2}\begin{pmatrix}1 & -1 & 1 & 2 & 0\\ 0 & 3 & 0 & 0 & 1\\ 0 & 0 & -4 & 0 & 0\\ 0 & 0 & 0 & 0 & 0\end{pmatrix}=\boldsymbol{B},$$

因为行阶梯形矩阵 $\boldsymbol{B}$ 中有 3 个非零行，所以 $R(\boldsymbol{A})=3$.

最后根据前面的讨论，把矩阵的秩的基本性质归纳如下：

(1) 设 $\boldsymbol{A}$ 为 $m\times n$ 矩阵，则 $0\leqslant R(\boldsymbol{A})\leqslant\min\{m,n\}$；

(2) 对任意矩阵 $\boldsymbol{A}$，$R(\boldsymbol{A})=R(\boldsymbol{A}^{\mathrm{T}})$；

(3) 若 $\boldsymbol{A}\cong\boldsymbol{B}$，则 $R(\boldsymbol{A})=R(\boldsymbol{B})$；

(4) 若 $\boldsymbol{P},\boldsymbol{Q}$ 可逆，则 $R(\boldsymbol{A})=R(\boldsymbol{PA})=R(\boldsymbol{AQ})=R(\boldsymbol{PAQ})$.

计算实验：求矩阵的秩

习题 2.6

1. 求下列矩阵的秩：

(1) $\begin{pmatrix} 1 & 0 & 2 & -1 \\ 2 & 0 & 3 & 1 \\ 3 & 0 & 4 & 3 \end{pmatrix}$；　(2) $\begin{pmatrix} 1 & 0 & 0 & 1 \\ 1 & 2 & 0 & -1 \\ 3 & -1 & 0 & 4 \\ 1 & 4 & 5 & 1 \end{pmatrix}$；

(3) $\begin{pmatrix} 1 & -1 & 3 & -4 & 3 \\ 3 & -3 & 5 & -4 & 1 \\ 2 & -2 & 3 & -2 & 0 \\ 3 & -3 & 4 & -2 & -1 \end{pmatrix}$；　(4) $\begin{pmatrix} 3 & 2 & 0 & 5 & 0 \\ 3 & -2 & 3 & 6 & -1 \\ 2 & 0 & 1 & 5 & -3 \\ 1 & 6 & -4 & -1 & 4 \end{pmatrix}$.

2. 在秩是 r 的矩阵中，有没有等于 0 的 $r-1$ 阶子式？有没有等于 0 的 r 阶子式？

3. 线性方程组 $\boldsymbol{Ax}=\boldsymbol{b}$ 的系数矩阵 $\boldsymbol{A}$ 的秩 $R(\boldsymbol{A})$ 与增广矩阵 $(\boldsymbol{A},\boldsymbol{b})$ 的秩 $R(\boldsymbol{A},\boldsymbol{b})$ 具有怎样的关系？

2.7 线性方程组的解

线性方程组的一般形式为

$$\begin{cases} a_{11}x_1+a_{12}x_2+\cdots+a_{1n}x_n=b_1, \\ a_{21}x_1+a_{22}x_2+\cdots+a_{2n}x_n=b_2, \\ \qquad\vdots \\ a_{m1}x_1+a_{m2}x_2+\cdots+a_{mn}x_n=b_m, \end{cases} \tag{2.7.1}$$

其矩阵形式为

$$\boldsymbol{Ax}=\boldsymbol{b}. \tag{2.7.2}$$

对于一个线性方程组，必须弄清楚以下问题：

(1)这个方程组有没有解？其判断条件是什么？

(2)如果这个方程组有解，有多少解？

(3)在方程组有解时，如何求出其全部解？

为了讨论以上问题，我们先说明方程组的初等变换把一个线性方程组变为与它同解的方程组. 首先，对于第一、第二两种初等变换，显然它不会改变方程组的解集. 下面对第三种初等变换进行讨论.

为方便起见，我们不妨设把方程组(2.7.1)的第一个方程的 k 倍加到第二个方

程，得到新方程组

$$\begin{cases} a_{11}x_1+a_{12}x_2+\cdots+a_{1n}x_n=b_1, \\ (a_{21}+ka_{11})x_1+(a_{22}+ka_{12})x_2+\cdots+(a_{2n}+ka_{1n})x_n=b_2+kb_1, \\ \qquad\vdots \\ a_{m1}x_1+a_{m2}x_2+\cdots+a_{mn}x_n=b_m. \end{cases} \tag{2.7.3}$$

设$(c_1,c_2,\cdots,c_n)$是方程组(2.7.1)的一个解，把它代入方程组(2.7.1)后，得到 m 个恒等式

$$\begin{cases} a_{11}c_1+a_{12}c_2+\cdots+a_{1n}c_n=b_1, \\ a_{21}c_1+a_{22}c_2+\cdots+a_{2n}c_n=b_2, \\ \qquad\vdots \\ a_{m1}c_1+a_{m2}c_2+\cdots+a_{mn}c_n=b_m, \end{cases}$$

把第一个等式的 k 倍加到第二个等式，得到

$$\begin{cases} a_{11}c_1+a_{12}c_2+\cdots+a_{1n}c_n=b_1, \\ (a_{21}+ka_{11})c_1+(a_{22}+ka_{12})c_2+\cdots+(a_{2n}+ka_{1n})c_n=b_2+kb_1, \\ \qquad\vdots \\ a_{m1}c_1+a_{m2}c_2+\cdots+a_{mn}c_n=b_m. \end{cases}$$

这说明$(c_1,c_2,\cdots,c_n)$也是方程组(2.7.3)的一个解. 同样的方法可证，凡是方程组(2.7.3)的解也都是方程组(2.7.1)的解. 因此，方程组(2.7.1)与方程组(2.7.3)是同解的. 也就是说，线性方程组的初等变换把线性方程组变为同解方程组. 对于矩阵方程(2.7.2)也是如此. 于是，有

定理 2.7.1 对线性方程组施行初等变换，不会改变方程组的解.

由例 2.4.1 可以知道，对线性方程组作初等变换等价于对其增广矩阵作初等行变换. 下面我们将讨论如何利用系数矩阵 $\boldsymbol{A}$ 与增广矩阵 $\boldsymbol{B}=(\boldsymbol{A},\boldsymbol{b})$ 的秩来判断线性方程组是否有解以及有解时解是否唯一等问题. 首先给出其结论：

定理 2.7.2 对于线性方程组 $\boldsymbol{Ax}=\boldsymbol{b}$：

(1)无解的充分必要条件是 $R(\boldsymbol{A})<R(\boldsymbol{A},\boldsymbol{b})$；

(2)有唯一解的充分必要条件是 $R(\boldsymbol{A})=R(\boldsymbol{A},\boldsymbol{b})=n$；

(3)有无穷多解的充分必要条件是 $R(\boldsymbol{A})=R(\boldsymbol{A},\boldsymbol{b})=r<n$，且通解中含 $n-r$ 个自由未知量.

证 设 $R(\boldsymbol{A})=r$，为叙述方便，设 $\boldsymbol{B}=(\boldsymbol{A},\boldsymbol{b})$ 的行最简形矩阵为

$$\widetilde{\boldsymbol{B}}=\begin{pmatrix}1 & 0 & \cdots & 0 & b_{11} & \cdots & b_{1,n-r} & d_1\\ 0 & 1 & \cdots & 0 & b_{21} & \cdots & b_{2,n-r} & d_2\\ \vdots & \vdots & & \vdots & \vdots & & \vdots & \vdots\\ 0 & 0 & \cdots & 1 & b_{r1} & \cdots & b_{r,n-r} & d_r\\ 0 & 0 & \cdots & 0 & 0 & \cdots & 0 & d_{r+1}\\ 0 & 0 & \cdots & 0 & 0 & \cdots & 0 & 0\\ \vdots & \vdots & & \vdots & \vdots & & \vdots & \vdots\\ 0 & 0 & \cdots & 0 & 0 & \cdots & 0 & 0\end{pmatrix}.$$

(1)若 $R(\boldsymbol{A})<R(\boldsymbol{B})$，即 $\widetilde{\boldsymbol{B}}$ 中的 $d_{r+1}=1$. 于是，$\boldsymbol{B}$ 的第 $r+1$ 行对应矛盾方程 $0=1$，故方程组 $\boldsymbol{Ax}=\boldsymbol{b}$ 无解.

(2)若 $R(\boldsymbol{A})=R(\boldsymbol{B})=r=n$ 则

$$\widetilde{\boldsymbol{B}}=\begin{pmatrix}1 & 0 & \cdots & 0 & d_1\\ 0 & 1 & \cdots & 0 & d_2\\ \vdots & \vdots & & \vdots & \vdots\\ 0 & 0 & \cdots & 1 & d_n\\ 0 & 0 & \cdots & 0 & 0\\ \vdots & \vdots & & \vdots & \vdots\\ 0 & 0 & \cdots & 0 & 0\end{pmatrix} \text{或 } \widetilde{\boldsymbol{B}}=\begin{pmatrix}1 & 0 & \cdots & 0 & d_1\\ 0 & 1 & \cdots & 0 & d_2\\ \vdots & \vdots & & \vdots & \vdots\\ 0 & 0 & \cdots & 1 & d_n\end{pmatrix},$$

于是 $\widetilde{\boldsymbol{B}}$ 对应方程组

$$\begin{cases}x_1=d_1,\\ x_2=d_2,\\ \quad\vdots\\ x_n=d_n,\end{cases}$$

故线性方程组(2.7.1)有唯一解.

(3)若 $R(\boldsymbol{A})=R(\boldsymbol{B})=r<n$ 则 $\widetilde{\boldsymbol{B}}$ 中的 $d_{r+1}=0$(或 d_{r+1} 不出现)，于是 $\widetilde{\boldsymbol{B}}$ 对应方程组

$$\begin{cases}x_1=-b_{11}x_{r+1}-b_{12}x_{r+2}-\cdots-b_{1,n-r}x_{n-r}+d_1,\\ x_2=-b_{21}x_{r+1}-b_{22}x_{r+1}-\cdots-b_{2,n-r}x_{n-r}+d_2,\\ \quad\vdots\\ x_r=-b_{r1}x_{r+1}-b_{r2}x_{r+2}-\cdots-b_{r,n-r}x_{n-r}+d_r.\end{cases}$$

令 $x_{r+1}=c_1, x_{r+2}=c_2, \cdots, x_n=c_{n-r}$，得到方程组(2.7.1)的含 $n-r$ 个参数的解

$$\begin{cases} x_1=-b_{11}c_1-b_{12}c_2-\cdots-b_{1,n-r}c_{n-r}+d_1 \\ x_2=-b_{21}c_1-b_{22}c_2-\cdots-b_{2,n-r}c_{n-r}+d_2 \\ \qquad\vdots \\ x_r=-b_{r1}c_1-b_{r2}c_2-\cdots-b_{r,n-r}c_{n-r}+d_r, \\ x_{r+1}=c_1, \\ \qquad\vdots \\ x_n=c_{n-r}, \end{cases} \tag{2.7.4}$$

其中 $c_1,c_2,\cdots,c_{n-r}$ 为任意实数,
即

$$\begin{pmatrix} x_1 \\ x_2 \\ \vdots \\ x_r \\ x_{r+1} \\ \vdots \\ x_n \end{pmatrix} = c_1\begin{pmatrix} -b_{11} \\ -b_{21} \\ \vdots \\ -b_{r1} \\ 1 \\ 0 \\ \vdots \\ 0 \end{pmatrix} + c_2\begin{pmatrix} -b_{12} \\ -b_{22} \\ \vdots \\ -b_{r2} \\ 0 \\ 1 \\ \vdots \\ 0 \end{pmatrix} + \cdots + c_{n-r}\begin{pmatrix} -b_{1,n-r} \\ -b_{2,n-r} \\ \vdots \\ -b_{r,n-r} \\ 0 \\ \vdots \\ 0 \\ 1 \end{pmatrix} + \begin{pmatrix} d_1 \\ d_2 \\ \vdots \\ d_r \\ 0 \\ \vdots \\ 0 \\ 0 \end{pmatrix}. \tag{2.7.5}$$

由于 $c_1,c_2,\cdots,c_{n-r}$ 可以取任意实数,所以方程组(2.7.1)有无穷多解.此时,称式(2.7.4)及式(2.7.5)为方程组(2.7.1)的**通解**或**一般解**,式(2.7.4)为解的参数形式,式(2.7.5)为解的向量形式;$x_1,x_2,\cdots,x_r$ 称为方程组(2.7.1)的**基本未知量**,而 $x_{r+1},\cdots,x_n$ 这 $n-r$ 个可以任意取值的未知量称为方程组的**自由未知量**.为了方便起见,我们也称数 r 为方程组的秩.

由定理 2.7.2,可得

定理 2.7.3 n 元齐次线性方程组

$$\boldsymbol{Ax}=\mathbf{0} \tag{2.7.6}$$

有非零解的充分必要条件是 $R(\boldsymbol{A})<n$.

请读者自己完成该定理的证明.

定理 2.7.2 的证明过程实际上给出了求解线性方程组的方法与步骤:

(1)对于非齐次线性方程组,把它的增广矩阵 $\boldsymbol{B}=(\boldsymbol{A},\boldsymbol{b})$ 通过初等行变换化为行阶梯形,从中可得到 $R(\boldsymbol{A})$ 与 $R(\boldsymbol{B})$,从而可判断方程组是否有解。若 $R(\boldsymbol{A})<R(\boldsymbol{B})$,则该方程组无解.

(2)若 $R(\boldsymbol{A})=R(\boldsymbol{B})$,则进一步把 $\boldsymbol{B}$ 化为行最简形,就可得到方程组的解.如果 $R(\boldsymbol{A})=R(\boldsymbol{B})=r<n$,则方程组有无穷多解;此时可取行最简形中 r 个非零行的非

零首元所对应的未知量为基本未知量，把其余 $n-r$ 个未知量取作自由未知量，并令自由未知量分别取 $c_1,c_2,\cdots,c_{n-r}$，由行最简形即可写出方程组的含 $n-r$ 个参数的通解.

而对于齐次线性方程组 $\boldsymbol{Ax}=\boldsymbol{0}$，由于其常数项都为 0，故它与系数矩阵 $\boldsymbol{A}$ 有一一对应关系，因此其求解过程只需要对系数矩阵 $\boldsymbol{A}$ 作初等行变换来完成.

例 2.7.1 求解非齐次线性方程组

$$\begin{cases} x_1+2x_2-x_3+2x_4=1, \\ 2x_1+4x_2+x_3+x_4=5, \\ -x_1-2x_2-2x_3+x_4=-4. \end{cases}$$

解 对方程组的增广矩阵作初等行变换，化为行最简形：

$$\boldsymbol{B}=(\boldsymbol{A},\boldsymbol{b})=\begin{pmatrix} 1 & 2 & -1 & 2 & 1 \\ 2 & 4 & 1 & 1 & 5 \\ -1 & -2 & -2 & 1 & -4 \end{pmatrix} \xrightarrow[r_3+r_1]{r_2-2r_1} \begin{pmatrix} 1 & 2 & -1 & 2 & 1 \\ 0 & 0 & 3 & -3 & 3 \\ 0 & 0 & -3 & 3 & -3 \end{pmatrix}$$

$$\xrightarrow[r_2\div 3]{r_3+r_2} \begin{pmatrix} 1 & 2 & -1 & 2 & 1 \\ 0 & 0 & 1 & -1 & 1 \\ 0 & 0 & 0 & 0 & 0 \end{pmatrix} \xrightarrow{r_1+r_2} \begin{pmatrix} 1 & 2 & 0 & 1 & 2 \\ 0 & 0 & 1 & -1 & 1 \\ 0 & 0 & 0 & 0 & 0 \end{pmatrix}.$$

由上式得原方程组的同解方程组

$$\begin{cases} x_1+2x_2+x_4=2, \\ x_3-x_4=1, \end{cases}$$

即

$$\begin{cases} x_1=-2x_2-x_4+2, \\ x_3=x_4+1. \end{cases}$$

令 $x_2=c_1,x_4=c_2$，则方程组的通解为

$$\begin{cases} x_1=-2c_1-c_2+2, \\ x_2=c_1, \\ x_3=c_2+1, \\ x_4=c_2, \end{cases}$$

其中 c_1,c_2 为任意实数，或写成向量形式

$$\begin{pmatrix} x_1 \\ x_2 \\ x_3 \\ x_4 \end{pmatrix}=\begin{pmatrix} -2c_1-c_2+2 \\ c_1 \\ c_2+1 \\ c_2 \end{pmatrix}=c_1\begin{pmatrix} -2 \\ 1 \\ 0 \\ 0 \end{pmatrix}+c_2\begin{pmatrix} -1 \\ 0 \\ 1 \\ 1 \end{pmatrix}+\begin{pmatrix} 2 \\ 0 \\ 1 \\ 0 \end{pmatrix}.$$

注 自由未知量的选取不是唯一的. 如例 2.7.1 中,也可以取 x_1, x_4 为自由未知量,此时有

$$\begin{cases} x_2 = -\frac{1}{2}x_1 - \frac{1}{2}x_4 + 1, \\ x_3 = \qquad\qquad\quad x_4 + 1, \end{cases}$$

相应地可以写出方程组的通解(请读者自己完成).

例 2.7.2 求解齐次线性方程组

$$\begin{cases} x_1 + x_2 - 3x_3 - x_4 = 0, \\ 3x_1 - x_2 - 3x_3 + 2x_4 = 0, \\ 2x_1 - 2x_2 + \quad\ 3x_4 = 0. \end{cases}$$

解 对方程组的系数矩阵作初等行变换,化为行最简形:

$$\boldsymbol{A} = \begin{pmatrix} 1 & 1 & -3 & -1 \\ 3 & -1 & -3 & 2 \\ 2 & -2 & 0 & 3 \end{pmatrix} \xrightarrow[r_3 - 2r_1]{r_2 - 3r_1} \begin{pmatrix} 1 & 1 & -3 & -1 \\ 0 & -4 & 6 & 5 \\ 0 & -4 & 6 & 5 \end{pmatrix} \xrightarrow[\substack{r_3 - r_2 \\ r_2 \div (-4)}]{r_1 + \frac{1}{4}r_2} \begin{pmatrix} 1 & 0 & -\frac{3}{2} & -\frac{1}{4} \\ 0 & 1 & -\frac{3}{2} & -\frac{5}{4} \\ 0 & 0 & 0 & 0 \end{pmatrix},$$

由上式得原方程组的同解方程组

$$\begin{cases} x_1 - \frac{3}{2}x_3 + \frac{1}{4}x_4 = 0, \\ x_2 - \frac{3}{2}x_3 - \frac{5}{4}x_4 = 0. \end{cases}$$

令 $x_3 = c_1, x_4 = c_2$,则方程组的通解为

$$\begin{cases} x_1 = \frac{3}{2}c_1 - \frac{1}{4}c_2, \\ x_2 = \frac{3}{2}c_1 + \frac{5}{4}c_2, \\ x_3 = \quad c_1, \\ x_4 = \qquad\quad c_2, \end{cases}$$

其中 c_1, c_2 为任意实数,或写成向量形式

$$\begin{pmatrix} x_1 \\ x_2 \\ x_3 \\ x_4 \end{pmatrix} = c_1 \begin{pmatrix} \frac{3}{2} \\ \frac{3}{2} \\ 1 \\ 0 \end{pmatrix} + c_2 \begin{pmatrix} -\frac{1}{4} \\ \frac{5}{4} \\ 0 \\ 1 \end{pmatrix}.$$

例 2.7.3 设有线性方程组

$$\begin{cases}(1+\lambda)x_1+x_2+x_3=0,\\ x_1+(1+\lambda)x_2+x_3=3,\\ x_1+x_2+(1+\lambda)x_3=\lambda,\end{cases}$$

问 λ 分别取何值时,此方程组:(1)有唯一解;(2)无解;(3)有无穷多解?并在有无穷多解时求其通解.

解 对增广矩阵作初等行变换化为行阶梯形矩阵:

$$\boldsymbol{B}=(\boldsymbol{A},\boldsymbol{b})=\begin{pmatrix}1+\lambda & 1 & 1 & 0\\ 1 & 1+\lambda & 1 & 3\\ 1 & 1 & 1+\lambda & \lambda\end{pmatrix}\xrightarrow{r_1\leftrightarrow r_3}\begin{pmatrix}1 & 1 & 1+\lambda & \lambda\\ 1 & 1+\lambda & 1 & 3\\ 1+\lambda & 1 & 1 & 0\end{pmatrix}$$

$$\xrightarrow[r_3-(1+\lambda)r_1]{r_2-r_1}\begin{pmatrix}1 & 1 & 1+\lambda & \lambda\\ 0 & \lambda & -\lambda & 3-\lambda\\ 0 & -\lambda & -\lambda(2+\lambda) & -\lambda(1+\lambda)\end{pmatrix}$$

$$\xrightarrow{r_3+r_2}\begin{pmatrix}1 & 1 & 1+\lambda & \lambda\\ 0 & \lambda & -\lambda & 3-\lambda\\ 0 & 0 & -\lambda(3+\lambda) & (1-\lambda)(3+\lambda)\end{pmatrix}.$$

(1)当 $\lambda\neq0$ 且 $\lambda\neq-3$ 时,$R(\boldsymbol{A})=R(\boldsymbol{B})=3$,方程组有唯一解;

(2)当 $\lambda=0$ 时,

$$\boldsymbol{B}\xrightarrow{r}\begin{pmatrix}1 & 1 & 1 & 0\\ 0 & 0 & 0 & 3\\ 0 & 0 & 0 & 3\end{pmatrix}\xrightarrow{r_3-r_2}\begin{pmatrix}1 & 1 & 1 & 0\\ 0 & 0 & 0 & 3\\ 0 & 0 & 0 & 0\end{pmatrix},$$

得 $R(\boldsymbol{A})=1,R(\boldsymbol{B})=2$,方程组无解;

(3)当 $\lambda=-3$ 时,$R(\boldsymbol{A})=R(\boldsymbol{B})=2$,方程组有无穷多解,此时

$$\boldsymbol{B}\xrightarrow{r}\begin{pmatrix}1 & 1 & -2 & -3\\ 0 & -3 & 3 & 6\\ 0 & 0 & 0 & 0\end{pmatrix}\xrightarrow[r_2\div(-3)]{r_1+\frac{1}{3}r_2}\begin{pmatrix}1 & 0 & -1 & -1\\ 0 & 1 & -1 & -2\\ 0 & 0 & 0 & 0\end{pmatrix},$$

得

$$\begin{cases}x_1-x_3=-1,\\ x_2-x_3=-2.\end{cases}$$

令 $x_3=c$,则通解为

$$\begin{cases}x_1=c-1\\ x_2=c-2\\ x_3=c\end{cases}\text{或}\begin{pmatrix}x_1\\ x_2\\ x_3\end{pmatrix}=c\begin{pmatrix}1\\ 1\\ 1\end{pmatrix}+\begin{pmatrix}-1\\ -2\\ 0\end{pmatrix}(c\text{ 为任意实数}).$$

下面把定理 2.7.2 推广到一般的矩阵方程，有

定理 2.7.4　矩阵方程

$$\boldsymbol{AX}=\boldsymbol{B} \tag{2.7.7}$$

有解的充要条件是：$R(\boldsymbol{A})=R(\boldsymbol{A},\boldsymbol{B})$.

定理的证明过程就不具体给出，只列出证明思路：设 $\boldsymbol{A}$ 为 $m\times n$ 矩阵，$\boldsymbol{B}$ 为 $m\times l$ 矩阵，则 $\boldsymbol{X}$ 为 $n\times l$ 矩阵. 把 $\boldsymbol{X},\boldsymbol{B}$ 按列分块，并令

$$\boldsymbol{X}=(\boldsymbol{x}_1,\boldsymbol{x}_2,\cdots,\boldsymbol{x}_l),\boldsymbol{B}=(\boldsymbol{b}_1,\boldsymbol{b}_2,\cdots,\boldsymbol{b}_l),$$

则矩阵方程等价于 l 个线性方程组

$$\boldsymbol{Ax}_i=\boldsymbol{b}_i(i=1,2,\cdots,l).$$

依据定理 2.7.2，可以证明定理的结论. 请读者自已完成具体的证明.

定理 2.7.5　设 $\boldsymbol{AB}=\boldsymbol{C}$，则 $R(\boldsymbol{C})\leqslant\min\{R(\boldsymbol{A}),R(\boldsymbol{B})\}$.

证　由 $\boldsymbol{AB}=\boldsymbol{C}$，知矩阵方程 $\boldsymbol{AX}=\boldsymbol{C}$ 有解 $\boldsymbol{X}=\boldsymbol{B}$，于是由定理 2.7.4 有 $R(\boldsymbol{A})=R(\boldsymbol{A},\boldsymbol{C})$，而 $R(\boldsymbol{C})\leqslant R(\boldsymbol{A},\boldsymbol{C})$，因此 $R(\boldsymbol{C})\leqslant R(\boldsymbol{A})$；

又因为 $\boldsymbol{B}^{\mathrm{T}}\boldsymbol{A}^{\mathrm{T}}=\boldsymbol{C}^{\mathrm{T}}$，由上段证明知有 $R(\boldsymbol{C}^{\mathrm{T}})\leqslant R(\boldsymbol{B}^{\mathrm{T}})$，即 $R(\boldsymbol{C})\leqslant R(\boldsymbol{B})$；

综合即有 $R(\boldsymbol{C})\leqslant\min\{R(\boldsymbol{A}),R(\boldsymbol{B})\}$.　　证毕

拓展阅读：投入产出问题

习题 2.7

1. 求解下列线性方程组：

(1) $\begin{cases}x_1+x_2-3x_3-x_4=0,\\3x_1-x_2-3x_3+2x_4=0,\\x_1+5x_2-9x_3-8x_4=0;\end{cases}$　　(2) $\begin{cases}x_1+x_2+2x_3-x_4=0,\\2x_1+x_2+x_3-x_4=0,\\2x_1+2x_2+x_3+2x_4=0;\end{cases}$

(3) $\begin{cases}2x_1+x_2-x_3+x_4=1,\\4x_1+2x_2-2x_3+x_4=2,\\2x_1+x_2-x_3-x_4=1;\end{cases}$　　(4) $\begin{cases}4x_1+2x_2-x_3=2,\\3x_1-x_2+2x_3=10,\\11x_1+3x_2=8.\end{cases}$

2. 已知线性方程组：

$$\begin{cases}x_1+x_2=1,\\x_1-x_3=1,\\x_1+ax_2+x_3=b.\end{cases}$$

(1)常数 a,b 取何值时，方程组有无穷多解、唯一解、无解？

(2)当方程组有无穷多解时，求出其通解.

小　结

一、导学

本章首先介绍了矩阵的概念，矩阵是线性代数的一个基本概念，是本课程讨论问题的基本工具．在矩阵的运算中，矩阵的乘法是重点，读者要熟练掌握矩阵的乘法以及乘法运算所满足的运算规律和不满足的运算规律，如矩阵乘法不满足交换律与消去律等．矩阵的初等变换是本课程的一个重要方法，在化简矩阵、求矩阵的秩与逆、计算行列式、求解线性方程组等中都有许多应用，读者要掌握这一方法，尤其是要掌握将矩阵作初等行变换化为行阶梯形矩阵与行最简形矩阵的方法．逆矩阵是矩阵理论中非常重要的一个概念，读者务必要掌握逆矩阵的运算性质以及求逆矩阵的方法及其应用，要理解分块矩阵的意义，理解分块矩阵在运算时，每个子块可以看作“元素”来运算，应重点了解按行或按列分块矩阵的运算规则．

二、基本方法

1．解线性方程组的初等变换方法：

(1)互换方程组中两个方程的位置；

(2)用一个非零的数乘某一个方程；

(3)用一个数乘一个方程后加到另一个方程上．

上述变换中，由于未知量不参与运算，只有系数和常数项参与运算，因此线性方程组的初等变换就等价于对增广矩阵(系数矩阵)作初等行变换，具体方法如下：

①对于非齐次线性方程组，将增广矩阵 $\boldsymbol{B}=(\boldsymbol{A},\boldsymbol{b})$ 作初等行变换化为行阶梯形矩阵，即可判断方程组解的情况；若有解，则继续作初等行变换化为行最简形矩阵，由行最简形矩阵对应的最简方程组即可写出方程组的解(通解)．

②对于齐次线性方程组，只需将系数矩阵 $\boldsymbol{A}$ 作初等行变换化为最简形矩阵，由行最简形矩阵对应的最简方程组即可写出方程组的通解．

2．矩阵的初等变换方法：

(1)交换矩阵中两行(列)的位置(记作 $r_i\leftrightarrow r_j$ 及 $c_i\leftrightarrow c_j$)；

(2)用一个非零数乘矩阵的某一行(列)(记作 $r_i\times k$ 及 $c_i\times k$)；

(3)把矩阵的某一行(列)乘以数 k 后加到矩阵的另一行(列)上(记作 r_i+kr_j 及 c_i+kc_j)．

重点是掌握用初等行变换将矩阵化为行阶梯形矩阵与行最简形矩阵的方法．

3. 求逆矩阵的方法：

(1)伴随矩阵法：若 $|\boldsymbol{A}|\neq 0$，则 $\boldsymbol{A}^{-1}=\frac{1}{|\boldsymbol{A}|}\boldsymbol{A}^*$，其中 $\boldsymbol{A}^*$ 为矩阵 $\boldsymbol{A}$ 的伴随矩阵；

(2)初等变换法：对矩阵 $(\boldsymbol{A},\boldsymbol{E})$ 施行初等行变换，若 $\boldsymbol{A}$ 等价于单位矩阵 $\boldsymbol{E}$，则 $(\boldsymbol{A},\boldsymbol{E})$ 等价于 $(\boldsymbol{E},\boldsymbol{A}^{-1})$；否则，$\boldsymbol{A}$ 不可逆.

4. 矩阵求秩的方法：

对矩阵施行初等行变换化为行阶梯形矩阵，行阶梯形矩阵中非零行的行数就是所求矩阵的秩.

三、疑难解析

1. 矩阵乘法应注意的问题：

(1)矩阵乘法不满足交换律，即在一般情况下 $\boldsymbol{AB}\neq\boldsymbol{BA}$；

(2)不能由 $\boldsymbol{AB}=\boldsymbol{O}$，推出 $\boldsymbol{A}=\boldsymbol{O}$ 或 $\boldsymbol{B}=\boldsymbol{O}$；

(3)不能由 $\boldsymbol{AB}=\boldsymbol{AC}$，$\boldsymbol{A}\neq\boldsymbol{O}$ 推出 $\boldsymbol{B}=\boldsymbol{C}$；

请读者思考：在什么条件下，可以由 $\boldsymbol{AB}=\boldsymbol{AC}$，推出 $\boldsymbol{B}=\boldsymbol{C}$？

2. 为什么矩阵乘法一般不满足交换律？

答：(1)按照矩阵的乘法定义，当第一个矩阵的列数等于第二个矩阵的行数时，两个矩阵相乘才有意义，而两个相乘的矩阵交换次序后，未必能满足上述要求. 例如矩阵乘积 $\boldsymbol{A}_{3\times 2}\boldsymbol{B}_{2\times 4}$ 有意义，而交换次序后 $\boldsymbol{B}_{2\times 4}\boldsymbol{A}_{3\times 2}$ 就没有意义.

(2)即使有时两个矩阵相乘可以交换次序，即 $\boldsymbol{AB}$，$\boldsymbol{BA}$ 都有意义，但其积也未必相等. 例如，令 $\boldsymbol{A}=\begin{pmatrix}0&0\\0&1\end{pmatrix}$，$\boldsymbol{B}=\begin{pmatrix}0&1\\0&0\end{pmatrix}$，则 $\boldsymbol{AB}=\begin{pmatrix}0&0\\0&0\end{pmatrix}$，$\boldsymbol{BA}=\begin{pmatrix}0&1\\0&0\end{pmatrix}\Rightarrow\boldsymbol{AB}\neq\boldsymbol{BA}$.

3. 下列三组矩阵是否相等：

(1)$\boldsymbol{A}=\boldsymbol{O}_{2\times 2}$，$\boldsymbol{B}=\boldsymbol{O}_{3\times 3}$；

(2)$\boldsymbol{A}=(x_1,x_2,x_3,x_4)$，$\boldsymbol{B}=(x_1,x_2,x_3,x_4)^{\mathrm{T}}$；

(3)$\boldsymbol{XX}^{\mathrm{T}}$ 与 $\boldsymbol{X}^{\mathrm{T}}\boldsymbol{X}$，其中 $\boldsymbol{X}=(x_1,x_2,\cdots,x_m)$.

答：都不相等，因为这三组矩阵都分别是两个不同型的矩阵.

4. 已知矩阵 $\boldsymbol{A}=\begin{pmatrix}1&0\\0&-1\end{pmatrix}$，$\boldsymbol{B}=\begin{pmatrix}0&1\\-1&0\end{pmatrix}$，试求 $(\boldsymbol{AB})^{\mathrm{T}}$.

解　$(\boldsymbol{AB})^{\mathrm{T}}=\boldsymbol{A}^{\mathrm{T}}\boldsymbol{B}^{\mathrm{T}}=\begin{pmatrix}1&0\\0&-1\end{pmatrix}\begin{pmatrix}0&-1\\1&0\end{pmatrix}=\begin{pmatrix}0&-1\\-1&0\end{pmatrix}$，

这是一个错误的解答；要注意的是 $(\boldsymbol{AB})^{\mathrm{T}}=\boldsymbol{B}^{\mathrm{T}}\boldsymbol{A}^{\mathrm{T}}$. 正确解答为：

$(\boldsymbol{AB})^{\mathrm{T}}=\boldsymbol{B}^{\mathrm{T}}\boldsymbol{A}^{\mathrm{T}}=\begin{pmatrix}0&-1\\1&0\end{pmatrix}\begin{pmatrix}1&0\\0&-1\end{pmatrix}=\begin{pmatrix}0&1\\1&0\end{pmatrix}$.

5. 解矩阵方程 $\boldsymbol{AX}=\boldsymbol{B}$ 时，一定要注意，若 $\boldsymbol{A}^{-1}$ 存在，则 $\boldsymbol{X}=\boldsymbol{A}^{-1}\boldsymbol{B}$，而不是 $\boldsymbol{X}=\boldsymbol{B}\boldsymbol{A}^{-1}$；这是因为矩阵乘法不满足交换律. 这也是初学者最易犯的错误之一.

四、例题增补

例 2.1 设 $\boldsymbol{A},\boldsymbol{B}$ 是 n 阶矩阵，证明 $\boldsymbol{AB}$ 和 $\boldsymbol{BA}$ 的主对角线元素的和相等.

（方阵的主对角线元素的和称为它的迹，方阵 $\boldsymbol{A}$ 的迹记作 $\mathrm{tr}(\boldsymbol{A})$）

分析 直接求出 $\boldsymbol{AB}$ 和 $\boldsymbol{BA}$ 的主对角线元素之和，再证它们相等.

证 设 $\boldsymbol{A}=(a_{ij})_{n\times n}$，$\boldsymbol{B}=(b_{ij})_{n\times n}$，并令 $\boldsymbol{AB}=\boldsymbol{C}=(c_{ij})_{n\times n}$，$\boldsymbol{BA}=\boldsymbol{F}=(f_{ij})_{n\times n}$，则 $c_{ii}=\sum\limits_{k=1}^{n}a_{ik}b_{ki}$，$f_{kk}=\sum\limits_{i=1}^{n}b_{ki}a_{ik}$，所以

$$\begin{aligned}\mathrm{tr}(\boldsymbol{AB})&=\sum_{i=1}^{n}c_{ii}=\sum_{i=1}^{n}\Big(\sum_{k=1}^{n}a_{ik}b_{ki}\Big)=\sum_{i=1}^{n}\Big(\sum_{k=1}^{n}b_{ki}a_{ik}\Big)\\&=\sum_{k=1}^{n}\Big(\sum_{i=1}^{n}b_{ki}a_{ik}\Big)=\sum_{k=1}^{n}f_{kk}=\mathrm{tr}(\boldsymbol{BA}).\end{aligned}$$

证毕

注 (1)矩阵乘法不满足交换律，即一般 $\boldsymbol{AB}\neq\boldsymbol{BA}$，但 $\boldsymbol{AB}$ 与 $\boldsymbol{BA}$ 有相等的东西：如 $|\boldsymbol{AB}|=|\boldsymbol{BA}|$，$\mathrm{tr}(\boldsymbol{AB})=\mathrm{tr}(\boldsymbol{BA})$ 等.

(2)本题中的 $\boldsymbol{A},\boldsymbol{B}$ 是 n 阶矩阵，但本题的结论可推广为：对矩阵 $\boldsymbol{A}_{m\times n}$，$\boldsymbol{B}_{n\times m}$，有 $\mathrm{tr}(\boldsymbol{AB})=\mathrm{tr}(\boldsymbol{BA})$. 该命题在矩阵分析中有着非常重要的作用.

例 2.2 设 $\boldsymbol{A}$ 是三阶方阵，将 $\boldsymbol{A}$ 的第 1 列与第 2 列交换得 $\boldsymbol{B}$，再把 $\boldsymbol{B}$ 的第 2 列加到第 3 列得 $\boldsymbol{C}$，则满足 $\boldsymbol{AQ}=\boldsymbol{C}$ 的可逆矩阵 $\boldsymbol{Q}$ 为（　　）.

(A) $\begin{pmatrix}0&1&0\\1&0&0\\1&0&1\end{pmatrix}$　(B) $\begin{pmatrix}0&1&0\\1&0&1\\0&0&1\end{pmatrix}$　(C) $\begin{pmatrix}0&1&0\\1&0&0\\0&1&1\end{pmatrix}$　(D) $\begin{pmatrix}0&1&1\\1&0&0\\0&0&1\end{pmatrix}$

分析 本题考查初等矩阵的概念与性质，对 $\boldsymbol{A}$ 作两次初等列变换，相当于右乘两个相应的初等矩阵，而 $\boldsymbol{Q}$ 即为这两个初等矩阵的乘积.

解 由题设，有

$$\boldsymbol{A}\begin{pmatrix}0&1&0\\1&0&0\\0&0&1\end{pmatrix}=\boldsymbol{B},\ \boldsymbol{B}\begin{pmatrix}1&0&0\\0&1&1\\0&0&1\end{pmatrix}=\boldsymbol{C},$$

于是 $\boldsymbol{A}\begin{pmatrix}0&1&0\\1&0&0\\0&0&1\end{pmatrix}\begin{pmatrix}1&0&0\\0&1&1\\0&0&1\end{pmatrix}=\boldsymbol{A}\begin{pmatrix}0&1&1\\1&0&0\\1&0&1\end{pmatrix}=\boldsymbol{C}$，故选(D).

例 2.3　求矩阵 $\boldsymbol{X}$，使其满足 $\boldsymbol{XA}=\boldsymbol{B}$，其中

$$\boldsymbol{A}=\begin{pmatrix}1&0&-1\\0&4&2\\1&-1&0\end{pmatrix},\boldsymbol{B}=\begin{pmatrix}2&-3&1\\1&0&-1\end{pmatrix}.$$

分析　题目是求解矩阵方程，如果 $\boldsymbol{A}$ 可逆，则 $\boldsymbol{X}=\boldsymbol{BA}^{-1}$；由于矩阵乘法不满足交换律，所以这里需特别注意不要写成 $\boldsymbol{X}=\boldsymbol{A}^{-1}\boldsymbol{B}$，这是初学者最容易犯的错误之一.

解法 1　先求出 $\boldsymbol{A}^{-1}$，再求 $\boldsymbol{X}=\boldsymbol{BA}^{-1}$：

$$(\boldsymbol{A},\boldsymbol{E})=\begin{pmatrix}1&0&-1&1&0&0\\0&4&2&0&1&0\\1&-1&0&0&0&1\end{pmatrix}\xrightarrow{r_3-r_1}\begin{pmatrix}1&0&-1&1&0&0\\0&4&2&0&1&0\\0&-1&1&-1&0&1\end{pmatrix}$$

$$\xrightarrow[r_3\times(-1)]{r_2+4r_3}\begin{pmatrix}1&0&-1&1&0&0\\0&0&6&-4&1&4\\0&1&-1&1&0&-1\end{pmatrix}\xrightarrow[\substack{r_3+\frac{1}{6}r_2\\ r_2\div 6}]{r_1+\frac{1}{6}r_2}\begin{pmatrix}1&0&0&\frac{1}{3}&\frac{1}{6}&\frac{2}{3}\\0&0&1&-\frac{2}{3}&\frac{1}{6}&\frac{2}{3}\\0&1&0&\frac{1}{3}&\frac{1}{6}&-\frac{1}{3}\end{pmatrix}$$

$$\xrightarrow{r_2\leftrightarrow r_3}\begin{pmatrix}1&0&0&\frac{1}{3}&\frac{1}{6}&\frac{2}{3}\\0&1&0&\frac{1}{3}&\frac{1}{6}&-\frac{1}{3}\\0&0&1&-\frac{2}{3}&\frac{1}{6}&\frac{2}{3}\end{pmatrix},$$

得 $\boldsymbol{A}^{-1}=\begin{pmatrix}\frac{1}{3}&\frac{1}{6}&\frac{2}{3}\\\frac{1}{3}&\frac{1}{6}&-\frac{1}{3}\\-\frac{2}{3}&\frac{1}{6}&\frac{2}{3}\end{pmatrix}$，

所以 $\boldsymbol{X}=\boldsymbol{BA}^{-1}=\begin{pmatrix}2&-3&1\\1&0&-1\end{pmatrix}\frac{1}{6}\begin{pmatrix}2&1&4\\2&1&-2\\-4&1&4\end{pmatrix}=\begin{pmatrix}-1&0&3\\1&0&0\end{pmatrix}$.

解法 2　可直接利用初等变换求出 $\boldsymbol{X}=\boldsymbol{BA}^{-1}$；由于

$$\begin{pmatrix}\boldsymbol{A}\\\boldsymbol{B}\end{pmatrix}\boldsymbol{A}^{-1}=\begin{pmatrix}\boldsymbol{AA}^{-1}\\\boldsymbol{BA}^{-1}\end{pmatrix}=\begin{pmatrix}\boldsymbol{E}\\\boldsymbol{BA}^{-1}\end{pmatrix},$$

即

$$\begin{pmatrix}A\\B\end{pmatrix}\xrightarrow{\text{初等列变换}}\begin{bmatrix}E\\BA^{-1}\end{bmatrix},$$

所以可以通过初等列变换求出 X;但考虑到我们对初等行变换比较熟悉,同时我们也强调要熟练掌握用初等行变换化矩阵为行阶梯形、行最简形的过程,所以我们将其转化成用初等行变换来处理:$XA=B$ 两边转置得,$A^{T}X^{T}=B^{T}$,从而可通过初等行变换先求出 $X^{T}=(A^{T})^{-1}B^{T}$,再得到 X.

$$(A^{T},B^{T})=\begin{bmatrix}1&0&1&2&1\\0&4&-1&-3&0\\-1&2&0&1&-1\end{bmatrix}\xrightarrow{r_3+r_1}\begin{bmatrix}1&0&1&2&1\\0&4&-1&-3&0\\0&2&1&3&0\end{bmatrix}$$

$$\xrightarrow[r_2\div 4]{r_3-\frac{1}{2}r_2}\begin{bmatrix}1&0&1&2&1\\0&1&-\frac{1}{4}&-\frac{3}{4}&0\\0&0&\frac{3}{2}&\frac{9}{2}&0\end{bmatrix}\xrightarrow[\substack{r_2+\frac{1}{6}r_3\\ r_3\times\frac{2}{3}}]{r_1-\frac{2}{3}r_3}\begin{bmatrix}1&0&0&-1&1\\0&1&0&0&0\\0&0&1&3&0\end{bmatrix}.$$

所以 $X^{T}=\begin{bmatrix}-1&1\\0&0\\3&0\end{bmatrix}$,从而得 $X=\begin{pmatrix}-1&0&3\\1&0&0\end{pmatrix}$.

例 2.4 (1999) 设 $A=\begin{bmatrix}1&0&1\\0&2&0\\1&0&1\end{bmatrix}$,$n\geqslant 2$ 为正整数,求 $A^{n}-2A^{n-1}$,A^{n}.

分析 计算 A^{n},一般考虑先计算 A^{2},A^{3} 等,再观察是否有规律可循.

解 $A^{2}=\begin{bmatrix}1&0&1\\0&2&0\\1&0&1\end{bmatrix}\begin{bmatrix}1&0&1\\0&2&0\\1&0&1\end{bmatrix}=2\begin{bmatrix}1&0&1\\0&2&0\\1&0&1\end{bmatrix}=2A$,

所以,$A^{n}-2A^{n-1}=A^{n-2}(A^{2}-2A)=O$,而由 $A^{2}=2A$,可推出 $A^{n}=2^{n-1}A$.

例 2.5 设 $A=\begin{bmatrix}1&2&3\\-2&-4&-6\\3&6&9\end{bmatrix}$,求 A^{n}.

分析 本例当然可参照上例中的方法进行计算;但由于 $A=\begin{bmatrix}1\\-2\\3\end{bmatrix}(1,2,3)\overset{\text{记}}{=}$ $\alpha\beta^{T}$,而 $\beta^{T}\alpha=(1,2,3)\begin{bmatrix}1\\-2\\3\end{bmatrix}=(6)$,所以在计算 A^{n} 时,可以考虑利用矩阵乘法的结

合律来简化运算.

解 $\boldsymbol{A}^n=(\boldsymbol{\alpha\beta}^{\mathrm{T}})^n=\underbrace{(\boldsymbol{\alpha\beta}^{\mathrm{T}})(\boldsymbol{\alpha\beta}^{\mathrm{T}})\cdots(\boldsymbol{\alpha\beta}^{\mathrm{T}})}_{n\text{个}}=\boldsymbol{\alpha}\underbrace{(\boldsymbol{\beta}^{\mathrm{T}}\boldsymbol{\alpha})\cdots(\boldsymbol{\beta}^{\mathrm{T}}\boldsymbol{\alpha})}_{n-1\text{个}}\boldsymbol{\beta}^{\mathrm{T}}$

$$=6^{n-1}\boldsymbol{\alpha\beta}^{\mathrm{T}}=6^{n-1}\boldsymbol{A}=6^{n-1}\begin{pmatrix}1&2&3\\-2&-4&-6\\3&6&9\end{pmatrix}.$$

例 2.6 设方阵 $\boldsymbol{A}$ 满足 $\boldsymbol{A}^2+\boldsymbol{A}=4\boldsymbol{E}$,证明 $\boldsymbol{A}-\boldsymbol{E}$ 可逆,并求其逆.

分析 这是一种常见题型,一般是运用因式分解的方法.

解 由 $(\boldsymbol{A}-\boldsymbol{E})(\boldsymbol{A}+k\boldsymbol{E})=\boldsymbol{A}^2+(k-1)\boldsymbol{A}-k\boldsymbol{E}$ 可知,应取 $k=2$,于是,

$$(\boldsymbol{A}-\boldsymbol{E})(\boldsymbol{A}+2\boldsymbol{E})=\boldsymbol{A}^2+\boldsymbol{A}-2\boldsymbol{E}=4\boldsymbol{E}-2\boldsymbol{E}=2\boldsymbol{E},$$

即

$$(\boldsymbol{A}-\boldsymbol{E})\left[\frac{1}{2}(\boldsymbol{A}+2\boldsymbol{E})\right]=\boldsymbol{E},$$

所以,$\boldsymbol{A}-\boldsymbol{E}$ 可逆,且其逆为 $(\boldsymbol{A}-\boldsymbol{E})^{-1}=\frac{1}{2}(\boldsymbol{A}+2\boldsymbol{E})$.

拓展阅读:同时用行列初等变换求逆矩阵的方法

例 2.7 设 n 阶矩阵 $\boldsymbol{A}=\begin{pmatrix}2&2&2&\cdots&2\\0&1&1&\cdots&1\\0&0&1&\cdots&1\\\vdots&\vdots&\vdots&&\vdots\\0&0&0&\cdots&1\end{pmatrix}$,求行列式 $|\boldsymbol{A}|$ 的所有元素的代数余子式之和.

分析 $\boldsymbol{A}$ 的伴随矩阵 $\boldsymbol{A}^*$ 就是由 $|\boldsymbol{A}|$ 的所有元素的代数余子式构成的,只要能求出 $\boldsymbol{A}^*$,将 $\boldsymbol{A}^*$ 中的所有元素相加就是 $|\boldsymbol{A}|$ 的所有元素的代数余子式之和 $\sum\limits_{i,j}A_{ij}$.

解 因为 $|\boldsymbol{A}|=2\neq0$,所以 $\boldsymbol{A}$ 可逆,从而 $\boldsymbol{A}^*=|\boldsymbol{A}|\boldsymbol{A}^{-1}=2\boldsymbol{A}^{-1}$;而通过初等行变换可求出

$$\boldsymbol{A}^{-1}=\begin{pmatrix}1/2&-1&0&\cdots&0\\0&1&-1&\cdots&0\\\vdots&\vdots&\ddots&\ddots&\vdots\\0&0&\cdots&1&-1\\0&0&\cdots&0&1\end{pmatrix},\text{即得 }\boldsymbol{A}^*=\begin{pmatrix}1&-2&0&\cdots&0\\0&2&-2&\cdots&0\\\vdots&\vdots&\ddots&\ddots&\vdots\\0&0&\cdots&2&-2\\0&0&\cdots&0&2\end{pmatrix},$$

所以 $\sum\limits_{i,j}A_{ij}=1$.

五、思考题

1. 矩阵运算与我们熟悉的实数运算有什么质的区别?

2. 设 $\boldsymbol{A},\boldsymbol{B}$ 是任意两个 $m\times n$ 矩阵，$\boldsymbol{A},\boldsymbol{B}$ 的积存在吗？若 $\boldsymbol{A},\boldsymbol{B}$ 是任意两个方阵呢？

3. 设 $\boldsymbol{A},\boldsymbol{B}$ 是任意两个同阶方阵，等式 $(\boldsymbol{A}+\boldsymbol{B})^2=\boldsymbol{A}^2+2\boldsymbol{AB}+\boldsymbol{B}^2$ 成立吗？其成立的条件是什么？

4. 任一方阵都可逆吗？有哪些方阵可逆的充要条件？

5. 矩阵的秩、可逆、矩阵的行列式的值之间有什么关系？

6. 我们给出了只能用初等行变换（或只能用初等列变换）求逆矩阵的方法，有没有同时利用行列初等变换求逆矩阵的方法？如果有，请给出相应的方法.

讨论：矩阵满秩分解方法的应用

首先来介绍矩阵的满秩分解方法.先看下例：

设 $\boldsymbol{A}=\begin{pmatrix}2&3&1&5&4\\1&2&1&3&3\\3&5&2&8&7\\1&3&2&4&5\end{pmatrix}\rightarrow\begin{pmatrix}1&0&-1&1&-1\\0&1&1&1&2\\0&0&0&0&0\\0&0&0&0&0\end{pmatrix}$，则矩阵 $\boldsymbol{A}$ 的秩为 2.

令

$$\boldsymbol{B}=\begin{pmatrix}2&3\\1&2\\3&5\\1&3\end{pmatrix},\boldsymbol{C}=\begin{pmatrix}1&0&-1&1&-1\\0&1&1&1&2\end{pmatrix},$$

则 $\boldsymbol{A}=\boldsymbol{BC}$，其中，$\boldsymbol{B}$ 为**列满秩**（秩等于列数），$\boldsymbol{C}$ 为**行满秩**（秩等于行数）.

思考，这个例子的结果能够推广么？

问题：设 $\boldsymbol{A}$ 是秩为 r 的 $m\times n$ 矩阵，能否找到秩为 r 的 $m\times r$ 矩阵 $\boldsymbol{B}$ 与 $r\times n$ 矩阵 $\boldsymbol{C}$，使得 $\boldsymbol{A}=\boldsymbol{BC}$（称为矩阵 $\boldsymbol{A}$ 的满秩分解，它在矩阵理论中有重要应用）.

对于上述问题，有

定理：设 $\boldsymbol{A}$ 是秩为 r 的 $m\times n$ 矩阵，则存在秩为 r 的 $m\times r$ 矩阵 $\boldsymbol{B}$ 与 $r\times n$ 矩阵 $\boldsymbol{C}$，使得 $\boldsymbol{A}=\boldsymbol{BC}$.

例如，设有矩阵 $\boldsymbol{A}$，对 $\boldsymbol{A}$ 作行初等行变换，化 $\boldsymbol{A}$ 为行最简形：

$$\boldsymbol{A}=\begin{pmatrix}2&-1&-1&1&2\\1&1&-2&1&4\\4&-6&2&-2&4\\3&6&-9&7&9\end{pmatrix}\rightarrow\begin{pmatrix}1&0&-1&0&4\\0&1&-1&0&3\\0&0&0&1&-3\\0&0&0&0&0\end{pmatrix},$$

则有

$$B=\begin{pmatrix}2&-1&1\\1&1&1\\4&-6&-2\\3&6&7\end{pmatrix},C=\begin{pmatrix}1&0&-1&0&4\\0&1&-1&0&3\\0&0&0&1&-3\end{pmatrix},$$

使得 $\boldsymbol{A}=\boldsymbol{BC}$.

由此,我们可以构造一种加密技术.如上例中,我们令 $\boldsymbol{B}$ 为密钥矩阵,$\boldsymbol{C}$ 为密文矩阵.

方法 1:明文矩阵为 $\boldsymbol{A}=\boldsymbol{BC}$(或 $\boldsymbol{A}$ 的第 3、第 5 两列构成的矩阵 $\boldsymbol{F}$).

方法 2:在上例中对密文矩阵 $\boldsymbol{C}$ 作加工,令

$$C_1=\begin{pmatrix}-1&4\\-1&3\\0&-3\end{pmatrix},$$

若密钥矩阵 $\boldsymbol{B}$ 不变,则可利用矩阵的乘法得到明文矩阵为 $\boldsymbol{A}$ 的第 3、第 5 两列构成的矩阵,即

$$F=BC_1=\begin{pmatrix}-1&2\\-2&4\\2&4\\-9&9\end{pmatrix}.$$

方法 3:令 $\boldsymbol{A}$ 作为密文矩阵,$\boldsymbol{C}$ 为密钥矩阵,则可以通过对矩阵 $\boldsymbol{A}$ 作行初等变换的方法来得到明文矩阵 $\boldsymbol{B}$ 或 $\boldsymbol{F}$.

方法 4:令 $\boldsymbol{A}$ 为密文矩阵,密钥矩阵为对 $\boldsymbol{A}$ 所作的一系列初等行变换的积矩阵,即存在一个满秩矩阵 $\boldsymbol{P}$,使 $\boldsymbol{PA}=\boldsymbol{C}$,其中 $\boldsymbol{C}$ 为明文矩阵.

方法 5:令 $\boldsymbol{A}$ 为密文矩阵,不设置密钥矩阵,直接对 $\boldsymbol{A}$ 作初等行变换,可以得到明文矩阵 $\boldsymbol{C}$.(由于初等变换的不唯一性,所以应事先约定初等变换的顺序,或由其他约定确定明文矩阵 $\boldsymbol{C}$)

由上可知,这一加密方法是简单易行的.

讨论:

1.如何快速而有效地构造一个密文矩阵与加密密钥矩阵是实现保密通信的关键.比较例 2.5.12 的方法与此方法,思考各方法的优劣性.

2.如要进一步提高保密需求,在实际应用上述方法时,还可以考虑根据需要在矩阵中补充一些无意义的数据,形成稍大一点的矩阵;也可以考虑用这些补充的数据达到某种特殊的效果,比如数据的完整性检验等.请试着作一些变换.

3.你是否可以仿照此方法,结合前面学习的矩阵方程的解法,形成保密性能更好的加密方法?

总习题二

一、选择题

1. 设 $\boldsymbol{A}$ 是 n 阶方阵，则下列命题中（　　）成立.

(A)若 $\boldsymbol{A}^2=\boldsymbol{O}$，则 $\boldsymbol{A}=\boldsymbol{O}$　　(B)若 $|\boldsymbol{A}|\neq 0$，则 $\boldsymbol{A}\neq\boldsymbol{O}$

(C)若 $\boldsymbol{A}^2=\boldsymbol{A}$，则 $\boldsymbol{A}=\boldsymbol{O}$ 或 $\boldsymbol{A}=\boldsymbol{E}$　　(D)若 $\boldsymbol{A}\neq\boldsymbol{O}$，则 $|\boldsymbol{A}|\neq 0$

2. 设 $\boldsymbol{A}$ 是 n 阶实方阵，若 $\boldsymbol{A}^{\mathrm{T}}\boldsymbol{A}=\boldsymbol{O}$，则（　　）.

(A)$\boldsymbol{A}=\boldsymbol{E}$　　(B)$\boldsymbol{A}=\boldsymbol{A}^2$　　(C)$\boldsymbol{A}=\boldsymbol{O}$　　(D)$\boldsymbol{A}^2=\boldsymbol{E}$

3. 设 $\boldsymbol{A},\boldsymbol{B},\boldsymbol{C}$ 均为 n 阶方阵，$\boldsymbol{A}$ 满足下列条件中的（　　），则由 $\boldsymbol{AB}=\boldsymbol{AC}$ 能推出 $\boldsymbol{B}=\boldsymbol{C}$.

(A)$\boldsymbol{A}\neq\boldsymbol{O}$;　　(B)$\boldsymbol{A}=\boldsymbol{O}$;　　(C)$|\boldsymbol{A}|\neq 0$;　　(D)$|\boldsymbol{A}|=0$.

4. 设 $\boldsymbol{A},\boldsymbol{B}$ 均为 n 阶可逆矩阵，则下列等式中成立的是（　　）.

(A)$\boldsymbol{AB}=\boldsymbol{BA}=\boldsymbol{E}$　　(B)$(k\boldsymbol{AB})^{-1}=k\boldsymbol{B}^{-1}\boldsymbol{A}^{-1}$

(C)$(\boldsymbol{AB})^{-1}=\boldsymbol{A}^{-1}\boldsymbol{B}^{-1}$　　(D)$|\boldsymbol{A}^{-1}\boldsymbol{B}^{-1}|=|\boldsymbol{AB}|^{-1}$

5. 设 $\boldsymbol{A},\boldsymbol{B},\boldsymbol{C}$ 均为 n 阶方阵，且 $\boldsymbol{ABC}=\boldsymbol{E}$，则有（　　）.

(A)$\boldsymbol{BCA}=\boldsymbol{E}$　　(B)$\boldsymbol{BAC}=\boldsymbol{E}$　　(C)$\boldsymbol{CBA}=\boldsymbol{E}$　　(D)$\boldsymbol{ACB}=\boldsymbol{E}$

6. 设 $\boldsymbol{A},\boldsymbol{B}$ 均为 n 阶方阵，则下列等式中成立的有（　　）.

(A)$|\boldsymbol{A}+\boldsymbol{B}|=|\boldsymbol{A}|+|\boldsymbol{B}|$　　(B)$\boldsymbol{AB}=\boldsymbol{BA}$

(C)$|\boldsymbol{AB}|=|\boldsymbol{BA}|$　　(D)$(\boldsymbol{A}+\boldsymbol{B})^{-1}=\boldsymbol{A}^{-1}+\boldsymbol{B}^{-1}$

7. 设 $\boldsymbol{A},\boldsymbol{B}$ 均为 n 阶方阵，满足 $\boldsymbol{AB}=\boldsymbol{O}$，则必有（　　）.

(A)$\boldsymbol{A}=\boldsymbol{O}$ 或 $\boldsymbol{B}=\boldsymbol{O}$　　(B)$\boldsymbol{A}+\boldsymbol{B}=\boldsymbol{O}$

(C)$|\boldsymbol{A}|=0$ 或 $|\boldsymbol{B}|=0$　　(D)$|\boldsymbol{A}+\boldsymbol{B}|=0$

8. 下列矩阵中与矩阵 $\boldsymbol{A}=\begin{bmatrix}1&2&3\\2&1&8\\0&0&1\end{bmatrix}$ 同秩的矩阵是（　　）.

(A)$(4\quad 5\quad 6)$　　(B)$\begin{pmatrix}1&2&3\\4&5&6\end{pmatrix}$　　(C)$\begin{bmatrix}1&2&1\\1&0&-1\\0&1&1\end{bmatrix}$　　(D)$\begin{bmatrix}1&2&2\\1&0&1\\4&0&2\end{bmatrix}$

9. 若矩阵 $\boldsymbol{A}=\begin{bmatrix}1&a&-1&2\\0&-1&a&2\\1&0&-1&2\end{bmatrix}$ 的秩 $R(\boldsymbol{A})=2$，则 a 的值为（　　）.

(A)0　　(B)0 或 -1　　(C)-1　　(D)1 或 -1

10. 设矩阵 $\boldsymbol{A}=(a_{ij})_{4\times4}$，$\boldsymbol{B}=(b_{ij})_{4\times4}$，且 $a_{ij}=-2b_{ij}$，则行列式 $|\boldsymbol{B}|=$（　　）.

(A) $2^{-4}|\boldsymbol{A}|$　　(B) $2^4|\boldsymbol{A}|$　　(C) $-2^{-4}|\boldsymbol{A}|$　　(D) $-2^4|\boldsymbol{A}|$

11. 下列矩阵中不是初等矩阵的是（　　）.

(A) $\begin{pmatrix}1&0&0\\0&0&1\\0&1&0\end{pmatrix}$　(B) $\begin{pmatrix}1&0&0\\0&-3&0\\0&0&1\end{pmatrix}$　(C) $\begin{pmatrix}1&3&0\\0&0&1\\0&1&0\end{pmatrix}$　(D) $\begin{pmatrix}1&0&3\\0&1&0\\0&0&1\end{pmatrix}$

12. 设 $\boldsymbol{A}=\begin{pmatrix}a_{11}&a_{12}&a_{13}&a_{14}\\a_{21}&a_{22}&a_{23}&a_{24}\\a_{31}&a_{32}&a_{33}&a_{34}\\a_{41}&a_{42}&a_{43}&a_{44}\end{pmatrix}$，$\boldsymbol{B}=\begin{pmatrix}a_{14}&a_{13}&a_{12}&a_{11}\\a_{24}&a_{23}&a_{22}&a_{21}\\a_{34}&a_{33}&a_{32}&a_{31}\\a_{44}&a_{43}&a_{42}&a_{41}\end{pmatrix}$，$\boldsymbol{P}_1=\begin{pmatrix}0&0&0&1\\0&1&0&0\\0&0&1&0\\1&0&0&0\end{pmatrix}$，

$\boldsymbol{P}_2=\begin{pmatrix}1&0&0&0\\0&0&1&0\\0&1&0&0\\0&0&0&1\end{pmatrix}$，其中 $\boldsymbol{A}$ 可逆，则 $\boldsymbol{B}$ 等于（　　）.

(A) $\boldsymbol{AP}_1\boldsymbol{P}_2$　　(B) $\boldsymbol{P}_1\boldsymbol{AP}_2$　　(C) $\boldsymbol{P}_1\boldsymbol{P}_2\boldsymbol{A}$　　(D) $\boldsymbol{P}_2\boldsymbol{AP}_1$

13. (2006)　设 $\boldsymbol{A}$ 为3阶矩阵，将 $\boldsymbol{A}$ 的第2行加到第1行得 $\boldsymbol{B}$，再将 $\boldsymbol{B}$ 的第1列的 -1 倍加到第2列得 $\boldsymbol{C}$，记 $\boldsymbol{P}=\begin{pmatrix}1&1&0\\0&1&0\\0&0&1\end{pmatrix}$，则以下等式成立的是（　　）.

(A) $\boldsymbol{C}=\boldsymbol{P}^{-1}\boldsymbol{AP}$　　(B) $\boldsymbol{C}=\boldsymbol{PAP}^{-1}$　　(C) $\boldsymbol{C}=\boldsymbol{P}^{\mathrm{T}}\boldsymbol{AP}$　　(D) $\boldsymbol{C}=\boldsymbol{PAP}^{\mathrm{T}}$

二、填空题

1. 设 $\boldsymbol{\alpha}=(3,5,7,9)$，$\boldsymbol{\beta}=(-1,5,2,0)$，$\boldsymbol{x}$ 满足 $2\boldsymbol{\alpha}+3\boldsymbol{x}=\boldsymbol{\beta}$，则 $\boldsymbol{x}=$________.

2. 设 $\boldsymbol{A}$ 是 4×3 矩阵，且 $\boldsymbol{A}$ 的秩 $R(\boldsymbol{A})=2$ 且 $\boldsymbol{B}=\begin{pmatrix}1&0&2\\0&2&0\\-1&0&3\end{pmatrix}$，则 $R(\boldsymbol{AB})=$________.

3. 设 $\boldsymbol{A}$ 为 n 阶非零矩阵，$\boldsymbol{E}$ 为 n 阶单位矩阵，若 $\boldsymbol{A}^3=\boldsymbol{O}$，则 $(\boldsymbol{A}+\boldsymbol{E})^{-1}=$________.

4. 设 $\boldsymbol{A}=\begin{pmatrix}1&2&-1\\3&x&-2\\5&-4&1\end{pmatrix}$ 是不可逆矩阵，则 $x=$________.

5. 已知 $\boldsymbol{\alpha}=(0,-1,2)^{\mathrm{T}}$，$\boldsymbol{\beta}=(0,-1,1)^{\mathrm{T}}$，且 $\boldsymbol{A}=\boldsymbol{\alpha\beta}^{\mathrm{T}}$，则 $\boldsymbol{A}^4=$________.

6. 设 $\boldsymbol{A},\boldsymbol{B}$ 为4阶方阵，且 $|\boldsymbol{A}|=-2$，$|\boldsymbol{B}|=3$，则 $|((\boldsymbol{AB})^{\mathrm{T}})^{-1}|=$________.

7. 设 $\boldsymbol{A},\boldsymbol{B}$ 为 4 阶方阵，且 $|\boldsymbol{A}|=-2$，$|3\boldsymbol{B}|=81$，则 $|\boldsymbol{AB}|=$ ________.

8. 已知线性方程组 $\boldsymbol{Ax}=\boldsymbol{b}$ 无解，$R(\boldsymbol{A})=2$，$\boldsymbol{B}=(\boldsymbol{A},\boldsymbol{b})$，则 $R(\boldsymbol{B})=$ ________.

9. (2004)　设矩阵 $\boldsymbol{A}=\begin{pmatrix}2&1&0\\1&2&0\\0&0&1\end{pmatrix}$，矩阵 $\boldsymbol{B}$ 满足 $\boldsymbol{ABA}^*=2\boldsymbol{BA}^*+\boldsymbol{E}$，其中 $\boldsymbol{A}^*$ 为 $\boldsymbol{A}$ 的伴随矩阵，$\boldsymbol{E}$ 是单位矩阵，则 $|\boldsymbol{B}|=$ ________.

10. (2004)　设 $\boldsymbol{A}=\begin{pmatrix}0&-1&0\\1&0&0\\0&0&-1\end{pmatrix}$，$\boldsymbol{B}=\boldsymbol{P}^{-1}\boldsymbol{AP}$，其中 $\boldsymbol{P}$ 为三阶可逆矩阵，则 $\boldsymbol{B}^{2004}-2\boldsymbol{A}^2=$ ________.

三、计算与证明题

1. 设 $\boldsymbol{A}=\begin{pmatrix}0&0&1\\0&1&0\\1&0&0\end{pmatrix}$，$\boldsymbol{B}=\begin{pmatrix}1&2\\2&3\\1&-1\end{pmatrix}$，$\boldsymbol{C}=\begin{pmatrix}3&1&0\\1&2&1\end{pmatrix}$，求：

(1) $2\boldsymbol{A}+\boldsymbol{BC}$；(2) $\boldsymbol{C}^{\mathrm{T}}\boldsymbol{B}^{\mathrm{T}}$；(3) $\boldsymbol{A}-4\boldsymbol{BC}$；(4) $(\boldsymbol{A}-4\boldsymbol{BC})^{\mathrm{T}}$.

2. 计算：

(1) $\begin{pmatrix}2&1\\-3&-2\end{pmatrix}\begin{pmatrix}3&-1\\-4&5\end{pmatrix}$；　(2) $\begin{pmatrix}4&3\\2&5\end{pmatrix}\begin{pmatrix}3&-2&4\\5&1&-3\end{pmatrix}$；

(3) $\begin{pmatrix}1&0&1\\2&1&-3\end{pmatrix}\begin{pmatrix}6&2&1\\0&4&0\\3&-6&4\end{pmatrix}$；　(4) $(x_1\ \ x_2\ \ x_3)\begin{pmatrix}a_{11}&a_{12}&a_{13}\\a_{21}&a_{22}&a_{23}\\a_{31}&a_{32}&a_{33}\end{pmatrix}\begin{pmatrix}x_1\\x_2\\x_3\end{pmatrix}$.

3. 设 $\boldsymbol{A}=\begin{pmatrix}5&-2&1\\3&4&-1\end{pmatrix}$，$\boldsymbol{B}=\begin{pmatrix}-3&2&0\\-2&0&1\end{pmatrix}$，求 $\boldsymbol{AB}^{\mathrm{T}}$ 与 $\boldsymbol{B}^{\mathrm{T}}\boldsymbol{A}$.

4. 设 $\boldsymbol{A},\boldsymbol{B}$ 均为三阶矩阵，$\boldsymbol{A}^*$ 为 $\boldsymbol{A}$ 的伴随矩阵，且 $|\boldsymbol{A}|=2$，$|\boldsymbol{B}|=-3$，求 $|2\boldsymbol{A}^*\boldsymbol{B}^{-1}|$.

5. 设 $\boldsymbol{A}$ 为四阶矩阵，$\boldsymbol{A}^*$ 为 $\boldsymbol{A}$ 的伴随矩阵，且 $|\boldsymbol{A}|=\frac{1}{8}$，求 $\left|\left(\frac{1}{3}\boldsymbol{A}\right)^{-1}-8\boldsymbol{A}^*\right|$.

6. 求下列方阵的逆阵：

(1) $\begin{pmatrix}1&2\\-3&4\end{pmatrix}$；　(2) $\begin{pmatrix}\cos\theta&-\sin\theta\\\sin\theta&\cos\theta\end{pmatrix}$；

(3) $\begin{pmatrix}1&2&-1\\3&4&-2\\5&-4&1\end{pmatrix}$；　(4) $\begin{pmatrix}5&2&0&0\\2&1&0&0\\0&0&8&3\\0&0&5&2\end{pmatrix}$.

7. 设 $\boldsymbol{A}=\begin{pmatrix}1&0&0\\2&2&0\\3&4&5\end{pmatrix}$，$\boldsymbol{A}^*$ 是 $\boldsymbol{A}$ 的伴随矩阵，求 $(\boldsymbol{A}^*)^{-1}$.

8. 设 $\boldsymbol{A}=\begin{pmatrix}2&1&3\\1&-1&1\\-1&2&1\end{pmatrix}$，$\boldsymbol{B}=\begin{pmatrix}1&-1\\2&0\\5&-3\end{pmatrix}$，求解矩阵方程 $\boldsymbol{AX}+\boldsymbol{B}=\boldsymbol{X}$.

9. (2001)　已知矩阵 $\boldsymbol{A}=\begin{pmatrix}1&0&0\\1&1&0\\1&1&1\end{pmatrix}$，$\boldsymbol{B}=\begin{pmatrix}0&1&1\\1&0&1\\1&1&0\end{pmatrix}$，且矩阵 $\boldsymbol{X}$ 满足 $\boldsymbol{AXA}+\boldsymbol{BXB}=\boldsymbol{AXB}+\boldsymbol{BXA}+\boldsymbol{E}$，其中 $\boldsymbol{E}$ 是三阶单位矩阵，求 $\boldsymbol{X}$.

10. 确定 a,b 的值，使矩阵 $\boldsymbol{A}=\begin{pmatrix}1&1&1&1&1\\3&2&1&-3&a\\0&1&2&6&3\\5&4&3&-1&b\end{pmatrix}$ 的秩为 2.

11. 设 $\boldsymbol{A}=\begin{pmatrix}a&1&1\\-1&1&0\\1&2&1\end{pmatrix}$，$\boldsymbol{B}=\begin{pmatrix}1&2&3\\2&1&1\\0&0&1\end{pmatrix}$，确定 a 的值，使 $R(\boldsymbol{AB})=2$.

12. 设 $\boldsymbol{A}=\begin{pmatrix}2&-2&1&3\\9&-5&2&8\end{pmatrix}$，求一个 4×2 矩阵 $\boldsymbol{B}$，使 $\boldsymbol{AB}=\boldsymbol{O}$，且 $R(\boldsymbol{B})=2$.

13. 当 m,k 为何值时，方程组 $\begin{cases}x_1+3x_2+x_3=0,\\3x_1+2x_2+3x_3=-1,\\-x_1+4x_2+mx_3=k.\end{cases}$

(1)有唯一解；(2)无解；(3)有无穷多解？在有无穷多解时求出其通解.

14. 设 $\boldsymbol{A}$ 为 n 阶方阵，证明：

(1) $\boldsymbol{A}+\boldsymbol{A}^{\mathrm{T}}$ 是对称阵；(2) $\boldsymbol{A}-\boldsymbol{A}^{\mathrm{T}}$ 是反对称阵.

15. 设 $\boldsymbol{A},\boldsymbol{B}$ 均是 n 阶方阵，且 $\boldsymbol{A}$ 为对称阵，证明 $\boldsymbol{B}^{\mathrm{T}}\boldsymbol{AB}$ 也是对称阵.

16. 设 $\boldsymbol{A}^k=\boldsymbol{O}$（$k$ 为自然数），证明：$(\boldsymbol{E}-\boldsymbol{A})^{-1}=\boldsymbol{E}+\boldsymbol{A}+\boldsymbol{A}^2+\cdots+\boldsymbol{A}^{k-1}$.

17. (1)设 n 阶方阵 $\boldsymbol{A}$ 满足 $\boldsymbol{A}^2+\boldsymbol{A}-2\boldsymbol{E}=\boldsymbol{O}$，证明 $\boldsymbol{A}+3\boldsymbol{E}$ 可逆，并求 $(\boldsymbol{A}+3\boldsymbol{E})^{-1}$；

(2)设 n 阶方阵 $\boldsymbol{A}$ 满足 $\boldsymbol{A}^4+3\boldsymbol{A}^3-6\boldsymbol{A}^2+11\boldsymbol{A}-2\boldsymbol{E}=\boldsymbol{O}$，求证 $\boldsymbol{A}$ 可逆并求 $\boldsymbol{A}^{-1}$.

18. 设矩阵 $\boldsymbol{A}$ 可逆，证明其伴随矩阵 $\boldsymbol{A}^*$ 也可逆，且 $(\boldsymbol{A}^*)^{-1}=(\boldsymbol{A}^{-1})^*$.

19. 设 $\boldsymbol{A}=\begin{pmatrix}3&4&0&0\\4&-3&0&0\\0&0&2&0\\0&0&2&2\end{pmatrix}$，求 $|\boldsymbol{A}^8|$ 及 $\boldsymbol{A}^4$.

20. 设 n 阶矩阵 $\boldsymbol{A}$ 与 s 阶矩阵 $\boldsymbol{B}$ 都可逆，求：

(1) $\begin{pmatrix} \boldsymbol{O} & \boldsymbol{A} \\ \boldsymbol{B} & \boldsymbol{O} \end{pmatrix}^{-1}$；　　(2) $\begin{pmatrix} \boldsymbol{A} & \boldsymbol{O} \\ \boldsymbol{C} & \boldsymbol{B} \end{pmatrix}^{-1}$.

21. 设 $\boldsymbol{P}^{-1}\boldsymbol{AP}=\boldsymbol{\Lambda}$，其中，$\boldsymbol{P}=\begin{pmatrix} -1 & -4 \\ 1 & 1 \end{pmatrix}$，$\boldsymbol{\Lambda}=\begin{pmatrix} -1 & 0 \\ 0 & 2 \end{pmatrix}$，求 $\boldsymbol{A}^{11}$.

22. 设 4 个炼油厂 A_1, A_2, A_3, A_4 于 2001 年和 2002 年生产的 5 种油品 B_1, B_2, B_3, B_4, B_5 的产量，如表 2.4 所示.

表 2.4　5 种油品的产量

单位：万吨

油品 / 产量 / 炼油厂	2001 年					2002 年				
	B_1	B_2	B_3	B_4	B_5	B_1	B_2	B_3	B_4	B_5
A_1	65	35	28	18	10	70	37	32	20	12
A_2	75	30	30	15	5	45	60	30	15	5
A_3	50	25	20	20	8	62	45	20	16	18
A_4	40	60	35	22	15	60	50	45	30	25

(1) 用矩阵 $\boldsymbol{A}, \boldsymbol{B}$ 分别表示 4 个炼油厂 2001 年和 2002 年各种油品的产量；

(2) 计算 $\boldsymbol{A}+\boldsymbol{B}, \boldsymbol{B}-\boldsymbol{A}, \frac{1}{2}(\boldsymbol{A}+\boldsymbol{B})$，并说明其意义.

23. 宁波某港口 2001 年 6 月出口到欧洲、美洲、非洲的两种货物的数量、单价、重量、体积，如表 2.5 所示.

表 2.5　出口货物明细

	出口量/件		
货物	欧洲	美洲	非洲
A_1	2000	1000	600
A_2	1200	1100	600
货物	单价/万元	单位重量/t	单位体积/m^3
A_1	0.20	0.015	0.125
A_2	0.35	0.020	0.250

试用矩阵乘法计算：

(1) 经该港口出口到三个地区的货物价值、重量、体积分别是多少？

(2) 经该港口出口的货物的总价值、总重量、总体积分别是多少？

24.(联合收入问题)已知三家公司X,Y,Z具有如图2.2所示的股份关系,即X公司掌握Z公司50%的股份,Z公司掌握X公司30%的股份,而X公司70%的股份不受另两家公司控制等.

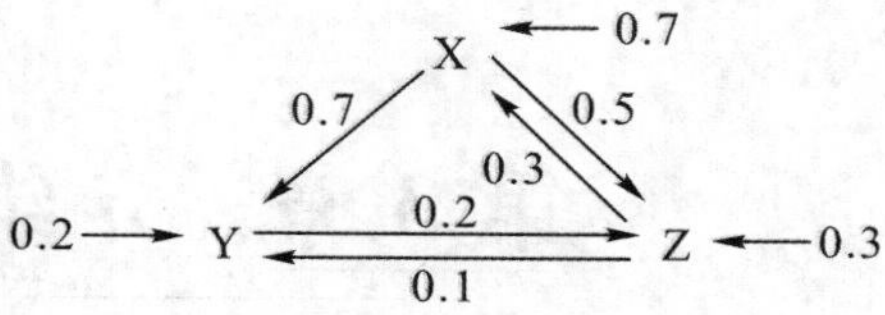

图2.2　三家公司股份关系

现设X、Y和Z公司各自的营业净收入分别是12万元、10万元、8万元,每家公司的联合收入是其净收入加上在其他公司的股份按比例的提成收入;试确定各公司的联合收入及实际收入.

第 3 章　n 维向量与向量空间

问题(介绍性实例)

1. 时空向量

1907 年，赫尔曼・闵可夫斯基(Hermann Minkowski)在引进时空坐标时，首先使用了具有 4 个分量的位置向量 $\boldsymbol{v}=(x,y,z,t)$，其中 3 个分量是其空间位置，1 个分量是时间.

2. 人口年龄分布向量

如果我们把某一城市人口中每隔 10 岁的人数(直到 120 岁)记为 $n_i(i=1,2,\cdots,12)$，则我们可把该城市人口情形表示为

$$\boldsymbol{N}=(n_1,n_2,\cdots,n_{12}),$$

其中，n_i 表示 $10(i-1)$ 岁到 $10i-1$ 岁的人数.

3. 价格向量

设某商场有 n 种商品，每种商品的价格为 $p_i(i=1,2,\cdots,n)$，则可以把该商场的所有商品的价格表示为

$$\boldsymbol{P}=(p_1,p_2,\cdots,p_n).$$

4. 线性方程的向量形式

我们把一个方程的未知量略去不写，比如方程

$$x_1+x_2+3x_3-4x_4=5,$$

略去其未知量后，可以写成如下形式

$$(1,1,3,-4,5).$$

在中学时，我们已经学过二维向量的概念，而且知道，向量在力学、测量等许多领域有广泛的应用. 事实上，很多理论和实际中所讨论的问题，其研究对象常常可以用多个数字组成的有序数组来刻画. n 维向量就是依据实际需要，由几何中的二维、三维向量推广而得到的.

本章介绍 n 维向量、向量组的线性相关性、向量组的极大线性无关组与秩等概念，并介绍线性方程组解的结构.

3.1　n 维向量

3.1.1　n 维向量的定义

在中学时，我们把一个有序二元数组(x,y)称为一个平面向量或二维向量. 二维和三维向量可以用来模拟和描述位移、速度、力等现象. 现在，我们把它推广到多维的情形.

我们知道，线性方程组的解的情况是由它的系数和常数项完全决定的，而与未知量的记号无关. 所以，一个线性方程就与一个有次序的数组有一一对应的关系. 一个线性方程组就对应于若干个有次序的数组. 因此为了便于问题的叙述，我们可将讨论线性方程组的问题转化成讨论若干个有次序的数组问题.

下面我们引进 n 维向量(vector)的概念，并对向量进行一些研究.

定义 3.1.1　n 个有次序的数 $a_1,a_2,\cdots,a_n$ 所组成的数组称为 n **维向量**，这 n 个数称为该向量的 n 个**分量**，第 i 个数 a_i 称为第 i 个分量，n 称为向量的**维数**.

n 维向量可以写成一行，也可以写成一列，分别称为**行向量**与**列向量**，也就是行矩阵与列矩阵. n 维列向量通常用小写字母 $\boldsymbol{a},\boldsymbol{b},\boldsymbol{\alpha},\boldsymbol{\beta}$ 等表示，如

$$\boldsymbol{\alpha}=\begin{pmatrix}a_1\\a_2\\\vdots\\a_n\end{pmatrix},$$

而 n 维行向量则用 $\boldsymbol{a}^{\mathrm{T}},\boldsymbol{b}^{\mathrm{T}},\boldsymbol{\alpha}^{\mathrm{T}},\boldsymbol{\beta}^{\mathrm{T}}$ 等表示，如 $\boldsymbol{\alpha}^{\mathrm{T}}=(a_1,a_2,\cdots,a_n)$. 从矩阵角度看，$\boldsymbol{\alpha}^{\mathrm{T}}$ 就是 $\boldsymbol{\alpha}$ 的转置，称为向量 $\boldsymbol{\alpha}$ 的**转置向量**.

分量都是实数的向量叫作**实向量**，分量是复数的向量叫作**复向量**. 除特别说明外，本书中涉及的向量都是实的列向量.

从向量角度讲，n 维列向量 $\boldsymbol{\alpha}$ 与 n 维行向量 $\boldsymbol{\alpha}^{\mathrm{T}}$ 应该是一样的，只是写法上有所不同；但为了与矩阵对应，今后我们规定：当 $n>1$ 时，n 维列向量 $\boldsymbol{\alpha}$ 与 n 维行向量 $\boldsymbol{\alpha}^{\mathrm{T}}$ 是两个不同的向量，因为它们是两个不同型的矩阵，n 维行向量是 $1\times n$ 矩阵，即行矩阵，而 n 维列向量是 $n\times 1$ 矩阵，即列矩阵.

注　在解析几何中，我们把“既有大小又有方向的量”称为向量，并把可平行移动的有向线段作为向量的几何形象. 在引入坐标系后，又定义了向量的坐标表示，即 3 个有序实数组成的有序数组. n 维向量是解析几何中二维及三维向量的推广；要注意的是 n 维向量($n>3$ 时)不像二维及三维向量那样有直观的几何意义，只是

沿用了几何术语而已.但是,就如前面的时空向量、价格向量等,具有一定的物理或数学意义.

与解析几何中的向量一样,分量都为零的向量叫作**零向量**(zero vector),记作 $\mathbf{0}$.要注意维数不同的零向量是不同的.

3.1.2 n 维向量的运算

如果我们把向量看成只有一行或一列的矩阵,则可以仿照矩阵的相等和运算来定义 n 维向量的相等与运算.

定义 3.1.2 如果 n 维向量 $\boldsymbol{\alpha}=(a_1,a_2,\cdots,a_n)^{\mathrm{T}}$,$\boldsymbol{\beta}=(b_1,b_2,\cdots,b_n)^{\mathrm{T}}$ 的对应分量相等,即 $a_i=b_i(i=1,2,\cdots,n)$,则称向量 $\boldsymbol{\alpha}$ 与向量 $\boldsymbol{\beta}$ **相等**,记作 $\boldsymbol{\alpha}=\boldsymbol{\beta}$.

定义 3.1.3 设向量 $\boldsymbol{\alpha}=(a_1,a_2,\cdots,a_n)^{\mathrm{T}}$,$\boldsymbol{\beta}=(b_1,b_2,\cdots,b_n)^{\mathrm{T}}$ 都为 n 维向量,则 $(a_1+b_1,a_2+b_2,\cdots,a_n+b_n)^{\mathrm{T}}$ 称为向量 $\boldsymbol{\alpha}$ 与向量 $\boldsymbol{\beta}$ 的**和**,记作 $\boldsymbol{\alpha}+\boldsymbol{\beta}$,即

$$\boldsymbol{\alpha}+\boldsymbol{\beta}=(a_1+b_1,a_2+b_2,\cdots,a_n+b_n)^{\mathrm{T}}. \tag{3.1.1}$$

而向量 $(a_1-b_1,a_2-b_2,\cdots,a_n-b_n)^{\mathrm{T}}$ 称为向量 $\boldsymbol{\alpha}$ 与向量 $\boldsymbol{\beta}$ 的**差**,记作 $\boldsymbol{\alpha}-\boldsymbol{\beta}$,即 $\boldsymbol{\alpha}-\boldsymbol{\beta}=(a_1-b_1,a_2-b_2,\cdots,a_n-b_n)^{\mathrm{T}}$.

我们称向量 $(-a_1,-a_2,\cdots,-a_n)^{\mathrm{T}}$ 为向量 $\boldsymbol{\alpha}=(a_1,a_2,\cdots,a_n)^{\mathrm{T}}$ 的**负向量**,记为 $-\boldsymbol{\alpha}$.显然有 $\boldsymbol{\alpha}+(-\boldsymbol{\alpha})=\mathbf{0}$.

由此,$\boldsymbol{\alpha}-\boldsymbol{\beta}=\boldsymbol{\alpha}+(-\boldsymbol{\beta})$.

定义 3.1.4 设 k 是一个数,则向量 $(ka_1,ka_2,\cdots,ka_n)^{\mathrm{T}}$ 称为数 k 与向量 $\boldsymbol{\alpha}=(a_1,a_2,\cdots,a_n)^{\mathrm{T}}$ 的**乘积**,记作 $k\boldsymbol{\alpha}$,即

$$k\boldsymbol{\alpha}=(ka_1,ka_2,\cdots,ka_n)^{\mathrm{T}}. \tag{3.1.2}$$

可以看出,负向量 $-\boldsymbol{\alpha}=(-1)\boldsymbol{\alpha}$.

例 3.1.1 (1)设向量 $\boldsymbol{\alpha}=(210,325,386,455,328)$,$\boldsymbol{\beta}=(358,420,304,315,570)$分别表示某汽车厂在 2015 年 1,2 两个季度组装的 5 种汽车的辆数,求该厂在 1,2 季度生产的 5 种汽车的辆数;

(2)设某超市 4 种蔬菜商品的价格向量(单价为元)为 $\boldsymbol{P}=(2.50,1.88,5.20,0.68)$,把它表示为单价为分的价格向量;

(3)设向量 $\boldsymbol{\alpha}=(1,-2,3)^{\mathrm{T}}$,$\boldsymbol{\beta}=\left(-\frac{2}{3},\frac{4}{3},-2\right)^{\mathrm{T}}$,求 $2\boldsymbol{\alpha}+3\boldsymbol{\beta}$;

(4)设向量 $\boldsymbol{\alpha}+\boldsymbol{\beta}=(-1,3,2)^{\mathrm{T}}$,$\boldsymbol{\alpha}-\boldsymbol{\beta}=(1,1,4)^{\mathrm{T}}$,求 $\boldsymbol{\alpha},\boldsymbol{\beta}$.

解 (1)
$$\begin{aligned}\boldsymbol{\alpha}+\boldsymbol{\beta}&=(210+358,325+420,386+304,455+315,328+570)\\&=(568,745,690,770,898).\end{aligned}$$
所以,该厂在 1,2 季度生产的 5 种汽车的辆数分别为 568,745,690,770 和 898 辆.

(2)$100\boldsymbol{P}=100(2.50,1.88,5.20,0.68)=(250,188,520,68)$.

(3)$2\boldsymbol{\alpha}+3\boldsymbol{\beta}=(2,-4,6)^{\mathrm{T}}+(-2,4,-6)^{\mathrm{T}}=\mathbf{0}$.

(4)因为$(\boldsymbol{\alpha}+\boldsymbol{\beta})+(\boldsymbol{\alpha}-\boldsymbol{\beta})=2\boldsymbol{\alpha}$,所以

$$\boldsymbol{\alpha}=\frac{1}{2}[(\boldsymbol{\alpha}+\boldsymbol{\beta})+(\boldsymbol{\alpha}-\boldsymbol{\beta})]=\frac{1}{2}[(-1,3,2)^{\mathrm{T}}+(1,1,4)^{\mathrm{T}}]=(0,2,3)^{\mathrm{T}},$$

同理

$$\boldsymbol{\beta}=\frac{1}{2}[(\boldsymbol{\alpha}+\boldsymbol{\beta})-(\boldsymbol{\alpha}-\boldsymbol{\beta})]=\frac{1}{2}[(-1,3,2)^{\mathrm{T}}-(1,1,4)^{\mathrm{T}}]=(-1,1,-1)^{\mathrm{T}}.$$

由例 3.1.1 可以发现,向量的运算与矩阵的运算是一致的.我们也把向量的和与数乘向量两种运算称为向量的**线性运算**.

习题 3.1

1. 已知向量 $\boldsymbol{\alpha}_1=(1,1,0)^{\mathrm{T}},\boldsymbol{\alpha}_2=(2,1,-1)^{\mathrm{T}},\boldsymbol{\alpha}_3=(3,4,1)^{\mathrm{T}}$,试求:

(1)$3\boldsymbol{\alpha}_1-\boldsymbol{\alpha}_2-\boldsymbol{\alpha}_3$; (2)$5\boldsymbol{\alpha}_1-3\boldsymbol{\alpha}_2+\boldsymbol{\alpha}_3$; (3)$3\boldsymbol{\alpha}_1^{\mathrm{T}}-\boldsymbol{\alpha}_3^{\mathrm{T}}$.

2. 已知向量 $\boldsymbol{\alpha}_1=(2,5,1,3)^{\mathrm{T}},\boldsymbol{\alpha}_2=(10,1,5,10)^{\mathrm{T}},\boldsymbol{\alpha}_3=(4,1,-1,1)^{\mathrm{T}}$,且

$$3(\boldsymbol{\alpha}_1-\boldsymbol{\alpha})+2(\boldsymbol{\alpha}_2+\boldsymbol{\alpha})=5(\boldsymbol{\alpha}_3+\boldsymbol{\alpha}),$$

试求向量 $\boldsymbol{\alpha}$.

3.2 向量组及其线性组合

3.2.1 向量组

若干个同维数的列向量(或者是同维数的行向量)所组成的集合叫作**向量组**.

在 2.3 节中,我们介绍过矩阵的两种特殊的分块:按列分块及按行分块,在此我们再回顾一下.

对矩阵 $\boldsymbol{A}=\begin{pmatrix} a_{11} & a_{12} & \cdots & a_{1n} \\ a_{21} & a_{22} & \cdots & a_{2n} \\ \vdots & \vdots & & \vdots \\ a_{m1} & a_{m2} & \cdots & a_{mn} \end{pmatrix}$ 来说,它的每一列的所有元素构成一个列向量

$$\boldsymbol{\alpha}_j=\begin{pmatrix} a_{1j} \\ a_{2j} \\ \vdots \\ a_{mj} \end{pmatrix},j=1,2,\cdots,n.$$

因此 $m\times n$ 矩阵 $\boldsymbol{A}$ 可看作由 n 个 m 维列向量 $\boldsymbol{\alpha}_1,\boldsymbol{\alpha}_2,\cdots,\boldsymbol{\alpha}_n$ 所构成的向量组，称向量组 $\boldsymbol{\alpha}_1,\boldsymbol{\alpha}_2,\cdots,\boldsymbol{\alpha}_n$ 为矩阵 $\boldsymbol{A}$ 的**列向量组**.

同理，$m\times n$ 矩阵 $\boldsymbol{A}$ 的每一行元素可构成一行向量

$$\boldsymbol{\beta}_i^{\mathrm{T}}=(a_{i1},a_{i2},\cdots,a_{in}),i=1,2,\cdots,m,$$

则 $m\times n$ 矩阵 $\boldsymbol{A}$ 可看作由 m 个 n 维行向量 $\boldsymbol{\beta}_1^{\mathrm{T}},\boldsymbol{\beta}_2^{\mathrm{T}},\cdots,\boldsymbol{\beta}_m^{\mathrm{T}}$ 所构成的向量组，称向量组 $\boldsymbol{\beta}_1^{\mathrm{T}},\boldsymbol{\beta}_2^{\mathrm{T}},\cdots,\boldsymbol{\beta}_m^{\mathrm{T}}$ 为矩阵 $\boldsymbol{A}$ 的**行向量组**.

反过来，m 个 n 维列向量所构成的向量组 $\boldsymbol{\alpha}_1,\boldsymbol{\alpha}_2,\cdots,\boldsymbol{\alpha}_n$ 构成一个 $n\times m$ 矩阵

$$\boldsymbol{A}=(\boldsymbol{\alpha}_1,\boldsymbol{\alpha}_2,\cdots,\boldsymbol{\alpha}_m),$$

m 个 n 维行向量所构成的向量组 $\boldsymbol{\beta}_1^{\mathrm{T}},\boldsymbol{\beta}_2^{\mathrm{T}},\cdots,\boldsymbol{\beta}_m^{\mathrm{T}}$ 构成一个 $m\times n$ 矩阵

$$\boldsymbol{B}=\begin{pmatrix}\boldsymbol{\beta}_1^{\mathrm{T}}\\\boldsymbol{\beta}_2^{\mathrm{T}}\\\vdots\\\boldsymbol{\beta}_m^{\mathrm{T}}\end{pmatrix}.$$

总之，一个含有限个向量的有序向量组可以与矩阵一一对应.

3.2.2　向量组的线性组合

定义 3.2.1　给定向量组 $A:\boldsymbol{\alpha}_1,\boldsymbol{\alpha}_2,\cdots,\boldsymbol{\alpha}_m,k_1,k_2,\cdots,k_m$ 为任意给定的一组实数，则称

$$k_1\boldsymbol{\alpha}_1+k_2\boldsymbol{\alpha}_2+\cdots+k_m\boldsymbol{\alpha}_m \tag{3.2.1}$$

为向量组 A 的一个**线性组合**(linear combination)，$k_1,k_2,\cdots,k_m$ 称为该线性组合的系数.

给定向量组 $A:\boldsymbol{\alpha}_1,\boldsymbol{\alpha}_2,\cdots,\boldsymbol{\alpha}_m$ 和向量 $\boldsymbol{b}$，如果存在一组数 $\lambda_1,\lambda_2,\cdots,\lambda_m$ 使得

$$\boldsymbol{b}=\lambda_1\boldsymbol{\alpha}_1+\lambda_2\boldsymbol{\alpha}_2+\cdots+\lambda_m\boldsymbol{\alpha}_m, \tag{3.2.2}$$

则称向量 $\boldsymbol{b}$ 是向量组 A 的线性组合，这时也称向量 $\boldsymbol{b}$ 可由向量组 A **线性表示**.

例 3.2.1　任何一个 n 维向量 $\boldsymbol{\alpha}=(a_1,a_2,\cdots,a_n)^{\mathrm{T}}$ 都是 n 维向量组

$$\boldsymbol{\varepsilon}_1=(1,0,\cdots,0)^{\mathrm{T}},\boldsymbol{\varepsilon}_2=(0,1,\cdots,0)^{\mathrm{T}},\cdots,\boldsymbol{\varepsilon}_n=(0,0,\cdots,1)^{\mathrm{T}}$$

的一个线性组合，因为

$$\boldsymbol{\alpha}=a_1\boldsymbol{\varepsilon}_1+a_2\boldsymbol{\varepsilon}_2+\cdots+a_n\boldsymbol{\varepsilon}_n,$$

向量组 $\boldsymbol{\varepsilon}_1,\boldsymbol{\varepsilon}_2,\cdots,\boldsymbol{\varepsilon}_n$ 称为 n 维**单位坐标向量组**.

例 3.2.2　零向量是任何一个向量组的线性组合，因为

$$\boldsymbol{0}=0\cdot\boldsymbol{\alpha}_1+0\cdot\boldsymbol{\alpha}_2+\cdots+0\cdot\boldsymbol{\alpha}_n.$$

例 3.2.3　向量组 $A:\boldsymbol{\alpha}_1,\boldsymbol{\alpha}_2,\cdots,\boldsymbol{\alpha}_m$ 中的任何一个向量都可以由该向量组线性表示，因为

$$\boldsymbol{\alpha}_1=1\cdot\boldsymbol{\alpha}_1+0\cdot\boldsymbol{\alpha}_2+\cdots+0\cdot\boldsymbol{\alpha}_m,$$
$$\boldsymbol{\alpha}_2=0\cdot\boldsymbol{\alpha}_1+1\cdot\boldsymbol{\alpha}_2+0\cdot\boldsymbol{\alpha}_3+\cdots+0\cdot\boldsymbol{\alpha}_m,$$
$$\vdots$$
$$\boldsymbol{\alpha}_m=0\cdot\boldsymbol{\alpha}_1+0\cdot\boldsymbol{\alpha}_2+\cdots+0\cdot\boldsymbol{\alpha}_{m-1}+1\cdot\boldsymbol{\alpha}_m.$$

在例 2.3.4 中,我们给出:线性方程组

$$\begin{cases}a_{11}x_1+a_{12}x_2+\cdots+a_{1n}x_n=b_1,\\a_{21}x_1+a_{22}x_2+\cdots+a_{2n}x_n=b_2,\\\qquad\vdots\\a_{m1}x_1+a_{m2}x_2+\cdots+a_{mn}x_n=b_m,\end{cases}$$

可以表示成向量形式

$$x_1\boldsymbol{\alpha}_1+x_2\boldsymbol{\alpha}_2+\cdots+x_n\boldsymbol{\alpha}_n=\boldsymbol{b},\tag{3.2.3}$$

其中

$$\boldsymbol{\alpha}_j=\begin{pmatrix}a_{1j}\\a_{2j}\\\vdots\\a_{mj}\end{pmatrix},j=1,2,\cdots n,\boldsymbol{b}=\begin{pmatrix}b_1\\b_2\\\vdots\\b_m\end{pmatrix}.$$

从而向量 $\boldsymbol{b}$ 可由向量组 $A:\boldsymbol{\alpha}_1,\boldsymbol{\alpha}_2,\cdots,\boldsymbol{\alpha}_m$ 线性表示就等价于线性方程组

$$x_1\boldsymbol{\alpha}_1+x_2\boldsymbol{\alpha}_2+\cdots+x_m\boldsymbol{\alpha}_m=\boldsymbol{b}\text{ 即}(\boldsymbol{\alpha}_1,\boldsymbol{\alpha}_2,\cdots,\boldsymbol{\alpha}_m)\begin{pmatrix}x_1\\x_2\\\vdots\\x_m\end{pmatrix}=\boldsymbol{b}$$

有解,由定理 2.7.2 可得

定理 3.2.1　向量 $\boldsymbol{b}$ 可由向量组 $A:\boldsymbol{\alpha}_1,\boldsymbol{\alpha}_2,\cdots,\boldsymbol{\alpha}_m$ 线性表示的充分必要条件是矩阵 $\boldsymbol{A}=(\boldsymbol{\alpha}_1,\boldsymbol{\alpha}_2,\cdots,\boldsymbol{\alpha}_m)$ 的秩等于矩阵 $\boldsymbol{B}=(\boldsymbol{\alpha}_1,\boldsymbol{\alpha}_2,\cdots,\boldsymbol{\alpha}_m,\boldsymbol{b})$ 的秩.

例 3.2.4　设

$$\boldsymbol{\alpha}_1=\begin{pmatrix}1\\1\\2\\2\end{pmatrix},\boldsymbol{\alpha}_2=\begin{pmatrix}1\\2\\1\\3\end{pmatrix},\boldsymbol{\alpha}_3=\begin{pmatrix}1\\-1\\4\\0\end{pmatrix},\boldsymbol{b}=\begin{pmatrix}1\\0\\3\\1\end{pmatrix},$$

证明向量 $\boldsymbol{b}$ 可由向量组 $\boldsymbol{\alpha}_1,\boldsymbol{\alpha}_2,\boldsymbol{\alpha}_3$ 线性表示,并求出线性表达式.

解　$$\boldsymbol{B}=(\boldsymbol{\alpha}_1,\boldsymbol{\alpha}_2,\boldsymbol{\alpha}_3,\boldsymbol{b})=\begin{pmatrix}1&1&1&1\\1&2&-1&0\\2&1&4&3\\2&3&0&1\end{pmatrix}\xrightarrow[\substack{r_3-2r_1\\r_4-2r_1}]{r_2-r_1}\begin{pmatrix}1&1&1&1\\0&1&-2&-1\\0&-1&2&1\\0&1&-2&-1\end{pmatrix}$$

$$\xrightarrow[r_4-r_2]{\substack{r_1-r_2\\r_3+r_2}}\begin{pmatrix}1&0&3&2\\0&1&-2&-1\\0&0&0&0\\0&0&0&0\end{pmatrix}.$$

所以,$R(\boldsymbol{A})=R(\boldsymbol{B})=2$,其中 $\boldsymbol{A}=(\boldsymbol{\alpha}_1,\boldsymbol{\alpha}_2,\boldsymbol{\alpha}_3)$,从而 $\boldsymbol{b}$ 可由向量组 $\boldsymbol{\alpha}_1,\boldsymbol{\alpha}_2,\boldsymbol{\alpha}_3$ 线性表示.

令 $b=x_1\boldsymbol{\alpha}_1+x_2\boldsymbol{\alpha}_2+x_3\boldsymbol{\alpha}_3$,则有 $\begin{cases}x_1+3x_3=2,\\x_2-2x_3=-1;\end{cases}$

令 $x_3=c$,则 $\boldsymbol{b}$ 由向量组 $\boldsymbol{\alpha}_1,\boldsymbol{\alpha}_2,\boldsymbol{\alpha}_3$ 线性表示的线性表达式为

$$\boldsymbol{b}=(2-3c)\boldsymbol{\alpha}_1+(2c-1)\boldsymbol{\alpha}_2+c\boldsymbol{\alpha}_3,$$

其中 c 为任意实数.

下面通过例子说明向量的数量乘法与线性组合在某一个量,例如“成本”,被分解成若干部分时的一个应用.

例 3.2.5 某公司生产两种产品 B,C,对 1 美元价值的产品 B,公司需耗费0.45 美元材料,0.25 美元劳动报酬,0.15 美元管理费用;对 1 美元价值的产品 C,公司耗费 0.40 美元材料,0.20 美元劳动报酬,0.15 美元管理费用. 设 $\boldsymbol{b}=(0.45,0.25,0.15)^{\mathrm{T}}$,$\boldsymbol{c}=(0.40,0.20,0.15)^{\mathrm{T}}$,则 $\boldsymbol{b},\boldsymbol{c}$ 称为两种产品的“单位美元产出成本向量”.

(1)向量 $100\boldsymbol{b}$ 的经济解释是什么?

(2)设公司希望分别生产 x_1,x_2 美元的产品 B,C,请给出描述该公司花费的总成本的向量.

解 (1)我们有

$$100\boldsymbol{b}=100\,(0.45,0.25,0.15)^{\mathrm{T}}=(45,25,15)^{\mathrm{T}}.$$

向量 $100\boldsymbol{b}$ 列出生产 100 美元的产品 B 需要的各种成本:45 美元材料,25 美元劳动报酬,15 美元管理费用.

(2)生产 x_1 美元产品 B 的成本由 $x_1\boldsymbol{b}$ 给出,生产 x_2 美元产品 C 的成本由 $x_2\boldsymbol{c}$ 给出,因此总的成本为 $x_1\boldsymbol{b}+x_2\boldsymbol{c}$.

3.2.3 两个向量组间的关系

定义 3.2.2 设有两个向量组 A:$\boldsymbol{\alpha}_1,\boldsymbol{\alpha}_2,\cdots,\boldsymbol{\alpha}_m$ 与 B:$\boldsymbol{\beta}_1,\boldsymbol{\beta}_2,\cdots,\boldsymbol{\beta}_l$,若向量组 B 中每一个向量都可由向量组 A 线性表示,则称**向量组 B 可由向量组 A 线性表示**. 若向量组 A 与向量组 B 可以相互线性表示,则称这两个向量组**等价**.

设向量组 A 与向量组 B 构成的矩阵分别为 $\boldsymbol{A}=(\boldsymbol{\alpha}_1,\boldsymbol{\alpha}_2,\cdots,\boldsymbol{\alpha}_m)$ 与 $\boldsymbol{B}=(\boldsymbol{\beta}_1,\boldsymbol{\beta}_2,\cdots,\boldsymbol{\beta}_l)$,向量组 B 可由向量组 A 线性表示,则对每个向量 $\boldsymbol{\beta}_j(j=1,2,\cdots,l)$,存在数 $k_{1j},k_{2j},\cdots,k_{mj}$,使

$$\boldsymbol{\beta}_j = k_{1j}\boldsymbol{\alpha}_1 + k_{2j}\boldsymbol{\alpha}_2 + \cdots + k_{mj}\boldsymbol{\alpha}_m = (\boldsymbol{\alpha}_1, \boldsymbol{\alpha}_2, \cdots, \boldsymbol{\alpha}_m)\begin{pmatrix} k_{1j} \\ k_{2j} \\ \vdots \\ k_{mj} \end{pmatrix}.$$

从而

$$(\boldsymbol{\beta}_1, \boldsymbol{\beta}_2, \cdots, \boldsymbol{\beta}_l) = (\boldsymbol{\alpha}_1, \boldsymbol{\alpha}_2, \cdots, \boldsymbol{\alpha}_m)\begin{pmatrix} k_{11} & k_{12} & \cdots & k_{1l} \\ k_{21} & k_{22} & \cdots & k_{2l} \\ \vdots & \vdots & & \vdots \\ k_{m1} & k_{m2} & \cdots & k_{ml} \end{pmatrix},$$

称矩阵 $\boldsymbol{K} = \begin{pmatrix} k_{11} & k_{12} & \cdots & k_{1l} \\ k_{21} & k_{22} & \cdots & k_{2l} \\ \vdots & \vdots & & \vdots \\ k_{m1} & k_{m2} & \cdots & k_{ml} \end{pmatrix}$ 为向量组 B 由向量组 A 线性表示的系数矩阵.

由以上的讨论可知，若矩阵 $\boldsymbol{C}_{m\times n} = \boldsymbol{A}_{m\times l}\boldsymbol{B}_{l\times n}$，则矩阵 $\boldsymbol{C}$ 的列向量组可由矩阵 $\boldsymbol{A}$ 的列向量组线性表示，矩阵 $\boldsymbol{B}$ 为这一线性表示的系数矩阵

$$(\boldsymbol{c}_1, \boldsymbol{c}_2, \cdots, \boldsymbol{c}_n) = (\boldsymbol{a}_1, \boldsymbol{a}_2, \cdots, \boldsymbol{a}_l)\begin{pmatrix} b_{11} & b_{12} & \cdots & b_{1n} \\ b_{21} & b_{22} & \cdots & b_{2n} \\ \vdots & \vdots & & \vdots \\ b_{l1} & b_{l2} & \cdots & b_{ln} \end{pmatrix}.$$

同时，矩阵 $\boldsymbol{C}$ 的行向量组可由矩阵 $\boldsymbol{B}$ 的行向量组线性表示，矩阵 $\boldsymbol{A}$ 为这一线性表示的系数矩阵

$$\begin{pmatrix} \boldsymbol{\gamma}_1^{\mathrm{T}} \\ \boldsymbol{\gamma}_2^{\mathrm{T}} \\ \vdots \\ \boldsymbol{\gamma}_m^{\mathrm{T}} \end{pmatrix} = \begin{pmatrix} a_{11} & a_{12} & \cdots & a_{1l} \\ a_{21} & a_{22} & \cdots & a_{2l} \\ \vdots & \vdots & & \vdots \\ a_{m1} & a_{m2} & \cdots & a_{ml} \end{pmatrix}\begin{pmatrix} \boldsymbol{\beta}_1^{\mathrm{T}} \\ \boldsymbol{\beta}_2^{\mathrm{T}} \\ \vdots \\ \boldsymbol{\beta}_l^{\mathrm{T}} \end{pmatrix}.$$

因此，向量组 $B:\boldsymbol{\beta}_1, \boldsymbol{\beta}_2, \cdots, \boldsymbol{\beta}_l$ 可由向量组 $A:\boldsymbol{\alpha}_1, \boldsymbol{\alpha}_2, \cdots, \boldsymbol{\alpha}_m$ 线性表示，即存在矩阵 $\boldsymbol{K}_{m\times l}$，使 $(\boldsymbol{\beta}_1, \boldsymbol{\beta}_2, \cdots, \boldsymbol{\beta}_l) = (\boldsymbol{\alpha}_1, \boldsymbol{\alpha}_2, \cdots, \boldsymbol{\alpha}_m)\boldsymbol{K}$，也就是矩阵方程

$$\boldsymbol{AX} = \boldsymbol{B}$$

有解，这里 $\boldsymbol{A} = (\boldsymbol{\alpha}_1, \boldsymbol{\alpha}_2, \cdots, \boldsymbol{\alpha}_m)$，$\boldsymbol{B} = (\boldsymbol{\beta}_1, \boldsymbol{\beta}_2, \cdots, \boldsymbol{\beta}_l)$. 由定理 2.7.4 可得

定理 3.2.2　向量组 $B:\boldsymbol{\beta}_1, \boldsymbol{\beta}_2, \cdots, \boldsymbol{\beta}_l$ 可由向量组 $A:\boldsymbol{\alpha}_1, \boldsymbol{\alpha}_2, \cdots, \boldsymbol{\alpha}_m$ 线性表示的充分必要条件是矩阵 $\boldsymbol{A} = (\boldsymbol{\alpha}_1, \boldsymbol{\alpha}_2, \cdots, \boldsymbol{\alpha}_m)$ 的秩等于矩阵 $(\boldsymbol{A}, \boldsymbol{B}) = (\boldsymbol{\alpha}_1, \boldsymbol{\alpha}_2, \cdots, \boldsymbol{\alpha}_m, \boldsymbol{\beta}_1, \boldsymbol{\beta}_2, \cdots, \boldsymbol{\beta}_l)$ 的秩，即 $R(\boldsymbol{A}) = R(\boldsymbol{A}, \boldsymbol{B})$.

推论 3.2.1　向量组 $B:\boldsymbol{\beta}_1, \boldsymbol{\beta}_2, \cdots, \boldsymbol{\beta}_l$ 与向量组 $A:\boldsymbol{\alpha}_1, \boldsymbol{\alpha}_2, \cdots, \boldsymbol{\alpha}_m$ 等价的充分必

要条件是$R(\boldsymbol{A})=R(\boldsymbol{B})=R(\boldsymbol{A},\boldsymbol{B})$.

定理 3.2.3 设向量组B:$\boldsymbol{\beta}_1,\boldsymbol{\beta}_2,\cdots,\boldsymbol{\beta}_l$能由向量组$A$:$\boldsymbol{\alpha}_1,\boldsymbol{\alpha}_2,\cdots,\boldsymbol{\alpha}_m$线性表示,则$R(\boldsymbol{B})\leqslant R(\boldsymbol{A})$.

证 记$\boldsymbol{A}=(\boldsymbol{\alpha}_1,\boldsymbol{\alpha}_2,\cdots,\boldsymbol{\alpha}_m)$,$\boldsymbol{B}=(\boldsymbol{\beta}_1,\boldsymbol{\beta}_2,\cdots,\boldsymbol{\beta}_l)$,因为向量组$B$能由向量组$A$线性表示,则由定理3.2.2,$R(\boldsymbol{A})=R(\boldsymbol{A},\boldsymbol{B})$,又因为$R(\boldsymbol{B})\leqslant R(\boldsymbol{A},\boldsymbol{B})$,因此$R(\boldsymbol{B})\leqslant R(\boldsymbol{A})$.

证毕

例 3.2.6 设$\boldsymbol{\alpha}_1=\begin{pmatrix}0\\1\\1\end{pmatrix}$,$\boldsymbol{\alpha}_2=\begin{pmatrix}1\\1\\0\end{pmatrix}$,$\boldsymbol{\beta}_1=\begin{pmatrix}-1\\0\\1\end{pmatrix}$,$\boldsymbol{\beta}_2=\begin{pmatrix}1\\2\\1\end{pmatrix}$,$\boldsymbol{\beta}_3=\begin{pmatrix}3\\2\\-1\end{pmatrix}$,证明向量组$\boldsymbol{\alpha}_1,\boldsymbol{\alpha}_2$与向量组$\boldsymbol{\beta}_1,\boldsymbol{\beta}_2,\boldsymbol{\beta}_3$等价.

证 记$\boldsymbol{A}=(\boldsymbol{\alpha}_1,\boldsymbol{\alpha}_2)$,$\boldsymbol{B}=(\boldsymbol{\beta}_1,\boldsymbol{\beta}_2,\boldsymbol{\beta}_3)$,由推论3.2.1,只需证$R(\boldsymbol{A})=R(\boldsymbol{B})=R(\boldsymbol{A},\boldsymbol{B})$.为此把矩阵$(\boldsymbol{A},\boldsymbol{B})$化成行阶梯形:

$$(\boldsymbol{A},\boldsymbol{B})=\begin{pmatrix}0&1&-1&1&3\\1&1&0&2&2\\1&0&1&1&-1\end{pmatrix}\xrightarrow{r_1\leftrightarrow r_2}\begin{pmatrix}1&1&0&2&2\\0&1&-1&1&3\\1&0&1&1&-1\end{pmatrix}$$

$$\xrightarrow{r_3-r_1}\begin{pmatrix}1&1&0&2&2\\0&1&-1&1&3\\0&-1&1&-1&-3\end{pmatrix}\xrightarrow{r_3+r_2}\begin{pmatrix}1&1&0&2&2\\0&1&-1&1&3\\0&0&0&0&0\end{pmatrix},$$

由此可得$R(\boldsymbol{A})=R(\boldsymbol{A},\boldsymbol{B})=2$;

$$\boldsymbol{B}=\begin{pmatrix}-1&1&3\\0&2&2\\1&1&-1\end{pmatrix}\xrightarrow{r_3+r_1}\begin{pmatrix}-1&1&3\\0&2&2\\0&2&2\end{pmatrix}\xrightarrow{r_3-r_2}\begin{pmatrix}-1&1&3\\0&2&2\\0&0&0\end{pmatrix},$$

故$R(\boldsymbol{B})=2$;因此$R(\boldsymbol{A})=R(\boldsymbol{B})=R(\boldsymbol{A},\boldsymbol{B})=2$,即$\boldsymbol{\alpha}_1,\boldsymbol{\alpha}_2$与$\boldsymbol{\beta}_1,\boldsymbol{\beta}_2,\boldsymbol{\beta}_3$等价. 证毕

习题 3.2

1.(1)将$\boldsymbol{\beta}=(7,-2,15)^{\mathrm{T}}$表示成向量组$\boldsymbol{\alpha}_1=(2,3,5)^{\mathrm{T}}$,$\boldsymbol{\alpha}_2=(3,7,8)^{\mathrm{T}}$,$\boldsymbol{\alpha}_3=(1,-6,1)^{\mathrm{T}}$的线性组合;

(2)将$\boldsymbol{\beta}=(1,2,1,1)^{\mathrm{T}}$表示成向量组$\boldsymbol{\alpha}_1=(1,1,1,1)^{\mathrm{T}}$,$\boldsymbol{\alpha}_2=(1,1,-1,-1)^{\mathrm{T}}$,$\boldsymbol{\alpha}_3=(1,-1,1,-1)^{\mathrm{T}}$,$\boldsymbol{\alpha}_4=(1,-1,-1,1)^{\mathrm{T}}$的线性组合.

2.设有向量

$$\boldsymbol{\alpha}_1=\begin{pmatrix}1\\4\\0\\2\end{pmatrix},\boldsymbol{\alpha}_2=\begin{pmatrix}2\\7\\1\\3\end{pmatrix},\boldsymbol{\alpha}_3=\begin{pmatrix}0\\1\\-1\\a\end{pmatrix},\boldsymbol{\beta}=\begin{pmatrix}3\\10\\b\\4\end{pmatrix},$$

试问当 a,b 取何值时：

(1)$\boldsymbol{\beta}$ 不能由 $\boldsymbol{\alpha}_1,\boldsymbol{\alpha}_2,\boldsymbol{\alpha}_3$ 线性表示？

(2)$\boldsymbol{\beta}$ 能由 $\boldsymbol{\alpha}_1,\boldsymbol{\alpha}_2,\boldsymbol{\alpha}_3$ 线性表示？并写出表达式.

3. 已知向量组 A：$\boldsymbol{\alpha}_1=\begin{pmatrix}0\\1\\1\end{pmatrix}$，$\boldsymbol{\alpha}_2=\begin{pmatrix}1\\1\\0\end{pmatrix}$；向量组 B：$\boldsymbol{\beta}_1=\begin{pmatrix}-1\\0\\1\end{pmatrix}$，$\boldsymbol{\beta}_2=\begin{pmatrix}1\\2\\1\end{pmatrix}$，$\boldsymbol{\beta}_3=\begin{pmatrix}3\\2\\-1\end{pmatrix}$，证明向量组 A 与向量组 B 等价.

3.3 向量组的线性相关性

3.3.1 向量组线性相关性的定义

对于向量组，一个很重要的问题是：向量组是否存在线性关系，即向量组中有一向量可由其余向量线性表示；如果向量组存在线性关系，就称向量组线性相关.接下来我们就讨论一下这一问题.

如果在 m 个 n 维向量 $\boldsymbol{\alpha}_1,\boldsymbol{\alpha}_2,\cdots,\boldsymbol{\alpha}_m(m>1)$ 中，有一向量是其余 $m-1$ 个向量的线性组合，例如

$$\boldsymbol{\alpha}_m=k_1\boldsymbol{\alpha}_1+k_2\boldsymbol{\alpha}_2+\cdots+k_{m-1}\boldsymbol{\alpha}_{m-1},$$

则有不全为零的数 $k_1,k_2,\cdots,k_{m-1},-1$，使

$$k_1\boldsymbol{\alpha}_1+k_2\boldsymbol{\alpha}_2+\cdots+k_{m-1}\boldsymbol{\alpha}_{m-1}+(-1)\boldsymbol{\alpha}_m=\mathbf{0}.$$

反之，若有不全为零的数 $k_1,k_2,\cdots,k_m$，使

$$k_1\boldsymbol{\alpha}_1+k_2\boldsymbol{\alpha}_2+\cdots+k_m\boldsymbol{\alpha}_m=\mathbf{0},\tag{3.3.1}$$

不妨设 $k_m\neq0$，则有

$$\boldsymbol{\alpha}_m=-\frac{k_1}{k_m}\boldsymbol{\alpha}_1-\frac{k_2}{k_m}\boldsymbol{\alpha}_2-\cdots-\frac{k_{m-1}}{k_m}\boldsymbol{\alpha}_{m-1},$$

即 $\boldsymbol{\alpha}_m$ 是 $\boldsymbol{\alpha}_1,\boldsymbol{\alpha}_2,\cdots,\boldsymbol{\alpha}_{m-1}$ 的线性组合.

因此，m 个 n 维向量 $\boldsymbol{\alpha}_1,\boldsymbol{\alpha}_2,\cdots,\boldsymbol{\alpha}_m$ 中有一个向量是其余 $m-1$ 个向量的线性组合的充分必要条件是存在一组不全为零的数 $k_1,k_2,\cdots,k_m$ 使式(3.3.1)成立.由此给出向量组线性相关的定义.

定义 3.3.1　设有 n 维向量组 $\boldsymbol{\alpha}_1,\boldsymbol{\alpha}_2,\cdots,\boldsymbol{\alpha}_m$，如果存在一组不全为零的数 k_1，$k_2,\cdots,k_m$ 使

$$k_1\boldsymbol{\alpha}_1+k_2\boldsymbol{\alpha}_2+\cdots+k_m\boldsymbol{\alpha}_m=\mathbf{0}$$

成立，则称向量组 $\boldsymbol{\alpha}_1,\boldsymbol{\alpha}_2,\cdots,\boldsymbol{\alpha}_m$ **线性相关**(linearly dependent)；否则称它**线性无关**(linearly independent). 换句话说，当且仅当 $k_1=k_2=\cdots=k_m=0$ 时，$k_1\boldsymbol{\alpha}_1+k_2\boldsymbol{\alpha}_2+\cdots+k_m\boldsymbol{\alpha}_m=\mathbf{0}$ 才成立，则称向量组 $\boldsymbol{\alpha}_1,\boldsymbol{\alpha}_2,\cdots,\boldsymbol{\alpha}_m$ 线性无关.

向量组的线性无关及线性相关通常是指向量组中的向量的个数 $m\geqslant 2$ 的情形. 但定义 3.3.1 也适用于 $m=1$ 的情形，故作为特殊情形，当向量组只含一个向量时，若该向量是零向量，就称它是线性相关；若该向量是非零向量，就称它是线性无关. 由定义可得，两个向量 $\boldsymbol{\alpha},\boldsymbol{\beta}$ 线性相关的充要条件是它们的分量对应成比例，其几何意义是两向量共线. 三个三维向量线性相关的几何意义是它们共面.

由前面的讨论，可以得到

定理 3.3.1 向量组 $\boldsymbol{\alpha}_1,\boldsymbol{\alpha}_2,\cdots,\boldsymbol{\alpha}_m$ 线性相关的充分必要条件是向量组中至少有一个向量可由其余 $m-1$ 个向量线性表示.

注 该定理并没有说明在线性相关的向量组中每一个向量都可由向量组中其他向量线性表示. 线性相关向量组中可能有某个向量不是其余向量的线性组合，请读者试举一例来说明.

例 3.3.1 讨论 n 维单位坐标向量组

$$\boldsymbol{\varepsilon}_1=(1,0,\cdots,0)^{\mathrm{T}},\boldsymbol{\varepsilon}_2=(0,1,\cdots,0)^{\mathrm{T}},\cdots,\boldsymbol{\varepsilon}_n=(0,0,\cdots,1)^{\mathrm{T}}$$

的线性相关性.

解 设有数 $k_1,k_2,\cdots,k_n$ 使

$$k_1\boldsymbol{\varepsilon}_1+k_2\boldsymbol{\varepsilon}_2+\cdots+k_n\boldsymbol{\varepsilon}_n=\mathbf{0},$$

即 $(k_1,k_2,\cdots,k_n)^{\mathrm{T}}=(0,0,\cdots,0)^{\mathrm{T}}$，从而有 $k_1=k_2=\cdots=k_n=0$，所以 $\boldsymbol{\varepsilon}_1,\boldsymbol{\varepsilon}_2,\cdots,\boldsymbol{\varepsilon}_n$ 线性无关.

3.3.2 向量组线性相关性的判定

由线性相关的定义，如果存在一组不全为零的数 $k_1,k_2,\cdots,k_m$ 使

$$k_1\boldsymbol{\alpha}_1+k_2\boldsymbol{\alpha}_2+\cdots+k_m\boldsymbol{\alpha}_m=\mathbf{0}$$

成立，则向量组 $\boldsymbol{\alpha}_1,\boldsymbol{\alpha}_2,\cdots,\boldsymbol{\alpha}_m$ 线性相关. 也就是说向量组 $\boldsymbol{\alpha}_1,\boldsymbol{\alpha}_2,\cdots,\boldsymbol{\alpha}_m$ 线性相关等价于齐次线性方程组

$$x_1\boldsymbol{\alpha}_1+x_2\boldsymbol{\alpha}_2+\cdots+x_m\boldsymbol{\alpha}_m=\mathbf{0}\ \text{即}(\boldsymbol{\alpha}_1,\boldsymbol{\alpha}_2,\cdots,\boldsymbol{\alpha}_m)\begin{pmatrix}x_1\\x_2\\\vdots\\x_m\end{pmatrix}=\mathbf{0}$$

有非零解. 因此由定理 2.7.3 可得

定理 3.3.2 向量组 $\boldsymbol{\alpha}_1,\boldsymbol{\alpha}_2,\cdots,\boldsymbol{\alpha}_m$ 线性相关的充分必要条件是它所构成的矩

阵 $\boldsymbol{A}=(\boldsymbol{\alpha}_1,\boldsymbol{\alpha}_2,\cdots,\boldsymbol{\alpha}_m)$ 的秩小于向量个数 m；向量组线性无关的充分必要条件是 $R(\boldsymbol{A})=m$.

特别地，有

推论 3.3.1　n 维向量组 $\boldsymbol{\alpha}_1,\boldsymbol{\alpha}_2,\cdots,\boldsymbol{\alpha}_n$ 线性相关的充分必要条件是它所构成的矩阵 $\boldsymbol{A}=(\boldsymbol{\alpha}_1,\boldsymbol{\alpha}_2,\cdots,\boldsymbol{\alpha}_n)$ 的行列式 $|\boldsymbol{A}|=0$；n 维向量组 $\boldsymbol{\alpha}_1,\boldsymbol{\alpha}_2,\cdots,\boldsymbol{\alpha}_n$ 线性无关的充分必要条件是 $|\boldsymbol{A}|\neq 0$.

推论 3.3.2　当向量个数 m 大于向量的维数 n 时，n 维向量组 $\boldsymbol{\alpha}_1,\boldsymbol{\alpha}_2,\cdots,\boldsymbol{\alpha}_m$ 必线性相关.

例 3.3.1 中 n 维单位坐标向量组 $\boldsymbol{\varepsilon}_1,\boldsymbol{\varepsilon}_2,\cdots,\boldsymbol{\varepsilon}_n$ 的线性相关性也可以通过矩阵的秩来判断：因为向量组 $\boldsymbol{\varepsilon}_1,\boldsymbol{\varepsilon}_2,\cdots,\boldsymbol{\varepsilon}_n$ 构成的矩阵 $(\boldsymbol{\varepsilon}_1,\boldsymbol{\varepsilon}_2,\cdots,\boldsymbol{\varepsilon}_n)$ 是 n 阶单位矩阵，它的秩为 n，所以 $\boldsymbol{\varepsilon}_1,\boldsymbol{\varepsilon}_2,\cdots,\boldsymbol{\varepsilon}_n$ 线性无关.

例 3.3.2　讨论向量组 $\boldsymbol{\alpha}_1=(5,2,9)^{\mathrm{T}},\boldsymbol{\alpha}_2=(2,-1,-1)^{\mathrm{T}},\boldsymbol{\alpha}_3=(7,1,8)^{\mathrm{T}}$ 的线性相关性.

解　$\boldsymbol{A}=(\boldsymbol{\alpha}_1,\boldsymbol{\alpha}_2,\boldsymbol{\alpha}_3)=\begin{pmatrix}5&2&7\\2&-1&1\\9&-1&8\end{pmatrix}\xrightarrow[r_3-\frac{9}{5}r_1]{r_2-\frac{2}{5}r_1}\begin{pmatrix}5&2&7\\0&-\frac{9}{5}&-\frac{9}{5}\\0&-\frac{23}{5}&-\frac{23}{5}\end{pmatrix}$

$\xrightarrow{r_3-\frac{23}{9}r_2}\begin{pmatrix}5&2&7\\0&-\frac{9}{5}&-\frac{9}{5}\\0&0&0\end{pmatrix}$，因此 $R(\boldsymbol{A})=2<3$，故向量组 $\boldsymbol{\alpha}_1,\boldsymbol{\alpha}_2,\boldsymbol{\alpha}_3$ 线性相关.

例 3.3.3　已知向量组 $\boldsymbol{\alpha}_1,\boldsymbol{\alpha}_2,\boldsymbol{\alpha}_3$ 线性无关，$\boldsymbol{\beta}_1=\boldsymbol{\alpha}_1,\boldsymbol{\beta}_2=\boldsymbol{\alpha}_1+2\boldsymbol{\alpha}_2,\boldsymbol{\beta}_3=\boldsymbol{\alpha}_1+2\boldsymbol{\alpha}_2+3\boldsymbol{\alpha}_3$，试证向量组 $\boldsymbol{\beta}_1,\boldsymbol{\beta}_2,\boldsymbol{\beta}_3$ 线性无关.

证法一　设 $k_1\boldsymbol{\beta}_1+k_2\boldsymbol{\beta}_2+k_3\boldsymbol{\beta}_3=\mathbf{0}$，即 $k_1\boldsymbol{\alpha}_1+k_2(\boldsymbol{\alpha}_1+2\boldsymbol{\alpha}_2)+k_3(\boldsymbol{\alpha}_1+2\boldsymbol{\alpha}_2+3\boldsymbol{\alpha}_3)=\mathbf{0}$，亦即

$$(k_1+k_2+k_3)\boldsymbol{\alpha}_1+2(k_2+k_3)\boldsymbol{\alpha}_2+3k_3\boldsymbol{\alpha}_3=\mathbf{0}.$$

因为 $\boldsymbol{\alpha}_1,\boldsymbol{\alpha}_2,\boldsymbol{\alpha}_3$ 线性无关，所以 $\begin{cases}k_1+k_2+k_3=0,\\ \qquad k_2+k_3=0,\\ \qquad\qquad k_3=0.\end{cases}$ 又因该齐次线性方程组的系数行列式 $\begin{vmatrix}1&1&1\\0&1&1\\0&0&1\end{vmatrix}=1\neq 0$，故它只有零解，即只有当 $k_1=k_2=k_3=0$ 时，$k_1\boldsymbol{\beta}_1+k_2\boldsymbol{\beta}_2+k_3\boldsymbol{\beta}_3=\mathbf{0}$ 才会成立，故 $\boldsymbol{\beta}_1,\boldsymbol{\beta}_2,\boldsymbol{\beta}_3$ 线性无关.　证毕

证法二 由已知的三个向量等式写出一个矩阵等式

$$(\boldsymbol{\beta}_1,\boldsymbol{\beta}_2,\boldsymbol{\beta}_3)=(\boldsymbol{\alpha}_1,\boldsymbol{\alpha}_2,\boldsymbol{\alpha}_3)\begin{pmatrix}1&1&1\\0&2&2\\0&0&3\end{pmatrix},$$

记作 $\boldsymbol{B}=\boldsymbol{AK}$；因为向量组 $\boldsymbol{\alpha}_1,\boldsymbol{\alpha}_2,\boldsymbol{\alpha}_3$ 线性无关，所以由定理 3.3.2，$R(\boldsymbol{A})=3$；又因为 $|\boldsymbol{K}|=\begin{vmatrix}1&1&1\\0&2&2\\0&0&3\end{vmatrix}=6\neq0$，所以 $\boldsymbol{K}$ 可逆，根据矩阵秩的性质可知，$R(\boldsymbol{B})=R(\boldsymbol{AK})=3$，再由定理 3.3.2 可知 $\boldsymbol{\beta}_1,\boldsymbol{\beta}_2,\boldsymbol{\beta}_3$ 线性无关.

证毕

例 3.3.4 设有 $n+1$ 个人看 n 种不同的书，若每个人至少看过其中的一种，证明：必可从这 $n+1$ 个人中找出两组人，这两组人看过的书集中在一起，其种类是完全一样的.

证 以 n 维列向量 $\boldsymbol{\alpha}_i=(a_{i1},a_{i2},\cdots,a_{in})^{\mathrm{T}}$，$i=1,2,\cdots,n+1$，记第 i 个人的阅读记录. 若他看了第 j 种书，则 $a_{ij}=1$；若他不曾看过第 j 种书，则 $a_{ij}=0$. 于是每个向量 $\boldsymbol{\alpha}_i$ 均为非零向量，且各分量不是 0 就是 1. 由于该向量组 $\boldsymbol{\alpha}_1,\cdots,\boldsymbol{\alpha}_n,\boldsymbol{\alpha}_{n+1}$ 由 $n+1$ 个 n 维向量组成，向量组中向量的个数大于向量的维数，则该向量组线性相关，因此至少有一个向量可由其余向量线性表示，不妨设有

$$\boldsymbol{\alpha}_{n+1}=k_1\boldsymbol{\alpha}_1+k_2\boldsymbol{\alpha}_2+\cdots+k_n\boldsymbol{\alpha}_n,k_i(i=1,2,\cdots,n)\text{不全为零},\tag{3.3.2}$$

因为 $\boldsymbol{\alpha}_{n+1}\neq0,\boldsymbol{a}_{n+1,j}\geqslant0$，则式(3.3.2)中至少有一个 $k_i\geqslant0$. 把式(3.3.2)中系数为负的项移至左边，系数为正的项仍留在右边，略去系数为零的项，则有

$$\boldsymbol{\alpha}_{n+1}+\lambda_1\boldsymbol{\alpha}_{l1}+\lambda_2\boldsymbol{\alpha}_{l2}+\cdots+\lambda_p\boldsymbol{\alpha}_{lp}=\mu_1\boldsymbol{\alpha}_{m1}+\mu_2\boldsymbol{\alpha}_{m2}+\cdots+\mu_q\boldsymbol{\alpha}_{mq},$$

式中 $\lambda_i\geqslant0,\mu_j\geqslant0$. 故两边系数皆为正，而根据向量相等的意义，两边各为一组向量，其所看过书的记录完全相同.

证毕

3.3.3 向量组线性相关性的性质

线性相关性是向量组的一个重要性质，下面介绍与之有关的一些简单的结论.

定理 3.3.3 设向量组 $\boldsymbol{\alpha}_1,\boldsymbol{\alpha}_2,\cdots,\boldsymbol{\alpha}_m$ 线性无关，而 $\boldsymbol{\alpha}_1,\boldsymbol{\alpha}_2,\cdots,\boldsymbol{\alpha}_m,\boldsymbol{\beta}$ 线性相关，则向量 $\boldsymbol{\beta}$ 能由向量组 $\boldsymbol{\alpha}_1,\boldsymbol{\alpha}_2,\cdots,\boldsymbol{\alpha}_m$ 线性表示，且表示式是唯一的.

证 因 $\boldsymbol{\alpha}_1,\boldsymbol{\alpha}_2,\cdots,\boldsymbol{\alpha}_m,\boldsymbol{\beta}$ 线性相关，故有不全为零的数 $k_1,k_2,\cdots,k_m,k$ 使

$$k_1\boldsymbol{\alpha}_1+k_2\boldsymbol{\alpha}_2+\cdots+k_m\boldsymbol{\alpha}_m+k\boldsymbol{\beta}=\boldsymbol{0}.$$

下面我们用反证法证明上式中 $k\neq0$. 假设 $k=0$，则 $k_1\boldsymbol{\alpha}_1+k_2\boldsymbol{\alpha}_2+\cdots+k_m\boldsymbol{\alpha}_m=\boldsymbol{0}$，又因为 $\boldsymbol{\alpha}_1,\boldsymbol{\alpha}_2,\cdots,\boldsymbol{\alpha}_m$ 线性无关，所以 $k_1=k_2=\cdots=k_m=0$，这与 $k_1,k_2,\cdots,k_m,k$ 不全为零矛盾，所以 $k\neq0$，从而可得

$$\boldsymbol{\beta}=-\frac{k_1}{k}\boldsymbol{\alpha}_1-\frac{k_2}{k}\boldsymbol{\alpha}_2-\cdots-\frac{k_m}{k}\boldsymbol{\alpha}_m,$$

即向量 $\boldsymbol{\beta}$ 能由向量组 $\boldsymbol{\alpha}_1,\boldsymbol{\alpha}_2,\cdots,\boldsymbol{\alpha}_m$ 线性表示.

再证表示式的唯一性,设有两个表示式

$$\boldsymbol{\beta}=\lambda_1\boldsymbol{\alpha}_1+\lambda_2\boldsymbol{\alpha}_2+\cdots+\lambda_m\boldsymbol{\alpha}_m,$$
$$\boldsymbol{\beta}=\mu_1\boldsymbol{\alpha}_1+\mu_2\boldsymbol{\alpha}_2+\cdots+\mu_m\boldsymbol{\alpha}_m,$$

两式相减得

$$(\lambda_1-\mu_1)\boldsymbol{\alpha}_1+(\lambda_2-\mu_2)\boldsymbol{\alpha}_2+\cdots+(\lambda_m-\mu_m)\boldsymbol{\alpha}_m=\mathbf{0},$$

由 $\boldsymbol{\alpha}_1,\boldsymbol{\alpha}_2,\cdots,\boldsymbol{\alpha}_m$ 线性无关得:$\lambda_i-\mu_i=0$,即

$$\lambda_i=\mu_i(i=1,2,\cdots,m),$$

故表示式唯一. 证毕

定理 3.3.4　设 $\boldsymbol{\alpha}_{i_1},\boldsymbol{\alpha}_{i_2},\cdots,\boldsymbol{\alpha}_{i_s}$ 是向量组 $\boldsymbol{\alpha}_1,\boldsymbol{\alpha}_2,\cdots,\boldsymbol{\alpha}_m$ 的一个部分向量组(简称部分组),即 $\{\boldsymbol{\alpha}_{i_1},\boldsymbol{\alpha}_{i_2},\cdots,\boldsymbol{\alpha}_{i_s}\}\subseteq\{\boldsymbol{\alpha}_1,\boldsymbol{\alpha}_2,\cdots,\boldsymbol{\alpha}_m\}$,若部分组 $\boldsymbol{\alpha}_{i_1},\boldsymbol{\alpha}_{i_2},\cdots,\boldsymbol{\alpha}_{i_s}$ 线性相关,则整个向量组 $\boldsymbol{\alpha}_1,\boldsymbol{\alpha}_2,\cdots,\boldsymbol{\alpha}_m$ 也线性相关;反之,若整个向量组线性无关,则它的任一个部分组必线性无关.

证　只需证明:若 $\boldsymbol{\alpha}_1,\boldsymbol{\alpha}_2,\cdots,\boldsymbol{\alpha}_s$ 线性相关,则 $\boldsymbol{\alpha}_1,\boldsymbol{\alpha}_2,\cdots,\boldsymbol{\alpha}_s,\boldsymbol{\alpha}_{s+1}$ 也线性相关.

记矩阵 $\boldsymbol{A}=(\boldsymbol{\alpha}_1,\boldsymbol{\alpha}_2,\cdots,\boldsymbol{\alpha}_s)$,$\widetilde{\mathbf{A}}=(\boldsymbol{\alpha}_1,\boldsymbol{\alpha}_2,\cdots,\boldsymbol{\alpha}_s,\boldsymbol{\alpha}_{s+1})$,则 $R(\widetilde{\mathbf{A}})\leqslant R(\mathbf{A})+1$. 又因为 $\boldsymbol{\alpha}_1,\boldsymbol{\alpha}_2,\cdots,\boldsymbol{\alpha}_s$ 线性相关,则由定理 3.3.2,$R(\mathbf{A})<s$,所以 $R(\widetilde{\mathbf{A}})<s+1$,从而向量组 $\boldsymbol{\alpha}_1,\boldsymbol{\alpha}_2,\cdots,\boldsymbol{\alpha}_s,\boldsymbol{\alpha}_{s+1}$ 线性相关. 证毕

因为单独一个零向量是线性相关的,所以由定理 3.3.4,可得

推论 3.3.3　任意一个包含零向量的向量组必线性相关.

定理 3.3.5　设有两个向量组 A:$\boldsymbol{\alpha}_1,\boldsymbol{\alpha}_2,\cdots,\boldsymbol{\alpha}_s$ 与向量组 B:$\boldsymbol{\beta}_1,\boldsymbol{\beta}_2,\cdots,\boldsymbol{\beta}_t$,若向量组 B 能由向量组 A 线性表示,且 $s<t$,则向量组 B 必线性相关.

证　记 $\boldsymbol{A}=(\boldsymbol{\alpha}_1,\boldsymbol{\alpha}_2,\cdots,\boldsymbol{\alpha}_s)$,$\boldsymbol{B}=(\boldsymbol{\beta}_1,\boldsymbol{\beta}_2,\cdots,\boldsymbol{\beta}_t)$,因为向量组 B 能由向量组 A 线性表示,则由定理 3.2.3 可知,$R(\boldsymbol{B})\leqslant R(\mathbf{A})$. 又 $R(\mathbf{A})\leqslant s<t$,所以 $R(\boldsymbol{B})<t$,由定理 3.3.2 知向量组 B 线性相关. 证毕

推论 3.3.4　设向量组 B:$\boldsymbol{\beta}_1,\boldsymbol{\beta}_2,\cdots,\boldsymbol{\beta}_t$ 能由向量组 A:$\boldsymbol{\alpha}_1,\boldsymbol{\alpha}_2,\cdots,\boldsymbol{\alpha}_s$ 线性表示,且向量组 B 线性无关,则 $s\geqslant t$.

推论 3.3.5　设向量组 A:$\boldsymbol{\alpha}_1,\boldsymbol{\alpha}_2,\cdots,\boldsymbol{\alpha}_s$ 与向量组 B:$\boldsymbol{\beta}_1,\boldsymbol{\beta}_2,\cdots,\boldsymbol{\beta}_t$ 等价,且向量组 A 与向量组 B 都是线性无关的,则 $s=t$.

习题 3.3

1. 判断下列命题是否正确，如错误，请举例说明：

(1)若全为 0 的数 $k_1=k_2=\cdots=k_s=0$，使 $k_1\boldsymbol{\alpha}_1+k_2\boldsymbol{\alpha}_2+\cdots+k_s\boldsymbol{\alpha}_s=\mathbf{0}$，则 $\boldsymbol{\alpha}_1,\boldsymbol{\alpha}_2,\cdots,\boldsymbol{\alpha}_s$ 线性无关；

(2)若有不全为 0 的数 $k_1,k_2,\cdots,k_s$，使 $k_1\boldsymbol{\alpha}_1+k_2\boldsymbol{\alpha}_2+\cdots+k_s\boldsymbol{\alpha}_s\neq\mathbf{0}$ 则 $\boldsymbol{\alpha}_1,\boldsymbol{\alpha}_2,\cdots,\boldsymbol{\alpha}_s$ 线性无关；

(3)对任意一组不全为 0 的数 $k_1,k_2,\cdots,k_s$，都有 $k_1\boldsymbol{\alpha}_1+k_2\boldsymbol{\alpha}_2+\cdots+k_s\boldsymbol{\alpha}_s\neq\mathbf{0}$，则 $\boldsymbol{\alpha}_1,\boldsymbol{\alpha}_2,\cdots,\boldsymbol{\alpha}_s$ 线性无关；

(4)若向量 $\boldsymbol{\beta}$ 不能由 $\boldsymbol{\alpha}_1,\boldsymbol{\alpha}_2,\cdots,\boldsymbol{\alpha}_s$ 线性表示，则 $\boldsymbol{\alpha}_1,\boldsymbol{\alpha}_2,\cdots,\boldsymbol{\alpha}_s$ 线性无关；

(5)若 $\boldsymbol{\alpha}_1,\boldsymbol{\alpha}_2,\cdots,\boldsymbol{\alpha}_s$ 线性相关($s\geqslant 2$)，则 $\boldsymbol{\alpha}_s$ 可由 $\boldsymbol{\alpha}_1,\boldsymbol{\alpha}_2,\cdots,\boldsymbol{\alpha}_{s-1}$ 线性表示；

(6)若有不全为 0 的数 $k_1,k_2,\cdots,k_s$，使 $k_1\boldsymbol{\alpha}_1+k_2\boldsymbol{\alpha}_2+\cdots+k_s\boldsymbol{\alpha}_s+k_1\boldsymbol{\beta}_1+k_2\boldsymbol{\beta}_2+\cdots+k_s\boldsymbol{\beta}_s=\mathbf{0}$，则 $\boldsymbol{\alpha}_1,\boldsymbol{\alpha}_2,\cdots,\boldsymbol{\alpha}_s$ 线性相关，且 $\boldsymbol{\beta}_1,\boldsymbol{\beta}_2,\cdots,\boldsymbol{\beta}_s$ 也线性相关；

(7)若 $\boldsymbol{\alpha}_1,\boldsymbol{\alpha}_2,\cdots,\boldsymbol{\alpha}_s$ 线性相关，$\boldsymbol{\beta}_1,\boldsymbol{\beta}_2,\cdots,\boldsymbol{\beta}_s$ 线性相关，则有不全为 0 的数 $k_1,k_2,\cdots,k_s$，使 $k_1\boldsymbol{\alpha}_1+k_2\boldsymbol{\alpha}_2+\cdots+k_s\boldsymbol{\alpha}_s=\mathbf{0}$ 且 $k_1\boldsymbol{\beta}_1+k_2\boldsymbol{\beta}_2+\cdots+k_s\boldsymbol{\beta}_s=\mathbf{0}$.

2. 判断下列向量组的线性相关性：

(1)$\boldsymbol{\alpha}_1=(1,-1,0)^{\mathrm{T}},\boldsymbol{\alpha}_2=(2,1,1)^{\mathrm{T}},\boldsymbol{\alpha}_3=(1,3,-1)^{\mathrm{T}}$；

(2)$\boldsymbol{\alpha}_1=(1,-1,2,4)^{\mathrm{T}},\boldsymbol{\alpha}_2=(0,3,1,2)^{\mathrm{T}},\boldsymbol{\alpha}_3=(3,0,7,14)^{\mathrm{T}}$.

3. 设 $\boldsymbol{\beta}_1=\boldsymbol{\alpha}_1+\boldsymbol{\alpha}_2,\boldsymbol{\beta}_2=\boldsymbol{\alpha}_2+\boldsymbol{\alpha}_3,\boldsymbol{\beta}_3=\boldsymbol{\alpha}_3+\boldsymbol{\alpha}_4,\boldsymbol{\beta}_4=\boldsymbol{\alpha}_4+\boldsymbol{\alpha}_1$，证明：向量组 $\boldsymbol{\beta}_1,\boldsymbol{\beta}_2,\boldsymbol{\beta}_3,\boldsymbol{\beta}_4$ 线性相关.

4. 设向量组 $\boldsymbol{\alpha}_1,\boldsymbol{\alpha}_2,\boldsymbol{\alpha}_3$ 线性无关，设 $\boldsymbol{\beta}_1=\boldsymbol{\alpha}_1+2\boldsymbol{\alpha}_2,\boldsymbol{\beta}_2=2\boldsymbol{\alpha}_2+3\boldsymbol{\alpha}_3,\boldsymbol{\beta}_3=3\boldsymbol{\alpha}_3+\boldsymbol{\alpha}_1$，证明：向量组 $\boldsymbol{\beta}_1,\boldsymbol{\beta}_2,\boldsymbol{\beta}_3$ 也线性无关.

5. 设向量组 $\boldsymbol{\alpha}_1,\boldsymbol{\alpha}_2,\cdots,\boldsymbol{\alpha}_s(s\geqslant 2)$线性无关，证明：

(1)$\boldsymbol{\alpha}_1-\boldsymbol{\alpha}_2,\boldsymbol{\alpha}_2-\boldsymbol{\alpha}_3,\cdots,\boldsymbol{\alpha}_{s-1}-\boldsymbol{\alpha}_s$ 也线性无关；

(2)$\boldsymbol{\alpha}_1+\lambda_1\boldsymbol{\alpha}_s,\boldsymbol{\alpha}_2+\lambda_2\boldsymbol{\alpha}_s,\cdots,\boldsymbol{\alpha}_{s-1}+\lambda_{s-1}\boldsymbol{\alpha}_s$ 也线性无关(其中 $\lambda_1,\lambda_2,\cdots,\lambda_{s-1}$ 为任意常数).

6. 设向量组 $\boldsymbol{\alpha}_1,\boldsymbol{\alpha}_2,\boldsymbol{\alpha}_3$ 线性相关，向量组 $\boldsymbol{\alpha}_2,\boldsymbol{\alpha}_3,\boldsymbol{\alpha}_4$ 线性无关，问：

(1)$\boldsymbol{\alpha}_1$ 能否用 $\boldsymbol{\alpha}_2,\boldsymbol{\alpha}_3$ 线性表示？为什么？

(2)$\boldsymbol{\alpha}_4$ 能否用 $\boldsymbol{\alpha}_1,\boldsymbol{\alpha}_2,\boldsymbol{\alpha}_3$ 线性表示？为什么？

7. 设非零向量 $\boldsymbol{\beta}$ 可由向量组 $\boldsymbol{\alpha}_1,\boldsymbol{\alpha}_2,\cdots,\boldsymbol{\alpha}_s$ 线性表示，且表示式唯一，证明：向量组 $\boldsymbol{\alpha}_1,\boldsymbol{\alpha}_2,\cdots,\boldsymbol{\alpha}_s$ 线性无关.

3.4　向量组的极大无关组及向量组的秩

在前面几节中，大家看到，一个向量组中可能有一部分是线性无关的，而另一部分可由线性无关的部分线性表示. 在这种情形下，虽然一个向量组中有许多向量，有时它可能是一个无穷集合，但我们只要知道了线性无关的这一部分，就等于知道了整个向量组，因为其余向量可由这一部分组表示. 这是向量组的一个重要性质. 本节我们就来讨论这一问题，它主要涉及的概念是向量组的极大线性无关组与向量组的秩.

定义 3.4.1　设有向量组 A，如果在 A 中存在一个向量组 $\boldsymbol{\alpha}_1,\boldsymbol{\alpha}_2,\cdots,\boldsymbol{\alpha}_r$，它满足：

(1) $\boldsymbol{\alpha}_1,\boldsymbol{\alpha}_2,\cdots,\boldsymbol{\alpha}_r$ 线性无关；

(2) 向量组 A 中任意 $r+1$ 个向量（如果有的话）都线性相关；

则称向量组 $\boldsymbol{\alpha}_1,\boldsymbol{\alpha}_2,\cdots,\boldsymbol{\alpha}_r$ 是向量组 A 的一个**极大线性无关向量组**（maximal linearly independent set），简称**极大无关组**.

显然一个向量组如果是线性无关的，则它的极大无关组就是它本身.

由定义中的条件(2)，对任意的 $\boldsymbol{\alpha}\in A,\boldsymbol{\alpha}_1,\boldsymbol{\alpha}_2,\cdots,\boldsymbol{\alpha}_r,\boldsymbol{\alpha}$ 线性相关，由定理 3.3.3 可知，向量 $\boldsymbol{\alpha}$ 可以由 $\boldsymbol{\alpha}_1,\boldsymbol{\alpha}_2,\cdots,\boldsymbol{\alpha}_r$ 线性表示，即向量组 A 中的任何一个向量都可以由它的极大无关组线性表示.

反之，若 $\boldsymbol{\alpha}_1,\boldsymbol{\alpha}_2,\cdots,\boldsymbol{\alpha}_r$ 线性无关，且 A 中的任意一个向量都可以由 $\boldsymbol{\alpha}_1,\boldsymbol{\alpha}_2,\cdots,\boldsymbol{\alpha}_r$ 线性表示，则可以证明向量组 A 中任意 $r+1$ 个向量都线性相关，这样就得到了极大无关组的一个等价定义.

定义 3.4.1′　设 $\boldsymbol{\alpha}_1,\boldsymbol{\alpha}_2,\cdots,\boldsymbol{\alpha}_r$ 是向量组 A 的一个部分组，且满足：

(1) $\boldsymbol{\alpha}_1,\boldsymbol{\alpha}_2,\cdots,\boldsymbol{\alpha}_r$ 线性无关；

(2) 向量组 A 中任意一个向量都可以由 $\boldsymbol{\alpha}_1,\boldsymbol{\alpha}_2,\cdots,\boldsymbol{\alpha}_r$ 线性表示；则称向量组 $\boldsymbol{\alpha}_1,\boldsymbol{\alpha}_2,\cdots,\boldsymbol{\alpha}_r$ 是向量组 A 的一个极大无关组.

向量组的极大无关组一般不是唯一的，例如：对向量组

$$\boldsymbol{\alpha}_1=(1,-1,-2)^{\mathrm{T}},\boldsymbol{\alpha}_2=(1,9,3)^{\mathrm{T}},\boldsymbol{\alpha}_3=(-2,-4,1)^{\mathrm{T}},$$

因为

$$(\boldsymbol{\alpha}_1,\boldsymbol{\alpha}_2,\boldsymbol{\alpha}_3)=\begin{pmatrix}1&1&-2\\-1&9&-4\\-2&3&1\end{pmatrix}\xrightarrow{r}\begin{pmatrix}1&1&-2\\0&10&-6\\0&0&0\end{pmatrix},$$

所以 $\boldsymbol{\alpha}_1,\boldsymbol{\alpha}_2,\boldsymbol{\alpha}_3$ 线性相关，而 $\boldsymbol{\alpha}_1,\boldsymbol{\alpha}_2$ 线性无关，则 $\boldsymbol{\alpha}_1,\boldsymbol{\alpha}_2$ 是向量组 $\boldsymbol{\alpha}_1,\boldsymbol{\alpha}_2,\boldsymbol{\alpha}_3$ 的一个极大无关组；可以验证 $\boldsymbol{\alpha}_1,\boldsymbol{\alpha}_3$ 和 $\boldsymbol{\alpha}_2,\boldsymbol{\alpha}_3$ 也都是它的极大无关组.

向量组的极大无关组有以下特性.

性质 3.4.1 向量组的极大无关组与向量组本身等价.

证 因向量组 A 可由它的极大无关组线性表示,又因为极大无关组是向量组 A 的部分向量组,故极大无关组中的任一个向量都可以由向量组 A 线性表示,所以向量组 A 与它的极大无关组等价. 证毕

一向量组 A 如果有两个或两个以上的极大无关组,则它的任意一个极大无关组都等价于向量组 A,由等价关系的传递性及推论 3.3.5 可得

性质 3.4.2 一向量组的任意两个极大无关组等价且含有相同个数的向量.

性质 3.4.2 表明,向量组的极大无关组所含向量的个数与极大无关组的选择无关,它直接反映了向量组本身的特性,对此有

定义 3.4.2 向量组的极大无关组所含向量的个数称为该向量组的**秩**(rank).

向量组 $\boldsymbol{\alpha}_1,\boldsymbol{\alpha}_2,\cdots,\boldsymbol{\alpha}_m$ 的秩记作 $R(\boldsymbol{\alpha}_1,\boldsymbol{\alpha}_2,\cdots,\boldsymbol{\alpha}_m)$.

由于只含零向量的向量组没有极大无关组,故规定它的秩为零.

前述,一向量组如果是线性无关的,则它的极大无关组就是它本身,结合定义 3.4.2 可得:向量组 $\boldsymbol{\alpha}_1,\boldsymbol{\alpha}_2,\cdots\boldsymbol{\alpha}_m$ 线性无关的充分必要条件是它所含向量个数等于它的秩.

由性质 3.4.1 结合定义 3.4.2 可得

性质 3.4.3 等价的向量组有相同的秩.

前面已经讨论过矩阵的秩,下面讨论矩阵的秩与向量组的秩的关系.

定理 3.4.1 矩阵的秩等于它的列向量组的秩(简称列秩),也等于它的行向量组的秩(简称行秩).

证 设矩阵 $\boldsymbol{A}$ 的列向量组为 $\boldsymbol{\alpha}_1,\boldsymbol{\alpha}_2,\cdots,\boldsymbol{\alpha}_m$,即 $\boldsymbol{A}=(\boldsymbol{\alpha}_1,\boldsymbol{\alpha}_2,\cdots,\boldsymbol{\alpha}_m)$,$R(\boldsymbol{A})=r$,并设 $\boldsymbol{A}$ 中 r 阶子式 $D_r\neq 0$. 于是,由定理 3.3.2 得,D_r 所在的 r 列线性无关;又由 $\boldsymbol{A}$ 中所有的 $r+1$ 阶子式都等于零,可知 $\boldsymbol{A}$ 中任意 $r+1$ 个列向量都线性相关. 因此 D_r 所在的 r 列是 $\boldsymbol{A}$ 的列向量组的一个极大无关组,所以 $\boldsymbol{A}$ 的列向量组的秩为 $r=R(\boldsymbol{A})$.

类似可证 $\boldsymbol{A}$ 的行向量组的秩也等于 $R(\boldsymbol{A})$. 证毕

定理的证明给出了求向量组的极大无关组的方法:若 D_r 是矩阵 $\boldsymbol{A}$ 的一个最高阶非零子式,则 D_r 所在的 r 列就是 $\boldsymbol{A}$ 的列向量组的一个极大无关组,D_r 所在的 r 行就是 $\boldsymbol{A}$ 的行向量组的一个极大无关组.

一般地,对列向量组 $\boldsymbol{\alpha}_1,\boldsymbol{\alpha}_2,\cdots,\boldsymbol{\alpha}_m$,令 $\boldsymbol{A}=(\boldsymbol{\alpha}_1,\boldsymbol{\alpha}_2,\cdots,\boldsymbol{\alpha}_m)$,将矩阵 $\boldsymbol{A}$ 用初等行变换化为行阶梯形,则行阶梯形矩阵中非零行的第一个非零元所在的列对应的原向量组中的向量就是极大无关组;若进一步将行阶梯形矩阵化为行最简形,则可得出向量组中其余向量通过极大无关组线性表示的表达式. 若讨论的是行向量组,则

通过转置转化成列向量组处理.

例 3.4.1　求向量组 $\boldsymbol{\alpha}_1=(1,-2,3,-1,-1)^{\mathrm{T}},\boldsymbol{\alpha}_2=(2,-1,1,0,-2)^{\mathrm{T}},\boldsymbol{\alpha}_3=(-2,-5,8,-4,3)^{\mathrm{T}},\boldsymbol{\alpha}_4=(1,1,-1,1,-2)^{\mathrm{T}}$ 的秩和一个极大无关组.

解　以 $\boldsymbol{\alpha}_1,\boldsymbol{\alpha}_2,\boldsymbol{\alpha}_3,\boldsymbol{\alpha}_4$ 为列构成矩阵,并作初等行变换化为行阶梯形:

$$\boldsymbol{A}=(\boldsymbol{\alpha}_1,\boldsymbol{\alpha}_2,\boldsymbol{\alpha}_3,\boldsymbol{\alpha}_4)=\begin{pmatrix}1&2&-2&1\\-2&-1&-5&1\\3&1&8&-1\\-1&0&-4&1\\-1&-2&3&-2\end{pmatrix}\xrightarrow[\substack{r_4+r_1\\r_5+r_1}]{\substack{r_2+2r_1\\r_3-3r_1}}\begin{pmatrix}1&2&-2&1\\0&3&-9&3\\0&-5&14&-4\\0&2&-6&2\\0&0&1&-1\end{pmatrix}$$

$$\xrightarrow[r_2\div 3]{\substack{r_3+\frac{5}{3}r_2\\r_4-\frac{2}{3}r_2}}\begin{pmatrix}1&2&-2&1\\0&1&-3&1\\0&0&-1&1\\0&0&0&0\\0&0&1&-1\end{pmatrix}\xrightarrow{r_5+r_3}\begin{pmatrix}1&2&-2&1\\0&1&-3&1\\0&0&-1&1\\0&0&0&0\\0&0&0&0\end{pmatrix},$$

得 $R(\boldsymbol{A})=3$,所以向量组 $\boldsymbol{\alpha}_1,\boldsymbol{\alpha}_2,\boldsymbol{\alpha}_3,\boldsymbol{\alpha}_4$ 的秩为 3,且 $\boldsymbol{\alpha}_1,\boldsymbol{\alpha}_2,\boldsymbol{\alpha}_3$ 是它的一个极大无关组.

例 3.4.2　求向量组 $\boldsymbol{\alpha}_1=(2,1,3,-1),\boldsymbol{\alpha}_2=(3,-1,2,0),\boldsymbol{\alpha}_3=(1,3,4,-2),\boldsymbol{\alpha}_4=(4,-3,1,1)$ 的秩和极大无关组,且求出其余向量由这一极大无关组线性表示的表达式.

解　以 $\boldsymbol{\alpha}_1^{\mathrm{T}},\boldsymbol{\alpha}_2^{\mathrm{T}},\boldsymbol{\alpha}_3^{\mathrm{T}},\boldsymbol{\alpha}_4^{\mathrm{T}}$ 为列构成矩阵,并作初等行变换化为行最简形:

$$\boldsymbol{A}=(\boldsymbol{\alpha}_1^{\mathrm{T}},\boldsymbol{\alpha}_2^{\mathrm{T}},\boldsymbol{\alpha}_3^{\mathrm{T}},\boldsymbol{\alpha}_4^{\mathrm{T}})=\begin{pmatrix}2&3&1&4\\1&-1&3&-3\\3&2&4&1\\-1&0&-2&1\end{pmatrix}\xrightarrow{r_1\leftrightarrow r_2}\begin{pmatrix}1&-1&3&-3\\2&3&1&4\\3&2&4&1\\-1&0&-2&1\end{pmatrix}$$

$$\xrightarrow[r_4+r_1]{\substack{r_2-2r_1\\r_3-3r_1}}\begin{pmatrix}1&-1&3&-3\\0&5&-5&10\\0&5&-5&10\\0&-1&1&-2\end{pmatrix}\xrightarrow[\substack{r_4+\frac{1}{5}r_2\\r_2\div 5}]{\substack{r_1+\frac{1}{5}r_2\\r_3-r_2}}\begin{pmatrix}1&0&2&-1\\0&1&-1&2\\0&0&0&0\\0&0&0&0\end{pmatrix},$$

故 $R(\boldsymbol{\alpha}_1,\boldsymbol{\alpha}_2,\boldsymbol{\alpha}_3,\boldsymbol{\alpha}_4)=2$,$\boldsymbol{\alpha}_1,\boldsymbol{\alpha}_2$ 是向量组 $\boldsymbol{\alpha}_1,\boldsymbol{\alpha}_2,\boldsymbol{\alpha}_3,\boldsymbol{\alpha}_4$ 的一个极大无关组,且

$$\boldsymbol{\alpha}_3=2\boldsymbol{\alpha}_1-\boldsymbol{\alpha}_2,\boldsymbol{\alpha}_4=-\boldsymbol{\alpha}_1+2\boldsymbol{\alpha}_2.$$

计算实验:求极大无关组

习题 3.4

1. 求下列向量组的秩与一个极大无关组,并判断其线性相关性:

(1) $\boldsymbol{\alpha}_1=(1,0,-1,4)^{\mathrm{T}},\boldsymbol{\alpha}_2=(9,100,10,4)^{\mathrm{T}},\boldsymbol{\alpha}_3=(-2,-4,2,-8)^{\mathrm{T}}$;

(2) $\boldsymbol{\alpha}_1=(1,2,1,3)^{\mathrm{T}},\boldsymbol{\alpha}_2=(4,-1-5,-6)^{\mathrm{T}},\boldsymbol{\alpha}_3=(1,-3,-4,-7)^{\mathrm{T}}$.

2. 求下列矩阵列向量组的一个极大无关组,并把其余列向量用极大无关组线性表示:

(1) $\begin{pmatrix}25&37&17&43\\75&94&53&132\\75&94&54&134\\25&32&20&48\end{pmatrix}$;　　(2) $\begin{pmatrix}1&1&2&2&1\\0&2&1&5&-1\\2&0&3&-1&3\\1&1&0&4&-1\end{pmatrix}$.

3. 设向量组Ⅰ:$\boldsymbol{\alpha}_1=(1,0,0,0)^{\mathrm{T}},\boldsymbol{\alpha}_2=(0,1,0,0)^{\mathrm{T}},\boldsymbol{\alpha}_3=(0,0,1,0)^{\mathrm{T}}$;

向量组Ⅱ:$\boldsymbol{\beta}_1=(0,1,1,1)^{\mathrm{T}},\boldsymbol{\beta}_2=(0,0,1,1)^{\mathrm{T}},\boldsymbol{\beta}_3=(0,0,0,1)^{\mathrm{T}}$;

向量组Ⅲ:$\boldsymbol{\alpha}_1,\boldsymbol{\alpha}_2,\boldsymbol{\alpha}_3,\boldsymbol{\beta}_1,\boldsymbol{\beta}_2,\boldsymbol{\beta}_3$;

求向量组Ⅰ,Ⅱ,Ⅲ的秩.

4. 已知向量组 $\boldsymbol{\alpha}_1,\boldsymbol{\alpha}_2,\cdots,\boldsymbol{\alpha}_s$ 的秩为 r,证明:$\boldsymbol{\alpha}_1,\boldsymbol{\alpha}_2,\cdots,\boldsymbol{\alpha}_s$ 中的任意 r 个线性无关的向量都构成它的一个极大无关组.

5. 已知两个向量组有相同的秩,且其中一个可由另一个线性表示,证明:这两个向量组等价.

3.5 向量空间

3.5.1 向量空间的概念

为了更方便地讨论线性方程组解的结构,我们先介绍向量空间的基本概念.

定义 3.5.1 设 V 是一个由 n 维向量构成的非空集合,如果 V 对向量的加法和数乘这两种线性运算封闭,则称集合 V 为**向量空间**(vector space).

所谓集合 V 对某种运算封闭指的是集合中元素进行此种运算后的结果仍属于 V. 例如,若 $\boldsymbol{\alpha}\in V,\boldsymbol{\beta}\in V$,有 $\boldsymbol{\alpha}+\boldsymbol{\beta}\in V$,就称 V 对加法运算封闭;若 $\boldsymbol{\alpha}\in V,\lambda\in\mathbf{R}$,有 $\lambda\boldsymbol{\alpha}\in V$,就称 V 对数乘向量运算封闭.

例 3.5.1 全体 n 维向量构成的集合 $\mathbf{R}^n$ 是一个向量空间. 因为任意两个 n 维向量之和还是 n 维向量,数 λ 乘任意一个 n 维向量仍然是 n 维向量,故 $\mathbf{R}^n$ 对向量的加法和数乘这两种运算封闭,从而构成了一个向量空间. 当 $1\leqslant n\leqslant 3$ 时,它有直观的几何意义：实数集 $\mathbf{R}$ 表示一条数轴（直线），$\mathbf{R}^2=\{(x,y)\mid x\in\mathbf{R},y\in\mathbf{R}\}$ 表示一个平面，$\mathbf{R}^3=\{(x,y,z)\mid x\in\mathbf{R},y\in\mathbf{R},z\in\mathbf{R}\}$ 表示通常的立体空间；而当 $n>3$ 时，就没有直观的几何意义.

例 3.5.2　试判定下列集合是否是向量空间：

(1) $V_1=\{\boldsymbol{x}=(0,x_2,\cdots,x_n)\mid x_2,\cdots,x_n\in\mathbf{R}\}$；

(2) $V_2=\{\boldsymbol{x}=(1,x_2,\cdots,x_n)\mid x_2,\cdots,x_n\in\mathbf{R}\}$.

解　(1) 任取 $\boldsymbol{\alpha},\boldsymbol{\beta}\in V_1$，$\lambda$ 是任意实数，则 $\boldsymbol{\alpha}=(0,x_2,\cdots,x_n)$，$\boldsymbol{\beta}=(0,y_2,\cdots,y_n)$，于是 $\boldsymbol{\alpha}+\boldsymbol{\beta}=(0,x_2+y_2,\cdots,x_n+y_n)\in V_1$，$\lambda\boldsymbol{\alpha}=(0,\lambda x_2,\cdots,\lambda x_n)\in V_1$，故 V_1 对向量的加法运算和数乘运算封闭，从而得 V_1 是向量空间；

(2) 任取 $\boldsymbol{\alpha}=(1,x_2,\cdots,x_n)\in V_2$，则 $2\boldsymbol{\alpha}=(2,2x_2,\cdots,2x_n)\notin V_2$，也就是说，$V_2$ 对向量的数乘运算不封闭，从而 V_2 不是一个向量空间.

例 3.5.3　设 $\boldsymbol{\alpha},\boldsymbol{\beta}$ 是两个已知的 n 维向量，则可验证集合 $\{\boldsymbol{x}=\lambda\boldsymbol{\alpha}+\mu\boldsymbol{\beta}\mid\lambda,\mu\in\mathbf{R}\}$ 是一个向量空间，称为由向量 $\boldsymbol{\alpha},\boldsymbol{\beta}$ **生成的向量空间**，记作 $\mathrm{Span}(\boldsymbol{\alpha},\boldsymbol{\beta})$，即

$$\mathrm{Span}(\boldsymbol{\alpha},\boldsymbol{\beta})=\{\boldsymbol{x}=\lambda\boldsymbol{\alpha}+\mu\boldsymbol{\beta}\mid\lambda,\mu\in\mathbf{R}\}.$$

一般地，由 n 维向量 $\boldsymbol{\alpha}_1,\boldsymbol{\alpha}_2,\cdots,\boldsymbol{\alpha}_m$ 生成的向量空间为

$$\mathrm{Span}(\boldsymbol{\alpha}_1,\boldsymbol{\alpha}_2,\cdots,\boldsymbol{\alpha}_m)=\{\boldsymbol{x}=\lambda_1\boldsymbol{\alpha}_1+\lambda_2\boldsymbol{\alpha}_2+\cdots+\lambda_m\boldsymbol{\alpha}_m\mid\lambda_1,\lambda_2,\cdots\lambda_m\in\mathbf{R}\},$$

显然有 $\mathrm{Span}(\boldsymbol{\alpha}_1,\boldsymbol{\alpha}_2,\cdots,\boldsymbol{\alpha}_m)\subseteq\mathbf{R}^n$，我们称它为 $\mathbf{R}^n$ 的一个子空间. 一般地，我们有

定义 3.5.2　设 V_1 与 V_2 是两个向量空间且 $V_1\subseteq V_2$，则称 V_1 为 V_2 的**子空间**.

3.5.2　向量空间的基和维数

因任意 $n+1$ 个 n 维向量必线性相关，故对于向量空间 $\mathbf{R}^n$，若在其中取 n 个线性无关的向量 $\boldsymbol{\alpha}_1,\boldsymbol{\alpha}_2,\cdots,\boldsymbol{\alpha}_n$，则任意一个 n 维向量 $\boldsymbol{\alpha}$ 都可由 $\boldsymbol{\alpha}_1,\boldsymbol{\alpha}_2,\cdots,\boldsymbol{\alpha}_n$ 线性表示，由前面生成向量空间的意义，$\mathbf{R}^n$ 可看成由向量组 $\boldsymbol{\alpha}_1,\boldsymbol{\alpha}_2,\cdots,\boldsymbol{\alpha}_n$ 所生成的向量空间，即 $\mathbf{R}^n=\mathrm{Span}(\boldsymbol{\alpha}_1,\boldsymbol{\alpha}_2,\cdots,\boldsymbol{\alpha}_n)$，此时 $\boldsymbol{\alpha}_1,\boldsymbol{\alpha}_2,\cdots,\boldsymbol{\alpha}_n$ 叫作向量空间 $\mathbf{R}^n$ 的一个基，基中所含向量的个数叫作 $\mathbf{R}^n$ 的维数，因而 $\mathbf{R}^n$ 叫作 n 维向量空间；n 维向量空间 $\mathbf{R}^n$ 的最常用的基是 n 维单位坐标向量组 $\boldsymbol{\varepsilon}_1,\boldsymbol{\varepsilon}_2,\cdots,\boldsymbol{\varepsilon}_n$.

一般地，我们有

定义 3.5.3　设 V 为向量空间，若 V 中有 r 个向量 $\boldsymbol{\alpha}_1,\boldsymbol{\alpha}_2,\cdots,\boldsymbol{\alpha}_r$ 满足：

(1) $\boldsymbol{\alpha}_1,\boldsymbol{\alpha}_2,\cdots,\boldsymbol{\alpha}_r$ 线性无关；

(2) V 中的任一向量都可由 $\boldsymbol{\alpha}_1,\boldsymbol{\alpha}_2,\cdots,\boldsymbol{\alpha}_r$ 线性表示；则称向量组 $\boldsymbol{\alpha}_1,\boldsymbol{\alpha}_2,\cdots,\boldsymbol{\alpha}_r$ 为向量空间 V 的一个**基**(basis)，而 r 称为向量空间 V 的**维数**(dimension)，记作 $\dim(V)$，并称 V 为 r **维向量空间**.

特别地，由单独一个 n 维零向量构成的集合也是一向量空间，因它包含在 $\mathbf{R}^n$

中,故称它为零子空间,显然它没有基,规定其维数为 0.

若将向量空间 V 看作一向量组,则可看出,V 的基就是向量组的极大无关组,V 的维数就是向量组的秩.若向量组 $\boldsymbol{\alpha}_1,\boldsymbol{\alpha}_2,\cdots,\boldsymbol{\alpha}_r$ 是向量空间 V 的一个基,则 V 就是由 $\boldsymbol{\alpha}_1,\boldsymbol{\alpha}_2,\cdots,\boldsymbol{\alpha}_r$ 生成的向量空间,即 $V=\mathrm{Span}(\boldsymbol{\alpha}_1,\boldsymbol{\alpha}_2,\cdots,\boldsymbol{\alpha}_r)$.

而由向量组 $\boldsymbol{\alpha}_1,\boldsymbol{\alpha}_2,\cdots,\boldsymbol{\alpha}_m$ 生成的向量空间 $\mathrm{Span}(\boldsymbol{\alpha}_1,\boldsymbol{\alpha}_2,\cdots,\boldsymbol{\alpha}_m)$与向量组 $\boldsymbol{\alpha}_1,\boldsymbol{\alpha}_2,\cdots,\boldsymbol{\alpha}_m$ 等价,所以向量组 $\boldsymbol{\alpha}_1,\boldsymbol{\alpha}_2,\cdots,\boldsymbol{\alpha}_m$ 的极大无关组就是 $\mathrm{Span}(\boldsymbol{\alpha}_1,\boldsymbol{\alpha}_2,\cdots,\boldsymbol{\alpha}_m)$ 的一个基,向量组 $\boldsymbol{\alpha}_1,\boldsymbol{\alpha}_2,\cdots,\boldsymbol{\alpha}_m$ 的秩就是 $\mathrm{Span}(\boldsymbol{\alpha}_1,\boldsymbol{\alpha}_2,\cdots,\boldsymbol{\alpha}_m)$的维数;也就是说由向量组 $\boldsymbol{\alpha}_1,\boldsymbol{\alpha}_2,\cdots,\boldsymbol{\alpha}_m$ 生成的向量空间与它的极大无关组所生成的向量空间是相同的.

例 3.5.4 求由向量组 $\boldsymbol{\alpha}_1=(1,2,0,1)^{\mathrm{T}},\boldsymbol{\alpha}_2=(2,1,3,1)^{\mathrm{T}},\boldsymbol{\alpha}_3=(-1,1,-3,0)^{\mathrm{T}},\boldsymbol{\alpha}_4=(1,1,1,1)^{\mathrm{T}}$ 生成的向量空间 $\mathrm{Span}(\boldsymbol{\alpha}_1,\boldsymbol{\alpha}_2,\boldsymbol{\alpha}_3,\boldsymbol{\alpha}_4)$的一个基和维数.

解 以 $\boldsymbol{\alpha}_1,\boldsymbol{\alpha}_2,\boldsymbol{\alpha}_3,\boldsymbol{\alpha}_4$ 为列构成矩阵,并作初等行变换化为行阶梯形:

$$(\boldsymbol{\alpha}_1,\boldsymbol{\alpha}_2,\boldsymbol{\alpha}_3,\boldsymbol{\alpha}_4)=\begin{pmatrix}1&2&-1&1\\2&1&1&1\\0&3&-3&1\\1&1&0&1\end{pmatrix}\xrightarrow[r_4-r_1]{r_2-2r_1}\begin{pmatrix}1&2&-1&1\\0&-3&3&-1\\0&3&-3&1\\0&-1&1&0\end{pmatrix}$$

$$\xrightarrow[r_4-\frac{1}{3}r_2]{r_3+r_2}\begin{pmatrix}1&2&-1&1\\0&-3&3&-1\\0&0&0&0\\0&0&0&\frac{1}{3}\end{pmatrix}\xrightarrow{r_3\leftrightarrow r_4}\begin{pmatrix}1&2&-1&1\\0&-3&3&-1\\0&0&0&\frac{1}{3}\\0&0&0&0\end{pmatrix},$$

所以 $\boldsymbol{\alpha}_1,\boldsymbol{\alpha}_2,\boldsymbol{\alpha}_4$ 是 $\mathrm{Span}(\boldsymbol{\alpha}_1,\boldsymbol{\alpha}_2,\boldsymbol{\alpha}_3,\boldsymbol{\alpha}_4)$的一个基,且其维数为 3.

定义 3.5.4 设 $\boldsymbol{\alpha}_1,\boldsymbol{\alpha}_2,\cdots,\boldsymbol{\alpha}_r$ 是向量空间 V 的一个基.则 V 中的任一元素 $\boldsymbol{\alpha}$ 可唯一地表示为

$$\boldsymbol{\alpha}=x_1\boldsymbol{\alpha}_1+x_2\boldsymbol{\alpha}_2+\cdots+x_r\boldsymbol{\alpha}_r.$$

这组有序数 $x_1,x_2,\cdots,x_r$ 就称为元素 $\boldsymbol{\alpha}$ 在基 $\boldsymbol{\alpha}_1,\boldsymbol{\alpha}_2,\cdots,\boldsymbol{\alpha}_r$ 下的**坐标**(coordinates).

特别地,在 n 维向量空间 $\mathbf{R}^n$ 中取单位坐标向量组 $\boldsymbol{\varepsilon}_1,\boldsymbol{\varepsilon}_2,\cdots,\boldsymbol{\varepsilon}_n$ 为基,则向量 $\boldsymbol{\alpha}=(x_1,x_2,\cdots,x_n)^{\mathrm{T}}$ 可以表示为

$$\boldsymbol{\alpha}=x_1\boldsymbol{\varepsilon}_1+x_2\boldsymbol{\varepsilon}_2+\cdots+x_n\boldsymbol{\varepsilon}_n,$$

可见一个向量在基 $\boldsymbol{\varepsilon}_1,\boldsymbol{\varepsilon}_2,\cdots,\boldsymbol{\varepsilon}_n$ 中的坐标就是该向量的分量.因此,基 $\boldsymbol{\varepsilon}_1,\boldsymbol{\varepsilon}_2,\cdots,\boldsymbol{\varepsilon}_n$ 称为 $\mathbf{R}^n$ 中的**自然基**.

例 3.5.5 验证 $\boldsymbol{\alpha}_1=(1,4,-1)^{\mathrm{T}},\boldsymbol{\alpha}_2=(2,0,3)^{\mathrm{T}},\boldsymbol{\alpha}_3=(-1,1,-2)^{\mathrm{T}}$ 为 $\mathbf{R}^3$ 的一个基,并求 $\boldsymbol{\beta}_1=(-3,6,-8)^{\mathrm{T}},\boldsymbol{\beta}_2=(-5,-1,-5)^{\mathrm{T}}$ 在这个基下的坐标.

解　以 $\boldsymbol{\alpha}_1,\boldsymbol{\alpha}_2,\boldsymbol{\alpha}_3,\boldsymbol{\beta}_1,\boldsymbol{\beta}_2$ 为列构成矩阵，并作初等行变换化为行最简形：

$$(\boldsymbol{\alpha}_1,\boldsymbol{\alpha}_2,\boldsymbol{\alpha}_3,\boldsymbol{\beta}_1,\boldsymbol{\beta}_2)=\begin{pmatrix}1&2&-1&-3&-5\\4&0&1&6&-1\\-1&3&-2&-8&-5\end{pmatrix}\xrightarrow[r_3+r_1]{r_2-4r_1}\begin{pmatrix}1&2&-1&-3&-5\\0&-8&5&18&19\\0&5&-3&-11&-10\end{pmatrix}$$

$$\xrightarrow[\substack{r_3+\frac{5}{8}r_2\\ r_2\div(-8)}]{r_1+\frac{1}{4}r_2}\begin{pmatrix}1&0&\frac{1}{4}&\frac{3}{2}&-\frac{1}{4}\\0&1&-\frac{5}{8}&-\frac{9}{4}&-\frac{19}{8}\\0&0&\frac{1}{8}&\frac{1}{4}&\frac{15}{8}\end{pmatrix}\xrightarrow[\substack{r_2+5r_3\\ r_3\times 8}]{r_1-2r_3}\begin{pmatrix}1&0&0&1&-4\\0&1&0&-1&7\\0&0&1&2&15\end{pmatrix},$$

所以，$\boldsymbol{\alpha}_1,\boldsymbol{\alpha}_2,\boldsymbol{\alpha}_3$ 线性无关，从而 $\boldsymbol{\alpha}_1,\boldsymbol{\alpha}_2,\boldsymbol{\alpha}_3$ 为 $\mathbf{R}^3$ 的一个基，且

$$\boldsymbol{\beta}_1=\boldsymbol{\alpha}_1-\boldsymbol{\alpha}_2+2\boldsymbol{\alpha}_3,\boldsymbol{\beta}_2=-4\boldsymbol{\alpha}_1+7\boldsymbol{\alpha}_2+15\boldsymbol{\alpha}_3,$$

即 $\boldsymbol{\beta}_1,\boldsymbol{\beta}_2$ 在基 $\boldsymbol{\alpha}_1,\boldsymbol{\alpha}_2,\boldsymbol{\alpha}_3$ 下的坐标分别为 $(1,-1,2)^{\mathrm{T}},(-4,7,15)^{\mathrm{T}}$.

3.5.3　$\mathbf{R}^3$ 中的基变换公式及坐标变换公式

同一向量在不同基下的坐标有何联系？下面仅在 $\mathbf{R}^3$ 中讨论这一问题，更一般的情况将在第 6 章中介绍.

设 $\boldsymbol{\alpha}_1,\boldsymbol{\alpha}_2,\boldsymbol{\alpha}_3$ 及 $\boldsymbol{\beta}_1,\boldsymbol{\beta}_2,\boldsymbol{\beta}_3$ 是 $\mathbf{R}^3$ 中的两个基，且

$$\begin{cases}\boldsymbol{\beta}_1=p_{11}\boldsymbol{\alpha}_1+p_{21}\boldsymbol{\alpha}_2+p_{31}\boldsymbol{\alpha}_3,\\ \boldsymbol{\beta}_2=p_{12}\boldsymbol{\alpha}_1+p_{22}\boldsymbol{\alpha}_2+p_{32}\boldsymbol{\alpha}_3,\\ \boldsymbol{\beta}_3=p_{13}\boldsymbol{\alpha}_1+p_{23}\boldsymbol{\alpha}_2+p_{33}\boldsymbol{\alpha}_3,\end{cases}\tag{3.5.1}$$

用矩阵表示，则为

$$(\boldsymbol{\beta}_1,\boldsymbol{\beta}_2,\boldsymbol{\beta}_3)=(\boldsymbol{\alpha}_1,\boldsymbol{\alpha}_2,\boldsymbol{\alpha}_3)\begin{pmatrix}p_{11}&p_{12}&p_{13}\\p_{21}&p_{22}&p_{23}\\p_{31}&p_{32}&p_{33}\end{pmatrix}=(\boldsymbol{\alpha}_1,\boldsymbol{\alpha}_2,\boldsymbol{\alpha}_3)\boldsymbol{P}.\tag{3.5.2}$$

式(3.5.1)或式(3.5.2)称为**基变换公式**，矩阵 $\boldsymbol{P}$ 称为由基 $\boldsymbol{\alpha}_1,\boldsymbol{\alpha}_2,\boldsymbol{\alpha}_3$ 到基 $\boldsymbol{\beta}_1,\boldsymbol{\beta}_2,\boldsymbol{\beta}_3$ 的**过渡矩阵**，显然过渡矩阵 $\boldsymbol{P}$ 是可逆的.

设向量 $\boldsymbol{\alpha}$ 在基 $\boldsymbol{\alpha}_1,\boldsymbol{\alpha}_2,\boldsymbol{\alpha}_3$ 下的坐标为 $(x_1,x_2,x_3)^{\mathrm{T}}$，在基 $\boldsymbol{\beta}_1,\boldsymbol{\beta}_2,\boldsymbol{\beta}_3$ 下的坐标为 $(y_1,y_2,y_3)^{\mathrm{T}}$，则

$$\boldsymbol{\alpha}=(\boldsymbol{\alpha}_1,\boldsymbol{\alpha}_2,\boldsymbol{\alpha}_3)\begin{pmatrix}x_1\\x_2\\x_3\end{pmatrix}=(\boldsymbol{\beta}_1,\boldsymbol{\beta}_2,\boldsymbol{\beta}_3)\begin{pmatrix}y_1\\y_2\\y_3\end{pmatrix}.$$

将式(3.5.2)代入上式得

$$(\boldsymbol{\alpha}_1,\boldsymbol{\alpha}_2,\boldsymbol{\alpha}_3)\begin{pmatrix}x_1\\x_2\\x_3\end{pmatrix}=(\boldsymbol{\alpha}_1,\boldsymbol{\alpha}_2,\boldsymbol{\alpha}_3)\boldsymbol{P}\begin{pmatrix}y_1\\y_2\\y_3\end{pmatrix},$$

由于 $\boldsymbol{\alpha}_1,\boldsymbol{\alpha}_2,\boldsymbol{\alpha}_3$ 线性无关，所以得同一向量在两个基下的坐标间的关系式（称为**坐标变换公式**）

$$\begin{pmatrix}x_1\\x_2\\x_3\end{pmatrix}=\boldsymbol{P}\begin{pmatrix}y_1\\y_2\\y_3\end{pmatrix} \text{ 或 } \begin{pmatrix}y_1\\y_2\\y_3\end{pmatrix}=\boldsymbol{P}^{-1}\begin{pmatrix}x_1\\x_2\\x_3\end{pmatrix}. \tag{3.5.3}$$

例 3.5.6 设 $\mathbf{R}^3$ 中的两个基分别为 $\boldsymbol{\alpha}_1=(1,1,0)^{\mathrm{T}}$，$\boldsymbol{\alpha}_2=(0,-1,1)^{\mathrm{T}}$，$\boldsymbol{\alpha}_3=(1,0,2)^{\mathrm{T}}$ 与 $\boldsymbol{\beta}_1=(3,1,0)^{\mathrm{T}}$，$\boldsymbol{\beta}_2=(0,1,1)^{\mathrm{T}}$，$\boldsymbol{\beta}_2=(1,0,4)^{\mathrm{T}}$. 试求：

(1)从基 $\boldsymbol{\alpha}_1,\boldsymbol{\alpha}_2,\boldsymbol{\alpha}_3$ 到基 $\boldsymbol{\beta}_1,\boldsymbol{\beta}_2,\boldsymbol{\beta}_3$ 的过渡矩阵；

(2)坐标变换公式；

(3)$\boldsymbol{\alpha}=(2,1,2)^{\mathrm{T}}$ 在两组基下的坐标.

解 (1)设 $(\boldsymbol{\beta}_1,\boldsymbol{\beta}_2,\boldsymbol{\beta}_3)=(\boldsymbol{\alpha}_1,\boldsymbol{\alpha}_2,\boldsymbol{\alpha}_3)\boldsymbol{P}$，即 $\begin{pmatrix}3&0&1\\1&1&0\\0&1&4\end{pmatrix}=\begin{pmatrix}1&0&1\\1&-1&0\\0&1&2\end{pmatrix}\boldsymbol{P}$，记为 $\boldsymbol{B}=\boldsymbol{A}\boldsymbol{P}$，则 $\boldsymbol{P}=\boldsymbol{A}^{-1}\boldsymbol{B}$，因为

$$(\boldsymbol{A},\boldsymbol{B})=\begin{pmatrix}1&0&1&3&0&1\\1&-1&0&1&1&0\\0&1&2&0&1&4\end{pmatrix}\xrightarrow{r}\begin{pmatrix}1&0&0&5&-2&-2\\0&1&0&4&-3&-2\\0&0&1&-2&2&3\end{pmatrix},$$

所以过渡矩阵 $\boldsymbol{P}=\boldsymbol{A}^{-1}\boldsymbol{B}=\begin{pmatrix}5&-2&-2\\4&-3&-2\\-2&2&3\end{pmatrix}$；

(2)设向量 $\boldsymbol{\alpha}$ 在基 $\boldsymbol{\alpha}_1,\boldsymbol{\alpha}_2,\boldsymbol{\alpha}_3$ 下的坐标为 $(x_1,x_2,x_3)^{\mathrm{T}}$，在基 $\boldsymbol{\beta}_1,\boldsymbol{\beta}_2,\boldsymbol{\beta}_3$ 下的坐标为 $(y_1,y_2,y_3)^{\mathrm{T}}$，则坐标变换公式为 $(x_1,x_2,x_3)^{\mathrm{T}}=\boldsymbol{P}(y_1,y_2,y_3)^{\mathrm{T}}$.

(3)先求出 $\boldsymbol{\alpha}=(2,1,2)^{\mathrm{T}}$ 在基 $\boldsymbol{\beta}_1,\boldsymbol{\beta}_2,\boldsymbol{\beta}_3$ 下的坐标，由

$$(\boldsymbol{\beta}_1,\boldsymbol{\beta}_2,\boldsymbol{\beta}_3,\boldsymbol{\alpha})=\begin{pmatrix}3&0&1&2\\1&1&0&1\\0&1&4&2\end{pmatrix}\xrightarrow{r}\begin{pmatrix}1&0&0&\frac{7}{13}\\0&1&0&\frac{6}{13}\\0&0&1&\frac{5}{13}\end{pmatrix},$$

得 $\boldsymbol{\alpha}$ 在基 $\boldsymbol{\beta}_1,\boldsymbol{\beta}_2,\boldsymbol{\beta}_3$ 下的坐标为 $\left(\frac{7}{13},\frac{6}{13},\frac{5}{13}\right)^{\mathrm{T}}$；

由坐标变换公式，可得 $\boldsymbol{\alpha}$ 在基 $\boldsymbol{\alpha}_1,\boldsymbol{\alpha}_2,\boldsymbol{\alpha}_3$ 下的坐标为

$$\begin{pmatrix}x_1\\x_2\\x_3\end{pmatrix}=\begin{pmatrix}5&-2&-2\\4&-3&-2\\-2&2&3\end{pmatrix}\begin{pmatrix}\frac{7}{13}\\\frac{6}{13}\\\frac{5}{13}\end{pmatrix}=\begin{pmatrix}1\\0\\1\end{pmatrix}.$$

习题　3.5

1. 写出各向量组所生成的向量空间、基及维数：

(1) $\boldsymbol{\alpha}_1=(1,1,1),\boldsymbol{\alpha}_2=(0,2,3),\boldsymbol{\alpha}_3=(0,3,4)$；

(2) $\boldsymbol{\alpha}_1=(1,-1,2,4)^{\mathrm T},\boldsymbol{\alpha}_2=(0,3,1,2)^{\mathrm T},\boldsymbol{\alpha}_3=(3,0,7,14)^{\mathrm T},\boldsymbol{\alpha}_4=(1,-1,2,0)^{\mathrm T},\boldsymbol{\alpha}_5=(2,1,5,6)^{\mathrm T}$；

(3) $\boldsymbol{\alpha}_1=(1,2,1,3),\boldsymbol{\alpha}_2=(4,-1,-5,-6),\boldsymbol{\alpha}_3=(1,-3,-4,-7),\boldsymbol{\alpha}_4=(2,1,-1,0)$；

(4) $\boldsymbol{\alpha}_1=(0,0,0,1,1),\boldsymbol{\alpha}_2=(0,1,3,-2,2),\boldsymbol{\alpha}_3=(0,2,6,-4,5),\boldsymbol{\alpha}_4=(0,-1,-3,4,0)$.

2. 设 $V_1=\{\boldsymbol{x}=(x_1,x_2,\cdots,x_n)^{\mathrm T}\mid x_1+\cdots+x_n=0,x_1,x_2,\cdots,x_n\in\mathbf{R}\}$，$V_2=\{\boldsymbol{x}=(x_1,x_2,\cdots,x_n)^{\mathrm T}\mid x_1+x_2+\cdots+x_n=1,x_1,x_2,\cdots,x_n\in\mathbf{R}\}$，问 V_1,V_2 是否是 $\mathbf{R}^n$ 的子空间.

3. 试证：由向量 $\boldsymbol{\alpha}_1=(0,1,1)^{\mathrm T},\boldsymbol{\alpha}_2=(1,0,1)^{\mathrm T},\boldsymbol{\alpha}_3=(1,1,0)^{\mathrm T}$ 所生成的向量空间就是 $\mathbf{R}^3$.

4. 验证向量组 $\boldsymbol{\alpha}_1=(1,-1,0)^{\mathrm T},\boldsymbol{\alpha}_2=(2,1,3)^{\mathrm T},\boldsymbol{\alpha}_3=(3,1,2)^{\mathrm T}$ 为 $\mathbf{R}^3$ 的一个基，并将向量 $\boldsymbol{\beta}_1=(5,0,7)^{\mathrm T},\boldsymbol{\beta}_2=(-9,-8,-13)^{\mathrm T}$ 用此基来表示.

5. 已知 $\mathbf{R}^3$ 的两个基为：$\boldsymbol{\alpha}_1=(1,1,1)^{\mathrm T},\boldsymbol{\alpha}_2=(1,0,-1)^{\mathrm T},\boldsymbol{\alpha}_3=(1,0,1)^{\mathrm T}$ 及 $\boldsymbol{\beta}_1=(1,2,1)^{\mathrm T},\boldsymbol{\beta}_2=(2,3,4)^{\mathrm T},\boldsymbol{\beta}_3=(3,4,3)^{\mathrm T}$，求由基 $\boldsymbol{\alpha}_1,\boldsymbol{\alpha}_2,\boldsymbol{\alpha}_3$ 到基 $\boldsymbol{\beta}_1,\boldsymbol{\beta}_2,\boldsymbol{\beta}_3$ 的过渡矩阵；若向量 $\boldsymbol{\alpha}$ 在基 $\boldsymbol{\alpha}_1,\boldsymbol{\alpha}_2,\boldsymbol{\alpha}_3$ 下的坐标是 $(1,0,0)^{\mathrm T}$，求 $\boldsymbol{\alpha}$ 在基 $\boldsymbol{\beta}_1,\boldsymbol{\beta}_2,\boldsymbol{\beta}_3$ 下的坐标.

3.6　线性方程组的解的结构

在 2.7 节中，我们介绍了用矩阵的初等行变换解线性方程组的方法，并给出了两个判定线性方程组解的情况的重要定理，即：

(1)含有 n 个未知量的齐次线性方程组 $\boldsymbol{Ax}=\boldsymbol{0}$ 有非零解的充分必要条件是系数矩阵 $\boldsymbol{A}$ 的秩 $R(\boldsymbol{A})<n$.

(2)含有 n 个未知量的非齐次线性方程组 $\boldsymbol{Ax}=\boldsymbol{b}$ 有解的充分必要条件是系数矩阵 $\boldsymbol{A}$ 的秩等于增广矩阵 $\boldsymbol{B}=(\boldsymbol{A},\boldsymbol{b})$ 的秩,且当 $R(\boldsymbol{A})=R(\boldsymbol{B})=n$ 时方程组有唯一解,当 $R(\boldsymbol{A})=R(\boldsymbol{B})<n$ 时有无穷多解.

本节我们将利用向量的观点来讨论线性方程组的解的性质,以及线性方程组的解的结构.

3.6.1 齐次线性方程组的解的结构

设有齐次线性方程组

$$\begin{cases} a_{11}x_1+a_{12}x_2+\cdots+a_{1n}x_n=0, \\ a_{21}x_1+a_{22}x_2+\cdots+a_{2n}x_n=0, \\ \qquad\vdots \\ a_{m1}x_1+a_{m2}x_2+\cdots+a_{mn}x_n=0, \end{cases} \tag{3.6.1}$$

其矩阵形式为

$$\boldsymbol{Ax}=\boldsymbol{0}, \tag{3.6.2}$$

其中

$$\boldsymbol{A}=\begin{pmatrix} a_{11} & a_{12} & \cdots & a_{1n} \\ a_{21} & a_{22} & \cdots & a_{2n} \\ \vdots & \vdots & & \vdots \\ a_{m1} & a_{m2} & \cdots & a_{mn} \end{pmatrix},\boldsymbol{x}=\begin{pmatrix} x_1 \\ x_2 \\ \vdots \\ x_n \end{pmatrix},\boldsymbol{0}=\begin{pmatrix} 0 \\ 0 \\ \vdots \\ 0 \end{pmatrix}.$$

若 $x_1=a_1,x_2=a_2,\cdots,x_n=a_n$ 是(3.6.1)的解,则称

$$\boldsymbol{x}=\begin{pmatrix} a_1 \\ a_2 \\ \vdots \\ a_n \end{pmatrix}$$

为方程组(3.6.1)的**解向量**,它也是矩阵方程(3.6.2)的解.

下面先讨论齐次线性方程组 $\boldsymbol{Ax}=\boldsymbol{0}$ 的解的性质,再讨论 $\boldsymbol{Ax}=\boldsymbol{0}$ 的解的结构.

性质 3.6.1 若 $\boldsymbol{x}=\boldsymbol{\xi}_1,\boldsymbol{x}=\boldsymbol{\xi}_2$ 是 $\boldsymbol{Ax}=\boldsymbol{0}$ 的解,则 $\boldsymbol{x}=\boldsymbol{\xi}_1+\boldsymbol{\xi}_2$ 也是 $\boldsymbol{Ax}=\boldsymbol{0}$ 的解.

证 因为 $\boldsymbol{A}(\boldsymbol{\xi}_1+\boldsymbol{\xi}_2)=\boldsymbol{A\xi}_1+\boldsymbol{A\xi}_2=\boldsymbol{0}+\boldsymbol{0}=\boldsymbol{0}$,即 $\boldsymbol{x}=\boldsymbol{\xi}_1+\boldsymbol{\xi}_2$ 满足方程组 $\boldsymbol{Ax}=\boldsymbol{0}$,从而是 $\boldsymbol{Ax}=\boldsymbol{0}$ 的解. 证毕

性质 3.6.2 若 $\boldsymbol{x}=\boldsymbol{\xi}_1$ 是 $\boldsymbol{Ax}=\boldsymbol{0}$ 的解,则对任意实数 k,$\boldsymbol{x}=k\boldsymbol{\xi}_1$ 也是 $\boldsymbol{Ax}=\boldsymbol{0}$ 的解.

证　因为 $\boldsymbol{A}(k\boldsymbol{\xi}_1)=k(\boldsymbol{A}\boldsymbol{\xi}_1)=k\boldsymbol{0}=\boldsymbol{0}$，所以 $\boldsymbol{x}=k\boldsymbol{\xi}_1$ 是 $\boldsymbol{Ax}=\boldsymbol{0}$ 的解.　　　　证毕

若用 S 表示 $\boldsymbol{Ax}=\boldsymbol{0}$ 的全体解向量所组成的集合，由性质 3.6.1 和 3.6.2，集合 S 对向量的加法和数乘运算封闭，从而构成了一个向量空间，称为齐次线性方程组 $\boldsymbol{Ax}=\boldsymbol{0}$ 的**解空间**(solution space).

由于向量空间可看成由它的一个基生成的，所以如果能求出 $\boldsymbol{Ax}=\boldsymbol{0}$ 的解空间 S 的一个基，也就可以得出 $\boldsymbol{Ax}=\boldsymbol{0}$ 的全部解.

定义 3.6.1　称齐次线性方程组 $\boldsymbol{Ax}=\boldsymbol{0}$ 的解空间的一个基 $\boldsymbol{\xi}_1,\boldsymbol{\xi}_2,\cdots,\boldsymbol{\xi}_t$ 为该齐次线性方程组的一个**基础解系**(fundamental system of solutions). 亦即若 $\boldsymbol{\xi}_1,\boldsymbol{\xi}_2,\cdots,\boldsymbol{\xi}_t$ 线性无关，且 $\boldsymbol{Ax}=\boldsymbol{0}$ 的任一个解向量都可以由 $\boldsymbol{\xi}_1,\boldsymbol{\xi}_2,\cdots,\boldsymbol{\xi}_t$ 线性表示，则 $\boldsymbol{\xi}_1,\boldsymbol{\xi}_2,\cdots,\boldsymbol{\xi}_t$ 就称为 $\boldsymbol{Ax}=\boldsymbol{0}$ 的一个基础解系.

如果 $\boldsymbol{\xi}_1,\boldsymbol{\xi}_2,\cdots,\boldsymbol{\xi}_t$ 是 $\boldsymbol{Ax}=\boldsymbol{0}$ 的一个基础解系，则该方程组的通解可表示为

$$\boldsymbol{x}=k_1\boldsymbol{\xi}_1+k_2\boldsymbol{\xi}_2+\cdots+k_t\boldsymbol{\xi}_t\text{（其中 }k_1,k_2,\cdots,k_t\text{ 为任意实数）.}$$

当齐次线性方程组只有零解时，解空间 S 只含有一个零向量，为 0 维向量空间，因而没有基础解系.

由上面的讨论，要求出齐次线性方程组的通解，只需求出基础解系，下面介绍如何利用矩阵的初等行变换来求基础解系.

设方程组 $\boldsymbol{Ax}=\boldsymbol{0}$ 的系数矩阵 $\boldsymbol{A}$ 的秩 $R(\boldsymbol{A})=r<n$，则有非零解，为求基础解系，不妨设 $\boldsymbol{A}$ 的前 r 个列向量线性无关，对 $\boldsymbol{A}$ 施行初等行变换化成行最简形：

$$\boldsymbol{A}\xrightarrow{r}\begin{pmatrix}1&0&\cdots&0&b_{11}&\cdots&b_{1,n-r}\\0&1&\cdots&0&b_{21}&\cdots&b_{2,n-r}\\\vdots&\vdots&&\vdots&\vdots&&\vdots\\0&0&\cdots&1&b_{r1}&\cdots&b_{r,n-r}\\0&0&\cdots&0&0&\cdots&0\\\vdots&\vdots&&\vdots&\vdots&&\vdots\\0&0&\cdots&0&0&\cdots&0\end{pmatrix},$$

从而得 $\boldsymbol{Ax}=\boldsymbol{0}$ 的最简同解方程组

$$\begin{cases}x_1+b_{11}x_{r+1}+\cdots+b_{1,n-r}x_n=0,\\x_2+b_{21}x_{r+1}+\cdots+b_{2,n-r}x_n=0,\\\qquad\vdots\\x_r+b_{r1}x_{r+1}+\cdots+b_{r,n-r}x_n=0,\end{cases}$$

则有

$$\begin{cases} x_1=-(b_{11}x_{r+1}+\cdots+b_{1,n-r}x_n), \\ x_2=-(b_{21}x_{r+1}+\cdots+b_{2,n-r}x_n), \\ \qquad\vdots \\ x_r=-(b_{r1}x_{r+1}+\cdots+b_{r,n-r}x_n), \end{cases} \tag{3.6.3}$$

其中 $x_{r+1},\cdots,x_n$ 可取任意实数,为自由未知量;

现依次取

$$\begin{pmatrix} x_{r+1} \\ x_{r+2} \\ \vdots \\ x_n \end{pmatrix}=\begin{pmatrix} 1 \\ 0 \\ \vdots \\ 0 \end{pmatrix},\begin{pmatrix} 0 \\ 1 \\ \vdots \\ 0 \end{pmatrix},\cdots,\begin{pmatrix} 0 \\ 0 \\ \vdots \\ 1 \end{pmatrix},$$

从而得齐次线性方程组 $\boldsymbol{Ax}=\boldsymbol{0}$ 的 $n-r$ 个解向量

$$\boldsymbol{\xi}_1=\begin{pmatrix} -b_{11} \\ -b_{21} \\ \vdots \\ -b_{r1} \\ 1 \\ 0 \\ \vdots \\ 0 \end{pmatrix},\boldsymbol{\xi}_2=\begin{pmatrix} -b_{12} \\ -b_{22} \\ \vdots \\ -b_{r2} \\ 0 \\ 1 \\ \vdots \\ 0 \end{pmatrix},\cdots,\boldsymbol{\xi}_{n-r}=\begin{pmatrix} -b_{1,n-r} \\ -b_{2,n-r} \\ \vdots \\ -b_{r,n-r} \\ 0 \\ 0 \\ \vdots \\ 1 \end{pmatrix}.$$

下面证明 $\boldsymbol{\xi}_1,\boldsymbol{\xi}_2,\cdots,\boldsymbol{\xi}_{n-r}$ 就是 $\boldsymbol{Ax}=\boldsymbol{0}$ 的一个基础解系.

首先,因为 $\boldsymbol{\xi}_1,\boldsymbol{\xi}_2,\cdots,\boldsymbol{\xi}_{n-r}$ 构成的矩阵

$$\begin{pmatrix} -b_{11} & -b_{12} & \cdots & -b_{1,n-r} \\ -b_{21} & -b_{22} & \cdots & -b_{2,n-r} \\ \vdots & \vdots & & \vdots \\ -b_{r1} & -b_{r2} & \cdots & -b_{r,n-r} \\ 1 & 0 & \cdots & 0 \\ 0 & 1 & \cdots & 0 \\ \vdots & \vdots & & \vdots \\ 0 & 0 & \cdots & 1 \end{pmatrix}$$

的秩为 $n-r$,故 $\boldsymbol{\xi}_1,\boldsymbol{\xi}_2,\cdots,\boldsymbol{\xi}_{n-r}$ 线性无关;

其次,在方程组(3.6.3)中,令 $x_{r+1}=k_1,x_{r+2}=k_2,\cdots,x_n=k_{n-r}$,则 $\boldsymbol{Ax}=\boldsymbol{0}$ 的通解可以表示成

$$x=\begin{pmatrix}x_1\\x_2\\\vdots\\x_r\\x_{r+1}\\x_{r+2}\\\vdots\\x_n\end{pmatrix}=\begin{pmatrix}-k_1b_{11}-k_2b_{12}-\cdots-k_{n-r}b_{1,n-r}\\-k_1b_{21}-k_2b_{22}-\cdots-k_{n-r}b_{2,n-r}\\\vdots\\-k_1b_{r1}-k_2b_{r2}-\cdots-k_{n-r}b_{r,n-r}\\k_1\\k_2\\\vdots\\k_{n-r}\end{pmatrix}$$

$$=k_1\begin{pmatrix}-b_{11}\\-b_{21}\\\vdots\\-b_{r1}\\1\\0\\\vdots\\0\end{pmatrix}+k_2\begin{pmatrix}-b_{12}\\-b_{22}\\\vdots\\-b_{r2}\\0\\1\\\vdots\\0\end{pmatrix}+\cdots+k_{n-r}\begin{pmatrix}-b_{1,n-r}\\-b_{2,n-r}\\\vdots\\-b_{r,n-r}\\0\\0\\\vdots\\1\end{pmatrix}=k_1\boldsymbol{\xi}_1+k_2\boldsymbol{\xi}_2+\cdots+k_{n-r}\boldsymbol{\xi}_{n-r},$$

即 $\boldsymbol{A}\boldsymbol{x}=\boldsymbol{0}$ 的任意一个解都可以由 $\boldsymbol{\xi}_1,\boldsymbol{\xi}_2,\cdots,\boldsymbol{\xi}_{n-r}$ 线性表示.

上面的证明过程提供了一个求齐次线性方程组的基础解系的方法. 但要注意，求基础解系的方法有很多，基础解系也不是唯一的，$\boldsymbol{A}\boldsymbol{x}=\boldsymbol{0}$ 的任意 $n-r$ 个线性无关的解向量都是它的一个基础解系.

依据以上讨论，我们得

定理 3.6.1　设 $m\times n$ 矩阵 $\boldsymbol{A}$ 的秩 $R(\boldsymbol{A})=r<n$，则齐次线性方程组 $\boldsymbol{A}\boldsymbol{x}=\boldsymbol{0}$ 的解空间是一个 $n-r$ 维的向量空间，即其基础解系含 $n-r$ 个线性无关的解向量. 若 $\boldsymbol{\xi}_1,\boldsymbol{\xi}_2,\cdots,\boldsymbol{\xi}_{n-r}$ 是它的一个基础解系，则其通解为

$$\boldsymbol{x}=k_1\boldsymbol{\xi}_1+k_2\boldsymbol{\xi}_2+\cdots+k_{n-r}\boldsymbol{\xi}_{n-r},$$

其中 $k_1,k_2,\cdots,k_{n-r}$ 为任意实数.

例 3.6.1　求齐次线性方程组

$$\begin{cases}x_1+x_2-3x_3-x_4=0,\\3x_1-x_2-3x_3+2x_4=0,\\2x_1-2x_2+3x_4=0\end{cases}$$

的一个基础解系及通解.

解　对方程组的系数矩阵作初等行变换化简，化为行最简形：

$$A=\begin{pmatrix}1&1&-3&-1\\3&-1&-3&2\\2&-2&0&3\end{pmatrix}\xrightarrow[r_3-2r_1]{r_2-3r_1}\begin{pmatrix}1&1&-3&-1\\0&-4&6&5\\0&-4&6&5\end{pmatrix}$$

$$\xrightarrow[r_2\div(-4)]{\substack{r_3-r_2\\r_1+\frac{1}{4}r_2}}\begin{pmatrix}1&0&-\frac{3}{2}&\frac{1}{4}\\0&1&-\frac{3}{2}&-\frac{5}{4}\\0&0&0&0\end{pmatrix}.$$

因 $R(\boldsymbol{A})=2<4$,故方程组有非零解;由上式得原方程组的同解方程组

$$\begin{cases}x_1-\frac{3}{2}x_3+\frac{1}{4}x_4=0,\\x_2-\frac{3}{2}x_3-\frac{5}{4}x_4=0,\end{cases}$$

即

$$\begin{cases}x_1=\frac{3}{2}x_3-\frac{1}{4}x_4,\\x_2=\frac{3}{2}x_3+\frac{5}{4}x_4.\end{cases}\tag{3.6.4}$$

取 $\begin{pmatrix}x_3\\x_4\end{pmatrix}=\begin{pmatrix}1\\0\end{pmatrix},\begin{pmatrix}0\\1\end{pmatrix}$,即得基础解系为 $\boldsymbol{\xi}_1=\begin{pmatrix}\frac{3}{2}\\\frac{3}{2}\\1\\0\end{pmatrix},\boldsymbol{\xi}_2=\begin{pmatrix}-\frac{1}{4}\\\frac{5}{4}\\0\\1\end{pmatrix}$,

由此得方程组的通解为

$$\boldsymbol{x}=k_1\boldsymbol{\xi}_1+k_2\boldsymbol{\xi}_2=k_1\begin{pmatrix}\frac{3}{2}\\\frac{3}{2}\\1\\0\end{pmatrix}+k_2\begin{pmatrix}-\frac{1}{4}\\\frac{5}{4}\\0\\1\end{pmatrix}\quad(k_1,k_2\text{ 为任意实数}).$$

方程组的基础解系及通解也可按以下方法求出:

在 $\begin{cases}x_1=\frac{3}{2}x_3-\frac{1}{4}x_4\\x_2=\frac{3}{2}x_3+\frac{5}{4}x_4\end{cases}$ 中令自由未知量 $x_3=k_1,x_4=k_2$,则方程组的解为

$$\begin{cases} x_1=\dfrac{3}{2}k_1-\dfrac{1}{4}k_2, \\ x_2=\dfrac{3}{2}k_1+\dfrac{5}{4}k_2, \\ x_3=k_1, \\ x_4=k_2, \end{cases}$$

其中 k_1,k_2 为任意实数,将它写成向量形式,为

$$\boldsymbol{x}=\begin{pmatrix} x_1 \\ x_2 \\ x_3 \\ x_4 \end{pmatrix}=k_1\begin{pmatrix} \frac{3}{2} \\ \frac{3}{2} \\ 1 \\ 0 \end{pmatrix}+k_2\begin{pmatrix} -\frac{1}{4} \\ \frac{5}{4} \\ 0 \\ 1 \end{pmatrix},$$

其中,$\boldsymbol{\xi}_1=\begin{pmatrix} \frac{3}{2} \\ \frac{3}{2} \\ 1 \\ 0 \end{pmatrix}$,$\boldsymbol{\xi}_2=\begin{pmatrix} -\frac{1}{4} \\ \frac{5}{4} \\ 0 \\ 1 \end{pmatrix}$ 就是方程组的一个基础解系.

上面给出了两种求基础解系的方法,一种是由方程组(3.6.4)先求出基础解系,再写出通解;另一种是由方程组(3.6.4)先写出通解,再从通解的表达式得到基础解系.这两种方法本质上没有什么区别.

根据方程组(3.6.4),如果取 $\begin{pmatrix} x_3 \\ x_4 \end{pmatrix}=\begin{pmatrix} 2 \\ 0 \end{pmatrix},\begin{pmatrix} 1 \\ 2 \end{pmatrix}$,可得方程组不同的一个基础解系

$$\boldsymbol{\eta}_1=\begin{pmatrix} 3 \\ 3 \\ 2 \\ 0 \end{pmatrix},\boldsymbol{\eta}_2=\begin{pmatrix} 1 \\ 4 \\ 1 \\ 2 \end{pmatrix},$$

从而得到通解为

$$\boldsymbol{x}=k_1\boldsymbol{\eta}_1+k_2\boldsymbol{\eta}_2=k_1\begin{pmatrix} 3 \\ 3 \\ 2 \\ 0 \end{pmatrix}+k_2\begin{pmatrix} 1 \\ 4 \\ 1 \\ 2 \end{pmatrix}\quad (k_1,k_2 \text{ 为任意实数}).$$

由于 $\boldsymbol{\xi}_1,\boldsymbol{\xi}_2$ 与 $\boldsymbol{\eta}_1,\boldsymbol{\eta}_2$ 是等价的,上述两个通解虽然形式不一样,但都含两个任

意常数，且都可以表示方程组的任一解，因此，从本质上看它们是相同的，就是解空间取了两个不同的基，用两组不同的基来表示该向量空间.

上述解法中，由行最简形矩阵的结构，x_1 总是选为非自由未知量，但实际上也可以选 x_1 为自由未知量，即自由未知量的选取不是唯一的(参见例 2.7.1 的注解)，这时就不能按照上述标准程序去把矩阵化为行最简形矩阵了，要稍作变化：设系数矩阵 $\boldsymbol{A}$ 的秩 $R(\boldsymbol{A})=r$，对 $\boldsymbol{A}$ 施行初等行变换，将不为 0 的 r 阶子式对应的子块化作单位阵，得原方程组的同解方程组；再取化为单位阵的非零子块所对应的 r 个变量为基本未知量，余下的 $n-r$ 个变量为自由未知量，就可以求出通解.

例 3.6.2 求下列齐次线性方程组的基础解系及通解.

$$\begin{cases}2x_1+x_2+x_3+3x_4+5x_5=0,\\6x_1+3x_2+5x_3+7x_4+9x_5=0,\\4x_1+2x_2+3x_3+5x_4+7x_5=0,\\2x_1+x_2+4x_4+8x_5=0.\end{cases}$$

解 对方程组的系数矩阵作初等行变换化简：

$$\boldsymbol{A}=\begin{pmatrix}2&1&1&3&5\\6&3&5&7&9\\4&2&3&5&7\\2&1&0&4&8\end{pmatrix}\xrightarrow[r_4-r_1]{\substack{r_2-3r_1\\r_3-2r_1}}\begin{pmatrix}2&1&1&3&5\\0&0&2&-2&-6\\0&0&1&-1&-3\\0&0&-1&1&3\end{pmatrix}$$

$$\xrightarrow[r_2\div 2]{\substack{r_4+r_3\\r_3-\frac{1}{2}r_2}}\begin{pmatrix}2&1&1&3&5\\0&0&1&-1&-3\\0&0&0&0&0\\0&0&0&0&0\end{pmatrix}\xrightarrow{r_1-r_2}\begin{pmatrix}2&1&0&4&8\\0&0&1&-1&-3\\0&0&0&0&0\\0&0&0&0&0\end{pmatrix},$$

从而得到同解方程组为

$$\begin{cases}2x_1+x_2+4x_4+8x_5=0,\\x_3-x_4-3x_5=0,\end{cases}$$

可取 x_1,x_4,x_5 为自由未知量，则 $\begin{cases}x_2=-2x_1-4x_4-8x_5,\\x_3=x_4+3x_5.\end{cases}$

令 $x_1=k_1,x_4=k_2,x_5=k_3$，即得方程组的通解为

$$\begin{cases}x_1=k_1,\\x_2=-2k_1-4k_2-8k_3,\\x_3=k_2+3k_3,\\x_4=k_2,\\x_5=k_3,\end{cases}$$

写成向量形式，则为

$$\boldsymbol{x}=\begin{pmatrix}x_1\\x_2\\x_3\\x_4\\x_5\end{pmatrix}=k_1\begin{pmatrix}1\\-2\\0\\0\\0\end{pmatrix}+k_2\begin{pmatrix}0\\-4\\1\\1\\0\end{pmatrix}+k_3\begin{pmatrix}0\\-8\\3\\0\\1\end{pmatrix}\ (k_1,k_2,k_3\text{ 为任意实数}),$$

并可知 $\boldsymbol{\xi}_1=\begin{pmatrix}1\\-2\\0\\0\\0\end{pmatrix},\boldsymbol{\xi}_2=\begin{pmatrix}0\\-4\\1\\1\\0\end{pmatrix},\boldsymbol{\xi}_3=\begin{pmatrix}0\\-8\\3\\0\\1\end{pmatrix}$ 是方程组的一个基础解系.

例 3.6.3　线性方程组

$$\begin{cases}(2\lambda-4)x_1+2x_2+(\lambda-1)x_3=0,\\(\lambda-2)x_1+\lambda x_2+\lambda x_3=0,\\(\lambda-2)x_1+x_2+(\lambda-1)x_3=0.\end{cases}$$

当 λ 为何值时只有零解？有非零解？并求其解.

解　记系数矩阵为 $\boldsymbol{A}$，则

$$|\boldsymbol{A}|=\begin{vmatrix}2\lambda-4&2&\lambda-1\\\lambda-2&\lambda&\lambda\\\lambda-2&1&\lambda-1\end{vmatrix}=(\lambda-1)^2(\lambda-2),$$

所以，当 $\lambda\neq1$ 且 $\lambda\neq2$ 时，方程组只有零解；

当 $\lambda=1$ 时，

$$\boldsymbol{A}=\begin{pmatrix}-2&2&0\\-1&1&1\\-1&1&0\end{pmatrix}\xrightarrow[\substack{r_3-\frac{1}{2}r_1\\r_1\div(-2)}]{r_2-\frac{1}{2}r_1}\begin{pmatrix}1&-1&0\\0&0&1\\0&0&0\end{pmatrix},$$

此时 $R(\boldsymbol{A})=2<3$，故方程组有非零解，其同解方程组为 $\begin{cases}x_1-x_2=0,\\x_3=0,\end{cases}$ 由此可得通解为 $\boldsymbol{x}=k\begin{pmatrix}1\\1\\0\end{pmatrix}$（$k$ 为任意实数）；

当 $\lambda=2$ 时，

$$A=\begin{pmatrix}0&2&1\\0&2&2\\0&1&1\end{pmatrix}\xrightarrow{r_1\leftrightarrow r_3}\begin{pmatrix}0&1&1\\0&2&2\\0&2&1\end{pmatrix}\xrightarrow[r_3-2r_1]{r_2-2r_1}\begin{pmatrix}0&1&1\\0&0&0\\0&0&-1\end{pmatrix}$$

$$\xrightarrow[r_2\leftrightarrow r_3]{r_1+r_3}\begin{pmatrix}0&1&0\\0&0&-1\\0&0&0\end{pmatrix}\xrightarrow{r_2\times(-1)}\begin{pmatrix}0&1&0\\0&0&1\\0&0&0\end{pmatrix},$$

此时 $R(A)=2<3$，故方程组有非零解，其同解方程组为 $\begin{cases}x_2=0,\\x_3=0,\end{cases}$ 故可得通解为

$x=k\begin{pmatrix}1\\0\\0\end{pmatrix}$（$k$ 为任意实数）.

3.6.2 非齐次线性方程组的解的结构

对非齐次线性方程组

$$Ax=b,$$

其中

$$A=\begin{pmatrix}a_{11}&a_{12}&\cdots&a_{1n}\\a_{21}&a_{22}&\cdots&a_{2n}\\\vdots&\vdots&&\vdots\\a_{m1}&a_{m2}&\cdots&a_{mn}\end{pmatrix},x=\begin{pmatrix}x_1\\x_2\\\vdots\\x_n\end{pmatrix},b=\begin{pmatrix}b_1\\b_2\\\vdots\\b_m\end{pmatrix}.$$

若其有解，则称方程组是**相容的**；若无解，则称方程组是**不相容的**.

称齐次线性方程组 $Ax=0$ 为非齐次线性方程组 $Ax=b$ 的**导出方程组**（简称**导出组**），或对应的齐次线性方程组.

线性方程组 $Ax=b$ 与它的导出组 $Ax=0$ 的解具有如下关系，也就是非齐次线性方程组的解具有如下两条重要性质.

性质 3.6.3 设 $x=\eta_1$，$x=\eta_2$ 是方程组 $Ax=b$ 的两个解，则 $x=\eta_1-\eta_2$ 是它的导出组 $Ax=0$ 的解.

证 $A(\eta_1-\eta_2)=A\eta_1-A\eta_2=b-b=0$，即 $x=\eta_1-\eta_2$ 是 $Ax=0$ 的解. 证毕

性质 3.6.4 设 $x=\eta$ 是方程组 $Ax=b$ 的解，$x=\xi$ 是它的导出组 $Ax=0$ 的解，则 $x=\xi+\eta$ 是 $Ax=b$ 的解.

证 $A(\xi+\eta)=A\xi+A\eta=0+b=b$，因此 $x=\xi+\eta$ 是 $Ax=b$ 的解.

若求得 $Ax=b$ 的一个解为 η^*（一般称为**特解**），则 $Ax=b$ 的任一个解总可以表示为

$$\boldsymbol{x}=\boldsymbol{\xi}+\boldsymbol{\eta}^*,$$

其中 $\boldsymbol{x}=\boldsymbol{\xi}$ 是 $\boldsymbol{Ax}=\boldsymbol{0}$ 的解.

这是因为,如果 $\boldsymbol{x}=\boldsymbol{\eta}$ 是 $\boldsymbol{Ax}=\boldsymbol{b}$ 的任一个解,则由性质 3.6.3,$\boldsymbol{\xi}=\boldsymbol{\eta}-\boldsymbol{\eta}^*$ 是 $\boldsymbol{Ax}=\boldsymbol{0}$ 的解,所以 $\boldsymbol{\eta}=\boldsymbol{\xi}+\boldsymbol{\eta}^*$.

因此若导出组 $\boldsymbol{Ax}=\boldsymbol{0}$ 的基础解系为 $\boldsymbol{\xi}_1,\boldsymbol{\xi}_2,\cdots,\boldsymbol{\xi}_{n-r}$,则 $\boldsymbol{Ax}=\boldsymbol{b}$ 的任一个解总可以表示为

$$\boldsymbol{x}=k_1\boldsymbol{\xi}_1+k_2\boldsymbol{\xi}_2+\cdots+k_{n-r}\boldsymbol{\xi}_{n-r}+\boldsymbol{\eta}^*.$$

而由性质 3.6.4,对任意实数 $k_1,k_2,\cdots,k_{n-r}$,上式总是 $\boldsymbol{Ax}=\boldsymbol{b}$ 的解. 于是我们得到

定理 3.6.2　如果 $\boldsymbol{\eta}^*$ 是非齐次线性方程组 $\boldsymbol{Ax}=\boldsymbol{b}$ 的一个特解,$\boldsymbol{\xi}_1,\boldsymbol{\xi}_2,\cdots,\boldsymbol{\xi}_{n-r}$ 是其导出组 $\boldsymbol{Ax}=\boldsymbol{0}$ 的一个基础解系,则方程组 $\boldsymbol{Ax}=\boldsymbol{b}$ 的通解为

$$\boldsymbol{x}=k_1\boldsymbol{\xi}_1+k_2\boldsymbol{\xi}_2+\cdots+k_{n-r}\boldsymbol{\xi}_{n-r}+\boldsymbol{\eta}^*\ (k_1,k_2,\cdots,k_{n-r}\text{为任意实数}).$$

该定理告诉我们:非齐次线性方程组 $\boldsymbol{Ax}=\boldsymbol{b}$ 的通解是其导出组 $\boldsymbol{Ax}=\boldsymbol{0}$ 的通解 $\boldsymbol{\xi}$ 与其一特解 $\boldsymbol{\eta}^*$ 之和,即 $\boldsymbol{Ax}=\boldsymbol{b}$ 的通解为 $\boldsymbol{x}=\boldsymbol{\xi}+\boldsymbol{\eta}^*$.

例 3.6.4　求解线性方程组

$$\begin{cases} x_1-2x_2+3x_3-x_4+2x_5=1,\\ 2x_1+x_2+2x_3-2x_4-3x_5=4,\\ 4x_1-3x_2+8x_3-4x_4+x_5=\lambda. \end{cases}$$

解　对方程组的增广矩阵作初等行变换化简:

$$\boldsymbol{B}=(\boldsymbol{A},\boldsymbol{b})=\begin{pmatrix}1&-2&3&-1&2&1\\2&1&2&-2&-3&4\\4&-3&8&-4&1&\lambda\end{pmatrix}\xrightarrow[r_3-4r_1]{r_2-2r_1}\begin{pmatrix}1&-2&3&-1&2&1\\0&5&-4&0&-7&2\\0&5&-4&0&-7&\lambda-4\end{pmatrix}$$

$$\xrightarrow{r_3-r_2}\begin{pmatrix}1&-2&3&-1&2&1\\0&5&-4&0&-7&2\\0&0&0&0&0&\lambda-6\end{pmatrix}.$$

当 $\lambda\neq6$ 时,$R(\boldsymbol{A})=2\neq R(\boldsymbol{B})=3$,方程组无解.

当 $\lambda=6$ 时,$R(\boldsymbol{A})=R(\boldsymbol{B})=2<3$,所以方程组有无穷多个解;为求其解,进一步将 $\boldsymbol{B}$ 化为行最简形:

$$\boldsymbol{B}\to\begin{pmatrix}1&-2&3&-1&2&1\\0&5&-4&0&-7&2\\0&0&0&0&0&0\end{pmatrix}\xrightarrow[r_2\div5]{r_1+\frac{2}{5}r_2}\begin{pmatrix}1&0&\frac{7}{5}&-1&-\frac{4}{5}&\frac{9}{5}\\0&1&-\frac{4}{5}&0&-\frac{7}{5}&\frac{2}{5}\\0&0&0&0&0&0\end{pmatrix},$$

得同解方程组

$$\begin{cases} x_1+\frac{7}{5}x_3-x_4-\frac{4}{5}x_5=\frac{9}{5}, \\ x_2-\frac{4}{5}x_3-\qquad\frac{7}{5}x_5=\frac{2}{5}, \end{cases}$$

取 x_3,x_4,x_5 为自由未知量，则

$$\begin{cases} x_1=-\frac{7}{5}x_3+x_4+\frac{4}{5}x_5+\frac{9}{5}, \\ x_2=\quad\frac{4}{5}x_3+\qquad\frac{7}{5}x_5+\frac{2}{5}. \end{cases}$$

令 $x_3=k_1,x_4=k_2,x_5=k_3$，可得方程组的通解为

$$\begin{cases} x_1=-\frac{7}{5}k_1+k_2+\frac{4}{5}k_3+\frac{9}{5}, \\ x_2=\quad\frac{4}{5}k_1+\qquad\frac{7}{5}k_3+\frac{2}{5}, \\ x_3=\qquad k_1, \\ x_4=\qquad\qquad k_2, \\ x_5=\qquad\qquad\qquad k_3, \end{cases}$$

其中 k_1,k_2,k_3 为任意实数，写成向量形式，为

$$\begin{pmatrix} x_1\\x_2\\x_3\\x_4\\x_5 \end{pmatrix}=k_1\begin{pmatrix} -\frac{7}{5}\\ \frac{4}{5}\\1\\0\\0 \end{pmatrix}+k_2\begin{pmatrix}1\\0\\0\\1\\0\end{pmatrix}+k_3\begin{pmatrix}\frac{4}{5}\\ \frac{7}{5}\\0\\0\\1\end{pmatrix}+\begin{pmatrix}\frac{9}{5}\\ \frac{2}{5}\\0\\0\\0\end{pmatrix}\ (k_1,k_2,k_3\text{ 为任意实数}).$$

由上式可知 $\boldsymbol{\xi}_1=\begin{pmatrix} -\frac{7}{5}\\ \frac{4}{5}\\1\\0\\0 \end{pmatrix},\boldsymbol{\xi}_2=\begin{pmatrix}1\\0\\0\\1\\0\end{pmatrix},\boldsymbol{\xi}_3=\begin{pmatrix}\frac{4}{5}\\ \frac{7}{5}\\0\\0\\1\end{pmatrix}$ 是原方程组的导出组的一个基础解系，$\boldsymbol{\xi}=k_1\boldsymbol{\xi}_1+k_2\boldsymbol{\xi}_2+k_3\boldsymbol{\xi}_3$ 是导出组的通解，而 $\boldsymbol{\eta}^*=\begin{pmatrix}\frac{9}{5}\\ \frac{2}{5}\\0\\0\\0\end{pmatrix}$ 是原方程组的一特解.

例 3.6.5 求解线性方程组

$$\begin{cases}3x+5y+2z+2w=4,\\9x+4y+z+7w=2,\\2x+7y+3z+w=6.\end{cases}$$

解 对方程组的增广矩阵作初等行变换化简：

$$\boldsymbol{B}=(\boldsymbol{A},\boldsymbol{b})=\begin{pmatrix}3&5&2&2&4\\9&4&1&7&2\\2&7&3&1&6\end{pmatrix}\xrightarrow[3r_3-2r_1]{r_2-3r_1}\begin{pmatrix}3&5&2&2&4\\0&-11&-5&1&-10\\0&11&5&-1&10\end{pmatrix}$$

$$\xrightarrow{r_3+r_2}\begin{pmatrix}3&5&2&2&4\\0&-11&-5&1&-10\\0&0&0&0&0\end{pmatrix}\xrightarrow{r_1-2r_2}\begin{pmatrix}3&27&12&0&24\\0&-11&-5&1&-10\\0&0&0&0&0\end{pmatrix}$$

$$\xrightarrow{r_1\div 3}\begin{pmatrix}1&9&4&0&8\\0&-11&-5&1&-10\\0&0&0&0&0\end{pmatrix}.$$

由此得到同解方程组为

$$\begin{cases}x=-9y-4z+8,\\w=11y+5z-10,\end{cases}$$

其中 y,z 为任意实数，是自由未知量，得方程组的通解为

$$\begin{cases}x=-9k_1-4k_2+8,\\y=k_1,\\z=k_2,\\w=11k_1+5k_2-10,\end{cases}$$

其中 k_1,k_2 为任意实数，将其写成向量形式，则为

$$\begin{pmatrix}x\\y\\z\\w\end{pmatrix}=k_1\begin{pmatrix}-9\\1\\0\\11\end{pmatrix}+k_2\begin{pmatrix}-4\\0\\1\\5\end{pmatrix}+\begin{pmatrix}8\\0\\0\\-10\end{pmatrix}\quad(k_1,k_2\text{ 为任意实数}).$$

计算实验：求解线性方程组

例 3.6.6 如图 3.1 所示电路，$\varepsilon_1=2\text{V}$，$\varepsilon_2=1\text{V}$，$R_1=4\Omega$，$R_2=2\Omega$，$R_3=3\Omega$，求流经各电阻的电流.

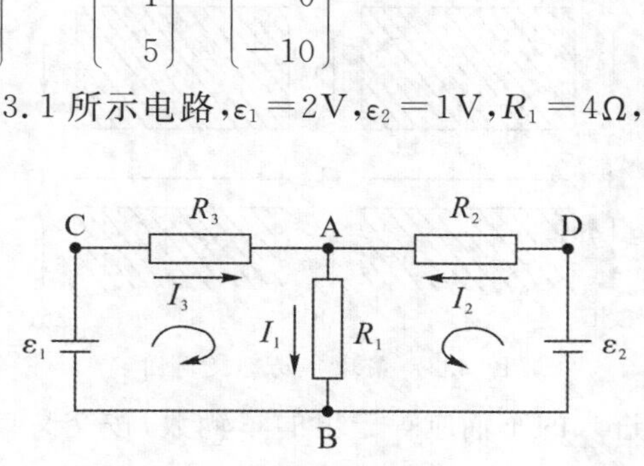

图 3.1 电路示意图

解 由基尔霍夫定律,每一节点处流入和流出的电流相等,沿每一闭合电路电压的代数和等于电压降的代数和;再由每一电阻产生的电压降由欧姆定律给出,取节点 A,并设 I_1,I_2,I_3.

对点 A:$-I_1+I_2+I_3=0$,

对回路 ABCA:$I_3R_3+I_1R_1-\varepsilon_1=0$,

对回路 ABDA:$I_2R_2+I_1R_1-\varepsilon_2=0$,

代入数值,得方程组

$$\begin{cases}-I_1+I_2+I_3=0,\\4I_1+3I_3=2,\\4I_1+2I_2=1.\end{cases}$$

对其系数矩阵作初等行变换化简,化为行最简形

$$\begin{pmatrix}-1&1&1&0\\4&0&3&2\\4&2&0&1\end{pmatrix}\xrightarrow{r}\begin{pmatrix}1&0&0&\frac{7}{26}\\0&1&0&-\frac{1}{26}\\0&0&1&\frac{4}{13}\end{pmatrix},$$

得 $I_1=\frac{7}{26},I_2=-\frac{1}{26},I_3=\frac{4}{13}$.

例 3.6.7 图 3.2 是某城市的局部交通图,所示的街道为单向车道(箭头方向).街道尽头处所示数据是其交通高峰期的平均车流量(辆/时).试设计一个数学模型用于描述此交通图,并考虑若某一天因故需要控制街道 B 至 C 间车流量在 150 辆/时以内的可行性.

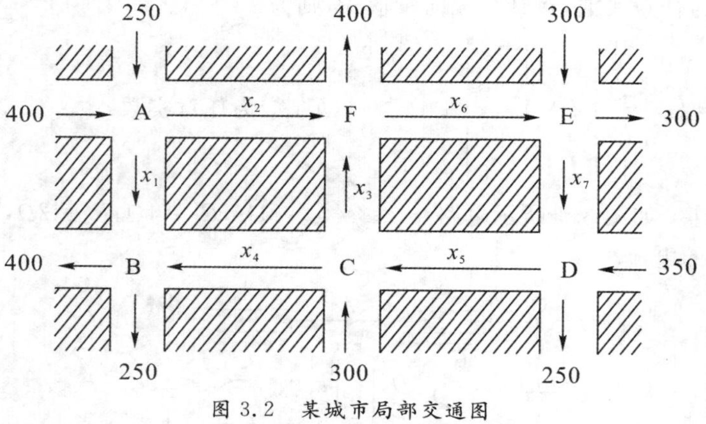

图 3.2 某城市局部交通图

解 每一交叉口进入的车辆应等于出的车辆数,按交叉口 A,B,C,D,E,F,依

次可得

$$\begin{cases}x_1+x_2=650,\\x_1+x_4=650,\\x_3+x_4-x_5=300,\\x_5-x_7=100,\\x_6-x_7=0,\\x_2+x_3-x_6=400,\end{cases}$$

对此方程组的增广矩阵作初等行变换化简

$$\begin{pmatrix}1&1&0&0&0&0&0&650\\1&0&0&1&0&0&0&650\\0&0&1&1&-1&0&0&300\\0&0&0&0&1&0&-1&100\\0&0&0&0&0&1&-1&0\\0&1&1&0&0&-1&0&400\end{pmatrix}\xrightarrow{r_2-r_1}\begin{pmatrix}1&1&0&0&0&0&0&650\\0&-1&0&1&0&0&0&0\\0&0&1&1&-1&0&0&300\\0&0&0&0&1&0&-1&100\\0&0&0&0&0&1&-1&0\\0&1&1&0&0&-1&0&400\end{pmatrix}$$

$$\xrightarrow[r_2\div(-1)]{\substack{r_6+r_2\\r_1+r_2}}\begin{pmatrix}1&0&0&1&0&0&0&650\\0&1&0&-1&0&0&0&0\\0&0&1&1&-1&0&0&300\\0&0&0&0&1&0&-1&100\\0&0&0&0&0&1&-1&0\\0&0&1&1&0&-1&0&400\end{pmatrix}$$

$$\xrightarrow[r_3+r_4]{r_6-r_3}\begin{pmatrix}1&0&0&1&0&0&0&650\\0&1&0&-1&0&0&0&0\\0&0&1&1&0&0&-1&400\\0&0&0&0&1&0&-1&100\\0&0&0&0&0&1&-1&0\\0&0&0&0&1&-1&0&100\end{pmatrix}$$

$$\xrightarrow[r_6+r_5]{r_6-r_4}\begin{pmatrix}1&0&0&1&0&0&0&650\\0&1&0&-1&0&0&0&0\\0&0&1&1&0&0&-1&400\\0&0&0&0&1&0&-1&100\\0&0&0&0&0&1&-1&0\\0&0&0&0&0&0&0&0\end{pmatrix}.$$

得同解方程组

$$\begin{cases}x_1+x_4=650,\\x_2-x_4=0,\\x_3+x_4-x_7=400,\\x_5-x_7=100,\\x_6-x_7=0.\end{cases}$$

可取 x_4 和 x_7 为自由未知量；注意到车流量为非负整数，故令 $x_4=s,x_7=t$ 为任意非负整数，得所需的数学模型

$$x_1=650-s,x_2=s,x_3=400+t-s,x_4=s,x_5=100+t,x_6=t,x_7=t,$$

要控制街道 B 至 C 间的车流量不大于 150 辆/时，即令 $x_4=150$，得

$$x_1=500,x_2=150,x_3=250+t,x_4=150,x_5=100+t,x_6=t,x_7=t.$$

其中 t 为任意非负整数(实际上，每条街道的车流量有个最大值，从而可得 t 的上限).

例 3.6.8 (2002) 设有三张不同平面的方程 $a_{i1}x+a_{i2}y+a_{i3}z=b_i,i=1,2,3$，它们所组成的线性方程组的系数矩阵与增广矩阵的秩都为 2，则这三张平面可能的位置关系为(　　).

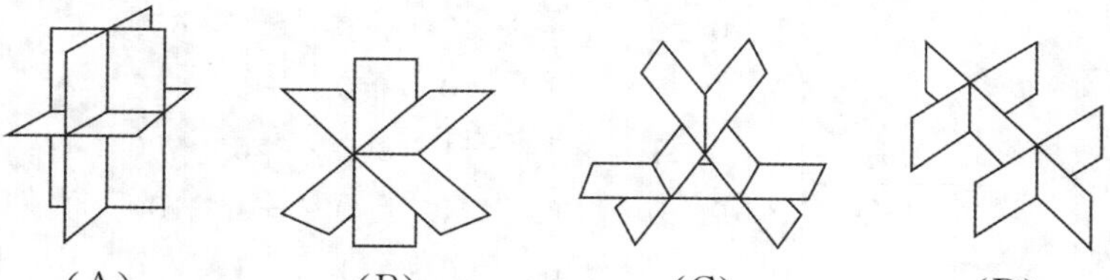

(A)　　　　(B)　　　　(C)　　　　(D)

解 (B)正确.

对于线性方程组 $a_{i1}x+a_{i2}y+a_{i3}z=b_i,i=1,2,3$，由于 $R(\boldsymbol{A})=R(\boldsymbol{B})=2<3$，所以方程组有无穷多解.

(A)表示三个平面有唯一的交点，说明线性方程组有唯一解，此时 $R(\boldsymbol{A})=R(\boldsymbol{B})=3$，故(A)不对；

(C)表示三个平面两两相交，但三个平面无公共点，说明线性方程组无解，此时 $R(\boldsymbol{A})=2<R(\boldsymbol{B})=3$，故(C)不对；

(D)表示三个平面中有两个平行平面，与第三个平面相交，但三个平面无公共点，说明线性方程组无解，此时 $R(\boldsymbol{A})=2<R(\boldsymbol{B})=3$，故(D)不对；

(B)中三个平面相交于同一直线，说明方程组有解，且有无穷多解，因此必有 $R(\boldsymbol{A})=R(\boldsymbol{B})<3$，又因为三个平面既不重合平面，又不平行平面，故 $R(\boldsymbol{A})=2$，即(B)正确.

习题　3.6

1. 求下列齐次线性方程组的一个基础解系及通解：

(1) $\begin{cases} x_1+2x_2-x_3=0, \\ 2x_1-3x_2+x_3=0, \\ 4x_1+x_2-x_3=0; \end{cases}$　(2) $\begin{cases} x_1+2x_2+x_3-x_4=0, \\ 3x_1+6x_2-x_3-3x_4=0, \\ 5x_1+10x_2+x_3-5x_4=0; \end{cases}$

(3) $\begin{cases} 2x_1+8x_2+6x_3+5x_4=0, \\ x_1+3x_2+3x_3+2x_4=0, \\ x_1+4x_2+2x_3+3x_4=0, \\ x_1+3x_2+5x_3-x_4=0; \end{cases}$　(4) $\begin{cases} 2x_1+x_2-x_3-x_4+x_5=0, \\ x_1-x_2+x_3+x_4-2x_5=0, \\ 3x_1+3x_2-3x_3-3x_4+4x_5=0, \\ 4x_1+5x_2-5x_3-5x_4+7x_5=0. \end{cases}$

2. 试问当 λ 取何值时，齐次线性方程组

$$\begin{cases} \lambda x_1+x_2+x_3=0, \\ 3x_1+2x_2+\lambda x_3=0, \\ (2\lambda+3)x_1+5x_2+(\lambda+4)x_3=0 \end{cases}$$

有非零解？并求其解.

3. 设 $\boldsymbol{A}=\begin{pmatrix} 1 & 2 & 3 \\ 2 & 4 & 6 \\ 3 & 6 & 9 \end{pmatrix}$，求一秩为 2 的方阵 $\boldsymbol{B}$，使 $\boldsymbol{AB}=\boldsymbol{O}$.

4. 已知平面上有三条不同的直线

$$l_1: ax+by+c=0,$$
$$l_2: bx+cy+a=0,$$
$$l_3: cx+ay+b=0.$$

证明：它们交于一点的充要条件是 $a+b+c=0$.

5. 求解下列非齐次线性方程组(解以结构形式给出)：

(1) $\begin{cases} x_1-x_2+x_3=1, \\ 2x_1-x_2+5x_3=2, \\ 2x_1+x_2+12x_3=0; \end{cases}$　(2) $\begin{cases} 2x+y-z=1, \\ 3x-2y+z=4, \\ x+4y-3z=7, \\ x+2y+z=4; \end{cases}$

(3) $\begin{cases} 2x_1-x_2+x_3-2x_4=1, \\ -x_1+x_2+2x_3+x_4=0, \\ 2x_1-2x_2-4x_3+4x_4=-1; \end{cases}$　(4) $\begin{cases} x-5y+2z-3w=11, \\ 5x+3y+6z-w=-1, \\ 2x+4y+2z+w=-6. \end{cases}$

6. 当 λ 取何值时，以下方程组有唯一解、无解、无穷多解？并在有解时，求出其解：

(1) $\begin{cases} x_1+2x_2+\lambda x_3=1, \\ 2x_1+\lambda x_2+8x_3=3; \end{cases}$　　(2) $\begin{cases} 2x_1-x_2+3x_3=2, \\ x_1-3x_2+4x_3=1, \\ -x_1+2x_2+\lambda x_3=-3; \end{cases}$

(3) $\begin{cases} (2-\lambda)x_1+2x_2-2x_3=1, \\ 2x_1+(5-\lambda)x_2-4x_3=2, \\ -2x_1-4x_2+(5-\lambda)x_3=-\lambda-1. \end{cases}$

小　结

一、导学

本章介绍了向量组的线性相关性、极大无关组与向量组的秩、向量空间的基与维数及子空间. 本章是线性代数的核心内容，具有概念多且抽象、定理多且与线性方程组及矩阵的内容相互交叉等特点，因而也是线性代数的重点与难点. 本章也可以说是线性代数的几何理论，把线性方程组的理论“翻译”成几何语言——向量语言就是本章的理论. 向量是几何的基本元素. 因此，掌握向量语言或者说是几何语言是学好本章的关键. 方程组理论是在矩阵运算与矩阵的秩的基础上建立起来的，而向量组可等同于矩阵. 因此，矩阵是连接方程组理论与几何理论的桥梁. 学习本章，要特别注意线性矩阵语言、方程语言与几何语言间的转换，并注意对下面关系式

$$(\boldsymbol{\beta}_1,\boldsymbol{\beta}_2,\cdots,\boldsymbol{\beta}_l)=(\boldsymbol{\alpha}_1,\boldsymbol{\alpha}_2,\cdots,\boldsymbol{\alpha}_m)\boldsymbol{K}_{m\times l}\text{，记为 }\boldsymbol{B}=\boldsymbol{A}\boldsymbol{K},$$

所作的理解：

(1)矩阵语言：矩阵 $\boldsymbol{B}$ 是矩阵 $\boldsymbol{A}$ 与 $\boldsymbol{K}$ 的乘积；

(2)方程语言：矩阵 $\boldsymbol{K}$ 是矩阵方程 $\boldsymbol{A}\boldsymbol{X}=\boldsymbol{B}$ 的一个解；

(3)几何语言：$\boldsymbol{B}$ 的列向量组能由 $\boldsymbol{A}$ 的列向量组线性表示，$\boldsymbol{K}$ 是这一表示的系数矩阵.

线性方程组是线性代数的一个非常重要的内容，前面已经多次提到，并学习了一些方法，且在 2.7 节中给出了线性方程组解的判定定理，本章进一步从向量组线性相关性的理论来讨论线性方程组的解.

为了掌握好本章的内容，读者应注意以下几点：

(1)理解 n 维向量、线性组合与线性表示等概念，掌握向量组线性相关、线性无

关的定义及判断与证明方法；

(2)搞清向量组与矩阵的关系，理解与掌握一个向量可由一向量组线性表示的意义与方法；

(3)理解向量组的秩及极大无关组的概念及其求法；

(4)了解 n 维向量空间、子空间、基、维数、坐标等概念；

(5)理解并会运用线性方程组的解的性质，掌握 2.7 节中线性方程组解的判定定理；

(6)理解齐次线性方程组的解的空间、基础解系、通解等概念，掌握求齐次线性方程组的基础解系与通解的方法；

(7)理解非齐次线性方程组解的结构及通解的概念，掌握求非齐次线性方程组通解的方法.

二、基本方法

1. 判断一个向量可由一组向量线性表示与求表示式的方法：

设 $\boldsymbol{\beta},\boldsymbol{\alpha}_1,\boldsymbol{\alpha}_2,\cdots,\boldsymbol{\alpha}_m$ 为一组列向量(若为行向量组，则取其转置)，若向量形式的方程组 $\boldsymbol{\beta}=k_1\boldsymbol{\alpha}_1+k_2\boldsymbol{\alpha}_2+\cdots+k_m\boldsymbol{\alpha}_m$ 有解，则向量 $\boldsymbol{\beta}$ 可由 $\boldsymbol{\alpha}_1,\boldsymbol{\alpha}_2,\cdots,\boldsymbol{\alpha}_m$ 线性表示；这实际上就是要判断 $R(\boldsymbol{\alpha}_1,\boldsymbol{\alpha}_2,\cdots,\boldsymbol{\alpha}_m,\boldsymbol{\beta})$ 是否与 $R(\boldsymbol{\alpha}_1,\boldsymbol{\alpha}_2,\cdots,\boldsymbol{\alpha}_m)$ 相等的问题. 具体可见例 3.2.4.

2. 向量组线性相关性的判定方法：

(1)观察法：利用线性相关性的定义及下述结论观察向量组的线性相关性.

①单个向量 $\boldsymbol{\alpha}$ 线性相关(无关)的充要条件是 $\boldsymbol{\alpha}=\mathbf{0}(\boldsymbol{\alpha}\neq\mathbf{0})$.

②两个向量 $\boldsymbol{\alpha},\boldsymbol{\beta}$ 线性相关(无关)的充要条件是 $\boldsymbol{\alpha},\boldsymbol{\beta}$ 的对应分量成比例(不成比例).

③若向量组中有一部分组线性相关，则该向量组线性相关. 特别地，含零向量的向量组线性相关. 若一向量组线性无关，则其任一部分组线性无关.

④如果向量组中所含向量的个数大于向量的维数，则该向量组线性相关.

⑤对线性无关的向量组中的每个向量，在相同位置上任意添加分量，所得的新向量组仍线性无关. 对于线性相关的向量组，去掉相同位置上的分量，所得的新向量组仍线性相关(可见后面例题解析中例 3.1).

⑥如果向量组 $\boldsymbol{\beta}_1,\boldsymbol{\beta}_2,\cdots,\boldsymbol{\beta}_t$ 可由向量组 $\boldsymbol{\alpha}_1,\boldsymbol{\alpha}_2,\cdots,\boldsymbol{\alpha}_s$ 线性表示，且 $s<t$，则 $\boldsymbol{\beta}_1,\boldsymbol{\beta}_2,\cdots,\boldsymbol{\beta}_t$ 必线性相关；特别地，任意 $n+1$ 个 n 维向量必线性相关.

(2)初等变换法(或秩法)：将向量组中的向量作为矩阵的列向量构成矩阵，施行初等行变换求出矩阵的秩，若矩阵的秩等于(小于)向量组的向量个数，则该向量组线性无关(相关).

3.求向量组的秩、极大无关组以及向量组中其余向量用极大无关组线性表示的方法：

第一步，将向量组中的各向量作为矩阵的列构成矩阵；

第二步，对上述矩阵施行初等行变换(不能施行初等列变换)化成行阶梯形矩阵，非零行的行数(即矩阵的秩)为向量组的秩；

第三步，对行阶梯形矩阵继续作初等行变换化为行最简形矩阵，取每个非零行的非零首元所在的列，这些列所对应的原向量组中的向量构成向量组的一个极大无关组；

第四步，此时，行最简形矩阵中非极大无关组的列向量的各分量即为对应的原向量组中向量用极大无关组表示的系数.具体可见例 3.4.1、例 3.4.2.

4.证明向量组线性相关性的常用方法：

(1)利用定义证明；

(2)根据向量组的线性相关性与秩的关系证明(即判断向量组的秩与向量组的向量个数是否相等)；

(3)反证法.

5.判断一组向量对于所定义的运算是否构成向量空间时要注意运算的封闭性.

6.求 n 元齐次方程组 $\boldsymbol{Ax}=\boldsymbol{0}$ 的基础解系与通解的方法与步骤：

第一步，对系数矩阵 $\boldsymbol{A}$ 施行初等行变换，化为行阶梯形矩阵；

第二步，若 $R(\boldsymbol{A})=n$，则方程组只有零解，解题结束；若 $R(\boldsymbol{A})<n$，则方程组有非零解，继续第三步；

第三步，对行阶梯形矩阵继续施行初等行变换化为行最简形矩阵，然后选取 $n-r$ 个自由未知量，并写出原方程组的同解方程组；令自由未知量分别取下列 $n-r$ 组值

$$(1,0,\cdots,0)^{\mathrm{T}},(0,1,0,\cdots,0)^{\mathrm{T}},\cdots,(0,\cdots,0,1)^{\mathrm{T}}.$$

求得该方程组的 $n-r$ 个线性无关的解向量，即为该方程组的基础解系.

具体可见例 3.6.1、例 3.6.2.

7.求 n 元非齐次方程组 $\boldsymbol{Ax}=\boldsymbol{b}$ 结构式通解的方法与步骤：

所谓 n 元非齐次方程组 $\boldsymbol{Ax}=\boldsymbol{b}$ 的结构式通解，是指用方程组的一个特解及其导出组的基础解系表示的通解.

第一步，对方程组的增广矩阵 $\boldsymbol{B}=(\boldsymbol{A},\boldsymbol{b})$ 施行初等行变换，化为行阶梯形矩阵；当 $R(\boldsymbol{B})\neq R(\boldsymbol{A})$ 时方程组无解；当 $R(\boldsymbol{B})=R(\boldsymbol{A})$ 时方程组有解，继续施行初等行变换化简行阶梯形矩阵为行最简形矩阵；

第二步，若 $R(\boldsymbol{B})=R(\boldsymbol{A})=n$，方程组有唯一解，由行最简形矩阵可直接写出其

解;若 $R(\boldsymbol{B})=R(\boldsymbol{A})=r<n$,则方程组有无穷多解,此时由行最简形矩阵写出原方程组的同解方程组,并选取 $n-r$ 个自由未知量,就可求出原方程组的一个特解与导出组的一个基础解系;

第三步,写出原方程组的结构式通解.

具体可见例 3.6.4、例 3.6.5.

三、疑难解析

1. 设 $\boldsymbol{\alpha}_1,\boldsymbol{\alpha}_2,\cdots,\boldsymbol{\alpha}_s$ 是一 n 维向量组,若对任意不全为零的数组 $k_1,k_2,\cdots,k_s$ 有 $k_1\boldsymbol{\alpha}_1+k_2\boldsymbol{\alpha}_2+\cdots+k_s\boldsymbol{\alpha}_s\neq\boldsymbol{0}$,问 $\boldsymbol{\alpha}_1,\boldsymbol{\alpha}_2,\cdots,\boldsymbol{\alpha}_s$ 是否线性无关?

答　线性无关.因为对任意不全为零的 s 个数 $k_1,k_2,\cdots,k_s$ 都有 $k_1\boldsymbol{\alpha}_1+k_2\boldsymbol{\alpha}_2+\cdots+k_s\boldsymbol{\alpha}_s\neq\boldsymbol{0}$,也就是说,若 $k_1\boldsymbol{\alpha}_1+k_2\boldsymbol{\alpha}_2+\cdots+k_s\boldsymbol{\alpha}_s=\boldsymbol{0}$,则必有 $k_1,k_2,\cdots,k_s$ 全为零,所以结论正确.

2. 设 $\boldsymbol{\alpha}_1,\boldsymbol{\alpha}_2,\cdots,\boldsymbol{\alpha}_s$ 是一线性相关的 n 维向量组,问是否其中任一向量都可由其余向量线性表示?

答　不是.按照向量组线性相关的性质,一个向量组线性相关,只能保证其中至少有一个向量能被其余向量线性表示,而不能保证其中每一个向量都能被其余向量线性表示.例如取 $\boldsymbol{\alpha}_1=(1,0)$,$\boldsymbol{\alpha}_2=(0,0)$,显然是一个线性相关的向量组,但 $\boldsymbol{\alpha}_1$ 不能由 $\boldsymbol{\alpha}_2$ 线性表示.

3. 设有向量组 $\boldsymbol{\alpha}_1,\boldsymbol{\alpha}_2,\cdots,\boldsymbol{\alpha}_s(s\geqslant 2)$,如果从中任取 $r(r<s)$ 个向量都是线性无关的,问该向量组是否线性无关?

答　不一定.例如,取向量组 $\boldsymbol{\alpha}_1=(1,0)$,$\boldsymbol{\alpha}_2=(0,1)$,$\boldsymbol{\alpha}_3=(1,1)$,显然满足条件的该向量组的任一部分组都线性无关,而该向量组线性相关.

注　对于一个线性无关向量组来说,其任一部分组都是线性无关的(即整体无关,则部分无关),其逆否命题是"部分相关,则整体相关",即若一个向量组的某一部分组线性相关,则其必线性相关.

4. 设向量组 $\boldsymbol{\alpha}_1,\boldsymbol{\alpha}_2,\cdots,\boldsymbol{\alpha}_s$ 的秩为 r,是否向量组中任意 r 个向量都是它的一个极大无关组?

答　不是.例如向量组 $\boldsymbol{\alpha}_1=(1,0)$,$\boldsymbol{\alpha}_2=(0,1)$,$\boldsymbol{\alpha}_3=(0,0)$的秩为 2,但 $\boldsymbol{\alpha}_2,\boldsymbol{\alpha}_3$ 线性相关.

5. 非齐次线性方程组的所有解是否构成一个向量空间?

答　不能构成.因为非齐次线性方程组的任意两个解的和不再是该方程组的解,所以,其解集对于加法运算不封闭,不是向量空间.

6. 非齐次线性方程组 $\boldsymbol{Ax}=\boldsymbol{b}$ 与其导出组 $\boldsymbol{Ax}=\boldsymbol{0}$ 的解之间有什么关系?

答　(1)若 $\boldsymbol{Ax}=\boldsymbol{b}$ 有唯一解,则 $\boldsymbol{Ax}=\boldsymbol{0}$ 只有零解.

(2)若 $\boldsymbol{A}\boldsymbol{x}=\boldsymbol{b}$ 有无穷多解,则 $\boldsymbol{A}\boldsymbol{x}=\boldsymbol{0}$ 必有非零解,这是因为此时必有 $R(\boldsymbol{A})<n$.

(3)$\boldsymbol{A}\boldsymbol{x}=\boldsymbol{b}$ 的一个解与 $\boldsymbol{A}\boldsymbol{x}=\boldsymbol{0}$ 的解的和还是 $\boldsymbol{A}\boldsymbol{x}=\boldsymbol{b}$ 的解.

(4)应注意的是以下两种说法是不对的:若导出组 $\boldsymbol{A}\boldsymbol{x}=\boldsymbol{0}$ 只有零解,则方程组 $\boldsymbol{A}\boldsymbol{x}=\boldsymbol{b}$ 有唯一解;或者若导出组 $\boldsymbol{A}\boldsymbol{x}=\boldsymbol{0}$ 有非零解,则方程组 $\boldsymbol{A}\boldsymbol{x}=\boldsymbol{b}$ 有无穷多解.这是因为 $\boldsymbol{A}\boldsymbol{x}=\boldsymbol{0}$ 只有零(有非零)解,说明 $R(\boldsymbol{A})=n(<n)$,但并不能说明系数矩阵的秩与增广矩阵的秩相等.

7. 与 n 元非齐次线性方程组 $\boldsymbol{A}\boldsymbol{x}=\boldsymbol{b}$ 有解等价的常用命题有哪些?

答 设 $\boldsymbol{\alpha}_1,\boldsymbol{\alpha}_2,\cdots,\boldsymbol{\alpha}_n$ 是 $\boldsymbol{A}$ 的列向量组,即 $\boldsymbol{A}=(\boldsymbol{\alpha}_1,\boldsymbol{\alpha}_2,\cdots,\boldsymbol{\alpha}_n)$,则:$\boldsymbol{A}\boldsymbol{x}=\boldsymbol{b}$ 有解 $\Leftrightarrow$ 向量 $\boldsymbol{b}$ 可由 $\boldsymbol{\alpha}_1,\boldsymbol{\alpha}_2,\cdots,\boldsymbol{\alpha}_n$ 线性表示 $\Leftrightarrow \boldsymbol{\alpha}_1,\boldsymbol{\alpha}_2,\cdots,\boldsymbol{\alpha}_n$ 与 $\boldsymbol{\alpha}_1,\boldsymbol{\alpha}_2,\cdots,\boldsymbol{\alpha}_n,\boldsymbol{b}$ 等价 $\Leftrightarrow R(\boldsymbol{\alpha}_1,\boldsymbol{\alpha}_2,\cdots,\boldsymbol{\alpha}_n)=R(\boldsymbol{\alpha}_1,\boldsymbol{\alpha}_2,\cdots,\boldsymbol{\alpha}_n,\boldsymbol{b})$.

四、例题增补

例 3.1 证明:如果向量组 $\boldsymbol{\alpha}_i=(a_{i1},a_{i2},\cdots,a_{in})^{\mathrm{T}}(i=1,2,\cdots,s)$ 线性无关,那么在每个向量上任意添加一个分量,所得的 $n+1$ 维向量组

$$\boldsymbol{\beta}_i=(a_{i1},a_{i2},\cdots,a_{in},a_{i,n+1})^{\mathrm{T}}\quad(i=1,2,\cdots,s)$$

仍线性无关.

证 事实上,

$$(\boldsymbol{\alpha}_1,\boldsymbol{\alpha}_2,\cdots,\boldsymbol{\alpha}_s)=\begin{pmatrix}a_{11}&a_{21}&\cdots&a_{s1}\\a_{12}&a_{22}&\cdots&a_{s2}\\\vdots&\vdots&&\vdots\\a_{1n}&a_{2n}&\cdots&a_{sn}\end{pmatrix},$$

$$(\boldsymbol{\beta}_1,\boldsymbol{\beta}_2,\cdots,\boldsymbol{\beta}_s)=\begin{pmatrix}a_{11}&a_{21}&\cdots&a_{s1}\\a_{12}&a_{22}&\cdots&a_{s2}\\\vdots&\vdots&&\vdots\\a_{1n}&a_{2n}&\cdots&a_{sn}\\a_{1,n+1}&a_{2,n+1}&\cdots&a_{s,n+1}\end{pmatrix},$$

如果 $\boldsymbol{\alpha}_1,\boldsymbol{\alpha}_2,\cdots,\boldsymbol{\alpha}_s$ 线性无关,则 $R(\boldsymbol{\alpha}_1,\boldsymbol{\alpha}_2,\cdots,\boldsymbol{\alpha}_s)=s$,从而得 $R(\boldsymbol{\beta}_1,\boldsymbol{\beta}_2,\cdots,\boldsymbol{\beta}_s)=s$,所以 $\boldsymbol{\beta}_1,\boldsymbol{\beta}_2,\cdots,\boldsymbol{\beta}_s$ 也线性无关. 证毕

与这个结论相对应的关于线性相关的结论是:如果一向量组是线性相关的,那么在每个向量中去掉一个分量,例如,都去掉最后一个分量后所得的 $n-1$ 维向量组

$$\boldsymbol{\nu}_i=(a_{i1},a_{i2},\cdots,a_{i,n-1})^{\mathrm{T}}\quad(i=1,2,\cdots,s)$$

也是线性相关的.这两个结论可以推广到增添或去掉有限个分量的情形.

例 3.2　设向量组Ⅰ：$\boldsymbol{\alpha}_1,\boldsymbol{\alpha}_2,\cdots,\boldsymbol{\alpha}_s$ 的秩为 r_1，向量组Ⅱ：$\boldsymbol{\beta}_1,\boldsymbol{\beta}_2,\cdots,\boldsymbol{\beta}_t$ 的秩为 r_2，则由向量组Ⅰ和Ⅱ组成的向量组Ⅲ：$\boldsymbol{\alpha}_1,\boldsymbol{\alpha}_2,\cdots,\boldsymbol{\alpha}_s,\boldsymbol{\beta}_1,\boldsymbol{\beta}_2,\cdots,\boldsymbol{\beta}_t$ 的秩不超过 r_1+r_2，证明：

$$R(\boldsymbol{\alpha}_1,\boldsymbol{\alpha}_2,\cdots,\boldsymbol{\alpha}_s,\boldsymbol{\beta}_1,\boldsymbol{\beta}_2,\cdots,\boldsymbol{\beta}_t)\leqslant R(\boldsymbol{\alpha}_1,\boldsymbol{\alpha}_2,\cdots,\boldsymbol{\alpha}_s)+R(\boldsymbol{\beta}_1,\boldsymbol{\beta}_2,\cdots,\boldsymbol{\beta}_t).$$

证　设 $\boldsymbol{\alpha}_{k_1},\boldsymbol{\alpha}_{k_2},\cdots,\boldsymbol{\alpha}_{k_{r_1}}$ 是 $\boldsymbol{\alpha}_1,\boldsymbol{\alpha}_2,\cdots,\boldsymbol{\alpha}_s$ 的一个极大无关组，$\boldsymbol{\beta}_{l_1},\boldsymbol{\beta}_{l_2},\cdots,\boldsymbol{\beta}_{l_{r_2}}$ 是 $\boldsymbol{\beta}_1,\boldsymbol{\beta}_2,\cdots,\boldsymbol{\beta}_t$ 的一个极大无关组．若 $\boldsymbol{\beta}_j(j=l_1,l_2,\cdots l_{r_2})$ 都不能由 $\boldsymbol{\alpha}_{k_1},\boldsymbol{\alpha}_{k_2},\cdots,\boldsymbol{\alpha}_{k_{r_1}}$ 线性表示，则 $\boldsymbol{\alpha}_{k_1},\boldsymbol{\alpha}_{k_2},\cdots,\boldsymbol{\alpha}_{k_{r_1}},\boldsymbol{\beta}_{l_1},\boldsymbol{\beta}_{l_2},\cdots,\boldsymbol{\beta}_{l_{r_2}}$ 是 $\boldsymbol{\alpha}_1,\boldsymbol{\alpha}_2,\cdots,\boldsymbol{\alpha}_s,\boldsymbol{\beta}_1,\boldsymbol{\beta}_2,\cdots,\boldsymbol{\beta}_t$ 的一个极大无关组，从而

$$R(\boldsymbol{\alpha}_1,\boldsymbol{\alpha}_2,\cdots,\boldsymbol{\alpha}_s,\boldsymbol{\beta}_1,\boldsymbol{\beta}_2,\cdots,\boldsymbol{\beta}_t)=R(\boldsymbol{\alpha}_1,\boldsymbol{\alpha}_2,\cdots,\boldsymbol{\alpha}_s)+R(\boldsymbol{\beta}_1,\boldsymbol{\beta}_2,\cdots,\boldsymbol{\beta}_t)=r_1+r_2.$$

若 $\boldsymbol{\beta}_{l_1},\boldsymbol{\beta}_{l_2},\cdots,\boldsymbol{\beta}_{l_{r_2}}$ 中有一个向量能由 $\boldsymbol{\alpha}_{k_1},\boldsymbol{\alpha}_{k_2},\cdots,\boldsymbol{\alpha}_{k_{r_1}}$ 线性表示，则显然

$$R(\boldsymbol{\alpha}_1,\boldsymbol{\alpha}_2,\cdots,\boldsymbol{\alpha}_s,\boldsymbol{\beta}_1,\boldsymbol{\beta}_2,\cdots,\boldsymbol{\beta}_t)<R(\boldsymbol{\alpha}_1,\boldsymbol{\alpha}_2,\cdots,\boldsymbol{\alpha}_s)+R(\boldsymbol{\beta}_1,\boldsymbol{\beta}_2,\cdots,\boldsymbol{\beta}_t)=r_1+r_2.$$

综上，结论成立．　　证毕

例 3.3　设 $\boldsymbol{A}$ 为 $m\times n$ 矩阵，$\boldsymbol{B}$ 是 $n\times s$ 矩阵，且 $\boldsymbol{AB}=\boldsymbol{O}$，证明：

$$R(\boldsymbol{A})+R(\boldsymbol{B})\leqslant n.$$

证　设 $\boldsymbol{B}$ 的列向量组为 $\boldsymbol{\beta}_1,\boldsymbol{\beta}_2,\cdots,\boldsymbol{\beta}_s$，则 $\boldsymbol{AB}=\boldsymbol{A}(\boldsymbol{\beta}_1,\boldsymbol{\beta}_2,\cdots,\boldsymbol{\beta}_s)=(\boldsymbol{A\beta}_1,\boldsymbol{A\beta}_2,\cdots,\boldsymbol{A\beta}_s)=\boldsymbol{O}$，从而 $\boldsymbol{A\beta}_i=\boldsymbol{0}(i=1,2,\cdots,s)$，即 $\boldsymbol{\beta}_i$ 是方程组 $\boldsymbol{Ax}=\boldsymbol{0}$ 的解；

又因为 $\boldsymbol{Ax}=\boldsymbol{0}$ 的解中线性无关的解的个数为 $n-R(\boldsymbol{A})$，所以

$$R(\boldsymbol{B})=R(\boldsymbol{\beta}_1,\boldsymbol{\beta}_2,\cdots,\boldsymbol{\beta}_s)\leqslant n-R(\boldsymbol{A})\text{，即 }R(\boldsymbol{A})+R(\boldsymbol{B})\leqslant n.$$　　证毕

注　矩阵积 $\boldsymbol{AB}=\boldsymbol{O}$ 是一重要关系式，应记住与此相关的两个结论：

(1) $\boldsymbol{A}_{m\times n}\boldsymbol{B}_{n\times s}=\boldsymbol{O}\Rightarrow R(\boldsymbol{A})+R(\boldsymbol{B})\leqslant n$；

(2) $\boldsymbol{AB}=\boldsymbol{O}\Rightarrow\boldsymbol{B}$ 的每一列均为 $\boldsymbol{Ax}=\boldsymbol{0}$ 的解．

例 3.4　(2004)　设 $\boldsymbol{A},\boldsymbol{B}$ 为满足 $\boldsymbol{AB}=\boldsymbol{O}$ 的任意两个非零矩阵，则必有(　　)．

(A) $\boldsymbol{A}$ 的列向量组线性相关，$\boldsymbol{B}$ 的行向量组线性相关

(B) $\boldsymbol{A}$ 的列向量组线性相关，$\boldsymbol{B}$ 的列向量组线性相关

(C) $\boldsymbol{A}$ 的行向量组线性相关，$\boldsymbol{B}$ 的行向量组线性相关

(D) $\boldsymbol{A}$ 的行向量组线性相关，$\boldsymbol{B}$ 的列向量组线性相关

分析　$\boldsymbol{A},\boldsymbol{B}$ 的行、列向量组是否线性相关，可从 $\boldsymbol{A},\boldsymbol{B}$ 是否行(或列)满秩，或矩阵方程 $\boldsymbol{Ax}=\boldsymbol{0}$ ($\boldsymbol{Bx}=\boldsymbol{0}$)是否有非零解进行分析讨论．

解法 1　设 $\boldsymbol{A}$ 为 $m\times n$ 矩阵，$\boldsymbol{B}$ 为 $n\times s$ 矩阵，则由 $\boldsymbol{AB}=\boldsymbol{O}$ 得 $R(\boldsymbol{A})+R(\boldsymbol{B})\leqslant n$；而 $\boldsymbol{A},\boldsymbol{B}$ 为非零矩阵，必有 $R(\boldsymbol{A})>0,R(\boldsymbol{B})>0$；从而 $R(\boldsymbol{A})<n,R(\boldsymbol{B})<n$，即 $\boldsymbol{A}$ 的列向量组线性相关，$\boldsymbol{B}$ 的行向量组线性相关，故应选(A)．

解法 2　由 $\boldsymbol{AB}=\boldsymbol{O}$ 得：$\boldsymbol{B}$ 的每一列均为 $\boldsymbol{Ax}=\boldsymbol{0}$ 的解，而 $\boldsymbol{B}$ 为非零矩阵，即 $\boldsymbol{Ax}=\boldsymbol{0}$ 存在非零解，所以 $\boldsymbol{A}$ 的列向量组线性相关．

同理，由 $\boldsymbol{AB}=\boldsymbol{O}$ 得：$\boldsymbol{B}^{\mathrm{T}}\boldsymbol{A}^{\mathrm{T}}=\boldsymbol{O}$，于是有 $\boldsymbol{B}^{\mathrm{T}}$ 的列向量组，即 $\boldsymbol{B}$ 的行向量组线性相关，故应选(A).

例 3.5 (2007) 设向量组 $\boldsymbol{\alpha}_1,\boldsymbol{\alpha}_2,\boldsymbol{\alpha}_3$ 线性无关，则下列向量组线性相关的是(　　).

(A)$\boldsymbol{\alpha}_1-\boldsymbol{\alpha}_2,\boldsymbol{\alpha}_2-\boldsymbol{\alpha}_3,\boldsymbol{\alpha}_3-\boldsymbol{\alpha}_1$　　(B)$\boldsymbol{\alpha}_1+\boldsymbol{\alpha}_2,\boldsymbol{\alpha}_2+\boldsymbol{\alpha}_3,\boldsymbol{\alpha}_3+\boldsymbol{\alpha}_1$

(C)$\boldsymbol{\alpha}_1-2\boldsymbol{\alpha}_2,\boldsymbol{\alpha}_2-2\boldsymbol{\alpha}_3,\boldsymbol{\alpha}_3-2\boldsymbol{\alpha}_1$　　(D)$\boldsymbol{\alpha}_1+2\boldsymbol{\alpha}_2,\boldsymbol{\alpha}_2+2\boldsymbol{\alpha}_3,\boldsymbol{\alpha}_3+2\boldsymbol{\alpha}_1$

分析 判别由线性无关的向量组 $\boldsymbol{\alpha}_1,\boldsymbol{\alpha}_2,\boldsymbol{\alpha}_3$ 构造的另一向量组 $\boldsymbol{\beta}_1,\boldsymbol{\beta}_2,\boldsymbol{\beta}_3$ 的线性相关性，一般将两向量组之间的关系式通过矩阵形式表示，令 $(\boldsymbol{\beta}_1,\boldsymbol{\beta}_2,\boldsymbol{\beta}_3)=(\boldsymbol{\alpha}_1,\boldsymbol{\alpha}_2,\boldsymbol{\alpha}_3)\boldsymbol{K}$，若 $\boldsymbol{K}$ 不满秩，则 $\boldsymbol{\beta}_1,\boldsymbol{\beta}_2,\boldsymbol{\beta}_3$ 线性相关；若 $\boldsymbol{K}$ 满秩，则 $\boldsymbol{\beta}_1,\boldsymbol{\beta}_2,\boldsymbol{\beta}_3$ 线性无关.

解 因为 $(\boldsymbol{\alpha}_1-\boldsymbol{\alpha}_2,\boldsymbol{\alpha}_2-\boldsymbol{\alpha}_3,\boldsymbol{\alpha}_3-\boldsymbol{\alpha}_1)=(\boldsymbol{\alpha}_1,\boldsymbol{\alpha}_2,\boldsymbol{\alpha}_3)\begin{pmatrix}1&0&-1\\-1&1&0\\0&-1&1\end{pmatrix}$，

而 $\begin{vmatrix}1&0&-1\\-1&1&0\\0&-1&1\end{vmatrix}=0$，所以 $\boldsymbol{\alpha}_1-\boldsymbol{\alpha}_2,\boldsymbol{\alpha}_2-\boldsymbol{\alpha}_3,\boldsymbol{\alpha}_3-\boldsymbol{\alpha}_1$ 线性相关，故选(A).

例 3.6 设四维向量组 $\boldsymbol{\alpha}_1=(1+a,1,1,1)^{\mathrm{T}},\boldsymbol{\alpha}_2=(2,2+a,2,2)^{\mathrm{T}},\boldsymbol{\alpha}_3=(3,3,3+a,3)^{\mathrm{T}},\boldsymbol{\alpha}_4=(4,4,4,4+a)^{\mathrm{T}}$，问 a 为何值时 $\boldsymbol{\alpha}_1,\boldsymbol{\alpha}_2,\boldsymbol{\alpha}_3,\boldsymbol{\alpha}_4$ 线性相关？当 $\boldsymbol{\alpha}_1,\boldsymbol{\alpha}_2,\boldsymbol{\alpha}_3,\boldsymbol{\alpha}_4$ 线性相关时，求其一个极大无关组，并将其余向量用该极大无关组线性表示.

分析 因为向量组中的向量个数和向量维数相同，所以用以向量为列的矩阵的行列式为零来确定参数 a，而用初等变换求极大无关组.

解 记以 $\boldsymbol{\alpha}_1,\boldsymbol{\alpha}_2,\boldsymbol{\alpha}_3,\boldsymbol{\alpha}_4$ 为列向量的矩阵为 $\boldsymbol{A}$，则

$$|\boldsymbol{A}|=\begin{vmatrix}1+a&2&3&4\\1&2+a&3&4\\1&2&3+a&4\\1&2&3&4+a\end{vmatrix}=(10+a)a^3,$$

于是，当 $|\boldsymbol{A}|=0$，即 $a=0$ 或 $a=-10$ 时，$\boldsymbol{\alpha}_1,\boldsymbol{\alpha}_2,\boldsymbol{\alpha}_3,\boldsymbol{\alpha}_4$ 线性相关；

当 $a=0$ 时，显然 $\boldsymbol{\alpha}_1$ 是一个极大无关组，且 $\boldsymbol{\alpha}_2=2\boldsymbol{\alpha}_1,\boldsymbol{\alpha}_3=3\boldsymbol{\alpha}_1,\boldsymbol{\alpha}_4=4\boldsymbol{\alpha}_1$；

当 $a=-10$ 时，

$$\boldsymbol{A}=(\boldsymbol{\alpha}_1,\boldsymbol{\alpha}_2,\boldsymbol{\alpha}_3,\boldsymbol{\alpha}_4)=\begin{pmatrix}-9&2&3&4\\1&-8&3&4\\1&2&-7&4\\1&2&3&-6\end{pmatrix}\xrightarrow{r}\begin{pmatrix}1&0&0&-1\\0&1&0&-1\\0&0&1&-1\\0&0&0&0\end{pmatrix},$$

所以 $\boldsymbol{\alpha}_1,\boldsymbol{\alpha}_2,\boldsymbol{\alpha}_3$ 为极大无关组，且 $\boldsymbol{\alpha}_4=-\boldsymbol{\alpha}_1-\boldsymbol{\alpha}_2-\boldsymbol{\alpha}_3$.

例 3.7　设 $\boldsymbol{A}$ 为 $m\times n$ 矩阵，$\boldsymbol{B}$ 是 $n\times s$ 矩阵，证明：若 $\boldsymbol{A}$ 列满秩（即 $\boldsymbol{A}$ 的秩等于 $\boldsymbol{A}$ 的列数），则 $R(\boldsymbol{AB})=R(\boldsymbol{B})$.

分析　若 $(\boldsymbol{AB})\boldsymbol{x}=\boldsymbol{0}$ 与 $\boldsymbol{Bx}=\boldsymbol{0}$ 是同解方程组，则 $R(\boldsymbol{AB})=R(\boldsymbol{B})$.

证　若 $\boldsymbol{Bx}=\boldsymbol{0}$，则 $(\boldsymbol{AB})\boldsymbol{x}=\boldsymbol{0}$，说明 $\boldsymbol{Bx}=\boldsymbol{0}$ 的解也是 $(\boldsymbol{AB})\boldsymbol{x}=\boldsymbol{0}$ 的解；若 $(\boldsymbol{AB})\boldsymbol{x}=\boldsymbol{0}$ 即 $\boldsymbol{A}(\boldsymbol{Bx})=\boldsymbol{0}$，从而由 $\boldsymbol{A}$ 列满秩得，$\boldsymbol{Bx}=\boldsymbol{0}$，说明 $(\boldsymbol{AB})\boldsymbol{x}=\boldsymbol{0}$ 的解也是 $\boldsymbol{Bx}=\boldsymbol{0}$ 的解. 所以 $R(\boldsymbol{AB})=R(\boldsymbol{B})$.

证毕

例 3.8　设 $\boldsymbol{A}$ 为 $m\times n$ 矩阵，则非齐次线性方程组 $\boldsymbol{Ax}=\boldsymbol{b}$ 有解的充分条件是（　　）.

(A) $\boldsymbol{A}$ 的行向量组线性相关　　(B) $\boldsymbol{A}$ 的列向量组线性相关

(C) $\boldsymbol{A}$ 的秩等于 $\boldsymbol{A}$ 的行数　　(D) $\boldsymbol{A}$ 的秩等于 $\boldsymbol{A}$ 的列数

分析　$\boldsymbol{Ax}=\boldsymbol{b}$ 有解 $\Leftrightarrow R(\boldsymbol{A})=R(\boldsymbol{A},\boldsymbol{b})$；由于增广矩阵 $(\boldsymbol{A},\boldsymbol{b})$ 是 $m\times(n+1)$ 矩阵，从而 $R(\boldsymbol{A})\leqslant R(\boldsymbol{A},\boldsymbol{b})\leqslant m$.

解　选(C). 这是因为：

当 $\boldsymbol{A}$ 的行向量组线性相关时，$R(\boldsymbol{A})<m$，不能保证 $R(\boldsymbol{A})=R(\boldsymbol{A},\boldsymbol{b})$；

当 $\boldsymbol{A}$ 的列向量组线性相关时，$R(\boldsymbol{A})<n$，不能保证 $R(\boldsymbol{A})=R(\boldsymbol{A},\boldsymbol{b})$；

当 $\boldsymbol{A}$ 的秩等于 $\boldsymbol{A}$ 的行数时，即 $R(\boldsymbol{A})=m$，此时必有 $R(\boldsymbol{A},\boldsymbol{b})=m$，从而 $R(\boldsymbol{A})=R(\boldsymbol{A},\boldsymbol{b})$，所以 $\boldsymbol{Ax}=\boldsymbol{b}$ 有解，即选项(C)正确；

当 $\boldsymbol{A}$ 的秩等于 $\boldsymbol{A}$ 的列数时，即 $R(\boldsymbol{A})=n$，不能保证 $R(\boldsymbol{A})=R(\boldsymbol{A},\boldsymbol{b})$.

例 3.9　(2005)　已知齐次线性方程组

$$(\text{Ⅰ})\begin{cases}x_1+2x_2+3x_3=0,\\2x_1+3x_2+5x_3=0,\\x_1+x_2+ax_3=0\end{cases}\text{和}(\text{Ⅱ})\begin{cases}x_1+bx_2+cx_3=0,\\2x_1+b^2x_2+(c+1)x_3=0\end{cases}$$

同解，求 a,b,c 的值.

分析　方程组(Ⅱ)显然有无穷多解，于是方程组(Ⅰ)也有无穷多解，从而可确定 a，这样就可先求出(Ⅰ)的通解，再代入方程组(Ⅱ)确定出 b,c.

解　方程组(Ⅱ)的未知量个数大于方程个数，故方程组(Ⅱ)有无穷多解；因为方程组(Ⅰ)与(Ⅱ)同解，所以方程组(Ⅰ)的系数矩阵的秩小于3.

对方程组(Ⅰ)的系数矩阵施以初等行变换

$$\begin{pmatrix}1&2&3\\2&3&5\\1&1&a\end{pmatrix}\xrightarrow{r}\begin{pmatrix}1&0&1\\0&1&1\\0&0&a-2\end{pmatrix},$$

从而得 $a=2$；此时，方程组(Ⅰ)的同解方程组为

$$\begin{cases}x_1+x_3=0,\\x_2+x_3=0,\end{cases}$$

取 x_3 为自由未知量，则 $\begin{cases}x_1=-x_3,\\x_2=-x_3,\end{cases}$

故 $(-1,-1,1)^T$ 是方程组(Ⅰ)的一个基础解系.

将 $x_1=-1,x_2=-1,x_3=1$ 代入方程组(Ⅱ)可得 $b=1,c=2$ 或 $b=0,c=1$；

当 $b=1,c=2$ 时，对方程组(Ⅱ)的系数矩阵施行初等行变换，有

$$\begin{pmatrix}1&1&2\\2&1&3\end{pmatrix}\to\begin{pmatrix}1&0&1\\0&1&1\end{pmatrix},$$

显然此时方程组(Ⅰ)与(Ⅱ)同解；

当 $b=0,c=1$ 时，对方程组(Ⅱ)的系数矩阵施行初等行变换，有

$$\begin{pmatrix}1&0&1\\2&0&2\end{pmatrix}\to\begin{pmatrix}1&0&1\\0&0&0\end{pmatrix},$$

显然此时方程组(Ⅰ)与(Ⅱ)的解不相同.

综上所述，当 $a=2,b=1,c=2$ 时，方程组(Ⅰ)与(Ⅱ)同解.

例 3.10 (2002) 设四元齐次线性方程组(Ⅰ)为 $\begin{cases}2x_1+3x_2-x_3\qquad=0,\\x_1+2x_2+x_3-x_4=0,\end{cases}$ 又已知另一四元齐次线性方程组(Ⅱ)的一个基础解系为 $\boldsymbol{\alpha}_1=(2,-1,a+2,1)^T$，$\boldsymbol{\alpha}_2=(-1,2,4,a+8)^T$.

(1)求方程组(Ⅰ)的一个基础解系；

(2)当 a 为何值时，方程组(Ⅰ)与方程组(Ⅱ)有非零公共解？在有非零公共解时，求出所有的非零公共解.

解 (1)对方程组(Ⅰ)的系数矩阵作初等行变换，化为行最简形

$$\boldsymbol{A}=\begin{pmatrix}2&3&-1&0\\1&2&1&-1\end{pmatrix}\xrightarrow{r}\begin{pmatrix}1&0&-5&3\\0&1&3&-2\end{pmatrix},$$

得同解方程组为 $\begin{cases}x_1=\ \ 5x_3-3x_4\\x_2=-3x_3+2x_4\end{cases}$ (其中 x_3,x_4 为自由未知量)，可得方程组(Ⅰ)的一基础解系为 $\boldsymbol{\xi}_1=(5,-3,1,0)^T$，$\boldsymbol{\xi}_2=(-3,2,0,1)^T$.

(2)由(1)得方程组(Ⅰ)的通解为 $t_1\boldsymbol{\xi}_1+t_2\boldsymbol{\xi}_2$($t_1,t_2$ 为任意实数)；若方程组(Ⅰ)与方程组(Ⅱ)有公共解，则任一公共解 $\boldsymbol{\alpha}$ 必可表示成 $\boldsymbol{\alpha}=t_1\boldsymbol{\xi}_1+t_2\boldsymbol{\xi}_2=k_1\boldsymbol{\alpha}_1+k_2\boldsymbol{\alpha}_2$，即 $t_1\boldsymbol{\xi}_1+t_2\boldsymbol{\xi}_2-k_1\boldsymbol{\alpha}_1-k_2\boldsymbol{\alpha}_2=\boldsymbol{0}$，也即

$$(\boldsymbol{\xi}_1,\boldsymbol{\xi}_2,-\boldsymbol{\alpha}_1,-\boldsymbol{\alpha}_2)\begin{pmatrix}t_1\\t_2\\k_1\\k_2\end{pmatrix}=\mathbf{0},$$

而

$$(\boldsymbol{\xi}_1,\boldsymbol{\xi}_2,-\boldsymbol{\alpha}_1,-\boldsymbol{\alpha}_2)=$$

$$\begin{pmatrix}5&-3&-2&1\\-3&2&1&-2\\1&0&-(a+2)&-4\\0&1&-1&-(a+8)\end{pmatrix}\xrightarrow{r}\begin{pmatrix}1&0&-(a+2)&-4\\0&1&-1&-(a+8)\\0&0&5(a+1)&-3(a+1)\\0&0&-3(a+1)&2(a+1)\end{pmatrix},$$

由此知，当 $a=-1$ 时，该方程组有非零解 $\begin{cases}t_1=k_1+4k_2\\t_2=k_1+7k_2\end{cases}$ （k_1,k_2 不同时为零），说明方程组（Ⅰ）与方程组（Ⅱ）有非零公共解，所有的非零公共解为

$$k_1(2,-1,1,1)^{\mathrm{T}}+k_2(-1,2,4,7)^{\mathrm{T}}(k_1,k_2\text{ 不同时为零}).$$

例 3.11　(2002)　已知四阶方阵 $\boldsymbol{A}=(\boldsymbol{\alpha}_1,\boldsymbol{\alpha}_2,\boldsymbol{\alpha}_3,\boldsymbol{\alpha}_4)$，$\boldsymbol{\alpha}_1,\boldsymbol{\alpha}_2,\boldsymbol{\alpha}_3,\boldsymbol{\alpha}_4$ 均为四维列向量，其中 $\boldsymbol{\alpha}_2,\boldsymbol{\alpha}_3,\boldsymbol{\alpha}_4$ 线性无关，$\boldsymbol{\alpha}_1=2\boldsymbol{\alpha}_2-\boldsymbol{\alpha}_3$，如果 $\boldsymbol{\beta}=\boldsymbol{\alpha}_1+\boldsymbol{\alpha}_2+\boldsymbol{\alpha}_3+\boldsymbol{\alpha}_4$，求线性方程组 $\boldsymbol{Ax}=\boldsymbol{\beta}$ 的通解.

分析　非齐次线性方程组的通解是其导出组的通解 $\boldsymbol{\xi}$ 与其一特解 $\boldsymbol{\eta}^*$ 之和 $\boldsymbol{\xi}+\boldsymbol{\eta}^*$，而导出组的通解是其基础解系的线性组合；所以本题的关键是找到 $\boldsymbol{Ax}=\boldsymbol{\beta}$ 的一个特解 $\boldsymbol{\eta}^*$ 及它的导出组 $\boldsymbol{Ax}=\mathbf{0}$ 的一个基础解系.

解　由 $\boldsymbol{\alpha}_2,\boldsymbol{\alpha}_3,\boldsymbol{\alpha}_4$ 线性无关，且 $\boldsymbol{\alpha}_1=2\boldsymbol{\alpha}_2-\boldsymbol{\alpha}_3$ 可知，$\boldsymbol{A}$ 的秩 $R(\boldsymbol{A})=3$，因此 $\boldsymbol{Ax}=\mathbf{0}$ 的基础解系包含 $n-R(\boldsymbol{A})=4-3=1$ 个线性无关的解向量；

由 $\boldsymbol{\alpha}_1=2\boldsymbol{\alpha}_2-\boldsymbol{\alpha}_3\Rightarrow\boldsymbol{\alpha}_1-2\boldsymbol{\alpha}_2+\boldsymbol{\alpha}_3-0\boldsymbol{\alpha}_4=\mathbf{0}$，即 $(\boldsymbol{\alpha}_1,\boldsymbol{\alpha}_2,\boldsymbol{\alpha}_3,\boldsymbol{\alpha}_4)\begin{pmatrix}1\\-2\\1\\0\end{pmatrix}=\mathbf{0}$，得 $(1,-2,1,0)^{\mathrm{T}}$ 是方程组 $\boldsymbol{Ax}=\mathbf{0}$ 的一个解，取其为 $\boldsymbol{Ax}=\mathbf{0}$ 的基础解系；

由 $\boldsymbol{\beta}=\boldsymbol{\alpha}_1+\boldsymbol{\alpha}_2+\boldsymbol{\alpha}_3+\boldsymbol{\alpha}_4\Rightarrow(\boldsymbol{\alpha}_1,\boldsymbol{\alpha}_2,\boldsymbol{\alpha}_3,\boldsymbol{\alpha}_4)\begin{pmatrix}1\\1\\1\\1\end{pmatrix}=\boldsymbol{\beta}$，得 $(1,1,1,1)^{\mathrm{T}}$ 是 $\boldsymbol{Ax}=\boldsymbol{\beta}$ 的一个特解；

所以 $\boldsymbol{Ax}=\boldsymbol{\beta}$ 的通解为，$\boldsymbol{x}=k(1,-2,1,0)^{\mathrm{T}}+(1,1,1,1)^{\mathrm{T}}$（$k$ 为任意实数）.

五、思考题

1. 线性相关与线性表示两个概念之间有什么异同？

2. 两个矩阵的等价与两个向量组之间的等价有什么联系与区别？

3. 矩阵的初等行变换对矩阵的列向量组有什么作用？

4. 向量组的极大无关组有什么意义？

5. 向量组的极大无关组与向量空间的基有什么联系与区别？

6. 一个非零矩阵的行最简形与行阶梯形有什么联系与区别？它们在解线性方程组中各有什么作用？

7. 在求解带参数的线性方程组时，对系数矩阵或增广矩阵作初等行变换应注意些什么？

8. 为什么在求解齐次线性方程组时经常有不同的基础解系？

9. 线性方程组的系数矩阵的秩与方程组的基础解系之间有什么联系？

讨论：关于非齐次线性方程组解的进一步讨论及应用

阅读材料

例 设 $\boldsymbol{\eta}^*$ 是非齐次线性方程组 $\boldsymbol{Ax}=\boldsymbol{b}$ 的一个解，$\xi_1,\xi_2,\cdots,\xi_{n-r}$ 是其导出组的一个基础解系，令 $\boldsymbol{\gamma}_1=\boldsymbol{\eta}^*,\boldsymbol{\gamma}_2=\boldsymbol{\eta}^*+\xi_1,\cdots,\boldsymbol{\gamma}_{n-r+1}=\boldsymbol{\eta}^*+\xi_{n-r}$，证明：

(1) $\boldsymbol{\eta}^*,\xi_1,\xi_2,\cdots,\xi_{n-r}$ 线性无关；

(2) $\boldsymbol{\gamma}_1,\boldsymbol{\gamma}_2,\cdots,\boldsymbol{\gamma}_{n-r+1}$ 线性无关；

(3) $\boldsymbol{Ax}=\boldsymbol{b}$ 恰有 $n-r+1$ 个线性无关的解向量；

(4) 设 $\boldsymbol{\eta}_1,\boldsymbol{\eta}_2,\cdots,\boldsymbol{\eta}_{n-r+1}$ 是 $\boldsymbol{Ax}=\boldsymbol{b}$ 的 $n-r+1$ 个线性无关的解，则它的任一解都可表示成 $\boldsymbol{\eta}=k_1\boldsymbol{\eta}_1+k_2\boldsymbol{\eta}_2+\cdots+k_{n-r+1}\boldsymbol{\eta}_{n-r+1}$，其中 $k_1+k_2+\cdots+k_{n-r+1}=1$.

证 (1) 若 $\boldsymbol{\eta}^*,\xi_1,\xi_2,\cdots,\xi_{n-r}$ 线性相关，由于 $\xi_1,\xi_2,\cdots,\xi_{n-r}$ 是导出组 $\boldsymbol{Ax}=\boldsymbol{0}$ 的基础解系，故 $\xi_1,\xi_2,\cdots,\xi_{n-r}$ 线性无关，从而 $\boldsymbol{\eta}^*$ 可由 $\xi_1,\xi_2,\cdots,\xi_{n-r}$ 线性表示，则 $\boldsymbol{\eta}^*$ 是 $\boldsymbol{Ax}=\boldsymbol{0}$ 的解，与 $\boldsymbol{\eta}^*$ 是 $\boldsymbol{Ax}=\boldsymbol{b}$ 的解矛盾，因此 $\boldsymbol{\eta}^*,\xi_1,\xi_2,\cdots,\xi_{n-r}$ 线性无关.

(2) 设有数 $k_1,k_2,\cdots,k_{n-r+1}$ 使 $k_1\boldsymbol{\gamma}_1+k_2\boldsymbol{\gamma}_2+\cdots+k_{n-r+1}\boldsymbol{\gamma}_{n-r+1}=\boldsymbol{0}$，即

$$(k_1+\cdots+k_{n-r+1})\boldsymbol{\eta}^*+k_2\xi_1+\cdots+k_{n-r+1}\xi_{n-r}=\boldsymbol{0},$$

因为由(1)知 $\boldsymbol{\eta}^*,\xi_1,\xi_2,\cdots,\xi_{n-r}$ 线性无关，故

$$k_1+\cdots+k_{n-r+1}=k_2=\cdots=k_{n-r+1}=0,$$

即 $k_1=k_2=\cdots=k_{n-r+1}=0$，所以 $\boldsymbol{\gamma}_1,\boldsymbol{\gamma}_2,\cdots,\boldsymbol{\gamma}_{n-r+1}$ 线性无关.

(3)可以推出(请读者自己完成)：若 $\boldsymbol{\xi}_0,\boldsymbol{\xi}_1,\cdots,\boldsymbol{\xi}_m$ 是 $\boldsymbol{Ax}=\boldsymbol{b}$ 的 $m+1$ 个线性无关的解向量，则 $\boldsymbol{\xi}_1-\boldsymbol{\xi}_0,\cdots,\boldsymbol{\xi}_m-\boldsymbol{\xi}_0$ 必是导出组 $\boldsymbol{Ax}=\boldsymbol{0}$ 的 m 个线性无关的解向量，从而 $m\leqslant n-r$，说明 $\boldsymbol{Ax}=\boldsymbol{b}$ 的线性无关的解向量不超过 $n-r+1$ 个；而由(2)知，$\boldsymbol{\gamma}_1,\boldsymbol{\gamma}_2,\cdots,\boldsymbol{\gamma}_{n-r+1}$ 是 $\boldsymbol{Ax}=\boldsymbol{b}$ 的 $n-r+1$ 个线性无关的解，所以 $\boldsymbol{Ax}=\boldsymbol{b}$ 恰有 $n-r+1$ 个线性无关的解向量.

(4)令 $\boldsymbol{\eta}=k_1\boldsymbol{\eta}_1+k_2\boldsymbol{\eta}_2+\cdots+k_{n-r+1}\boldsymbol{\eta}_{n-r+1}$，则

$$\begin{aligned}\boldsymbol{A\eta}&=\boldsymbol{A}(k_1\boldsymbol{\eta}_1+k_2\boldsymbol{\eta}_2+\cdots+k_{n-r+1}\boldsymbol{\eta}_{n-r+1})\\&=k_1\boldsymbol{A\eta}_1+k_2\boldsymbol{A\eta}_2+\cdots+k_{n-r+1}\boldsymbol{A\eta}_{n-r+1}=(k_1+k_2+\cdots+k_{n-r+1})\boldsymbol{b},\end{aligned}$$

所以 $k_1+k_2+\cdots+k_{n-r+1}=1$ 时，$\boldsymbol{\eta}=k_1\boldsymbol{\eta}_1+k_2\boldsymbol{\eta}_2+\cdots+k_{n-r+1}\boldsymbol{\eta}_{n-r+1}$ 是 $\boldsymbol{Ax}=\boldsymbol{b}$ 的解；

又，由(2)，(3)知，$\boldsymbol{\gamma}_1,\boldsymbol{\gamma}_2,\cdots,\boldsymbol{\gamma}_{n-r+1}$ 是 $\boldsymbol{Ax}=\boldsymbol{b}$ 的 $n-r+1$ 个线性无关的解，而 $\boldsymbol{Ax}=\boldsymbol{b}$ 的任一解 $\boldsymbol{\eta}$ 都可表示成

$$\begin{aligned}\boldsymbol{\eta}&=\boldsymbol{\eta}^*+k_2\boldsymbol{\xi}_1+\cdots+k_{n-r+1}\boldsymbol{\xi}_{n-r}\\&=(1-k_2-\cdots-k_{n-r+1})\boldsymbol{\eta}^*+k_2(\boldsymbol{\xi}_1+\boldsymbol{\eta}^*)+\cdots+k_{n-r+1}(\boldsymbol{\xi}_{n-r}+\boldsymbol{\eta}^*)\\&=(1-k_2-\cdots-k_{n-r+1})\boldsymbol{\gamma}_1+k_2\boldsymbol{\gamma}_2+\cdots+k_{n-r+1}\boldsymbol{\gamma}_{n-r+1}.\end{aligned}$$

令 $k_1=1-k_2-\cdots-k_{n-r+1}$，则由上式知，$\boldsymbol{Ax}=\boldsymbol{b}$ 的任一解都可由其 $n-r+1$ 个线性无关的解向量线性表示，且表达式的系数 $k_1+k_2+\cdots+k_{n-r+1}=1$.　　证毕

讨论　由上述例题的讨论过程，你能否得到一个关于非齐次线性方程组解的一个结论？并应用其解答下列问题：

已知非齐次线性方程组

$$\begin{cases}x_1+x_2+x_3+x_4=-1,\\4x_1+3x_2+5x_3-x_4=-1,\\ax_1+x_2+3x_3+bx_4=1\end{cases}$$

有 3 个线性无关的解.

(1)证明方程组的系数矩阵的秩为 2；(2)求 a,b 的值及方程组的通解.

总习题三

一、选择题

1. 向量组 $\boldsymbol{\alpha}_1,\boldsymbol{\alpha}_2,\boldsymbol{\alpha}_3$ 线性无关的充要条件为(　　).

(A)$\boldsymbol{\alpha}_1,\boldsymbol{\alpha}_2,\boldsymbol{\alpha}_3$ 均不是零向量

(B)$\boldsymbol{\alpha}_1,\boldsymbol{\alpha}_2,\boldsymbol{\alpha}_3$ 中任意两个向量的分量不成比例

(C)$\boldsymbol{\alpha}_1,\boldsymbol{\alpha}_2,\boldsymbol{\alpha}_3$ 中任意一个向量均不能由其余两个向量线性表示

(D)$\boldsymbol{\alpha}_1,\boldsymbol{\alpha}_2,\boldsymbol{\alpha}_3$ 中一部分向量线性无关

2.设向量组 $\boldsymbol{\alpha}_1,\boldsymbol{\alpha}_2,\boldsymbol{\alpha}_3$ 线性无关,则下列向量组中,线性无关的是(　　).

(A)$\boldsymbol{\alpha}_1+\boldsymbol{\alpha}_2,\boldsymbol{\alpha}_2+\boldsymbol{\alpha}_3,\boldsymbol{\alpha}_3-\boldsymbol{\alpha}_1$

(B)$\boldsymbol{\alpha}_1+\boldsymbol{\alpha}_2,\boldsymbol{\alpha}_2+\boldsymbol{\alpha}_3,\boldsymbol{\alpha}_1+2\boldsymbol{\alpha}_2+\boldsymbol{\alpha}_3$

(C)$\boldsymbol{\alpha}_1+2\boldsymbol{\alpha}_2,2\boldsymbol{\alpha}_2+3\boldsymbol{\alpha}_3,3\boldsymbol{\alpha}_3+\boldsymbol{\alpha}_1$

(D)$\boldsymbol{\alpha}_1+\boldsymbol{\alpha}_2+\boldsymbol{\alpha}_3,2\boldsymbol{\alpha}_1-3\boldsymbol{\alpha}_2+22\boldsymbol{\alpha}_3,3\boldsymbol{\alpha}_1+5\boldsymbol{\alpha}_2-5\boldsymbol{\alpha}_3$

3.设 $\boldsymbol{\alpha}_1,\boldsymbol{\alpha}_2,\cdots,\boldsymbol{\alpha}_s$ 均为 n 维向量,下列结论不正确的是(　　).

(A)若对于任意一组不全为 0 的数 $k_1,k_2,\cdots,k_s$,都有 $k_1\boldsymbol{\alpha}_1+k_2\boldsymbol{\alpha}_2+\cdots+k_s\boldsymbol{\alpha}_s\neq\mathbf{0}$,则 $\boldsymbol{\alpha}_1,\boldsymbol{\alpha}_2,\cdots,\boldsymbol{\alpha}_s$ 线性无关

(B)若 $\boldsymbol{\alpha}_1,\boldsymbol{\alpha}_2,\cdots,\boldsymbol{\alpha}_s$ 线性相关,则对于任意一组不全为 0 的数 $k_1,k_2,\cdots,k_s$,有 $k_1\boldsymbol{\alpha}_1+k_2\boldsymbol{\alpha}_2+\cdots+k_s\boldsymbol{\alpha}_s=\mathbf{0}$

(C)$\boldsymbol{\alpha}_1,\boldsymbol{\alpha}_2,\cdots,\boldsymbol{\alpha}_s$ 线性无关的充要条件是此向量组的秩为 s

(D)$\boldsymbol{\alpha}_1,\boldsymbol{\alpha}_2,\cdots,\boldsymbol{\alpha}_s$ 线性无关的必要条件是其中任意两个向量线性无关

4.设 $\boldsymbol{A}$ 为 n 阶矩阵,且 $|\boldsymbol{A}|=0$,则(　　).

(A)$\boldsymbol{A}$ 中有两行(列)的元素对应成比例

(B)$\boldsymbol{A}$ 中任意一行(列)向量是其余各行(列)的线性组合

(C)$\boldsymbol{A}$ 中至少有一行元素全为 0

(D)$\boldsymbol{A}$ 中必有一行(列)向量是其余各行(列)的线性组合

5.若 $\boldsymbol{\xi}_1,\boldsymbol{\xi}_2$ 是齐次方程组 $\boldsymbol{Ax}=\mathbf{0}$ 的一个基础解系,则(　　).

(A)$\boldsymbol{\xi}_1,\boldsymbol{\xi}_2$ 线性相关

(B)$k_1\boldsymbol{\xi}_1+k_2\boldsymbol{\xi}_2$ 不是 $\boldsymbol{Ax}=\mathbf{0}$ 的解

(C)$\boldsymbol{\xi}_1+\boldsymbol{\xi}_2,\boldsymbol{\xi}_1-\boldsymbol{\xi}_2$ 是 $\boldsymbol{Ax}=\mathbf{0}$ 的一个基础解系

(D)$\boldsymbol{\xi}_1+\boldsymbol{\xi}_2,\boldsymbol{\xi}_1-\boldsymbol{\xi}_2$ 不是 $\boldsymbol{Ax}=\mathbf{0}$ 的一个基础解系

6.设 $\boldsymbol{A}$ 是 $m\times n$ 矩阵,$\boldsymbol{Ax}=\mathbf{0}$ 是非齐次线性方程组 $\boldsymbol{Ax}=\boldsymbol{b}$ 所对应的齐次线性方程组,则下列结论正确的是(　　).

(A)若 $\boldsymbol{Ax}=\mathbf{0}$ 只有零解,则 $\boldsymbol{Ax}=\boldsymbol{b}$ 有唯一解

(B)若 $\boldsymbol{Ax}=\mathbf{0}$ 有非零解,则 $\boldsymbol{Ax}=\boldsymbol{b}$ 有无穷多个解

(C)若 $\boldsymbol{Ax}=\boldsymbol{b}$ 有无穷多个解,则 $\boldsymbol{Ax}=\mathbf{0}$ 只有零解

(D)若 $\boldsymbol{Ax}=\boldsymbol{b}$ 有无穷多个解,则 $\boldsymbol{Ax}=\mathbf{0}$ 有非零解

7.设矩阵 $\boldsymbol{A}_{m\times n}$ 的秩 $R(\boldsymbol{A})=n$,则非齐次线性方程组 $\boldsymbol{Ax}=\boldsymbol{b}$(　　).

(A)一定无解　　(B)可能有解

(C)一定有唯一解　　(D) 一定有无穷多解

8. 设 $\boldsymbol{\alpha}_1,\boldsymbol{\alpha}_2,\boldsymbol{\alpha}_3,\boldsymbol{\alpha}_4$ 是齐次线性方程组 $\boldsymbol{A}\boldsymbol{x}=\boldsymbol{0}$ 的一个基础解系，则下列向量组中不再是 $\boldsymbol{A}\boldsymbol{x}=\boldsymbol{0}$ 的基础解系的为(　　).

(A)$\boldsymbol{\alpha}_1,\boldsymbol{\alpha}_1+\boldsymbol{\alpha}_2,\boldsymbol{\alpha}_1+\boldsymbol{\alpha}_2+\boldsymbol{\alpha}_3,\boldsymbol{\alpha}_1+\boldsymbol{\alpha}_2+\boldsymbol{\alpha}_3+\boldsymbol{\alpha}_4$

(B)$\boldsymbol{\alpha}_1+\boldsymbol{\alpha}_2,\boldsymbol{\alpha}_2+\boldsymbol{\alpha}_3,\boldsymbol{\alpha}_3+\boldsymbol{\alpha}_4,\boldsymbol{\alpha}_4-\boldsymbol{\alpha}_1$

(C)$\boldsymbol{\alpha}_1+\boldsymbol{\alpha}_2,\boldsymbol{\alpha}_2-\boldsymbol{\alpha}_3,\boldsymbol{\alpha}_3+\boldsymbol{\alpha}_4,\boldsymbol{\alpha}_4+\boldsymbol{\alpha}_1$

(D)$\boldsymbol{\alpha}_1+\boldsymbol{\alpha}_2,\boldsymbol{\alpha}_2+\boldsymbol{\alpha}_3,\boldsymbol{\alpha}_3+\boldsymbol{\alpha}_4,\boldsymbol{\alpha}_4+\boldsymbol{\alpha}_1$

9. 设方程组 $\begin{cases}x_1+3x_2+x_3=1,\\x_1-5x_2-x_3=b,\\2x_1+2x_2+x_3=2,\end{cases}$ 有无穷多组解，则必有(　　).

(A)$b=1$　　(B)$b=-1$　　(C)$b=2$　　(D)$b=-2$

10. 设 $\boldsymbol{\alpha}_1,\boldsymbol{\alpha}_2,\cdots,\boldsymbol{\alpha}_s$ 均为 n 维列向量，$\boldsymbol{A}$ 为 $m\times n$ 矩阵，下列选项正确的是(　　).

(A)若 $\boldsymbol{\alpha}_1,\boldsymbol{\alpha}_2,\cdots,\boldsymbol{\alpha}_s$ 线性相关，则 $\boldsymbol{A}\boldsymbol{\alpha}_1,\boldsymbol{A}\boldsymbol{\alpha}_2,\cdots,\boldsymbol{A}\boldsymbol{\alpha}_s$ 线性相关

(B)若 $\boldsymbol{\alpha}_1,\boldsymbol{\alpha}_2,\cdots,\boldsymbol{\alpha}_s$ 线性相关，则 $\boldsymbol{A}\boldsymbol{\alpha}_1,\boldsymbol{A}\boldsymbol{\alpha}_2,\cdots,\boldsymbol{A}\boldsymbol{\alpha}_s$ 线性无关

(C)若 $\boldsymbol{\alpha}_1,\boldsymbol{\alpha}_2,\cdots,\boldsymbol{\alpha}_s$ 线性无关，则 $\boldsymbol{A}\boldsymbol{\alpha}_1,\boldsymbol{A}\boldsymbol{\alpha}_2,\cdots,\boldsymbol{A}\boldsymbol{\alpha}_s$ 线性相关

(D)若 $\boldsymbol{\alpha}_1,\boldsymbol{\alpha}_2,\cdots,\boldsymbol{\alpha}_s$ 线性无关，则 $\boldsymbol{A}\boldsymbol{\alpha}_1,\boldsymbol{A}\boldsymbol{\alpha}_2,\cdots,\boldsymbol{A}\boldsymbol{\alpha}_s$ 线性无关

二、填空题

1. 已知线性方程组 $\boldsymbol{A}\boldsymbol{x}=\boldsymbol{b}$ 无解，$R(\boldsymbol{A})=2$，$\boldsymbol{B}=(\boldsymbol{A},\boldsymbol{b})$，则 $R(\boldsymbol{B})=$________.

2. 设 $\boldsymbol{\alpha}_1=(1,-1,1)$，$\boldsymbol{\alpha}_2=(1,2,0)$，$\boldsymbol{\alpha}_3=(1,0,t)$ 线性无关，则 t 的取值范围为________.

3. 设矩阵 $\boldsymbol{A}_{4\times 3}$ 的秩 $R(\boldsymbol{A})=2$，已知 $\boldsymbol{\alpha}_1=(1,2,3)^{\mathrm{T}}$，$\boldsymbol{\alpha}_2=(2,1,7)^{\mathrm{T}}$ 是线性方程组 $\boldsymbol{A}\boldsymbol{x}=\boldsymbol{b}$ 的两个解，则 $\boldsymbol{A}\boldsymbol{x}=\boldsymbol{b}$ 的通解为________.

4. 已知 $\boldsymbol{\alpha}_1,\boldsymbol{\alpha}_2,\boldsymbol{\alpha}_3$ 线性相关，$\boldsymbol{\alpha}_3$ 不能由 $\boldsymbol{\alpha}_1,\boldsymbol{\alpha}_2$ 线性表示，则 $\boldsymbol{\alpha}_1,\boldsymbol{\alpha}_2$ 线性________.

5. 已知四元非齐次线性方程组 $\boldsymbol{A}\boldsymbol{x}=\boldsymbol{b}$ 的系数矩阵的秩 $R(\boldsymbol{A})=3$，$\boldsymbol{\alpha}_1,\boldsymbol{\alpha}_2,\boldsymbol{\alpha}_3$ 是它的三个解向量，其中 $\boldsymbol{\alpha}_1+\boldsymbol{\alpha}_2=(1,1,0,2)^{\mathrm{T}}$，$\boldsymbol{\alpha}_2+\boldsymbol{\alpha}_3=(1,0,1,3)^{\mathrm{T}}$，则该 $\boldsymbol{A}\boldsymbol{x}=\boldsymbol{b}$ 的通解为________.

6. 若向量组 $\boldsymbol{\alpha}_1=(1,-1,2,4)^{\mathrm{T}}$，$\boldsymbol{\alpha}_2=(0,3,t,2)^{\mathrm{T}}$，$\boldsymbol{\alpha}_3=(3,0,7,14)^{\mathrm{T}}$ 线性相关，则 $t=$________，且 $\boldsymbol{\alpha}_3$ 可由 $\boldsymbol{\alpha}_1,\boldsymbol{\alpha}_2$ 表示为________.

7. 四元齐次线性方程组 $\begin{cases}x_1-x_3=0,\\-2x_3+x_4=0\end{cases}$ 的一个基础解系为________.

三、计算与证明题

1. 设向量组 $\boldsymbol{\alpha}_1=(1,-1,2,4)^{\mathrm{T}}$, $\boldsymbol{\alpha}_2=(0,3,1,2)^{\mathrm{T}}$, $\boldsymbol{\alpha}_3=(3,0,7,14)^{\mathrm{T}}$, $\boldsymbol{\alpha}_4=(1,-1,2,0)^{\mathrm{T}}$, $\boldsymbol{\alpha}_5=(2,1,5,0)^{\mathrm{T}}$,求该向量组的秩及其一个极大无关组.

2. 设向量组 $\boldsymbol{\alpha}_1=(0,0,1,k)^{\mathrm{T}}$, $\boldsymbol{\alpha}_2=(0,k,1,0)^{\mathrm{T}}$, $\boldsymbol{\alpha}_3=(1,1,0,0)^{\mathrm{T}}$, $\boldsymbol{\alpha}_4=(k,0,0,1)^{\mathrm{T}}$,其中 $k\neq0$;问:

(1)k 为何值时,向量组线性无关?

(2)k 为何值时,向量组线性相关?并求其秩及一个极大无关组,且将其余向量用该极大无关组线性表示.

3. 设向量组 $\boldsymbol{\alpha}_1=(1,1,1,3)^{\mathrm{T}}$, $\boldsymbol{\alpha}_2=(-1,-3,5,1)^{\mathrm{T}}$, $\boldsymbol{\alpha}_3=(3,2,-1,p+2)^{\mathrm{T}}$, $\boldsymbol{\alpha}_4=(-2,-6,10,p)^{\mathrm{T}}$,问:

(1)p 为何值时,该向量组线性无关?并在此时将向量 $\boldsymbol{\alpha}=(4,1,6,10)^{\mathrm{T}}$ 用 $\boldsymbol{\alpha}_1,\boldsymbol{\alpha}_2,\boldsymbol{\alpha}_3,\boldsymbol{\alpha}_4$ 线性表示;

(2)p 为何值时,该向量组线性相关?并在此时求出它的秩和一个极大无关组.

4. 求下列线性方程组的解:

$$(1)\begin{cases} x_1-x_2+5x_3-x_4=0,\\ x_1+x_2-2x_3+3x_4=0,\\ 3x_1-x_2+8x_3+x_4=0,\\ x_1+3x_2-9x_3+7x_4=0;\end{cases}\qquad (2)\begin{cases} 2x+y-z+w=1,\\ 3x-2y+z-3w=4,\\ x+4y-3z+5w=-2.\end{cases}$$

5. 设 $\boldsymbol{\alpha}_1,\boldsymbol{\alpha}_2,\cdots,\boldsymbol{\alpha}_n$ 是一个 n 维向量组,已知 n 维单位坐标向量 $\boldsymbol{\varepsilon}_1,\boldsymbol{\varepsilon}_2,\cdots,\boldsymbol{\varepsilon}_n$ 可由它们线性表示,证明:$\boldsymbol{\alpha}_1,\boldsymbol{\alpha}_2,\cdots,\boldsymbol{\alpha}_n$ 线性无关.

6. 设 $\boldsymbol{\alpha}_1,\boldsymbol{\alpha}_2,\cdots,\boldsymbol{\alpha}_n$ 是一个 n 维向量组,证明:$\boldsymbol{\alpha}_1,\boldsymbol{\alpha}_2,\cdots,\boldsymbol{\alpha}_n$ 线性无关的充要条件是任一 n 维向量都可由它们线性表示.

7. 证明:由向量组 $\boldsymbol{\alpha}_1=(1,1,1)^{\mathrm{T}}$, $\boldsymbol{\alpha}_2=(1,1,0)^{\mathrm{T}}$, $\boldsymbol{\alpha}_3=(1,0,1)^{\mathrm{T}}$ 所生成的向量空间是 $\mathbf{R}^3$.

8. (1)设 S_1 是由 $\boldsymbol{\alpha}_1=(1,1,1,1)$, $\boldsymbol{\alpha}_2=(2,0,1,3)$, $\boldsymbol{\alpha}_3=(0,2,1,-1)$ 所生成的向量空间;S_2 是由 $\boldsymbol{\beta}_1=(3,1,2,4)$, $\boldsymbol{\beta}_2=(1,-1,0,2)$ 所生成的向量空间,证明:$S_1=S_2$.

(2)设由 $\boldsymbol{\alpha}_1=(1,1,0,0)$, $\boldsymbol{\alpha}_2=(1,0,1,0)$ 所生成的向量空间为 V_1;由 $\boldsymbol{\beta}_1=(1,2,3,4)$, $\boldsymbol{\beta}_2=(1,1,1,1)$ 所生成的向量空间为 V_2,证明:$V_1=V_2$.

9. 验证:$\boldsymbol{\alpha}_1,\boldsymbol{\alpha}_2,\boldsymbol{\alpha}_3$ 为 $\mathbf{R}^3$ 的一个基,并将 $\boldsymbol{\beta}_1,\boldsymbol{\beta}_2$ 用这个基线性表示.其中

$\boldsymbol{\alpha}_1=(1,2,1)^{\mathrm{T}}$, $\boldsymbol{\alpha}_2=(2,3,3)^{\mathrm{T}}$, $\boldsymbol{\alpha}_3=(3,7,1)^{\mathrm{T}}$, $\boldsymbol{\beta}_1=(3,1,4)^{\mathrm{T}}$, $\boldsymbol{\beta}_2=(5,2,1)^{\mathrm{T}}$.

10. 设 $\boldsymbol{A}$ 为 $m\times n$ 矩阵,证明:若任一 n 维向量都为 $\boldsymbol{Ax}=\mathbf{0}$ 的解,则 $\boldsymbol{A}=\boldsymbol{O}$.

11. 设 $\boldsymbol{\xi}_1,\boldsymbol{\xi}_2,\cdots,\boldsymbol{\xi}_m$ 是齐次线性方程组 $\boldsymbol{Ax}=\mathbf{0}$ 的一个基础解系,证明:$\boldsymbol{\xi}_1+\boldsymbol{\xi}_2$,

$\boldsymbol{\xi}_2,\cdots,\boldsymbol{\xi}_m$ 也是该方程组的基础解系.

12. 设 $\boldsymbol{\alpha}_1,\boldsymbol{\alpha}_2,\cdots,\boldsymbol{\alpha}_s$ 是齐次线性方程组 $\boldsymbol{A}\boldsymbol{x}=\boldsymbol{0}$ 的基础解系,向量 $\boldsymbol{\beta}$ 满足 $\boldsymbol{A}\boldsymbol{\beta}\neq\boldsymbol{0}$,证明:向量组 $\boldsymbol{\alpha}_1+\boldsymbol{\beta},\boldsymbol{\alpha}_2+\boldsymbol{\beta},\cdots,\boldsymbol{\alpha}_s+\boldsymbol{\beta},\boldsymbol{\beta}$ 线性无关.

13. 设四元非齐次线性方程组系数矩阵的秩为 3,已知 $\boldsymbol{\eta}_1,\boldsymbol{\eta}_2,\boldsymbol{\eta}_3$ 是它的三个解向量,且

$$\boldsymbol{\eta}_1=(2,3,4,5)^{\mathrm{T}},\boldsymbol{\eta}_2+\boldsymbol{\eta}_3=(1,2,3,4)^{\mathrm{T}},$$

求该方程组的通解.

14. 试问 p,q 取何值时,方程组

$$\begin{cases} x_1+x_2+x_3+x_4=0,\\ x_2+2x_3+2x_4=1,\\ -x_2+(p-3)x_3-2x_4=9,\\ 3x_1+2x_2+x_3+qx_4=-1 \end{cases}$$

有解、无解? 有解时,求出其解.

15. 证明:方程组

$$\begin{cases} x_1-x_2=a_1,\\ x_2-x_3=a_2,\\ x_3-x_4=a_3,\\ x_4-x_5=a_4,\\ x_5-x_1=a_5 \end{cases}$$

有解的充要条件是 $\sum\limits_{i=1}^{5}a_i=0$,并在有解时,求出其解.

16.(1998)　设 $\boldsymbol{A}$ 为 n 阶方阵,k 为正整数,线性方程组 $\boldsymbol{A}^k\boldsymbol{x}=\boldsymbol{0}$ 有解向量 $\boldsymbol{\alpha}$ 且 $\boldsymbol{A}^{k-1}\boldsymbol{\alpha}\neq\boldsymbol{0}$,求证:向量组 $\boldsymbol{\alpha},\boldsymbol{A}\boldsymbol{\alpha},\cdots,\boldsymbol{A}^{k-1}\boldsymbol{\alpha}$ 线性无关.

17. 对任意两组 n 维向量 $\boldsymbol{\alpha}_1,\boldsymbol{\alpha}_2,\cdots,\boldsymbol{\alpha}_m$ 与 $\boldsymbol{\beta}_1,\boldsymbol{\beta}_2,\cdots,\boldsymbol{\beta}_m$,若存在两组不全为零的数 $\lambda_1,\lambda_2,\cdots,\lambda_m$ 与 $k_1,k_2,\cdots,k_m$,使

$$(\lambda_1+k_1)\boldsymbol{\alpha}_1+\cdots+(\lambda_m+k_m)\boldsymbol{\alpha}_m+(\lambda_1-k_1)\boldsymbol{\beta}_1+\cdots+(\lambda_m-k_m)\boldsymbol{\beta}_m=\boldsymbol{0}$$

试证:$\boldsymbol{\alpha}_1+\boldsymbol{\beta}_1,\cdots,\boldsymbol{\alpha}_m+\boldsymbol{\beta}_m,\boldsymbol{\alpha}_1-\boldsymbol{\beta}_1,\cdots,\boldsymbol{\alpha}_m-\boldsymbol{\beta}_m$ 线性相关.

18. 设 $\boldsymbol{A}=(a_{ij})_{m\times n}$, $\boldsymbol{y}=(y_1,y_2,\cdots,y_n)^{\mathrm{T}}$, $\boldsymbol{x}=(x_1,x_2,\cdots,x_m)^{\mathrm{T}}$, $\boldsymbol{b}=(b_1,b_2,\cdots,b_m)^{\mathrm{T}}$,证明:

(1)若 $\boldsymbol{A}\boldsymbol{y}=\boldsymbol{b}$ 有解,则 $\boldsymbol{A}^{\mathrm{T}}\boldsymbol{x}=\boldsymbol{0}$ 的任一解 $(x_1,x_2,\cdots,x_m)^{\mathrm{T}}$ 必满足

$$b_1x_1+b_2x_2+\cdots+b_mx_m=0;$$

(2)方程组 $\boldsymbol{A}\boldsymbol{y}=\boldsymbol{b}$ 有解的充要条件是方程组 $\begin{pmatrix}\boldsymbol{A}^{\mathrm{T}}\\ \boldsymbol{b}^{\mathrm{T}}\end{pmatrix}\boldsymbol{x}=\begin{pmatrix}\boldsymbol{0}\\ \boldsymbol{1}\end{pmatrix}$ 无解,其中 $\boldsymbol{0}$ 为 $n\times 1$

零矩阵.

19.(1998)　已知下列非齐次线性方程组(Ⅰ),(Ⅱ):

$$
(\mathrm{I})\begin{cases} x_1+x_2-2x_4=-6, \\ 4x_1-x_2-x_3-x_4=1, \\ 3x_1-x_2-x_3=3; \end{cases}
\qquad
(\mathrm{II})\begin{cases} x_1+mx_2-x_3-x_4=-5, \\ nx_2-x_3-2x_4=-11, \\ x_3-2x_4=-t+1. \end{cases}
$$

(1)求方程组(Ⅰ)的通解;

(2)当(Ⅱ)中 m,n,t 为何值时,方程组(Ⅰ)与方程组(Ⅱ)同解?

第 4 章　特征值与特征向量

引例　鹿群的繁殖问题

一个自然生态保护区内有一鹿群．为了研究的方便，将鹿群分为幼鹿与成年鹿两组，经调查，幼鹿大约有 $x_0=0.8$ 千头，成年鹿有 $y_0=1$ 千头．以后每一年中，幼鹿的生育率是 $a_1=0.24$，存活率为 $b_1=0.62$，成年鹿的生育率是 $a_2=1.20$，存活率 $b_2=0.75$．求 6 年后保护区内鹿群的数量．

解　设第 n 年的幼鹿数量为 x_n，成年鹿数量为 y_n，则一年后的幼鹿数量与成年鹿数量分别为

$$x_{n+1}=a_1x_n+a_2y_n,\ y_{n+1}=b_1x_n+b_2y_n,$$

可用矩阵表示为

$$\boldsymbol{U}_{n+1}=\boldsymbol{A}\boldsymbol{U}_n,$$

其中，$\boldsymbol{U}_n=(x_n,y_n)^{\mathrm{T}}$，$\boldsymbol{U}_{n+1}=(x_{n+1},y_{n+1})^{\mathrm{T}}$，$\boldsymbol{A}=\begin{pmatrix}a_1 & a_2\\ b_1 & b_2\end{pmatrix}=\begin{pmatrix}0.24 & 1.20\\ 0.62 & 0.75\end{pmatrix}$．

将上述矩阵经递推可得

$$\boldsymbol{U}_n=\boldsymbol{A}^n\boldsymbol{U}_0,$$

其中，$\boldsymbol{U}_0=(x_0,y_0)^{\mathrm{T}}=(0.8,1)^{\mathrm{T}}$．

这里，要计算矩阵的方幂．计算矩阵幂的方法很多，其中有一种方法比较简单实用，就是通过将矩阵对角化，利用对角矩阵的幂还是对角矩阵、其对角线元素是原矩阵对角线元素的幂来计算．这就要讨论一个方阵是否可以对角化，若能对角化，又如何将其对角化等问题．

本章中，我们将讨论矩阵的相似对角化问题，其主要涉及的概念是矩阵的特征值、特征向量、正交向量组等．

4.1　向量的内积与正交矩阵

在几何空间中，我们经常提到向量的长度与夹角等概念．我们知道，平面上一向量（二维向量）在建立直角坐标系后，$\boldsymbol{\alpha}=(x,y)$ 的长度为 $\|\boldsymbol{\alpha}\|=\sqrt{x^2+y^2}$，两非零向量 $\boldsymbol{\alpha}=(x_1,y_1)$，$\boldsymbol{\beta}=(x_2,y_2)$ 的内积（或数量积，或点积）为

$$\boldsymbol{\alpha}\cdot\boldsymbol{\beta}=\|\boldsymbol{\alpha}\|\cdot\|\boldsymbol{\beta}\|\cos\theta=x_1x_2+y_1y_2,$$

θ 为两向量的夹角，夹角 θ 的余弦为 $\cos\theta=\dfrac{x_1x_2+y_1y_2}{\|\boldsymbol{\alpha}\|\cdot\|\boldsymbol{\beta}\|}$. 类似地，我们把它们推广到一般的 n 维向量空间 $\mathbf{R}^n$.

4.1.1 向量的内积

定义 4.1.1 设 $\boldsymbol{\alpha}=(a_1,a_2,\cdots,a_n)^{\mathrm{T}}$，$\boldsymbol{\beta}=(b_1,b_2,\cdots,b_n)^{\mathrm{T}}\in\mathbf{R}^n$，则 $\boldsymbol{\alpha}$ 与 $\boldsymbol{\beta}$ 的内积(inner product)定义为

$$[\boldsymbol{\alpha},\boldsymbol{\beta}]=\sum_{i=1}^{n}a_ib_i=\boldsymbol{\alpha}^{\mathrm{T}}\boldsymbol{\beta}. \tag{4.1.1}$$

由定义知，向量的内积满足如下性质：

(1)对称性：$[\boldsymbol{\alpha},\boldsymbol{\beta}]=[\boldsymbol{\beta},\boldsymbol{\alpha}]$； (4.1.2)

(2)线性性：$[k_1\boldsymbol{\alpha}_1+k_2\boldsymbol{\alpha}_2,\boldsymbol{\beta}]=k_1[\boldsymbol{\alpha}_1,\boldsymbol{\beta}]+k_2[\boldsymbol{\alpha}_2,\boldsymbol{\beta}]\ (k_1,k_2\in\mathbf{R})$； (4.1.3)

(3)正定性：$[\boldsymbol{\alpha},\boldsymbol{\alpha}]\geqslant 0$，且 $[\boldsymbol{\alpha},\boldsymbol{\alpha}]=0\Leftrightarrow\boldsymbol{\alpha}=\mathbf{0}$； (4.1.4)

(4)$[\boldsymbol{\alpha},\mathbf{0}]=[\mathbf{0},\boldsymbol{\alpha}]=0$.

定义 4.1.2 对于 $\boldsymbol{\alpha}\in\mathbf{R}^n$，$\boldsymbol{\alpha}$ 的**长度**(length)(或**模**(modulus)或**范数**(norm))记作 $\|\boldsymbol{\alpha}\|$，定义为

$$\|\boldsymbol{\alpha}\|=\sqrt{[\boldsymbol{\alpha},\boldsymbol{\alpha}]}=\sqrt{\sum_{i=1}^{n}a_i^2} \tag{4.1.5}$$

向量的长度满足如下性质：

(1)正定性：$\|\boldsymbol{\alpha}\|\geqslant 0$，且 $\|\boldsymbol{\alpha}\|=0\Leftrightarrow\boldsymbol{\alpha}=\mathbf{0}$； (4.1.6)

(2)齐次性：$\|k\boldsymbol{\alpha}\|=|k|\,\|\boldsymbol{\alpha}\|\quad(k\in\mathbf{R})$； (4.1.7)

(3)柯西-施瓦茨(Cauchy-Schwarz)不等式：$|[\boldsymbol{\alpha},\boldsymbol{\beta}]|\leqslant\|\boldsymbol{\alpha}\|\cdot\|\boldsymbol{\beta}\|$， (4.1.8)

即

$$\left|\sum_{i=1}^{n}a_ib_i\right|\leqslant\sqrt{\sum_{i=1}^{n}a_i^2}\sqrt{\sum_{i=1}^{n}b_i^2};$$

(4)三角不等式：$\|\boldsymbol{\alpha}+\boldsymbol{\beta}\|\leqslant\|\boldsymbol{\alpha}\|+\|\boldsymbol{\beta}\|$. (4.1.9)

证 (1)(2)可用定义证明，(4)可利用(3)来证明(请读者自证). 下面证明(3)：

当 $\boldsymbol{\alpha},\boldsymbol{\beta}$ 线性相关时，则存在 $k\in\mathbf{R}$，使得 $\boldsymbol{\beta}=k\boldsymbol{\alpha}$ 或 $\boldsymbol{\alpha}=k\boldsymbol{\beta}$；若 $\boldsymbol{\beta}=k\boldsymbol{\alpha}$，则

$$|[\boldsymbol{\alpha},\boldsymbol{\beta}]|=|[\boldsymbol{\alpha},k\boldsymbol{\alpha}]|=|k[\boldsymbol{\alpha},\boldsymbol{\alpha}]|=|k|[\boldsymbol{\alpha},\boldsymbol{\alpha}],$$

$$\|\boldsymbol{\alpha}\|\cdot\|\boldsymbol{\beta}\|=\sqrt{[\boldsymbol{\alpha},\boldsymbol{\alpha}][\boldsymbol{\beta},\boldsymbol{\beta}]}=\sqrt{k^2\,[\boldsymbol{\alpha},\boldsymbol{\alpha}]^2}=|k|[\boldsymbol{\alpha},\boldsymbol{\alpha}],$$

对于 $\boldsymbol{\alpha}=k\boldsymbol{\beta}$ 类似可证；故当 $\boldsymbol{\alpha},\boldsymbol{\beta}$ 线性相关时，$|[\boldsymbol{\alpha},\boldsymbol{\beta}]|=\|\boldsymbol{\alpha}\|\cdot\|\boldsymbol{\beta}\|$.

下设 $\boldsymbol{\alpha},\boldsymbol{\beta}$ 线性无关，则对任意 $t\in\mathbf{R}$，令 $\boldsymbol{\gamma}=\boldsymbol{\alpha}+t\boldsymbol{\beta}\neq\mathbf{0}$，由内积的性质(3)，

$$[\boldsymbol{\gamma},\boldsymbol{\gamma}]=[\boldsymbol{\alpha}+t\boldsymbol{\beta},\boldsymbol{\alpha}+t\boldsymbol{\beta}]>0,\text{即 }[\boldsymbol{\alpha},\boldsymbol{\alpha}]+2[\boldsymbol{\alpha},\boldsymbol{\beta}]t+[\boldsymbol{\beta},\boldsymbol{\beta}]t^2>0,$$

即二次实系数方程$[\boldsymbol{\alpha},\boldsymbol{\alpha}]+2[\boldsymbol{\alpha},\boldsymbol{\beta}]t+[\boldsymbol{\beta},\boldsymbol{\beta}]t^2=0$没有实根，故

$$4[\boldsymbol{\alpha},\boldsymbol{\beta}]^2-4[\boldsymbol{\alpha},\boldsymbol{\alpha}][\boldsymbol{\beta},\boldsymbol{\beta}]<0,\text{于是}|[\boldsymbol{\alpha},\boldsymbol{\beta}]|<\|\boldsymbol{\alpha}\|\cdot\|\boldsymbol{\beta}\|.$$

证毕

由柯西不等式，当$\boldsymbol{\alpha}\neq\mathbf{0},\boldsymbol{\beta}\neq\mathbf{0}$时，$\left|\dfrac{[\boldsymbol{\alpha},\boldsymbol{\beta}]}{\|\boldsymbol{\alpha}\|\cdot\|\boldsymbol{\beta}\|}\right|\leqslant 1$. 于是引入如下定义：

定义 4.1.3　对于$\boldsymbol{\alpha},\boldsymbol{\beta}\in\mathbf{R}^n$，当$\boldsymbol{\alpha}\neq\mathbf{0},\boldsymbol{\beta}\neq\mathbf{0}$时，定义$\boldsymbol{\alpha},\boldsymbol{\beta}$的夹角为

$$\theta=\arccos\frac{[\boldsymbol{\alpha},\boldsymbol{\beta}]}{\|\boldsymbol{\alpha}\|\cdot\|\boldsymbol{\beta}\|}\ (0\leqslant\theta\leqslant\pi),\tag{4.1.10}$$

若$[\boldsymbol{\alpha},\boldsymbol{\beta}]=0$，则称$\boldsymbol{\alpha}$与$\boldsymbol{\beta}$**正交**(orthogonal)，记为$\boldsymbol{\alpha}\perp\boldsymbol{\beta}$，这时$\theta=\dfrac{\pi}{2}$.

正交概念是几何空间中垂直概念的推广.

正交向量具有如下性质：

(1)$\mathbf{0}\perp\boldsymbol{\alpha},\forall\boldsymbol{\alpha}\in\mathbf{R}^n$，即零向量与任何向量正交；

(2)勾股(毕达哥拉斯)定理：两个向量$\boldsymbol{\alpha}$与$\boldsymbol{\beta}$正交的充分必要条件是

$$\|\boldsymbol{\alpha}\|^2+\|\boldsymbol{\beta}\|^2=\|\boldsymbol{\alpha}+\boldsymbol{\beta}\|^2.$$

长度为 1 的向量称为**单位向量**.

显然，$\mathring{\boldsymbol{\alpha}}=\dfrac{1}{\|\boldsymbol{\alpha}\|}\boldsymbol{\alpha}(\boldsymbol{\alpha}\neq\mathbf{0})$是一单位向量，即任何非零向量通过这一方法可以化为单位向量，称为向量的**单位化**. $\mathring{\boldsymbol{\alpha}}$的几何意义是：与$\boldsymbol{\alpha}$同方向的一个单位向量.

一组两两正交的非零向量称为**正交向量组**；由单位向量组成的正交向量组称为**单位正交向量组**. 在一个向量空间中，若由正交向量组构成了向量空间的基，则称其为该向量空间的一**正交基**(orthogonal basis)；同样地，若由单位正交向量组构成了向量空间的基，则称其为**标准正交基**(或**规范正交基**). 例如，单位坐标向量组

$$\boldsymbol{\varepsilon}_1=(1,0,\cdots,0)^{\mathrm{T}},\boldsymbol{\varepsilon}_2=(0,1,0,\cdots,0)^{\mathrm{T}},\cdots,\boldsymbol{\varepsilon}_n=(0,\cdots,0,1)^{\mathrm{T}}$$

是一个单位正交向量组，它也是$\mathbf{R}^n$的一标准正交基.

定理 4.1.1　若$\boldsymbol{\alpha}_1,\boldsymbol{\alpha}_2,\cdots,\boldsymbol{\alpha}_m$是正交向量组，则$\boldsymbol{\alpha}_1,\boldsymbol{\alpha}_2,\cdots,\boldsymbol{\alpha}_m$线性无关.

证　设$k_1\boldsymbol{\alpha}_1+k_2\boldsymbol{\alpha}_2+\cdots+k_m\boldsymbol{\alpha}_m=\mathbf{0}$，用$\boldsymbol{\alpha}_i$与两边作内积得

$$[\boldsymbol{\alpha}_i,k_1\boldsymbol{\alpha}_1+k_2\boldsymbol{\alpha}_2+\cdots+k_m\boldsymbol{\alpha}_m]=[\boldsymbol{\alpha}_i,\mathbf{0}]=0\quad(i=1,2,\cdots,m).$$

由于$\boldsymbol{\alpha}_1,\boldsymbol{\alpha}_2,\cdots,\boldsymbol{\alpha}_m$正交，即得$k_i[\boldsymbol{\alpha}_i,\boldsymbol{\alpha}_i]=0$，而$[\boldsymbol{\alpha}_i,\boldsymbol{\alpha}_i]\neq0$，于是$k_i=0$，故$\boldsymbol{\alpha}_1,\boldsymbol{\alpha}_2,\cdots,\boldsymbol{\alpha}_m$线性无关.

证毕

一般地，线性无关向量组未必是正交向量组，但我们可以把一线性无关向量组化为与其等价的一正交向量组或一单位正交向量组. 把一组线性无关的向量化为与其等价的一单位正交向量组的过程，称为向量组的**正交规范化**.

定理 4.1.2　在$\mathbf{R}^n$中，若$\boldsymbol{\alpha}_1,\boldsymbol{\alpha}_2,\cdots,\boldsymbol{\alpha}_m$线性无关$(m\geqslant2)$，则$\boldsymbol{\alpha}_1,\boldsymbol{\alpha}_2,\cdots,\boldsymbol{\alpha}_m$与某个正交向量组$\boldsymbol{\beta}_1,\boldsymbol{\beta}_2,\cdots,\boldsymbol{\beta}_m$等价.

证 令 $\boldsymbol{\beta}_1=\boldsymbol{\alpha}_1$；

$\boldsymbol{\beta}_2=\boldsymbol{\alpha}_2+k_1\boldsymbol{\beta}_1$（$k_1$ 为待定系数），要使 $\boldsymbol{\beta}_2\perp\boldsymbol{\beta}_1$，则要求

$$[\boldsymbol{\beta}_1,\boldsymbol{\beta}_2]=[\boldsymbol{\beta}_1,\boldsymbol{\alpha}_2+k_1\boldsymbol{\beta}_1]=[\boldsymbol{\beta}_1,\boldsymbol{\alpha}_2]+k_1[\boldsymbol{\beta}_1,\boldsymbol{\beta}_1]=0.$$

由于 $\boldsymbol{\beta}_1=\boldsymbol{\alpha}_1\neq\mathbf{0}$（线性无关），故 $[\boldsymbol{\beta}_1,\boldsymbol{\beta}_1]\neq 0$，从而得 $k_1=-\dfrac{[\boldsymbol{\beta}_1,\boldsymbol{\alpha}_2]}{[\boldsymbol{\beta}_1,\boldsymbol{\beta}_1]}$

$$\boldsymbol{\beta}_2=\boldsymbol{\alpha}_2-\frac{[\boldsymbol{\beta}_1,\boldsymbol{\alpha}_2]}{[\boldsymbol{\beta}_1,\boldsymbol{\beta}_1]}\boldsymbol{\beta}_1,$$

拓展阅读：施密特正交化法的几何演示（两个向量）

又从上式可得

$$\boldsymbol{\alpha}_1=\boldsymbol{\beta}_1,\boldsymbol{\alpha}_2=\boldsymbol{\beta}_2-k_1\boldsymbol{\beta}_1,$$

表明 $\boldsymbol{\alpha}_1,\boldsymbol{\alpha}_2$ 与 $\boldsymbol{\beta}_1,\boldsymbol{\beta}_2$ 等价；

一般地，若已求得正交向量组 $\boldsymbol{\beta}_1,\boldsymbol{\beta}_2,\cdots,\boldsymbol{\beta}_{t-1}$ 与 $\boldsymbol{\alpha}_1,\boldsymbol{\alpha}_2,\cdots,\boldsymbol{\alpha}_{t-1}$ 等价（$2\leqslant t\leqslant m$），令

$$\boldsymbol{\beta}_t=\boldsymbol{\alpha}_t+k_1\boldsymbol{\beta}_1+\cdots+k_{t-1}\boldsymbol{\beta}_{t-1},$$

由 $\boldsymbol{\beta}_t\perp\boldsymbol{\beta}_i$（$i=1,2,\cdots,t-1$）的要求，用 $\boldsymbol{\beta}_i$ 与上式两边作内积得 $0=[\boldsymbol{\beta}_i,\boldsymbol{\alpha}_t]+k_i[\boldsymbol{\beta}_i,\boldsymbol{\beta}_i]$，于是得 $k_i=-\dfrac{[\boldsymbol{\beta}_i,\boldsymbol{\alpha}_t]}{[\boldsymbol{\beta}_i,\boldsymbol{\beta}_i]}$（$i=1,2,\cdots,t-1$），即

$$\boldsymbol{\beta}_t=\boldsymbol{\alpha}_t-\frac{[\boldsymbol{\beta}_1,\boldsymbol{\alpha}_t]}{[\boldsymbol{\beta}_1,\boldsymbol{\beta}_1]}\boldsymbol{\beta}_1-\cdots-\frac{[\boldsymbol{\beta}_{t-1},\boldsymbol{\alpha}_t]}{[\boldsymbol{\beta}_{t-1},\boldsymbol{\beta}_{t-1}]}\boldsymbol{\beta}_{t-1}.$$

易见 $\boldsymbol{\beta}_1,\boldsymbol{\beta}_2,\cdots,\boldsymbol{\beta}_t$ 是正交向量组，且由 $\boldsymbol{\beta}_1,\boldsymbol{\beta}_2,\cdots,\boldsymbol{\beta}_{t-1}$ 与 $\boldsymbol{\alpha}_1,\boldsymbol{\alpha}_2,\cdots,\boldsymbol{\alpha}_{t-1}$ 等价及上式，可得 $\boldsymbol{\beta}_1,\boldsymbol{\beta}_2,\cdots,\boldsymbol{\beta}_m$ 与 $\boldsymbol{\alpha}_1,\boldsymbol{\alpha}_2,\cdots,\boldsymbol{\alpha}_m$ 等价.

证毕

定理 4.1.2 的证明给出了将一个线性无关的向量组 $\boldsymbol{\alpha}_1,\boldsymbol{\alpha}_2,\cdots,\boldsymbol{\alpha}_m$ 正交化的方法：

取 $\boldsymbol{\beta}_1=\boldsymbol{\alpha}_1$，

$$\boldsymbol{\beta}_2=\boldsymbol{\alpha}_2-\frac{[\boldsymbol{\beta}_1,\boldsymbol{\alpha}_2]}{[\boldsymbol{\beta}_1,\boldsymbol{\beta}_1]}\boldsymbol{\beta}_1,$$

$$\vdots$$

$$\boldsymbol{\beta}_m=\boldsymbol{\alpha}_m-\frac{[\boldsymbol{\beta}_1,\boldsymbol{\alpha}_m]}{[\boldsymbol{\beta}_1,\boldsymbol{\beta}_1]}\boldsymbol{\beta}_1-\cdots-\frac{[\boldsymbol{\beta}_{m-1},\boldsymbol{\alpha}_m]}{[\boldsymbol{\beta}_{m-1},\boldsymbol{\beta}_{m-1}]}\boldsymbol{\beta}_{m-1},$$

拓展阅读：施密特正交化法的几何演示（三个向量）

再将正交向量组 $\boldsymbol{\beta}_1,\boldsymbol{\beta}_2,\cdots,\boldsymbol{\beta}_m$ 单位化，即令

$$\boldsymbol{\eta}_i=\frac{\boldsymbol{\beta}_i}{\|\boldsymbol{\beta}_i\|}\quad(i=1,2,\cdots,m),$$

则 $\boldsymbol{\eta}_1,\boldsymbol{\eta}_2,\cdots,\boldsymbol{\eta}_m$ 是与 $\boldsymbol{\alpha}_1,\boldsymbol{\alpha}_2,\cdots,\boldsymbol{\alpha}_m$ 等价的单位正交向量组.

由上述过程把一个线性无关的向量组 $\boldsymbol{\alpha}_1,\boldsymbol{\alpha}_2,\cdots,\boldsymbol{\alpha}_m$ 化为与其等价的正交向量组 $\boldsymbol{\beta}_1,\boldsymbol{\beta}_2,\cdots,\boldsymbol{\beta}_m$ 的过程称为**施密特**(Schmidt)**正交化方法**.

例 4.1.1　设 $\boldsymbol{\alpha}_1=(1,1,-1,1)^{\mathrm{T}},\boldsymbol{\alpha}_2=(1,-1,-1,1)^{\mathrm{T}},\boldsymbol{\alpha}_3=(2,1,1,3)^{\mathrm{T}}$，求 $\boldsymbol{\alpha}_1$ 与 $\boldsymbol{\alpha}_2$ 的夹角以及与 $\boldsymbol{\alpha}_1,\boldsymbol{\alpha}_2,\boldsymbol{\alpha}_3$ 都正交的向量.

解　$\boldsymbol{\alpha}_1$ 与 $\boldsymbol{\alpha}_2$ 的夹角 $\theta=\arccos\dfrac{[\boldsymbol{\alpha}_1,\boldsymbol{\alpha}_2]}{\|\boldsymbol{\alpha}_1\|\cdot\|\boldsymbol{\alpha}_2\|}=\arccos\dfrac{1}{2}=\dfrac{\pi}{3}$；

设 $\boldsymbol{\beta}=(x_1,x_2,x_3,x_4)^{\mathrm{T}}$ 与 $\boldsymbol{\alpha}_1,\boldsymbol{\alpha}_2,\boldsymbol{\alpha}_3$ 都正交，由正交条件可得方程组

$$\begin{cases}[\boldsymbol{\alpha}_1,\boldsymbol{\beta}]=0,\\ [\boldsymbol{\alpha}_2,\boldsymbol{\beta}]=0,\\ [\boldsymbol{\alpha}_3,\boldsymbol{\beta}]=0,\end{cases}$$

即

$$\begin{cases}x_1+x_2-x_3+\ \ x_4=0,\\ x_1-x_2-x_3+\ \ x_4=0,\\ 2x_1+x_2+x_3+3x_4=0,\end{cases}$$

解之得 $\boldsymbol{\beta}=k\,(-4,0,-1,3)^{\mathrm{T}}$，其中 k 为任意实数.

例 4.1.2　设 $\boldsymbol{\alpha}_1=(1,1,1)^{\mathrm{T}},\boldsymbol{\alpha}_2=(1,1,2)^{\mathrm{T}},\boldsymbol{\alpha}_3=(0,4,-1)^{\mathrm{T}}$，试用施密特正交化方法把这组向量正交规范化.

解　取 $\boldsymbol{\beta}_1=\boldsymbol{\alpha}_1$，

计算实验:向量组的正交规范化

$$\boldsymbol{\beta}_2=\boldsymbol{\alpha}_2-\frac{[\boldsymbol{\beta}_1,\boldsymbol{\alpha}_2]}{[\boldsymbol{\beta}_1,\boldsymbol{\beta}_1]}\boldsymbol{\beta}_1=\begin{pmatrix}1\\1\\2\end{pmatrix}-\frac{4}{3}\begin{pmatrix}1\\1\\1\end{pmatrix}=\begin{pmatrix}-\frac{1}{3}\\-\frac{1}{3}\\\frac{2}{3}\end{pmatrix},$$

$$\boldsymbol{\beta}_3=\boldsymbol{\alpha}_3-\frac{[\boldsymbol{\beta}_1,\boldsymbol{\alpha}_3]}{[\boldsymbol{\beta}_1,\boldsymbol{\beta}_1]}\boldsymbol{\beta}_1-\frac{[\boldsymbol{\beta}_2,\boldsymbol{\alpha}_3]}{[\boldsymbol{\beta}_2,\boldsymbol{\beta}_2]}\boldsymbol{\beta}_2=\begin{pmatrix}0\\4\\-1\end{pmatrix}-\begin{pmatrix}1\\1\\1\end{pmatrix}+3\begin{pmatrix}-\frac{1}{3}\\-\frac{1}{3}\\\frac{2}{3}\end{pmatrix}=\begin{pmatrix}-2\\2\\0\end{pmatrix},$$

再把它们单位化，得

$$\boldsymbol{\eta}_1=\frac{\boldsymbol{\beta}_1}{\|\boldsymbol{\beta}_1\|}=\frac{1}{\sqrt{3}}\begin{pmatrix}1\\1\\1\end{pmatrix},\boldsymbol{\eta}_2=\frac{\boldsymbol{\beta}_2}{\|\boldsymbol{\beta}_2\|}=\frac{1}{\sqrt{6}}\begin{pmatrix}-1\\-1\\2\end{pmatrix},\boldsymbol{\eta}_3=\frac{\boldsymbol{\beta}_3}{\|\boldsymbol{\beta}_3\|}=\frac{1}{\sqrt{2}}\begin{pmatrix}-1\\1\\0\end{pmatrix},$$

则 $\boldsymbol{\eta}_1,\boldsymbol{\eta}_2,\boldsymbol{\eta}_3$ 即为 $\mathbf{R}^3$ 的一个标准正交基.

例 4.1.3 我们现在用向量的夹角来测量 4 个人种在遗传学上的接近程度. 表 4.1 给出了 4 种等位基因(一个基因的变体)在 4 个人种中出现的相对频率.

表 4.1 4 个人种的等位基因出现频率

等位基因	因纽特人	班图人	英格兰人	朝鲜人
A1	0.29	0.10	0.20	0.22
A2	0.00	0.08	0.06	0.00
B	0.03	0.12	0.06	0.20
O	0.67	0.69	0.66	0.57

如果我们分别用 4 维向量 $\boldsymbol{\alpha}_i(i=1,2,3,4)$ 表示每个人种的 4 种等位基因的相对频率的向量,并定义两个人种间的遗传学距离为两个对应向量的夹角,试用此定义解释英格兰人在遗传学上更接近班图人还是更接近朝鲜人.

解 以 $\cos\theta_{i,j}$ 表示第 i 个人种与第 j 个人种对应向量的夹角余弦,则有

$$\cos\theta_{2,3}=\frac{0.10\times0.20+0.08\times0.06+0.12\times0.06+0.69\times0.66}{\sqrt{0.1^2+0.08^2+0.12^2+0.69^2}\sqrt{0.2^2+0.06^2+0.06^2+0.66^2}}$$

$$=\frac{0.4874}{0.4948}\approx0.9850;$$

$$\cos\theta_{4,3}=\frac{0.22\times0.20+0.20\times0.06+0.57\times0.66}{\sqrt{0.22^2+0.20^2+0.57^2}\sqrt{0.20^2+0.06^2+0.06^2+0.66^2}}\approx0.9660,$$

由余弦的意义知道,英格兰人在遗传学上更接近班图人.

4.1.2 正交矩阵与正交变换

定义 4.1.4 设 $\boldsymbol{A}$ 是方阵,若 $\boldsymbol{A}^{\mathrm{T}}\boldsymbol{A}=\boldsymbol{E}$,则称 $\boldsymbol{A}$ 为**正交矩阵**(orthogonal matrix). 正交矩阵具有以下性质.

若 $\boldsymbol{A},\boldsymbol{B}$ 都是 n 阶正交矩阵,则:

(1)$\boldsymbol{A}^{\mathrm{T}}=\boldsymbol{A}^{-1}$;

(2)$\boldsymbol{A}^{\mathrm{T}}$ 也是正交矩阵;

(3)$|\boldsymbol{A}|=\pm1$;

(4)$\boldsymbol{AB}$ 也是正交矩阵.

证 (1)由定义 4.1.4 可得;

(2)又由$(\boldsymbol{A}^{\mathrm{T}})^{\mathrm{T}}\boldsymbol{A}^{\mathrm{T}}=\boldsymbol{A}\boldsymbol{A}^{\mathrm{T}}=\boldsymbol{A}\boldsymbol{A}^{-1}=\boldsymbol{E}$ 得 $\boldsymbol{A}^{\mathrm{T}}$ 也是正交矩阵;

(3)$\boldsymbol{A}^{\mathrm{T}}\boldsymbol{A}=\boldsymbol{E}$ 取行列式得 $|\boldsymbol{A}^{\mathrm{T}}||\boldsymbol{A}|=|\boldsymbol{A}^{\mathrm{T}}\boldsymbol{A}|=|\boldsymbol{E}|=1\Rightarrow|\boldsymbol{A}|^2=1\Rightarrow|\boldsymbol{A}|=\pm1$;

(4)由$(\boldsymbol{AB})^{\mathrm{T}}(\boldsymbol{AB})=\boldsymbol{B}^{\mathrm{T}}(\boldsymbol{A}^{\mathrm{T}}\boldsymbol{A})\boldsymbol{B}=\boldsymbol{B}^{\mathrm{T}}\boldsymbol{B}=\boldsymbol{E}$,得 $\boldsymbol{AB}$ 也是正交矩阵.

由定义 4.1.4 可得

定理 4.1.3　方阵 $\boldsymbol{A}$ 是正交矩阵的充分必要条件是 $\boldsymbol{A}$ 的列向量组是单位正交向量组.

证　设 $\boldsymbol{A}=(\boldsymbol{\alpha}_1,\boldsymbol{\alpha}_2,\cdots,\boldsymbol{\alpha}_n)$，则 $\boldsymbol{A}^{\mathrm{T}}\boldsymbol{A}=\boldsymbol{E}$ 等价于

$$\begin{pmatrix}\boldsymbol{\alpha}_1^{\mathrm{T}}\\ \boldsymbol{\alpha}_2^{\mathrm{T}}\\ \vdots\\ \boldsymbol{\alpha}_n^{\mathrm{T}}\end{pmatrix}(\boldsymbol{\alpha}_1,\boldsymbol{\alpha}_2,\cdots,\boldsymbol{\alpha}_n)=\begin{pmatrix}\boldsymbol{\alpha}_1^{\mathrm{T}}\boldsymbol{\alpha}_1 & \boldsymbol{\alpha}_1^{\mathrm{T}}\boldsymbol{\alpha}_2 & \cdots & \boldsymbol{\alpha}_1^{\mathrm{T}}\boldsymbol{\alpha}_n\\ \boldsymbol{\alpha}_2^{\mathrm{T}}\boldsymbol{\alpha}_1 & \boldsymbol{\alpha}_2^{\mathrm{T}}\boldsymbol{\alpha}_2 & \cdots & \boldsymbol{\alpha}_2^{\mathrm{T}}\boldsymbol{\alpha}_n\\ \vdots & \vdots & & \vdots\\ \boldsymbol{\alpha}_n^{\mathrm{T}}\boldsymbol{\alpha}_1 & \boldsymbol{\alpha}_n^{\mathrm{T}}\boldsymbol{\alpha}_2 & \cdots & \boldsymbol{\alpha}_n^{\mathrm{T}}\boldsymbol{\alpha}_n\end{pmatrix}=\boldsymbol{E},$$

即 $\boldsymbol{\alpha}_i^{\mathrm{T}}\boldsymbol{\alpha}_j=\begin{cases}1, & 当\ i=j\\ 0, & 当\ i\neq j\end{cases}(i,j=1,2,\cdots,n)\Leftrightarrow\boldsymbol{A}$ 的列向量组是单位正交向量组.　证毕

注　由正交矩阵的性质(2)可知，定理 4.1.3 的结论对行向量也成立，即方阵 $\boldsymbol{A}$ 是正交矩阵的充分必要条件是 $\boldsymbol{A}$ 的行向量组是单位正交向量组.

例 4.1.4　验证下面三个方阵都是正交矩阵：

$$\boldsymbol{A}=\begin{pmatrix}\cos\theta & -\sin\theta\\ \sin\theta & \cos\theta\end{pmatrix},\boldsymbol{B}=\begin{pmatrix}\frac{1}{\sqrt{3}} & -\frac{1}{\sqrt{2}} & -\frac{1}{\sqrt{6}}\\ \frac{1}{\sqrt{3}} & \frac{1}{\sqrt{2}} & -\frac{1}{\sqrt{6}}\\ \frac{1}{\sqrt{3}} & 0 & \frac{2}{\sqrt{6}}\end{pmatrix},\boldsymbol{C}=\begin{pmatrix}\frac{1}{\sqrt{2}} & \frac{1}{\sqrt{6}} & -\frac{1}{\sqrt{12}} & \frac{1}{2}\\ \frac{1}{\sqrt{2}} & -\frac{1}{\sqrt{6}} & \frac{1}{\sqrt{12}} & -\frac{1}{2}\\ 0 & \frac{2}{\sqrt{6}} & \frac{1}{\sqrt{12}} & -\frac{1}{2}\\ 0 & 0 & \frac{3}{\sqrt{12}} & \frac{1}{2}\end{pmatrix}.$$

解　$\boldsymbol{A}^{\mathrm{T}}\boldsymbol{A}=\begin{pmatrix}\cos\theta & \sin\theta\\ -\sin\theta & \cos\theta\end{pmatrix}\begin{pmatrix}\cos\theta & -\sin\theta\\ \sin\theta & \cos\theta\end{pmatrix}=\begin{pmatrix}\cos^2\theta+\sin^2\theta & 0\\ 0 & \sin^2\theta+\cos^2\theta\end{pmatrix}$ $=\boldsymbol{E}$，所以 $\boldsymbol{A}$ 是一个正交矩阵；也可以通过验证 $\boldsymbol{A}$ 的列向量组（或行向量组）是单位正交向量组，得到 $\boldsymbol{A}$ 是一个正交矩阵.

同样地可验证矩阵 $\boldsymbol{B},\boldsymbol{C}$ 都是正交矩阵.

定义 4.1.5　设 $\boldsymbol{P}$ 是一正交矩阵，则称线性变换 $\boldsymbol{y}=\boldsymbol{P}\boldsymbol{x}$ 为**正交变换**(orthogonal transformation)，其中 $\boldsymbol{y}=(y_1,y_2,\cdots,y_n)^{\mathrm{T}}$，$\boldsymbol{x}=(x_1,x_2,\cdots,x_n)^{\mathrm{T}}$.

设 $\boldsymbol{y}=\boldsymbol{P}\boldsymbol{x}$ 是空间 $\mathbf{R}^n$ 中的一正交变换，$\boldsymbol{\alpha}_1,\boldsymbol{\alpha}_2\in\mathbf{R}^n$，$\boldsymbol{\beta}_1=\boldsymbol{P}\boldsymbol{\alpha}_1$，$\boldsymbol{\beta}_2=\boldsymbol{P}\boldsymbol{\alpha}_2$，则有

$$[\boldsymbol{\beta}_1,\boldsymbol{\beta}_2]=[\boldsymbol{P}\boldsymbol{\alpha}_1,\boldsymbol{P}\boldsymbol{\alpha}_2]=\boldsymbol{\alpha}_1^{\mathrm{T}}\boldsymbol{P}^{\mathrm{T}}\boldsymbol{P}\boldsymbol{\alpha}_2=\boldsymbol{\alpha}_1^{\mathrm{T}}\boldsymbol{\alpha}_2=[\boldsymbol{\alpha}_1,\boldsymbol{\alpha}_2].$$

这表明，在正交变换下，向量的内积保持不变. 由于向量的长度、两向量的夹角都是用向量的内积定义的，也就是正交变换保持向量的长度、两向量的夹角不变. 这是正交变换的优良特性，也是我们经常取正交变换的原因.

习题 4.1

1. 在 $\mathbf{R}^3$ 中求与向量 $\boldsymbol{\alpha}=(1,1,1)^{\mathrm{T}}$ 正交的向量的全体，并说明几何意义.

2. 设 $\boldsymbol{\alpha}_1,\boldsymbol{\alpha}_2,\boldsymbol{\alpha}_3$ 是一个规范正交向量组，求 $\| 4\boldsymbol{\alpha}_1-7\boldsymbol{\alpha}_2+4\boldsymbol{\alpha}_3 \|$.

3. 求与下列向量都正交的单位向量：$\boldsymbol{\alpha}_1=(1,1,-1,1)^{\mathrm{T}}$，$\boldsymbol{\alpha}_2=(1,-1,1,1)^{\mathrm{T}}$，$\boldsymbol{\alpha}_3=(1,1,1,1)^{\mathrm{T}}$.

4. 判断下列矩阵是否为正交矩阵：

(1) $\begin{pmatrix} 1 & -\frac{1}{2} & \frac{1}{3} \\ -\frac{1}{2} & 1 & \frac{1}{2} \\ \frac{1}{3} & \frac{1}{2} & -1 \end{pmatrix}$； (2) $\begin{pmatrix} -\frac{1}{2} & \frac{1}{2} & -\frac{1}{2} & \frac{1}{2} \\ -\frac{1}{2} & \frac{1}{2} & \frac{1}{2} & -\frac{1}{2} \\ -\frac{1}{\sqrt{2}} & -\frac{1}{\sqrt{2}} & 0 & 0 \\ 0 & 0 & -\frac{1}{\sqrt{2}} & -\frac{1}{\sqrt{2}} \end{pmatrix}$.

5. 试用施密特正交化方法把以下矩阵的列向量组正交规范化：

(1) $(\boldsymbol{\alpha}_1,\boldsymbol{\alpha}_2,\boldsymbol{\alpha}_3)=\begin{pmatrix} 1 & -1 & 1 \\ 2 & 3 & 0 \\ -1 & 1 & 1 \end{pmatrix}$； (2) $(\boldsymbol{\alpha}_1,\boldsymbol{\alpha}_2,\boldsymbol{\alpha}_3)=\begin{pmatrix} 1 & 1 & 1 \\ 0 & 1 & 1 \\ 0 & 0 & 1 \end{pmatrix}$.

6. 设 $\boldsymbol{x}$ 为 n 维列向量，$\boldsymbol{x}^{\mathrm{T}}\boldsymbol{x}=1$，令 $\boldsymbol{H}=\boldsymbol{E}-2\boldsymbol{x}\boldsymbol{x}^{\mathrm{T}}$，求证：$\boldsymbol{H}$ 是对称的正交矩阵.

7. 如果 $\boldsymbol{A}$ 满足关系式 $\boldsymbol{A}^2+6\boldsymbol{A}+8\boldsymbol{E}=\boldsymbol{O}$，且 $\boldsymbol{A}^{\mathrm{T}}=\boldsymbol{A}$，证明：$\boldsymbol{A}+3\boldsymbol{E}$ 是正交矩阵.

8. 设 $\boldsymbol{\alpha}$ 为 n 维列向量，$\boldsymbol{A}$ 为 n 阶正交矩阵，证明 $\| \boldsymbol{A\alpha} \| = \| \boldsymbol{\alpha} \|$.

4.2 矩阵的特征值与特征向量

引例 一个有趣的现象：

设 $\boldsymbol{A}=\begin{pmatrix} 3 & -2 \\ 1 & 0 \end{pmatrix}$，$\boldsymbol{\alpha}=\begin{pmatrix} 1 \\ 1 \end{pmatrix}$，$\boldsymbol{\beta}=\begin{pmatrix} 2 \\ 1 \end{pmatrix}$，则有

$$\boldsymbol{A\alpha}=\begin{pmatrix} 3 & -2 \\ 1 & 0 \end{pmatrix}\begin{pmatrix} 1 \\ 1 \end{pmatrix}=\begin{pmatrix} 1 \\ 1 \end{pmatrix}=\boldsymbol{\alpha},\boldsymbol{A\beta}=\begin{pmatrix} 3 & -2 \\ 1 & 0 \end{pmatrix}\begin{pmatrix} 2 \\ 1 \end{pmatrix}=\begin{pmatrix} 4 \\ 2 \end{pmatrix}=2\boldsymbol{\beta}.$$

由数值计算结果以及图 4.1 可知，线性变换 $\boldsymbol{y}=\boldsymbol{Ax}$ 对向量 $\boldsymbol{\alpha}$、$\boldsymbol{\beta}$ 的作用仅仅是“拉伸”了向量 $\boldsymbol{\alpha}$、$\boldsymbol{\beta}$，而没有改变它们的方向；但线性变换 $\boldsymbol{y}=\boldsymbol{Ax}$ 对图 4.1 中的其他单位向量的作用不仅起到了“拉伸”作用，同时也改变了向量的方向.

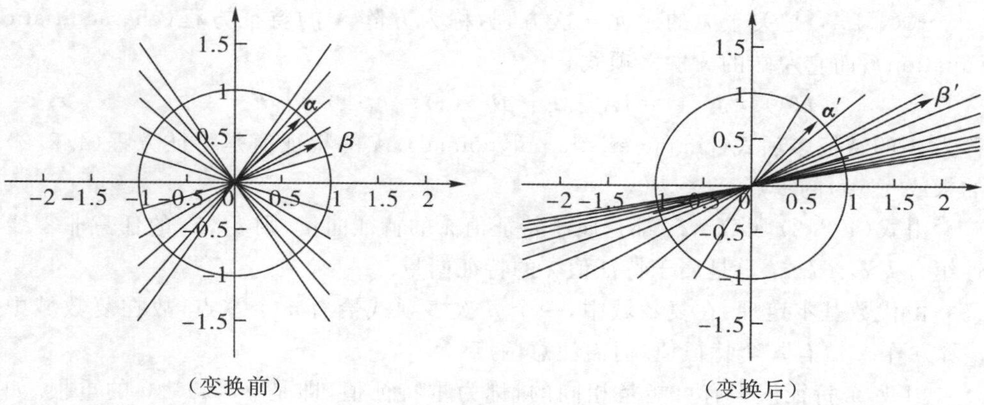

图 4.1　线性变换的效果

本节我们将研究形如 $\boldsymbol{A}\boldsymbol{x}=\lambda\boldsymbol{x}$ 的方程，并寻找那些把 $\boldsymbol{A}$ 变换成自身一个数量倍的非零向量.

4.2.1　特征值与特征向量的概念

定义 4.2.1　设 $\boldsymbol{A}$ 是 n 阶方阵，若存在数 λ 和非零向量 $\boldsymbol{x}$，使得

$$\boldsymbol{A}\boldsymbol{x}=\lambda\boldsymbol{x}, \tag{4.2.1}$$

则称 λ 为 $\boldsymbol{A}$ 的**特征值**(characteristic value)，称 $\boldsymbol{x}$ 为 $\boldsymbol{A}$ 的属于(或对应于)特征值 λ 的**特征向量**(characteristic vector 或 eigenvector).

注　特征值与特征向量是针对方阵定义的.另外零向量 $\boldsymbol{0}$ 总满足式(4.2.1)，但 $\boldsymbol{0}$ 不能作为特征向量.

为了求出方阵的特征值与特征向量，我们把式(4.2.1)变形成

$$(\boldsymbol{A}-\lambda\boldsymbol{E})\boldsymbol{x}=\boldsymbol{0} \text{ 或 } (\lambda\boldsymbol{E}-\boldsymbol{A})\boldsymbol{x}=\boldsymbol{0} \tag{4.2.2}$$

设 $\boldsymbol{A}=(a_{ij})_{n\times n}$，对于固定的 λ，式(4.2.2)是关于 $\boldsymbol{x}$ 的齐次线性方程组，它有非零解的充分必要条件是

$$|\boldsymbol{A}-\lambda\boldsymbol{E}|=\begin{vmatrix} a_{11}-\lambda & a_{12} & \cdots & a_{1n} \\ a_{21} & a_{22}-\lambda & \cdots & a_{2n} \\ \vdots & \vdots & & \vdots \\ a_{n1} & a_{n2} & \cdots & a_{nn}-\lambda \end{vmatrix}=0,$$

或

$$|\lambda\boldsymbol{E}-\boldsymbol{A}|=\begin{vmatrix} \lambda-a_{11} & -a_{12} & \cdots & -a_{1n} \\ -a_{21} & \lambda-a_{22} & \cdots & -a_{2n} \\ \vdots & \vdots & & \vdots \\ -a_{n1} & -a_{n2} & \cdots & \lambda-a_{nn} \end{vmatrix}=0. \tag{4.2.3}$$

式(4.2.3)是关于 λ 的一元 n 次方程,称为方阵 $\boldsymbol{A}$ 的**特征方程**(characteristic equation),而它左端的 n 次多项式

$$f(\lambda)=f_{\boldsymbol{A}}(\lambda)=|\boldsymbol{A}-\lambda\boldsymbol{E}| \text{ 或 } f(\lambda)=f_{\boldsymbol{A}}(\lambda)=|\lambda\boldsymbol{E}-\boldsymbol{A}|,$$

称为 $\boldsymbol{A}$ 的**特征多项式**(characteristic polynomial). $\boldsymbol{A}$ 的特征值是特征方程(4.2.3)的根或 $f_{\boldsymbol{A}}(\lambda)$的零点.

由式(4.2.2),设 $\boldsymbol{\xi}_1,\boldsymbol{\xi}_2$ 都是属于特征值 λ 的特征向量,则 $\boldsymbol{\xi}_1,\boldsymbol{\xi}_2$ 的任意非零线性组合 $k_1\boldsymbol{\xi}_1+k_2\boldsymbol{\xi}_2$ 也是属于特征值 λ 的特征向量.

由代数基本定理:在复数域中,一个 n 次多项式恰有 n 个零点,故在复数域中 n 阶方阵 $\boldsymbol{A}$ 恰有 n 个特征值.但需注意两点:

(1) n 个特征值中有可能是相同的,称为重特征值,即是 $f_{\boldsymbol{A}}(\lambda)=0$ 的重根.如单位矩阵的特征根全部为 1.

(2)即便 $\boldsymbol{A}$ 为实方阵,其特征值也可能是复数.例如 $\boldsymbol{A}=\begin{pmatrix}0 & -1\\ 1 & 0\end{pmatrix}$,则

$$|\boldsymbol{A}-\lambda\boldsymbol{E}|=\begin{vmatrix}-\lambda & -1\\ 1 & -\lambda\end{vmatrix}=\lambda^2+1.$$

$\boldsymbol{A}$ 的特征值为 $\lambda=\pm i$;但根据多项式理论,实矩阵的复特征值是成对共轭出现的.

式(4.2.3)与式(4.2.2)提供了求方阵 $\boldsymbol{A}$ 的特征值与特征向量的方法.其步骤为:

(1)由特征方程 $|\boldsymbol{A}-\lambda\boldsymbol{E}|=0$ 求出 $\boldsymbol{A}$ 的特征值 $\lambda_1,\lambda_2,\cdots,\lambda_n$;

(2)对每个特征值 $\lambda_i(i=1,2,\cdots,n)$,解线性方程组(或矩阵方程)

$$(\boldsymbol{A}-\lambda_i\boldsymbol{E})\boldsymbol{x}=\boldsymbol{0},$$

求其非零解,也就是求出其基础解系;设其基础解系为 $\boldsymbol{\xi}_{i1},\boldsymbol{\xi}_{i2},\cdots,\boldsymbol{\xi}_{it}$,则矩阵 $\boldsymbol{A}$ 的属于特征值 λ_i 的全部特征向量为 $k_{i1}\boldsymbol{\xi}_{i1}+k_{i2}\boldsymbol{\xi}_{i2}+\cdots+k_{it}\boldsymbol{\xi}_{it}$($k_{i1},k_{i2},\cdots,k_{it}$ 不同时为零).

例 4.2.1 求 $\boldsymbol{A}=\begin{pmatrix}2 & 1 & 1\\ 1 & 2 & 1\\ 1 & 1 & 2\end{pmatrix}$ 的特征值和特征向量.

解 $\boldsymbol{A}$ 的特征多项式为

$$|\boldsymbol{A}-\lambda\boldsymbol{E}|=\begin{vmatrix}2-\lambda & 1 & 1\\ 1 & 2-\lambda & 1\\ 1 & 1 & 2-\lambda\end{vmatrix}\xlongequal[r_1\div(4-\lambda)]{r_1+r_2+r_3}(4-\lambda)\begin{vmatrix}1 & 1 & 1\\ 1 & 2-\lambda & 1\\ 1 & 1 & 2-\lambda\end{vmatrix}$$

$$\xlongequal[r_3-r_1]{r_2-r_1}(4-\lambda)\begin{vmatrix}1 & 1 & 1\\ 0 & 1-\lambda & 0\\ 0 & 0 & 1-\lambda\end{vmatrix}=(4-\lambda)(1-\lambda)^2,$$

所以 $\boldsymbol{A}$ 的特征值为 $\lambda_1=4,\lambda_2=\lambda_3=1$；

对应 $\lambda_1=4$，解 $(\boldsymbol{A}-4\boldsymbol{E})\boldsymbol{x}=\boldsymbol{0}$，得基础解系为 $\boldsymbol{\alpha}_1=\begin{pmatrix}1\\1\\1\end{pmatrix}$，所以属于 $\lambda_1=4$ 的全部特征向量为 $k_1\boldsymbol{\alpha}_1(k_1\neq 0)$；

对应 $\lambda_2=\lambda_3=1$，解 $(\boldsymbol{A}-\boldsymbol{E})\boldsymbol{x}=\boldsymbol{0}$，得基础解系为 $\boldsymbol{\alpha}_2=\begin{pmatrix}-1\\1\\0\end{pmatrix}$，$\boldsymbol{\alpha}_3=\begin{pmatrix}-1\\0\\1\end{pmatrix}$，所以属于 $\lambda_2=\lambda_3=1$ 的全部特征向量为 $k_2\boldsymbol{\alpha}_2+k_3\boldsymbol{\alpha}_3(k_2,k_3$ 不全为 $0)$.

例 4.2.2　求 $\boldsymbol{A}=\begin{pmatrix}-1&1&0\\-4&3&0\\1&0&2\end{pmatrix}$ 的特征值和特征向量.

解　令

$$|\boldsymbol{A}-\lambda\boldsymbol{E}|=\begin{vmatrix}-1-\lambda&1&0\\-4&3-\lambda&0\\1&0&2-\lambda\end{vmatrix}=(2-\lambda)\begin{vmatrix}-1-\lambda&1\\-4&3-\lambda\end{vmatrix}=(2-\lambda)(1-\lambda)^2=0,$$

得 $\boldsymbol{A}$ 的特征值为 $\lambda_1=2,\lambda_2=\lambda_3=1$；

对应 $\lambda_1=2$，解 $(\boldsymbol{A}-2\boldsymbol{E})\boldsymbol{x}=\boldsymbol{0}$，得基础解系为 $\boldsymbol{\alpha}=\begin{pmatrix}0\\0\\1\end{pmatrix}$，所以属于 $\lambda_1=2$ 的全部特征向量为 $k_1\boldsymbol{\alpha}(k_1\neq 0)$；

对应 $\lambda_2=\lambda_3=1$，解 $(\boldsymbol{A}-\boldsymbol{E})\boldsymbol{x}=\boldsymbol{0}$，得基础解系为 $\boldsymbol{\beta}=\begin{pmatrix}-1\\-2\\1\end{pmatrix}$，所以属于 $\lambda_2=\lambda_3=1$ 的全部特征向量为 $k_2\boldsymbol{\beta}(k_2\neq 0)$.

注　对于重特征值，可能有重数个线性无关的特征向量，如例 4.2.1；也可能没有重数个线性无关的特征向量，如例 4.2.2. 这一点对于后面的矩阵对角化具有重要影响.

4.2.2　特征值与特征向量的性质

计算实验：求特征值、特征向量

方阵 $\boldsymbol{A}$ 与其特征值具有如下重要关系.

定理 4.2.1　设 $\lambda_1,\lambda_2,\cdots,\lambda_n$ 是矩阵 $\boldsymbol{A}=(a_{ij})_{n\times n}$ 的 n 个特征值，则：

(1) $\sum\limits_{i=1}^{n}\lambda_i=\sum\limits_{i=1}^{n}a_{ii}$，记为 $\operatorname{tr}(\boldsymbol{A})$，称为矩阵 $\boldsymbol{A}$ 的**迹**(trace)；

(2) $\prod_{i=1}^{n} \lambda_i = |\boldsymbol{A}|$.

证 由条件取特征多项式为

$$f(\lambda)=|\lambda\boldsymbol{E}-\boldsymbol{A}|=(\lambda-\lambda_1)(\lambda-\lambda_2)\cdots(\lambda-\lambda_n)$$

$$=\lambda^n-(\sum_{i=1}^{n}\lambda_i)\lambda^{n-1}+\cdots+(-1)^n\prod_{i=1}^{n}\lambda_i; \tag{4.2.4}$$

另一方面,由行列式定义,$f(\lambda)=|\lambda\boldsymbol{E}-\boldsymbol{A}|$ 中含有 λ^n 的只有一项

$$d_1=(\lambda-a_{11})(\lambda-a_{22})\cdots(\lambda-a_{nn})=\lambda^n-\sum_{i=1}^{n}a_{ii}\lambda^{n-1}+\cdots+(-1)^n\prod_{i=1}^{n}\lambda_i,$$

且在 $|\lambda\boldsymbol{E}-\boldsymbol{A}|$ 中,λ^{n-1} 也只出现在 d_1 中,故(1)成立;在式(4.2.4)中令 $\lambda=0$,则(2)成立. 证毕

推论 4.2.1 方阵 $\boldsymbol{A}$ 可逆当且仅当它的特征值全不为 0.

例 4.2.3 证明对角矩阵 $\boldsymbol{\Lambda}=\mathrm{diag}(\lambda_1,\lambda_2,\cdots,\lambda_n)$ 的特征值就是其对角线元素 $\lambda_1,\lambda_2,\cdots,\lambda_n$.

证 由

$$|\boldsymbol{A}-\lambda\boldsymbol{E}|=\begin{vmatrix}\lambda_1-\lambda & & & \\ & \lambda_2-\lambda & & \\ & & \ddots & \\ & & & \lambda-\lambda_n\end{vmatrix}=(\lambda_1-\lambda)(\lambda_2-\lambda)\cdots(\lambda_n-\lambda),$$

得 $\lambda_1,\lambda_2,\cdots,\lambda_n$ 就是 $\boldsymbol{\Lambda}=\mathrm{diag}(\lambda_1,\lambda_2,\cdots,\lambda_n)$ 的特征值. 证毕

例 4.2.4 若方阵 $\boldsymbol{A}$ 满足 $\boldsymbol{A}^2=\boldsymbol{E}$,证明:$\boldsymbol{A}$ 的特征值只能为 ± 1.

证 设 $\boldsymbol{\xi}$ 为 $\boldsymbol{A}$ 的属于特征值 λ 的特征向量,则 $\boldsymbol{\xi}=\boldsymbol{A}^2\boldsymbol{\xi}=\boldsymbol{A}(\boldsymbol{A}\boldsymbol{\xi})=\boldsymbol{A}(\lambda\boldsymbol{\xi})=\lambda^2\boldsymbol{\xi}$,于是 $(1-\lambda^2)\boldsymbol{\xi}=\boldsymbol{0}$,故 $\lambda=\pm 1$. 证毕

例 4.2.5 已知 $\boldsymbol{A}$ 为三阶方阵,且 $\boldsymbol{A}-\boldsymbol{E}$,$\boldsymbol{A}-2\boldsymbol{E}$ 和 $\boldsymbol{A}-3\boldsymbol{E}$ 均不可逆.

(1)证明:$\boldsymbol{E}+2\boldsymbol{A}$ 可逆;

(2)求 $|\boldsymbol{A}|$ 和 $\mathrm{tr}(\boldsymbol{A})$.

证 (1)由条件知 $|\boldsymbol{A}-\boldsymbol{E}|=0$,$|\boldsymbol{A}-2\boldsymbol{E}|=0$,$|\boldsymbol{A}-3\boldsymbol{E}|=0$,故 1,2,3 均为 $\boldsymbol{A}$ 的特征值,所以 $-\frac{1}{2}$ 不是 $\boldsymbol{A}$ 的特征值,因而 $|\boldsymbol{E}+2\boldsymbol{A}|=\left|2\left[\boldsymbol{A}-(-\frac{1}{2}\boldsymbol{E})\right]\right|=2^3\left|\boldsymbol{A}-\left(-\frac{1}{2}\boldsymbol{E}\right)\right|\neq 0$,即 $\boldsymbol{E}+2\boldsymbol{A}$ 可逆. 证毕

(2)由定理 4.2.1 知 $|\boldsymbol{A}|=\prod_{i=1}^{3}\lambda_i=1\cdot 2\cdot 3=6$,$\mathrm{tr}(\boldsymbol{A})=\sum_{i=1}^{3}a_{ii}=\sum_{i=1}^{3}\lambda_i=1+2+3=6$.

例 4.2.6　设 λ 是方阵 $\boldsymbol{A}$ 的特征值，证明：

(1)λ^2 是 $\boldsymbol{A}^2$ 的特征值；

(2)若 $\boldsymbol{A}$ 可逆，则 $\dfrac{1}{\lambda}$ 是 $\boldsymbol{A}^{-1}$ 的特征值.

证　因 λ 是方阵 $\boldsymbol{A}$ 的特征值，故存在非零向量 $\boldsymbol{p}$，使 $\boldsymbol{A}\boldsymbol{p}=\lambda\boldsymbol{p}$；于是：

(1)$\boldsymbol{A}^2\boldsymbol{p}=\boldsymbol{A}(\boldsymbol{A}\boldsymbol{p})=\boldsymbol{A}(\lambda\boldsymbol{p})=\lambda(\boldsymbol{A}\boldsymbol{p})=\lambda^2\boldsymbol{p}$，所以 λ^2 是 $\boldsymbol{A}^2$ 的特征值；

(2)由 $\boldsymbol{A}\boldsymbol{p}=\lambda\boldsymbol{p}$，而 $\boldsymbol{A}$ 可逆，所以 $\boldsymbol{p}=\boldsymbol{A}^{-1}(\boldsymbol{A}\boldsymbol{p})=\lambda(\boldsymbol{A}^{-1}\boldsymbol{p})$，因为 $\boldsymbol{p}\neq\boldsymbol{0}$，故 $\lambda\neq0$，所以 $\boldsymbol{A}^{-1}\boldsymbol{p}=\dfrac{1}{\lambda}\boldsymbol{p}$，即 $\dfrac{1}{\lambda}$ 是 $\boldsymbol{A}^{-1}$ 的特征值.　　证毕

注　由此类推，不难证明：若 λ 是方阵 $\boldsymbol{A}$ 的特征值，则 λ^k 是 $\boldsymbol{A}^k$ 的特征值，$\varphi(\lambda)$ 是 $\varphi(\boldsymbol{A})$ 的特征值（其中 $\varphi(\lambda)=a_0+a_1\lambda+\cdots+a_m\lambda^m$，$\varphi(\boldsymbol{A})=a_0\boldsymbol{E}+a_1\boldsymbol{A}+\cdots+a_m\boldsymbol{A}^m$）.

例 4.2.7　设三阶矩阵 $\boldsymbol{A}$ 的特征值为 $-1,2,3$，$\boldsymbol{A}^*$ 为 $\boldsymbol{A}$ 的伴随矩阵，求：

(1)$\boldsymbol{A}^*+2\boldsymbol{A}-\boldsymbol{E}$ 的特征值；

(2)$|\boldsymbol{A}^2+3\boldsymbol{E}|$.

解　(1)因 $\boldsymbol{A}$ 的特征值全不为 0，所以 $\boldsymbol{A}$ 可逆，$\boldsymbol{A}^*=|\boldsymbol{A}|\boldsymbol{A}^{-1}$，$|\boldsymbol{A}|=-1\cdot2\cdot3=-6$；记 $\varphi(\boldsymbol{A})=\boldsymbol{A}^*+2\boldsymbol{A}-\boldsymbol{E}=|\boldsymbol{A}|\boldsymbol{A}^{-1}+2\boldsymbol{A}-\boldsymbol{E}$，则有 $\varphi(\lambda)=(-6)\lambda^{-1}+2\lambda-1$，从而得 $\varphi(-1)=3$，$\varphi(2)=0$，$\varphi(3)=3$ 为 $\varphi(\boldsymbol{A})=\boldsymbol{A}^*+2\boldsymbol{A}-\boldsymbol{E}$ 的特征值.

(2)令 $g(\boldsymbol{A})=\boldsymbol{A}^2+3\boldsymbol{E}$，则有 $g(\lambda)=\lambda^2+3$，从而得 $g(-1)=4$，$g(2)=7$，$g(3)=12$ 是 $g(\boldsymbol{A})=\boldsymbol{A}^2+3\boldsymbol{E}$ 的所有特征值，因此 $|\boldsymbol{A}^2+3\boldsymbol{E}|=4\cdot7\cdot12=336$.

注　这里虽然 $\varphi(\boldsymbol{A})=\boldsymbol{A}^*+3\boldsymbol{A}-2\boldsymbol{E}$ 不是矩阵 $\boldsymbol{A}$ 的多项式，但同样有矩阵多项式的性质.

定理 4.2.2　设 $\boldsymbol{\xi}_1,\boldsymbol{\xi}_2,\cdots,\boldsymbol{\xi}_m$ 分别是 $\boldsymbol{A}$ 的属于互不相同的特征值 $\lambda_1,\lambda_2,\cdots,\lambda_m$ 的特征向量，则 $\boldsymbol{\xi}_1,\boldsymbol{\xi}_2,\cdots,\boldsymbol{\xi}_m$ 线性无关.

拓展阅读：定理 4.2.2 的另一种证明方法

证　(用数学归纳法)当 $m=1$，结论成立(因 $\boldsymbol{\xi}_1\neq\boldsymbol{0}$). 设 $m=k$ 时结论成立，当 $m=k+1$，设

$$a_1\boldsymbol{\xi}_1+a_2\boldsymbol{\xi}_2+\cdots+a_k\boldsymbol{\xi}_k+a_{k+1}\boldsymbol{\xi}_{k+1}=\boldsymbol{0},\qquad(4.2.5)$$

则 $\boldsymbol{A}(a_1\boldsymbol{\xi}_1+a_2\boldsymbol{\xi}_2+\cdots+a_k\boldsymbol{\xi}_k+a_{k+1}\boldsymbol{\xi}_{k+1})=\boldsymbol{0}$，即

$$a_1\lambda_1\boldsymbol{\xi}_1+a_2\lambda_2\boldsymbol{\xi}_2+\cdots+a_k\lambda_k\boldsymbol{\xi}_k+a_{k+1}\lambda_{k+1}\boldsymbol{\xi}_{k+1}=\boldsymbol{0},\qquad(4.2.6)$$

将式(4.2.5)乘以 λ_{k+1}，再减去式(4.2.6)得

$$a_1(\lambda_{k+1}-\lambda_1)\boldsymbol{\xi}_1+a_2(\lambda_{k+1}-\lambda_2)\boldsymbol{\xi}_2+\cdots+a_k(\lambda_{k+1}-\lambda_k)\boldsymbol{\xi}_k=\boldsymbol{0}.$$

因为 $\boldsymbol{\xi}_1,\boldsymbol{\xi}_2,\cdots,\boldsymbol{\xi}_k$ 线性无关，故 $a_i(\lambda_{k+1}-\lambda_i)=0$，而 $\lambda_{k+1}\neq\lambda_i$，所以 $a_i=0(i=1,2,\cdots,k)$，代入式(4.2.5)，得 $a_{k+1}\boldsymbol{\xi}_{k+1}=\boldsymbol{0}$，因为 $\boldsymbol{\xi}_{k+1}\neq\boldsymbol{0}$，所以 $a_{k+1}=0$，故 $\boldsymbol{\xi}_1,\boldsymbol{\xi}_2,\cdots,\boldsymbol{\xi}_{k+1}$ 线性无关.　　证毕

习题 4.2

1. 求下列矩阵的特征值和特征向量,并判断它们的特征向量是否两两正交.

(1)$\begin{pmatrix}1 & -1\\2 & 4\end{pmatrix}$; (2)$\begin{bmatrix}1 & 2 & 3\\2 & 1 & 3\\3 & 3 & 6\end{bmatrix}$; (3)$\begin{bmatrix}0 & 0 & 0 & 1\\0 & 0 & 1 & 0\\0 & 1 & 0 & 0\\1 & 0 & 0 & 0\end{bmatrix}$.

2. 已知三阶矩阵 $\boldsymbol{A}$ 的特征值为 $-2,1,3$,求:

(1)$2\boldsymbol{A}$ 的特征值;

(2)$\boldsymbol{A}^{-1}-\boldsymbol{E}$ 的特征值.

3. 已知 0 是矩阵 $\boldsymbol{A}=\begin{bmatrix}1 & 0 & 1\\0 & 2 & 0\\1 & 0 & a\end{bmatrix}$ 的特征值,求 $\boldsymbol{A}$ 的特征值与特征向量.

4. 设 $\boldsymbol{\alpha}$ 是 $\boldsymbol{A}$ 的对应于特征值 λ 的特征向量,证明:

(1)$\boldsymbol{\alpha}$ 是 $\boldsymbol{A}^m$ 的对应于特征值 λ^m 的特征向量;

(2)对多项式 $f(x)$,$\boldsymbol{\alpha}$ 是 $f(\boldsymbol{A})$ 的对应于特征值 $f(\lambda)$ 的特征向量.

5. $\boldsymbol{A}$ 是 n 阶方阵,$|\boldsymbol{A}|=3$,$2\boldsymbol{A}+\boldsymbol{E}$ 不可逆,求伴随矩阵 $\boldsymbol{A}^*$ 的一个特征值.

6. 已知三阶矩阵 $\boldsymbol{A}$ 的特征值为 $1,2,3$,求 $|\boldsymbol{A}^3-5\boldsymbol{A}^2+7\boldsymbol{A}|$.

7. 已知三阶矩阵 $\boldsymbol{A}$ 的特征值为 $1,2,-3$,求 $|\boldsymbol{A}^*-3\boldsymbol{A}+2\boldsymbol{E}|$.

8. 设三阶方阵 $\boldsymbol{A}$ 的特征值为 $-1,1,2$,求矩阵 $\boldsymbol{B}=(3\boldsymbol{A}^*)^{-1}$ 的特征值.

9. 证明:

(1)若 $\boldsymbol{A}$ 是奇数阶正交矩阵,且 $|\boldsymbol{A}|=1$,则 1 是 $\boldsymbol{A}$ 的一个特征值;

(2)若 $\boldsymbol{A}$ 是正交矩阵,且 $|\boldsymbol{A}|=-1$,则 -1 是 $\boldsymbol{A}$ 的一个特征值.

4.3 相似矩阵

有了前两节的准备,现在,我们可以讨论矩阵的对角化问题了.

4.3.1 相似矩阵的概念及性质

定义 4.3.1 对于 n 阶方阵 $\boldsymbol{A},\boldsymbol{B}$,若存在可逆矩阵 $\boldsymbol{P}$,使 $\boldsymbol{P}^{-1}\boldsymbol{A}\boldsymbol{P}=\boldsymbol{B}$,则称 $\boldsymbol{B}$ 是 $\boldsymbol{A}$ 的**相似矩阵**,或称 $\boldsymbol{A}$ **相似于** $\boldsymbol{B}$,记作 $\boldsymbol{A}\sim\boldsymbol{B}$. 通过 $\boldsymbol{P}^{-1}\boldsymbol{A}\boldsymbol{P}=\boldsymbol{B}$ 把 $\boldsymbol{A}$ 化为 $\boldsymbol{B}$ 的过程称为**相似变换**,$\boldsymbol{P}$ 称为**相似变换矩阵**.

由定义可知,相似关系满足:

(1)反身性:$\boldsymbol{A}\sim\boldsymbol{A}$;

(2)对称性:若 $\boldsymbol{A}\sim\boldsymbol{B}$,则 $\boldsymbol{B}\sim\boldsymbol{A}$;

(3)传递性:若 $\boldsymbol{A}\sim\boldsymbol{B},\boldsymbol{B}\sim\boldsymbol{C}$,则 $\boldsymbol{A}\sim\boldsymbol{C}$,

即矩阵的相似关系是一种等价关系.

例 4.3.1　证明:若 $\boldsymbol{A}\sim\boldsymbol{B}$,则 $\boldsymbol{A}^k\sim\boldsymbol{B}^k$,更一般地对 $\varphi(\lambda)=a_m\lambda^m+a_{m-1}\lambda^{m-1}+\cdots+a_1\lambda+a_0$,有 $\varphi(\boldsymbol{A})\sim\varphi(\boldsymbol{B})$.

证　由 $\boldsymbol{A}\sim\boldsymbol{B}$,则有可逆矩阵 $\boldsymbol{P}$,使 $\boldsymbol{P}^{-1}\boldsymbol{A}\boldsymbol{P}=\boldsymbol{B}$,故 $\boldsymbol{B}^k=\boldsymbol{P}^{-1}\boldsymbol{A}^k\boldsymbol{P}$,即 $\boldsymbol{A}^k\sim\boldsymbol{B}^k$;而

$$\begin{aligned}\varphi(\boldsymbol{B})&=a_m\boldsymbol{B}^m+a_{m-1}\boldsymbol{B}^{m-1}+\cdots+a_1\boldsymbol{B}+a_0\boldsymbol{E}\\&=\boldsymbol{P}^{-1}(a_m\boldsymbol{A}^m+a_{m-1}\boldsymbol{A}^{m-1}+\cdots+a_1\boldsymbol{A}+a_0\boldsymbol{E})\boldsymbol{P}\\&=\boldsymbol{P}^{-1}\varphi(\boldsymbol{A})\boldsymbol{P},\text{得 }\varphi(\boldsymbol{A})\sim\varphi(\boldsymbol{B}).\end{aligned}$$

证毕

定理 4.3.1　若 $\boldsymbol{A}\sim\boldsymbol{B}$,则:

(1)$R(\boldsymbol{A})=R(\boldsymbol{B})$;

(2)$|\boldsymbol{A}|=|\boldsymbol{B}|$;

(3)$\boldsymbol{A}$ 与 $\boldsymbol{B}$ 的特征多项式相同,从而 $\boldsymbol{A}$ 与 $\boldsymbol{B}$ 的特征值也相同;

(4)$\operatorname{tr}(\boldsymbol{A})=\operatorname{tr}(\boldsymbol{B})$.

证　(1)因为相似矩阵一定等价,所以 $R(\boldsymbol{A})=R(\boldsymbol{B})$;

(2)由 $\boldsymbol{A}\sim\boldsymbol{B}$,则有可逆矩阵 $\boldsymbol{P}$,使 $\boldsymbol{P}^{-1}\boldsymbol{A}\boldsymbol{P}=\boldsymbol{B}$,故

$$|\boldsymbol{B}|=|\boldsymbol{P}^{-1}\boldsymbol{A}\boldsymbol{P}|=|\boldsymbol{P}^{-1}||\boldsymbol{A}||\boldsymbol{P}|=|\boldsymbol{A}|;$$

(3)
$$\begin{aligned}|\boldsymbol{B}-\lambda\boldsymbol{E}|&=|\boldsymbol{P}^{-1}\boldsymbol{A}\boldsymbol{P}-\boldsymbol{P}^{-1}\lambda\boldsymbol{E}\boldsymbol{P}|\\&=|\boldsymbol{P}^{-1}(\boldsymbol{A}-\lambda\boldsymbol{E})\boldsymbol{P}|\\&=|\boldsymbol{P}^{-1}||\boldsymbol{A}-\lambda\boldsymbol{E}||\boldsymbol{P}|\\&=|\boldsymbol{A}-\lambda\boldsymbol{E}|;\end{aligned}$$

(4)由(3)得,$\boldsymbol{A}$ 与 $\boldsymbol{B}$ 有相同的特征值,从而得 $\operatorname{tr}(\boldsymbol{A})=\operatorname{tr}(\boldsymbol{B})$.　证毕

由例 4.2.3 及定理 4.3.1 可得

推论 4.3.1　若 n 阶方阵 $\boldsymbol{A}$ 与对角矩阵 $\boldsymbol{\Lambda}=\operatorname{diag}(\lambda_1,\lambda_2,\cdots,\lambda_n)$ 相似,则 $\lambda_1,\lambda_2,\cdots,\lambda_n$ 是 $\boldsymbol{A}$ 的所有 n 个特征值.

对于 n 阶方阵 $\boldsymbol{A}$,若存在可逆矩阵 $\boldsymbol{P}$,使 $\boldsymbol{P}^{-1}\boldsymbol{A}\boldsymbol{P}=\boldsymbol{\Lambda}$ 为对角矩阵,则称 $\boldsymbol{A}$ **可相似对角化**,简称为 $\boldsymbol{A}$ **可对角化**.

若 $\boldsymbol{A}$ 可对角化,则有可逆矩阵 $\boldsymbol{P}$,使 $\boldsymbol{P}^{-1}\boldsymbol{A}\boldsymbol{P}=\boldsymbol{\Lambda}=\operatorname{diag}(\lambda_1,\lambda_2,\cdots,\lambda_n)$,即 $\boldsymbol{A}=\boldsymbol{P}\boldsymbol{\Lambda}\boldsymbol{P}^{-1}$,于是 $\boldsymbol{A}^k=\boldsymbol{P}\boldsymbol{\Lambda}^k\boldsymbol{P}^{-1}$;类似可得 $\varphi(\boldsymbol{A})=\boldsymbol{P}\varphi(\boldsymbol{\Lambda})\boldsymbol{P}^{-1}$($\varphi(\lambda)$同例 4.3.1),而

$$\boldsymbol{\Lambda}^k=\begin{pmatrix}\lambda_1^k&&&\\&\lambda_2^k&&\\&&\ddots&\\&&&\lambda_n^k\end{pmatrix},\varphi(\boldsymbol{\Lambda})=\begin{pmatrix}\varphi(\lambda_1)&&&\\&\varphi(\lambda_2)&&\\&&\ddots&\\&&&\varphi(\lambda_n)\end{pmatrix}.$$

这样就可以比较简便地计算出 $\boldsymbol{A}^k$ 和 $\varphi(\boldsymbol{A})$ 了，这是矩阵相似对角化的一个具体应用.

注 在以上讨论中，读者一定要注意两个常用的算式：

(1) $\boldsymbol{P}^{-1}\boldsymbol{ABP}=(\boldsymbol{P}^{-1}\boldsymbol{AP})(\boldsymbol{P}^{-1}\boldsymbol{BP})$；

(2) $\boldsymbol{P}^{-1}(k\boldsymbol{A}+l\boldsymbol{B})\boldsymbol{P}=k\boldsymbol{P}^{-1}\boldsymbol{AP}+l\boldsymbol{P}^{-1}\boldsymbol{BP}$.

例 4.3.2 已知 $\boldsymbol{A}=\begin{pmatrix}2&1&-1\\1&2&1\\-1&1&x\end{pmatrix}$ 与 $\boldsymbol{B}=\begin{pmatrix}2&0&1\\-1&y&1\\2&0&1\end{pmatrix}$ 相似，求 x,y.

解 由 $\boldsymbol{A}$ 与 $\boldsymbol{B}$ 相似，得 $|\boldsymbol{A}-\lambda\boldsymbol{E}|=|\boldsymbol{B}-\lambda\boldsymbol{E}|$，而

$$|\boldsymbol{A}-\lambda\boldsymbol{E}|=\begin{vmatrix}2-\lambda&1&-1\\1&2-\lambda&1\\-1&1&x-\lambda\end{vmatrix}=(3-\lambda)[\lambda^2-(x+1)\lambda+x-2],$$

$$|\boldsymbol{B}-\lambda\boldsymbol{E}|=\begin{vmatrix}2-\lambda&0&1\\-1&y-\lambda&1\\2&0&1-\lambda\end{vmatrix}=(y-\lambda)(\lambda^2-3\lambda)=(3-\lambda)(\lambda^2-y\lambda),$$

所以 $x=2,y=3$.

注 本例中，x,y 也可以通过 $|\boldsymbol{A}|=|\boldsymbol{B}|$，$\mathrm{tr}(\boldsymbol{A})=\mathrm{tr}(\boldsymbol{B})$ 列式求出.

4.3.2 矩阵可对角化的条件

设 n 阶方阵 $\boldsymbol{A}$ 与对角矩阵 $\boldsymbol{\Lambda}=\mathrm{diag}(\lambda_1,\lambda_2,\cdots,\lambda_n)$ 相似，则存在可逆矩阵 $\boldsymbol{P}$，使 $\boldsymbol{P}^{-1}\boldsymbol{AP}=\boldsymbol{\Lambda}$，其中 $\lambda_1,\lambda_2,\cdots,\lambda_n$ 为 $\boldsymbol{A}$ 的 n 个特征值；将 $\boldsymbol{P}$ 按列分块为 $\boldsymbol{P}=(\boldsymbol{p}_1,\boldsymbol{p}_2,\cdots,\boldsymbol{p}_n)$，由 $\boldsymbol{P}^{-1}\boldsymbol{AP}=\boldsymbol{\Lambda}$ 得 $\boldsymbol{AP}=\boldsymbol{P\Lambda}$，即

$$\boldsymbol{A}(\boldsymbol{p}_1,\boldsymbol{p}_2,\cdots,\boldsymbol{p}_n)=(\boldsymbol{p}_1,\boldsymbol{p}_2,\cdots,\boldsymbol{p}_n)\begin{pmatrix}\lambda_1&&&\\&\lambda_2&&\\&&\ddots&\\&&&\lambda_n\end{pmatrix}=(\lambda_1\boldsymbol{p}_1,\lambda_2\boldsymbol{p}_2,\cdots,\lambda_n\boldsymbol{p}_n),$$

从而有

$$\boldsymbol{A}\boldsymbol{p}_i=\lambda_i\boldsymbol{p}_i\ (i=1,2,\cdots,n),$$

即 $\boldsymbol{p}_i$ 是 $\boldsymbol{A}$ 的属于特征值 λ_i 的特征向量.

反之，若 $\boldsymbol{P}$ 由 $\boldsymbol{A}$ 的 n 个特征向量 $\boldsymbol{p}_1,\boldsymbol{p}_2,\cdots,\boldsymbol{p}_n$ 所构成，则总有 $\boldsymbol{AP}=\boldsymbol{P\Lambda}$；但要得到 $\boldsymbol{P}^{-1}\boldsymbol{AP}=\boldsymbol{\Lambda}$，则需要 $\boldsymbol{P}$ 可逆，即 $\boldsymbol{p}_1,\boldsymbol{p}_2,\cdots,\boldsymbol{p}_n$ 线性无关.

由以上讨论得

定理 4.3.2 n 阶方阵 $\boldsymbol{A}$ 相似于对角矩阵(即 $\boldsymbol{A}$ 可对角化)的充分必要条件是

$\boldsymbol{A}$ 有 n 个线性无关的特征向量.

若 $\boldsymbol{p}_1,\boldsymbol{p}_2,\cdots,\boldsymbol{p}_n$ 是 $\boldsymbol{A}$ 的 n 个线性无关的特征向量，令 $\boldsymbol{P}=(\boldsymbol{p}_1,\boldsymbol{p}_2,\cdots,\boldsymbol{p}_n)$，则 $\boldsymbol{P}^{-1}\boldsymbol{AP}=\boldsymbol{\Lambda}$ 为对角矩阵，其中 $\boldsymbol{\Lambda}$ 的对角线元素是 $\boldsymbol{A}$ 的特征值，依次与 $\boldsymbol{p}_1,\boldsymbol{p}_2,\cdots,\boldsymbol{p}_n$ 相对应.

将一个方阵 $\boldsymbol{A}$ 对角化可按以下步骤进行：

(1)求出方阵 $\boldsymbol{A}$ 的全部特征值 $\lambda_1,\lambda_2,\cdots,\lambda_s$；

(2)对每个特征值 λ_i，求出 $(\boldsymbol{A}-\lambda_i\boldsymbol{E})\boldsymbol{x}=\boldsymbol{0}$ 的一个基础解系 $\boldsymbol{\xi}_{i1},\boldsymbol{\xi}_{i2},\cdots,\boldsymbol{\xi}_{ik_i}$（$k_i$ 是 λ_i 的重数，这是矩阵能对角化的另一充要条件，见定理 4.3.3)；

(3)取 $\boldsymbol{P}=(\boldsymbol{\xi}_{11},\boldsymbol{\xi}_{12},\cdots,\boldsymbol{\xi}_{1k_1},\cdots,\boldsymbol{\xi}_{s1},\boldsymbol{\xi}_{s2},\cdots,\boldsymbol{\xi}_{sk_s})$，则 $\boldsymbol{P}^{-1}\boldsymbol{AP}=\boldsymbol{\Lambda}$，其中

$$\boldsymbol{\Lambda}=\begin{pmatrix}\lambda_1\boldsymbol{E}_{k_1} & & & \\ & \lambda_2\boldsymbol{E}_{k_2} & & \\ & & \ddots & \\ & & & \lambda_s\boldsymbol{E}_{k_s}\end{pmatrix}.$$

由定理 4.2.2 与定理 4.3.2 可得

推论 4.3.2 若 n 阶方阵 $\boldsymbol{A}$ 有 n 个互不相同的特征值，则 $\boldsymbol{A}$ 相似于对角矩阵.

注 本推论的逆不成立. 例如，例 4.2.1 中的 $\boldsymbol{A}$ 有 3 个线性无关的特征向量，故 $\boldsymbol{A}$ 相似于对角矩阵，但 $\boldsymbol{A}$ 的 3 个特征值并不互异.

例 4.3.3 设 $\boldsymbol{A}=\begin{pmatrix}0&0&1\\1&1&-1\\1&0&0\end{pmatrix}$，化矩阵 $\boldsymbol{A}$ 为对角矩阵.

解 $|\boldsymbol{A}-\lambda\boldsymbol{E}|=\begin{vmatrix}-\lambda&0&1\\1&1-\lambda&-1\\1&0&-\lambda\end{vmatrix}=-(1-\lambda)^2(\lambda+1)$ 得 $\boldsymbol{A}$ 的特征值为 $1,1,-1$；

对应于特征值 1，解 $(\boldsymbol{A}-\boldsymbol{E})\boldsymbol{x}=\boldsymbol{0}$，由

$$\boldsymbol{A}-\boldsymbol{E}=\begin{pmatrix}-1&0&1\\1&0&-1\\1&0&-1\end{pmatrix}\xrightarrow{r}\begin{pmatrix}1&0&-1\\0&0&0\\0&0&0\end{pmatrix},$$

得 $\begin{cases}x_1=x_3\\x_2=x_2\end{cases}$，基础解系为 $\boldsymbol{\xi}_1=(1,0,1)^{\mathrm{T}}$，$\boldsymbol{\xi}_2=(0,1,0)^{\mathrm{T}}$，即对应于特征值 1 有两个线性无关的特征向量；

对应于特征值 -1，解 $(\boldsymbol{A}+\boldsymbol{E})\boldsymbol{x}=\boldsymbol{0}$，由

$$\boldsymbol{A}+\boldsymbol{E}=\begin{pmatrix}1&0&1\\1&2&-1\\1&0&1\end{pmatrix}\xrightarrow{r}\begin{pmatrix}1&0&1\\0&1&-1\\0&0&0\end{pmatrix},$$

得$\begin{cases}x_1=-x_3,\\x_2=\quad x_3\end{cases}$基础解系为$\xi_3=(1,-1,-1)^T$，即对应于特征值$-1$有一个线性无关的特征向量；

从而矩阵$\boldsymbol{A}$有3个线性无关的特征向量ξ_1,ξ_2,ξ_3，所以$\boldsymbol{A}$可对角化；令

$$\boldsymbol{P}=(\xi_1,\xi_2,\xi_3)=\begin{pmatrix}1&0&1\\0&1&-1\\1&0&-1\end{pmatrix},\text{则 }\boldsymbol{P}^{-1}\boldsymbol{AP}=\begin{pmatrix}1&&\\&1&\\&&-1\end{pmatrix}.$$

当n阶方阵$\boldsymbol{A}$的特征方程有重根时，就不一定有n个线性无关的特征向量，从而不一定能对角化，如例4.2.2中的矩阵$\boldsymbol{A}$. 但若对应$\boldsymbol{A}$的每个k_i重特征值，都能找到k_i个线性无关的特征向量，则矩阵$\boldsymbol{A}$必能对角化；对此，有

* **定理 4.3.3** n阶方阵$\boldsymbol{A}$相似于对角矩阵的充分必要条件是对于$\boldsymbol{A}$的每个k_i重特征值λ_i恰有k_i个线性无关的特征向量，即$R(\boldsymbol{A}-\lambda_i\boldsymbol{E})=n-k_i$.

证 略.

习题 4.3

1. 已知n阶方阵$\boldsymbol{A},\boldsymbol{B}$相似，其中

$$\boldsymbol{A}=\begin{pmatrix}2&-2&0\\-2&1&-2\\0&-2&x\end{pmatrix},\boldsymbol{B}=\begin{pmatrix}1&&\\&4&\\&&-2\end{pmatrix},$$

求x.

2. 设方阵$\boldsymbol{A}=\begin{pmatrix}1&-2&-4\\-2&x&-2\\-4&-2&1\end{pmatrix}$与对角矩阵$\boldsymbol{\Lambda}=\begin{pmatrix}5&&\\&y&\\&&-4\end{pmatrix}$相似，求$x,y$.

3. 设n阶方阵$\boldsymbol{A},\boldsymbol{B}$相似，证明：$\boldsymbol{A},\boldsymbol{B}$同时可逆或同时不可逆；而且当它们可逆时，它们的逆矩阵也相似.

4. 设n阶方阵$\boldsymbol{A},\boldsymbol{B}$，若$\boldsymbol{A}$可逆，则$\boldsymbol{AB}$相似于$\boldsymbol{BA}$.

5. 设方阵$\boldsymbol{A}$与$\boldsymbol{B}$相似，$\boldsymbol{C}$与$\boldsymbol{D}$相似，证明$\begin{pmatrix}\boldsymbol{A}&\boldsymbol{O}\\\boldsymbol{O}&\boldsymbol{C}\end{pmatrix}$与$\begin{pmatrix}\boldsymbol{B}&\boldsymbol{O}\\\boldsymbol{O}&\boldsymbol{D}\end{pmatrix}$相似.

6. 设三阶方阵$\boldsymbol{A}$的特征值为$1,0,-1$，对应的特征向量依次为

$$\boldsymbol{p}_1=\begin{pmatrix}1\\2\\2\end{pmatrix},\boldsymbol{p}_2=\begin{pmatrix}2\\-2\\1\end{pmatrix},\boldsymbol{p}_3=\begin{pmatrix}-2\\-1\\2\end{pmatrix},$$

求$\boldsymbol{A}$.

7. 设矩阵 $\boldsymbol{A}=\begin{pmatrix}2&0&1\\3&1&x\\4&0&5\end{pmatrix}$ 可以相似对角化，求 x，并求一可逆矩阵 $\boldsymbol{P}$ 使 $\boldsymbol{P}^{-1}\boldsymbol{AP}=\boldsymbol{\Lambda}$ 为对角矩阵.

8. 已知向量 $\boldsymbol{p}=(1,1,-1)^{\mathrm{T}}$ 是矩阵 $\boldsymbol{A}=\begin{pmatrix}2&-1&2\\5&a&3\\-1&b&-2\end{pmatrix}$ 的一个特征向量：

(1)确定参数 a,b 的值，并求与 $\boldsymbol{p}$ 所对应的特征值；

(2)矩阵 $\boldsymbol{A}$ 是否可以对角化，为什么？

9. 设 $\boldsymbol{A}=\begin{pmatrix}-1&1&0\\-2&2&0\\4&-2&1\end{pmatrix}$，求一可逆矩阵 $\boldsymbol{P}$ 使 $\boldsymbol{P}^{-1}\boldsymbol{AP}=\boldsymbol{\Lambda}$ 为对角矩阵，并求 $\boldsymbol{A}^{100}$.

4.4　实对称矩阵的对角化

对称矩阵的对角化是一个比较复杂的问题，我们不做一般的讨论. 这里仅对实对称矩阵的对角化问题进行讨论.

定理 4.4.1　实对称矩阵的特征值必为实数.

证　设 λ 是实对称矩阵 $\boldsymbol{A}$ 的特征值，$\boldsymbol{\alpha}$ 是 $\boldsymbol{A}$ 的属于 λ 的特征向量，则 $\boldsymbol{A\alpha}=\lambda\boldsymbol{\alpha}$ $(\boldsymbol{\alpha}\neq\boldsymbol{0})$；两边取共轭，再取转置，注意到 $\overline{\boldsymbol{A}}=\boldsymbol{A}$ 且 $\boldsymbol{A}^{\mathrm{T}}=\boldsymbol{A}$，得 $(\overline{\boldsymbol{\alpha}})^{\mathrm{T}}\boldsymbol{A}=\overline{\lambda}\,(\overline{\boldsymbol{\alpha}})^{\mathrm{T}}$，从而 $(\overline{\boldsymbol{\alpha}})^{\mathrm{T}}\boldsymbol{A\alpha}=\overline{\lambda}\,(\overline{\boldsymbol{\alpha}})^{\mathrm{T}}\boldsymbol{\alpha}$，以 $\boldsymbol{A\alpha}=\lambda\boldsymbol{\alpha}$ 代入得

$$\lambda\,(\overline{\boldsymbol{\alpha}})^{\mathrm{T}}\boldsymbol{\alpha}=\overline{\lambda}\,(\overline{\boldsymbol{\alpha}})^{\mathrm{T}}\boldsymbol{\alpha}\text{，即}(\lambda-\overline{\lambda})(\overline{\boldsymbol{\alpha}})^{\mathrm{T}}\boldsymbol{\alpha}=0.$$

因 $\boldsymbol{\alpha}=(a_1,a_2,\cdots,a_n)^{\mathrm{T}}\neq\boldsymbol{0}$，故 $(\overline{\boldsymbol{\alpha}})^{\mathrm{T}}\boldsymbol{\alpha}=\overline{a_1}a_1+\overline{a_2}a_2+\cdots+\overline{a_n}a_n>0$；于是 $\lambda-\overline{\lambda}=0$，即 λ 是实数.

因为特征向量是 $(\boldsymbol{A}-\lambda\boldsymbol{E})\boldsymbol{x}=\boldsymbol{0}$ 的非零解向量，对于实对称矩阵 $\boldsymbol{A}$ 的任一特征值 λ，显然它有实的基础解系，所以其对应的特征向量可以取为实向量.　　证毕

定理 4.4.2　实对称矩阵的属于不同特征值的特征向量必正交.

证　设 $\lambda_1,\lambda_2(\lambda_1\neq\lambda_2)$ 是实对称矩阵 $\boldsymbol{A}$ 的两个不同特征值，$\boldsymbol{\alpha}_i$ 是属于 λ_i 的特征向量，则

$$\lambda_1\boldsymbol{\alpha}_1^{\mathrm{T}}=(\lambda_1\boldsymbol{\alpha}_1)^{\mathrm{T}}=(\boldsymbol{A\alpha}_1)^{\mathrm{T}}=\boldsymbol{\alpha}_1^{\mathrm{T}}\boldsymbol{A}^{\mathrm{T}}=\boldsymbol{\alpha}_1^{\mathrm{T}}\boldsymbol{A},$$

从而 $\lambda_1\boldsymbol{\alpha}_1^{\mathrm{T}}\boldsymbol{\alpha}_2=\boldsymbol{\alpha}_1^{\mathrm{T}}\boldsymbol{A\alpha}_2=\lambda_2\boldsymbol{\alpha}_1^{\mathrm{T}}\boldsymbol{\alpha}_2$，即 $(\lambda_1-\lambda_2)\boldsymbol{\alpha}_1^{\mathrm{T}}\boldsymbol{\alpha}_2=0$；由于 $\lambda_1-\lambda_2\neq0$，所以 $[\boldsymbol{\alpha}_1,\boldsymbol{\alpha}_2]=\boldsymbol{\alpha}_1^{\mathrm{T}}\boldsymbol{\alpha}_2=0$，即 $\boldsymbol{\alpha}_1$ 与 $\boldsymbol{\alpha}_2$ 正交.　　证毕

定理 4.4.3　对于实对称矩阵 $\boldsymbol{A}$ 的每个 k_i 重特征值 λ_i，必有 $R(\boldsymbol{A}-\lambda_i\boldsymbol{E})=n-k_i$，

从而对应于特征值 λ_i 恰有 k_i 个线性无关的特征向量.

定理 4.4.4 对于任意 n 阶实对称矩阵 $\boldsymbol{A}$,必存在正交矩阵 $\boldsymbol{P}$,使得

$$\boldsymbol{P}^{-1}\boldsymbol{A}\boldsymbol{P}=\boldsymbol{P}^{\mathrm{T}}\boldsymbol{A}\boldsymbol{P}=\boldsymbol{\Lambda}$$

为对角矩阵,其中 $\boldsymbol{\Lambda}$ 的对角线元素是 $\boldsymbol{A}$ 的特征值,依次与 $\boldsymbol{P}$ 的列向量 $\boldsymbol{p}_1,\boldsymbol{p}_2,\cdots,\boldsymbol{p}_n$ 相对应.

请读者自证该定理.

由以上结论,可以得到将实对称矩阵 $\boldsymbol{A}$ 对角化的步骤:

(1)由 $|\boldsymbol{A}-\lambda\boldsymbol{E}|=0$ 求出 $\boldsymbol{A}$ 的全部特征值 $\lambda_1,\lambda_2,\cdots,\lambda_s$,设它们的重数依次为 $k_1,k_2,\cdots,k_s(k_1+k_2+\cdots+k_s=n)$;

(2)对每个特征值 λ_i,解方程组 $(\boldsymbol{A}-\lambda_i\boldsymbol{E})\boldsymbol{x}=\boldsymbol{0}$,求出其基础解系,即得 k_i 个线性无关的特征向量,把它们正交化、单位化,就得 k_i 个两两正交的单位特征向量,因 $k_1+k_2+\cdots+k_s=n$,故总可得 n 个两两正交的单位特征向量;

(3)以这 n 个两两正交的单位特征向量为列构成正交矩阵 $\boldsymbol{P}$,则 $\boldsymbol{P}^{-1}\boldsymbol{A}\boldsymbol{P}=\boldsymbol{P}^{\mathrm{T}}\boldsymbol{A}\boldsymbol{P}=\boldsymbol{\Lambda}$ 为对角矩阵.

例 4.4.1 设 $\boldsymbol{A}=\begin{pmatrix}2&0&0\\0&3&2\\0&2&3\end{pmatrix}$,求正交矩阵 $\boldsymbol{P}$,使得 $\boldsymbol{P}^{-1}\boldsymbol{A}\boldsymbol{P}=\boldsymbol{\Lambda}$ 为对角矩阵.

解 $|\boldsymbol{A}-\lambda\boldsymbol{E}|=\begin{vmatrix}2-\lambda&0&0\\0&3-\lambda&2\\0&2&3-\lambda\end{vmatrix}=(1-\lambda)(2-\lambda)(5-\lambda)$,得 $\boldsymbol{A}$ 的特征值为 $\lambda_1=1,\lambda_2=2,\lambda_3=5$;

对应 $\lambda_1=1$,解 $(\boldsymbol{A}-\boldsymbol{E})\boldsymbol{x}=\boldsymbol{0}$,由

$$\boldsymbol{A}-\boldsymbol{E}=\begin{pmatrix}1&0&0\\0&2&2\\0&2&2\end{pmatrix}\xrightarrow{r}\begin{pmatrix}1&0&0\\0&1&1\\0&0&0\end{pmatrix},$$

得基础解系 $\boldsymbol{\xi}_1=(0,-1,1)^{\mathrm{T}}$,单位化得 $\boldsymbol{p}_1=\left(0,-\frac{1}{\sqrt{2}},\frac{1}{\sqrt{2}}\right)^{\mathrm{T}}$;

对应 $\lambda_2=2$,解 $(\boldsymbol{A}-2\boldsymbol{E})\boldsymbol{x}=\boldsymbol{0}$,由

$$\boldsymbol{A}-2\boldsymbol{E}=\begin{pmatrix}0&0&0\\0&1&2\\0&2&1\end{pmatrix}\xrightarrow{r}\begin{pmatrix}0&1&0\\0&0&1\\0&0&0\end{pmatrix},$$

得基础解系 $\boldsymbol{\xi}_2=(1,0,0)^{\mathrm{T}}$,$\boldsymbol{\xi}_2$ 已是单位向量,故取 $\boldsymbol{p}_2=\boldsymbol{\xi}_2=(1,0,0)^{\mathrm{T}}$;

对应 $\lambda_1=5$,解 $(\boldsymbol{A}-5\boldsymbol{E})\boldsymbol{x}=\boldsymbol{0}$,由

$$A-5E=\begin{pmatrix}-3&0&0\\0&-2&2\\0&2&-2\end{pmatrix}\xrightarrow{r}\begin{pmatrix}1&0&0\\0&1&-1\\0&0&0\end{pmatrix},$$

得基础解系 $\boldsymbol{\xi}_3=(0,1,1)^{\mathrm{T}}$，单位化得 $\boldsymbol{p}_3=\left(0,\frac{1}{\sqrt{2}},\frac{1}{\sqrt{2}}\right)^{\mathrm{T}}$；

于是得正交矩阵 $\boldsymbol{P}=(\boldsymbol{p}_1,\boldsymbol{p}_2,\boldsymbol{p}_3)=\begin{pmatrix}0&1&0\\-\frac{1}{\sqrt{2}}&0&\frac{1}{\sqrt{2}}\\\frac{1}{\sqrt{2}}&0&\frac{1}{\sqrt{2}}\end{pmatrix}$，使得

$$\boldsymbol{P}^{-1}\boldsymbol{A}\boldsymbol{P}=\boldsymbol{P}^{\mathrm{T}}\boldsymbol{A}\boldsymbol{P}=\begin{pmatrix}1&&\\&2&\\&&5\end{pmatrix}.$$

此例中由于 $\boldsymbol{p}_1,\boldsymbol{p}_2,\boldsymbol{p}_3$ 是对应于不同特征值的特征向量，故它们必两两正交．当对应于某一特征值的若干个特征向量不两两正交时，可用施密特正交化方法将其正交化．

例 4.4.2　已知三阶实对称矩阵 $\boldsymbol{A}$ 的特征值为 $-6,3,3$，且 $\boldsymbol{\xi}=(2,-2,1)^{\mathrm{T}}$ 是 $\boldsymbol{A}$ 的属于特征值 $\lambda_1=-6$ 的特征向量，求 $\boldsymbol{A}$．

解　设属于特征值 $\lambda_2=\lambda_3=3$ 的特征向量为 $(x_1,x_2,x_3)^{\mathrm{T}}$，由实对称矩阵的属于不同特征值的特征向量必正交，得 $(x_1,x_2,x_3)^{\mathrm{T}}$ 与 $\boldsymbol{\xi}=(2,-2,1)^{\mathrm{T}}$ 的内积等于 0，即

$$2x_1-2x_2+x_3=0.$$

解之，得基础解系为 $\boldsymbol{\xi}_1=(1,1,0)^{\mathrm{T}}$，$\boldsymbol{\xi}_2=\left(-\frac{1}{2},0,1\right)^{\mathrm{T}}$；将 $\boldsymbol{\xi}_1,\boldsymbol{\xi}_2$ 正交化得

$$\boldsymbol{\eta}_1=\boldsymbol{\xi}_1=(1,1,0)^{\mathrm{T}},\boldsymbol{\eta}_2=\boldsymbol{\xi}_2-\frac{[\boldsymbol{\eta}_1,\boldsymbol{\xi}_2]}{[\boldsymbol{\eta}_1,\boldsymbol{\eta}_1]}\boldsymbol{\eta}_1=\left(-\frac{1}{4},\frac{1}{4},1\right)^{\mathrm{T}},$$

再将 $\boldsymbol{\xi},\boldsymbol{\eta}_1,\boldsymbol{\eta}_2$ 单位化得

$$\boldsymbol{p}_1=\frac{\boldsymbol{\xi}}{\|\boldsymbol{\xi}\|}=\left(\frac{2}{3},-\frac{2}{3},\frac{1}{3}\right)^{\mathrm{T}},\boldsymbol{p}_2=\frac{\boldsymbol{\eta}_1}{\|\boldsymbol{\eta}_1\|}=\left(\frac{\sqrt{2}}{2},\frac{\sqrt{2}}{2},0\right)^{\mathrm{T}},$$

$$\boldsymbol{p}_3=\frac{\boldsymbol{\eta}_2}{\|\boldsymbol{\eta}_2\|}=\left(-\frac{\sqrt{2}}{6},\frac{\sqrt{2}}{6},\frac{2\sqrt{2}}{3}\right)^{\mathrm{T}}.$$

令 $\boldsymbol{P}=(\boldsymbol{p}_1,\boldsymbol{p}_2,\boldsymbol{p}_3)=\begin{pmatrix}\frac{2}{3}&\frac{\sqrt{2}}{2}&-\frac{\sqrt{2}}{6}\\-\frac{2}{3}&\frac{\sqrt{2}}{2}&\frac{\sqrt{2}}{6}\\\frac{1}{3}&0&\frac{2\sqrt{2}}{3}\end{pmatrix}$，则它为正交矩阵，且

$$P^{-1}AP=\Lambda=\begin{pmatrix}-6 & & \\ & 3 & \\ & & 3\end{pmatrix}.$$

计算实验:实对称矩阵的对角化

于是得 $A=P\Lambda P^{-1}=P\Lambda P^{\mathrm{T}}=\begin{pmatrix}-1 & 4 & -2\\ 4 & -1 & 2\\ -2 & 2 & 2\end{pmatrix}$.

例 4.4.3 设 $A=\begin{pmatrix}2 & -1\\ -1 & 2\end{pmatrix}$,求 A^n.

解 因为 A 是实对称矩阵,所以它可以对角化,即有可逆矩阵 P 及对角矩阵 Λ,使 $P^{-1}AP=\Lambda$,于是 $A=P\Lambda P^{-1}$,$A^n=P\Lambda^n P^{-1}$;

由 $|A-\lambda E|=\begin{vmatrix}2-\lambda & -1\\ -1 & 2-\lambda\end{vmatrix}=\lambda^2-4\lambda+3=(\lambda-1)(\lambda-3)$,得 A 的特征值为 $\lambda_1=1,\lambda_2=3$;

对应于 $\lambda_1=1$,由 $A-E=\begin{pmatrix}1 & -1\\ -1 & 1\end{pmatrix}\xrightarrow{r}\begin{pmatrix}1 & -1\\ 0 & 0\end{pmatrix}$,得特征向量 $p_1=(1,1)^{\mathrm{T}}$;

对应于 $\lambda_2=3$,由 $A-3E=\begin{pmatrix}-1 & -1\\ -1 & -1\end{pmatrix}\xrightarrow{r}\begin{pmatrix}1 & 1\\ 0 & 0\end{pmatrix}$,得特征向量 $p_2=(1,-1)^{\mathrm{T}}$;

取 $P=(p_1,p_2)=\begin{pmatrix}1 & 1\\ 1 & -1\end{pmatrix}$,由此得 $P^{-1}=\frac{1}{2}\begin{pmatrix}1 & 1\\ 1 & -1\end{pmatrix}$,于是

$$A^n=P\Lambda^n P^{-1}=\frac{1}{2}\begin{pmatrix}1 & 1\\ 1 & -1\end{pmatrix}\begin{pmatrix}1 & 0\\ 0 & 3\end{pmatrix}^n\begin{pmatrix}1 & 1\\ 1 & -1\end{pmatrix}=\frac{1}{2}\begin{pmatrix}1+3^n & 1-3^n\\ 1-3^n & 1+3^n\end{pmatrix}.$$

习题 4.4

1. 试求一个正交的相似变换矩阵,将下列实对称矩阵化为对角矩阵:

(1) $\begin{pmatrix}4 & 0 & 0\\ 0 & 3 & 1\\ 0 & 1 & 3\end{pmatrix}$;　　(2) $\begin{pmatrix}1 & 0 & -1\\ 0 & -1 & 0\\ -1 & 0 & 1\end{pmatrix}$.

2. 设矩阵 $A=\begin{pmatrix}1 & 1 & a\\ 1 & a & 1\\ a & 1 & 1\end{pmatrix}$,$\beta=\begin{pmatrix}1\\ 1\\ -2\end{pmatrix}$,线性方程组 $Ax=\beta$ 有解且不唯一,试求:

(1) a 的值;

(2) 正交矩阵 P,使 $P^{\mathrm{T}}AP$ 为对角矩阵.

3. (1) 设 $\boldsymbol{A}=\begin{pmatrix}3 & -2\\ -2 & 3\end{pmatrix}$，求 $\varphi(\boldsymbol{A})=\boldsymbol{A}^{10}-5\boldsymbol{A}^{9}$；

(2) 设 $\boldsymbol{A}=\begin{bmatrix}2 & 1 & 2\\ 1 & 2 & 2\\ 2 & 2 & 1\end{bmatrix}$，求 $\varphi(\boldsymbol{A})=\boldsymbol{A}^{10}-6\boldsymbol{A}^{9}+5\boldsymbol{A}^{8}$.

拓展阅读：特征值与特征向量的应用

4. 设三阶对称矩阵 $\boldsymbol{A}$ 的特征值为 6，3，3，特征值 6 对应的特征向量为 $\boldsymbol{p}=(1,1,1)^{\mathrm{T}}$，求 $\boldsymbol{A}$.

小　结

一、导学

本章介绍了特征值、特征向量、相似矩阵等概念，讨论了矩阵的相似对角化问题，其中最主要的问题是矩阵的相似对角化. n 阶方阵 $\boldsymbol{A}$ 能对角化的充分必要条件是 $\boldsymbol{A}$ 有 n 个线性无关的特征向量；而实对称矩阵 $\boldsymbol{A}$ 必能对角化，且有正交矩阵 $\boldsymbol{P}$，使

$$\boldsymbol{P}^{-1}\boldsymbol{A}\boldsymbol{P}=\boldsymbol{P}^{\mathrm{T}}\boldsymbol{A}\boldsymbol{P}=\boldsymbol{\Lambda}=\mathrm{diag}(\lambda_1,\lambda_2,\cdots,\lambda_n).$$

其他如内积、长度、正交、特征值、特征向量等概念都是围绕着矩阵对角化这一中心议题展开. 因此，本章学习的重点是矩阵可对角化的条件以及对角化的方法与步骤.

特征值、特征向量有许多应用，并不局限于相似对角化的研究，它在工程中的振动与稳定等许多问题中都有广泛的应用，因此，读者一定要理解特征值、特征向量的概念，并熟练掌握特征值与特征向量的求法.

二、基本方法

1. 将一个线性无关的向量组 $\boldsymbol{\alpha}_1,\boldsymbol{\alpha}_2,\cdots,\boldsymbol{\alpha}_m$ 正交规范化的步骤(施密特正交化方法)为：

第一步：将 $\boldsymbol{\alpha}_1,\boldsymbol{\alpha}_2,\cdots,\boldsymbol{\alpha}_m$ 正交化，令

$$\boldsymbol{\beta}_1=\boldsymbol{\alpha}_1,$$

$$\boldsymbol{\beta}_2=\boldsymbol{\alpha}_2-\frac{[\boldsymbol{\beta}_1,\boldsymbol{\alpha}_2]}{[\boldsymbol{\beta}_1,\boldsymbol{\beta}_1]}\boldsymbol{\beta}_1,$$

$$\vdots$$

$$\boldsymbol{\beta}_m=\boldsymbol{\alpha}_m-\frac{[\boldsymbol{\beta}_1,\boldsymbol{\alpha}_m]}{[\boldsymbol{\beta}_1,\boldsymbol{\beta}_1]}\boldsymbol{\beta}_1-\cdots-\frac{[\boldsymbol{\beta}_{m-1},\boldsymbol{\alpha}_m]}{[\boldsymbol{\beta}_{m-1},\boldsymbol{\beta}_{m-1}]}\boldsymbol{\beta}_{m-1};$$

第二步：再将正交向量组 $\boldsymbol{\beta}_1,\boldsymbol{\beta}_2,\cdots,\boldsymbol{\beta}_m$ 单位化（规范化），令

$$\boldsymbol{\eta}_i=\frac{\boldsymbol{\beta}_i}{\|\boldsymbol{\beta}_i\|}\quad(i=1,2,\cdots,m),$$

则 $\boldsymbol{\eta}_1,\boldsymbol{\eta}_2,\cdots,\boldsymbol{\eta}_m$ 是与 $\boldsymbol{\alpha}_1,\boldsymbol{\alpha}_2,\cdots,\boldsymbol{\alpha}_m$ 等价的单位正交向量组.

具体可见例 4.1.2.

2. 求方阵 $\boldsymbol{A}$ 的特征值与特征向量的方法，其步骤为：

(1)由特征方程 $|\boldsymbol{A}-\lambda\boldsymbol{E}|=0$，求出 $\boldsymbol{A}$ 的特征值 $\lambda_1,\lambda_2,\cdots,\lambda_n$（其中可能有重根）；

(2)对每个特征值 $\lambda_i(i=1,2,\cdots,n)$，解线性方程组（或矩阵方程）

$$(\boldsymbol{A}-\lambda_i\boldsymbol{E})\boldsymbol{x}=\boldsymbol{0},$$

求其非零解，也就是求出其基础解系；设其基础解系为 $\boldsymbol{\xi}_{i1},\boldsymbol{\xi}_{i2},\cdots,\boldsymbol{\xi}_{it}$，则矩阵 $\boldsymbol{A}$ 的属于特征值 λ_i 的全部特征向量为 $k_{i1}\boldsymbol{\xi}_{i1}+k_{i2}\boldsymbol{\xi}_{i2}+\cdots+k_{it}\boldsymbol{\xi}_{it}$（$k_{i1},k_{i2},\cdots,k_{it}$ 不同时为 0）.

具体可见例 4.2.1、例 4.2.2 等.

3. n 阶方阵 $\boldsymbol{A}$ 相似于对角矩阵的判断方法：

(1) n 阶方阵 $\boldsymbol{A}$ 相似于对角矩阵的充分必要条件是 $\boldsymbol{A}$ 有 n 个线性无关的特征向量；

(2)若 n 阶方阵 $\boldsymbol{A}$ 的 n 个特征值互异，则 $\boldsymbol{A}$ 相似于对角矩阵.

注 (2)的逆不成立. 例如，例 4.2.1 中的 $\boldsymbol{A}$ 有 3 个线性无关的特征向量，故 $\boldsymbol{A}$ 相似于对角矩阵，但 $\boldsymbol{A}$ 的 3 个特征值不互异.

4. 将一个方阵 $\boldsymbol{A}$ 对角化可按以下步骤进行：

(1)求出方阵 $\boldsymbol{A}$ 的全部特征值 $\lambda_1,\lambda_2,\cdots,\lambda_s$；

(2)对每个特征值 λ_i，求出 $(\boldsymbol{A}-\lambda_i\boldsymbol{E})\boldsymbol{x}=\boldsymbol{0}$ 的一个基础解系 $\boldsymbol{\xi}_{i1},\boldsymbol{\xi}_{i2},\cdots,\boldsymbol{\xi}_{ik_i}$（$k_i$ 是 λ_i 的重数）；

(3)取 $\boldsymbol{P}=(\boldsymbol{\xi}_{11},\boldsymbol{\xi}_{12},\cdots,\boldsymbol{\xi}_{1k_1},\cdots,\boldsymbol{\xi}_{s1},\boldsymbol{\xi}_{s2},\cdots,\boldsymbol{\xi}_{sk_s})$，则 $\boldsymbol{P}^{-1}\boldsymbol{A}\boldsymbol{P}=\boldsymbol{\Lambda}$，其中

$$\boldsymbol{\Lambda}=\begin{pmatrix}\lambda_1\boldsymbol{E}_{k_1} & & & \\ & \lambda_2\boldsymbol{E}_{k_2} & & \\ & & \ddots & \\ & & & \lambda_s\boldsymbol{E}_{k_s}\end{pmatrix}.$$

5. 如何由 n 阶方阵 $\boldsymbol{A}$ 的特征值与特征向量求出矩阵 $\boldsymbol{A}$？

注意，这里应明确矩阵 $\boldsymbol{A}$ 是可以对角化的，也就是说它有 n 个线性无关的特征向量，记为 $\boldsymbol{p}_1,\boldsymbol{p}_2,\cdots,\boldsymbol{p}_n$，并设它们分别属于特征值 $\lambda_1,\lambda_2,\cdots,\lambda_n$（其中可能有相同的）.

方法 1　对角化法：$\boldsymbol{A}=\boldsymbol{P}\boldsymbol{\Lambda}\boldsymbol{P}^{-1}$，其中 $\boldsymbol{P}=(\boldsymbol{p}_1,\boldsymbol{p}_2,\cdots,\boldsymbol{p}_n)$，$\boldsymbol{\Lambda}=\mathrm{diag}(\lambda_1,\lambda_2,\cdots,\lambda_n)$；

方法 2　正交化法：当 $\boldsymbol{A}$ 是实对称矩阵时，$\boldsymbol{A}=\boldsymbol{Q}\boldsymbol{\Lambda}\boldsymbol{Q}^{-1}$，这里 $\boldsymbol{Q}=(\boldsymbol{\eta}_1,\boldsymbol{\eta}_2,\cdots,\boldsymbol{\eta}_n)$，

$\boldsymbol{\eta}_1,\boldsymbol{\eta}_2,\cdots,\boldsymbol{\eta}_n$ 是 $\boldsymbol{p}_1,\boldsymbol{p}_2,\cdots,\boldsymbol{p}_n$ 经施密特正交化方法得到的正交规范向量组，$\boldsymbol{\Lambda}=\mathrm{diag}(\lambda_1,\lambda_2,\cdots,\lambda_n)$.

三、疑难解析

1. 对于矩阵 $\boldsymbol{A}$ 的特征值、特征向量应注意些什么问题？

答　(1)特征向量是非零向量.(2)数的范围，即在哪个数域内求特征值、特征向量. 例如，在实数域内求特征值 λ_i、特征向量 $\boldsymbol{\xi}$ 时，应有 $\lambda_i\in\mathbf{R}$,$\boldsymbol{\xi}\in\mathbf{R}^n$；要注意的是实矩阵并不一定有实的特征向量.(3)设 $\boldsymbol{\xi}_1,\boldsymbol{\xi}_2,\cdots,\boldsymbol{\xi}_s$ 是属于矩阵 $\boldsymbol{A}$ 的同一个特征值 λ 的线性无关的特征向量，则当 $k_1,k_2,\cdots,k_s$ 不全为 0 时，有 $k_1\boldsymbol{\xi}_1+k_2\boldsymbol{\xi}_2+\cdots+k_s\boldsymbol{\xi}_s$ 仍是属于 $\boldsymbol{A}$ 的特征值 λ 的特征向量.

2. 特征值、特征向量有什么样的几何意义？

答　由特征值与特征向量的定义知，方阵 $\boldsymbol{A}$ 的特征向量就是与它在变换 $\boldsymbol{y}=\boldsymbol{A}\boldsymbol{x}$ 下的象相平行的非零向量，且有 $\|\boldsymbol{A}\boldsymbol{\alpha}\|=|\lambda|\cdot\|\boldsymbol{\alpha}\|\Rightarrow|\lambda|=\dfrac{\|\boldsymbol{A}\boldsymbol{\alpha}\|}{\|\boldsymbol{\alpha}\|}\overset{令}{=}\kappa$，即方阵 $\boldsymbol{A}$ 的对应于特征向量 $\boldsymbol{\alpha}$ 的特征值的绝对值是该特征向量在变换 $\boldsymbol{y}=\boldsymbol{A}\boldsymbol{x}$ 下的伸缩率 κ.

3. 设三阶方阵 $\boldsymbol{A}$ 的特征值为 1,1,2，属于特征值 1 的特征向量为 $\boldsymbol{\xi}_1,\boldsymbol{\xi}_2$，属于特征值 2 的特征向量为 $\boldsymbol{\xi}_3$，则属于特征值 1 的所有特征向量为 $k_1\boldsymbol{\xi}_1+k_2\boldsymbol{\xi}_2$($k_1,k_2$ 不全为 0)，属于特征值 2 的所有特征向量为 $k_3\boldsymbol{\xi}_3(k_3\neq0)$. 需要注意的是：(1)$\boldsymbol{A}$ 的所有特征向量为 $k_1\boldsymbol{\xi}_1+k_2\boldsymbol{\xi}_2+k_3\boldsymbol{\xi}_3$($k_1,k_2,k_3$ 不全为 0)的说法是错误的，因为属于不同特征值的特征向量的线性组合不一定是特征向量；(2)$\boldsymbol{A}$ 的所有特征向量为 $k_1\boldsymbol{\xi}_1,k_2\boldsymbol{\xi}_2,k_3\boldsymbol{\xi}_3(k_1k_2k_3\neq0)$ 的说法也是错误的，因为没有把属于特征值 1 的特征向量组合在一起.

4. 方阵 $\boldsymbol{A}$ 的特征值(向量)与它的多项式 $\varphi(\boldsymbol{A})$ 的特征值(向量)有什么关系？

答　设 $\boldsymbol{A}$ 是一个 n 阶方阵，$\varphi(x)$ 是任一多项式，则：

(1)若 $\boldsymbol{A}$ 的全部特征值为 $\lambda_1,\lambda_2,\cdots,\lambda_n$，则 $\varphi(\boldsymbol{A})$ 的全部特征值为 $\varphi(\lambda_1),\varphi(\lambda_2),\cdots,\varphi(\lambda_n)$；

(2)$\boldsymbol{A}$ 的特征向量都是 $\varphi(\boldsymbol{A})$ 的特征向量.

5. 相似矩阵具有相同的特征值；反过来，若矩阵 $\boldsymbol{A}$ 与 $\boldsymbol{B}$ 具有相同的特征值，那么：

(1)它们是否相似？

(2)在什么条件下，它们必定相似？

答　(1)具有相同特征值的两个矩阵可能相似，也可能不相似；例如以下两个

矩阵 $\boldsymbol{A}=\begin{pmatrix}1&1\\0&1\end{pmatrix}$，$\boldsymbol{B}=\begin{pmatrix}1&0\\0&1\end{pmatrix}$具有相同的二重特征值1，但不相似.

(2)当 $\boldsymbol{A}$ 与 $\boldsymbol{B}$ 都可对角化(特别是当 $\boldsymbol{A}$ 与 $\boldsymbol{B}$ 都是实对称矩阵)时，若两者具有相同特征值，且同一特征值的重数也相同时，则它们一定相似.(请读者自己证明)

6. 实对称矩阵的特征值、特征向量有哪些特性？

答 (1)特征值全为实数；

(2)非零特征值的个数(重根按重数计)等于矩阵的秩；

(3)属于不同特征值的特征向量正交；

(4)属于同一特征值的线性无关的特征向量的最大个数等于特征值的重数；

(5)对任意实对称矩阵 $\boldsymbol{A}$，存在正交矩阵 $\boldsymbol{P}$，使 $\boldsymbol{P}^{-1}\boldsymbol{A}\boldsymbol{P}=\boldsymbol{P}^{\mathrm{T}}\boldsymbol{A}\boldsymbol{P}=\boldsymbol{\Lambda}$ 为对角矩阵.

四、例题增补

例 4.1 设非奇异方阵 $\boldsymbol{A}$ 的一个特征值为2，试求$\left(\frac{1}{3}\boldsymbol{A}^2\right)^{-1}$的一个特征值.

解 设 $\boldsymbol{\alpha}$ 是 $\boldsymbol{A}$ 的对应于特征值2的一个特征向量，即 $\boldsymbol{A\alpha}=2\boldsymbol{\alpha}$，则

$$\left(\frac{1}{3}\boldsymbol{A}^2\right)\boldsymbol{\alpha}=\frac{1}{3}\boldsymbol{A}(\boldsymbol{A\alpha})=\frac{1}{3}\boldsymbol{A}(2\boldsymbol{\alpha})=\frac{2}{3}\boldsymbol{A\alpha}=\frac{4}{3}\boldsymbol{\alpha}.$$

由矩阵与其逆矩阵的特征值的关系可知：$\left(\frac{1}{3}\boldsymbol{A}^2\right)^{-1}$的一个特征值为$\frac{3}{4}$.

例 4.2 设三阶方阵 $\boldsymbol{A}$ 满足 $\boldsymbol{A}^2=\boldsymbol{A}$，且 $\mathrm{tr}(\boldsymbol{A})=2$，试求 $\boldsymbol{A}$ 的所有特征值.

解 设 λ 为 $\boldsymbol{A}$ 的任一特征值，则 $\lambda^2-\lambda$ 是 $\boldsymbol{A}^2-\boldsymbol{A}$ 的特征值；而 $\boldsymbol{A}^2-\boldsymbol{A}=\boldsymbol{O}$，故 $\lambda^2-\lambda=0$，即 $\lambda=0$ 或 $\lambda=1$；又因为 $\boldsymbol{A}$ 有3个特征值，而它们之和为 $\mathrm{tr}(\boldsymbol{A})=2$，所以 $\boldsymbol{A}$ 的所有特征值为0，1，1.

例 4.3 试判断下述矩阵是否可以对角化？

(1)$\boldsymbol{A}=\begin{pmatrix}0&1&1\\1&0&1\\1&1&0\end{pmatrix}$；　　(2)$\boldsymbol{B}=\begin{pmatrix}1&4&6\\0&2&5\\0&0&3\end{pmatrix}$；

(3)$\boldsymbol{C}=\begin{pmatrix}1&1&0\\0&1&0\\0&0&2\end{pmatrix}$；　　(4)$\boldsymbol{F}=\begin{pmatrix}1&1&0\\0&2&0\\0&0&1\end{pmatrix}$.

分析 关于矩阵对角化有如下判定定理.

首先，实对称矩阵必能对角化；其次，对于一般的 n 阶矩阵 $\boldsymbol{A}$，以下三条等价：

①$\boldsymbol{A}$ 可对角化；

②$\boldsymbol{A}$ 有 n 个特征值(重根按重数计)，若特征值 λ 的重数 $k>1$，则 $R(\boldsymbol{A}-\lambda\boldsymbol{E})=n-k$；

③$\boldsymbol{A}$ 有 n 个线性无关的特征向量.

解　(1)由于 $\boldsymbol{A}$ 是一个实对称矩阵,所以可对角化.

(2)由于 $\boldsymbol{B}$ 是一个上三角矩阵,其特征值即为其主对角线上的元素 1,2,3,这些值两两互异,所以可以对角化.

(3)$\boldsymbol{C}$ 的特征值为 1,1,2,但 $R(\boldsymbol{C}-\boldsymbol{E})=2\neq 3-2$,所以 $\boldsymbol{C}$ 不能对角化.

(4)$\boldsymbol{F}$ 的特征值为 1,1,2,但 $R(\boldsymbol{F}-\boldsymbol{E})=1=3-2$,所以 $\boldsymbol{F}$ 可对角化.

例 4.4　设三阶方阵 $\boldsymbol{A}$ 的特征值为 1,1,2,与之对应的三个线性无关的特征向量为 $\boldsymbol{\alpha},\boldsymbol{\beta},\boldsymbol{\gamma}$,令 $\boldsymbol{\Lambda}=\mathrm{diag}(1,1,2)$,则满足 $\boldsymbol{P}^{-1}\boldsymbol{AP}=\boldsymbol{\Lambda}$ 的相似变换矩阵 $\boldsymbol{P}=$________.

(1)$(2\boldsymbol{\alpha},\boldsymbol{\alpha},\boldsymbol{\gamma})$;　(2)$(\boldsymbol{\alpha},\boldsymbol{\beta},\boldsymbol{\beta}+\boldsymbol{\gamma})$;　(3)$(\boldsymbol{\alpha},\boldsymbol{\gamma},\boldsymbol{\beta})$;　(4)$(2\boldsymbol{\alpha},\boldsymbol{\alpha}+\boldsymbol{\beta},\boldsymbol{\gamma})$.

解　(4)正确.(1)显然不对,因为$(2\boldsymbol{\alpha},\boldsymbol{\alpha},\boldsymbol{\gamma})$不可逆;(2)也不对,因为 $\boldsymbol{\beta}+\boldsymbol{\gamma}$ 不是特征向量;(3)的排列次序不对.

例 4.5　(2019)　已知矩阵 $\boldsymbol{A}=\begin{pmatrix}-2&-2&1\\2&x&-2\\0&0&-2\end{pmatrix}$ 与矩阵 $\boldsymbol{B}=\begin{pmatrix}2&1&0\\0&-1&0\\0&0&y\end{pmatrix}$ 相似.

(1)求 x,y 的值;

(2)求可逆矩阵 $\boldsymbol{P}$,使 $\boldsymbol{P}^{-1}\boldsymbol{AP}=\boldsymbol{B}$.

解　(1)由 $|\boldsymbol{A}|=|\boldsymbol{B}|,\mathrm{tr}(\boldsymbol{A})=\mathrm{tr}(\boldsymbol{B})$ 得 $\begin{cases}-2(4-2x)=-2y,\\-2+x-2=2-1+y,\end{cases}$ 解得 $x=3,y=-2$.

(2)$\boldsymbol{A}$ 与 $\boldsymbol{B}$ 的特征值为 $\lambda_1=2,\lambda_2=-1,\lambda_3=-2$,对应 $\lambda_1=2$,解$(\boldsymbol{A}-2\boldsymbol{E})\boldsymbol{x}=\boldsymbol{0}$,得 $\boldsymbol{A}$ 的特征向量 $\boldsymbol{\alpha}_1=\begin{pmatrix}1\\-2\\0\end{pmatrix}$,

解$(\boldsymbol{B}-2\boldsymbol{E})\boldsymbol{x}=\boldsymbol{0}$,得 $\boldsymbol{B}$ 的特征向量 $\boldsymbol{\beta}_1=\begin{pmatrix}1\\0\\0\end{pmatrix}$.

对应 $\lambda_2=-1$,解$(\boldsymbol{A}+\boldsymbol{E})\boldsymbol{x}=\boldsymbol{0}$,得 $\boldsymbol{A}$ 的特征向量 $\boldsymbol{\alpha}_2=\begin{pmatrix}-2\\1\\0\end{pmatrix}$,

解$(\boldsymbol{B}+\boldsymbol{E})\boldsymbol{x}=\boldsymbol{0}$,得 $\boldsymbol{B}$ 的特征向量 $\boldsymbol{\beta}_2=\begin{pmatrix}1\\-3\\0\end{pmatrix}$.

对应 $\lambda_3=-2$,解$(\boldsymbol{A}+2\boldsymbol{E})\boldsymbol{x}=\boldsymbol{0}$,得 $\boldsymbol{A}$ 的特征向量 $\boldsymbol{\alpha}_3=\begin{pmatrix}1\\-2\\-4\end{pmatrix}$,

解$(\boldsymbol{B}+2\boldsymbol{E})\boldsymbol{x}=\boldsymbol{0}$，得 $\boldsymbol{B}$ 的特征向量$\boldsymbol{\beta}_3=\begin{pmatrix}0\\0\\1\end{pmatrix}$.

令 $\boldsymbol{P}_1=(\boldsymbol{\alpha}_1,\boldsymbol{\alpha}_2,\boldsymbol{\alpha}_3)=\begin{pmatrix}1&-2&1\\-2&1&-2\\0&0&-4\end{pmatrix}$，$\boldsymbol{P}_2=(\boldsymbol{\beta}_1,\boldsymbol{\beta}_2,\boldsymbol{\beta}_3)=\begin{pmatrix}1&1&0\\0&-3&0\\0&0&1\end{pmatrix}$，

则 $\boldsymbol{P}_1^{-1}\boldsymbol{A}\boldsymbol{P}_1=\begin{pmatrix}2&&\\&-1&\\&&-2\end{pmatrix}$，$\boldsymbol{P}_2^{-1}\boldsymbol{B}\boldsymbol{P}_2=\begin{pmatrix}2&&\\&-1&\\&&-2\end{pmatrix}$，

从而 $\boldsymbol{P}_1^{-1}\boldsymbol{A}\boldsymbol{P}_1=\boldsymbol{P}_2^{-1}\boldsymbol{B}\boldsymbol{P}_2$，即 $\boldsymbol{P}_2\boldsymbol{P}_1^{-1}\boldsymbol{A}\boldsymbol{P}_1\boldsymbol{P}_2^{-1}=\boldsymbol{B}$，

故所求矩阵 $\boldsymbol{P}=\boldsymbol{P}_1\boldsymbol{P}_2^{-1}=\begin{pmatrix}1&-2&1\\-2&1&-2\\0&0&-4\end{pmatrix}\begin{pmatrix}1&\frac{1}{3}&0\\0&-\frac{1}{3}&0\\0&0&1\end{pmatrix}=\begin{pmatrix}1&1&1\\-2&-1&-2\\0&0&-4\end{pmatrix}$.

例 4.6 已知线性方程组$\begin{cases}x_1+2x_2+x_3=3,\\2x_1+(a+4)x_2-5x_3=6,\\-x_1-2x_2+ax_3=-3\end{cases}$有无穷多解，矩阵 $\boldsymbol{A}$ 的特征值为 1，−1，0，对应的特征向量依次为 $\boldsymbol{\alpha}_1=(1,2a,-1)^{\mathrm{T}}$，$\boldsymbol{\alpha}_2=(a-2,-1,a+1)^{\mathrm{T}}$，$\boldsymbol{\alpha}_3=(a,a+3,a+2)^{\mathrm{T}}$，求 $\boldsymbol{A}$ 及 $\boldsymbol{A}^{100}$.

解 方程组的增广矩阵$\begin{pmatrix}1&2&1&3\\2&a+4&-5&6\\-1&-2&a&-3\end{pmatrix}\xrightarrow{r}\begin{pmatrix}1&2&1&3\\0&a&-7&0\\0&0&a+1&0\end{pmatrix}$，从而得 $a=-1$ 或 $a=0$ 时，方程组有无穷多解；

若 $a=-1$，则 $\boldsymbol{\alpha}_1=(1,-2,-1)^{\mathrm{T}}$，$\boldsymbol{\alpha}_2=(-3,-1,0)^{\mathrm{T}}$，$\boldsymbol{\alpha}_3=(-1,2,1)^{\mathrm{T}}$ 线性相关，不合题意，故 $a=0$；

由特征值、特征向量的定义得 $\boldsymbol{A}(\boldsymbol{\alpha}_1,\boldsymbol{\alpha}_2,\boldsymbol{\alpha}_3)=(\boldsymbol{\alpha}_1,-\boldsymbol{\alpha}_2,\boldsymbol{0})$，所以

$$\boldsymbol{A}=(\boldsymbol{\alpha}_1,-\boldsymbol{\alpha}_2,\boldsymbol{0})(\boldsymbol{\alpha}_1,\boldsymbol{\alpha}_2,\boldsymbol{\alpha}_3)^{-1}=\begin{pmatrix}1&2&0\\0&1&0\\-1&-1&0\end{pmatrix}\begin{pmatrix}1&-2&0\\0&-1&3\\-1&1&2\end{pmatrix}^{-1}$$

$$=\begin{pmatrix}1&2&0\\0&1&0\\-1&1&2\end{pmatrix}\begin{pmatrix}-5&4&-6\\-3&2&-3\\-1&1&-1\end{pmatrix}=\begin{pmatrix}-11&8&-12\\-3&2&-3\\8&-6&9\end{pmatrix}.$$

拓展阅读：列行互逆变换法求特征值与特征向量

令 $P=(\boldsymbol{\alpha}_1,\boldsymbol{\alpha}_2,\boldsymbol{\alpha}_3)=\begin{pmatrix}1&-2&0\\0&-1&3\\-1&1&2\end{pmatrix}$，$P^{-1}=\begin{pmatrix}-5&4&-6\\-3&2&-3\\-1&1&-1\end{pmatrix}$，

则 $P^{-1}AP=\Lambda=\begin{pmatrix}1&0&0\\0&-1&0\\0&0&0\end{pmatrix}$，

从而 $A^{100}=P\Lambda^{100}P^{-1}=\begin{pmatrix}1&-2&0\\0&-1&3\\-1&1&2\end{pmatrix}\begin{pmatrix}1&0&0\\0&1&0\\0&0&0\end{pmatrix}\begin{pmatrix}-5&4&-6\\-3&2&-3\\-1&1&-1\end{pmatrix}=\begin{pmatrix}1&0&0\\3&-2&3\\2&-2&3\end{pmatrix}$.

五、思考题

1. 如何将一组线性无关的向量正交化？
2. 求方阵的特征值、特征向量有哪些常用方法？
3. 为什么特征向量总是属于某一特征值？
4. 如何判定 n 阶方阵是否可以对角化？
5. 如何将一个方阵对角化？

讨论：相似矩阵特征值与特征向量的关系

在线性代数中有一个命题：相似矩阵有相同的特征多项式，从而有相同的特征值. 那么，下面的推广是否正确？

命题：相似矩阵有相同的特征值，从而也有相同的特征向量.

讨论：上述推广命题正确吗？若正确，试证明之；若不正确，试给出反例，并给出一个正确的推广.

总习题四

一、选择题

1. (2010)　设 A 为四阶对称矩阵，且 $A^2+A=O$，若 A 的秩为 3，则 A 相似于(　　).

(A) $\begin{pmatrix}1&&&\\&1&&\\&&1&\\&&&0\end{pmatrix}$　　(B) $\begin{pmatrix}1&&&\\&1&&\\&&-1&\\&&&0\end{pmatrix}$

(C) $\begin{pmatrix}1 & & & \\ & -1 & & \\ & & -1 & \\ & & & 0\end{pmatrix}$ (D) $\begin{pmatrix}-1 & & & \\ & -1 & & \\ & & -1 & \\ & & & 0\end{pmatrix}$

2.(2013) 矩阵 $\begin{pmatrix}1 & a & 1\\ a & b & a\\ 1 & a & 1\end{pmatrix}$ 与 $\begin{pmatrix}2 & 0 & 0\\ 0 & b & 0\\ 0 & 0 & 0\end{pmatrix}$ 相似的充分必要条件为(　　).

(A)$a=0,b=2$ (B)$a=0,b$ 为任意常数

(C)$a=2,b=0$ (D)$a=2,b$ 为任意常数

3.(2017) 已知矩阵 $\boldsymbol{A}=\begin{pmatrix}2 & 0 & 0\\ 0 & 2 & 1\\ 0 & 0 & 1\end{pmatrix}$, $\boldsymbol{B}=\begin{pmatrix}2 & 1 & 0\\ 0 & 2 & 0\\ 0 & 0 & 1\end{pmatrix}$, $\boldsymbol{C}=\begin{pmatrix}1 & 0 & 0\\ 0 & 2 & 0\\ 0 & 0 & 2\end{pmatrix}$,则(　　).

(A)$\boldsymbol{A}$ 与 $\boldsymbol{C}$ 相似,$\boldsymbol{B}$ 与 $\boldsymbol{C}$ 相似 (B)$\boldsymbol{A}$ 与 $\boldsymbol{C}$ 相似,$\boldsymbol{B}$ 与 $\boldsymbol{C}$ 不相似

(C)$\boldsymbol{A}$ 与 $\boldsymbol{C}$ 不相似,$\boldsymbol{B}$ 与 $\boldsymbol{C}$ 相似 (D)$\boldsymbol{A}$ 与 $\boldsymbol{C}$ 不相似,$\boldsymbol{B}$ 与 $\boldsymbol{C}$ 不相似

4.(2018) 下列矩阵中,与矩阵 $\begin{pmatrix}1 & 1 & 0\\ 0 & 1 & 1\\ 0 & 0 & 1\end{pmatrix}$ 相似的为(　　).

(A) $\begin{pmatrix}1 & 1 & -1\\ 0 & 1 & 1\\ 0 & 0 & 1\end{pmatrix}$ (B) $\begin{pmatrix}1 & 0 & -1\\ 0 & 1 & 1\\ 0 & 0 & 1\end{pmatrix}$

(C) $\begin{pmatrix}1 & 1 & -1\\ 0 & 1 & 0\\ 0 & 0 & 1\end{pmatrix}$ (D) $\begin{pmatrix}1 & 0 & -1\\ 0 & 1 & 0\\ 0 & 0 & 1\end{pmatrix}$

5.(2020) 设 $\boldsymbol{A}$ 为三阶矩阵,$\boldsymbol{\alpha}_1,\boldsymbol{\alpha}_2$ 为 $\boldsymbol{A}$ 属于 1 的线性无关的特征向量,$\boldsymbol{\alpha}_3$ 为 $\boldsymbol{A}$ 的属于特征值 -1 的特征向量,则满足 $\boldsymbol{P}^{-1}\boldsymbol{AP}=\begin{pmatrix}1 & 0 & 0\\ 0 & -1 & 0\\ 0 & 0 & 1\end{pmatrix}$ 的可逆矩阵 $\boldsymbol{P}$ 可为(　　).

(A)$(\boldsymbol{\alpha}_1+\boldsymbol{\alpha}_3,\boldsymbol{\alpha}_2,-\boldsymbol{\alpha}_3)$ (B)$(\boldsymbol{\alpha}_1+\boldsymbol{\alpha}_2,\boldsymbol{\alpha}_2,-\boldsymbol{\alpha}_3)$

(C)$(\boldsymbol{\alpha}_1+\boldsymbol{\alpha}_3,-\boldsymbol{\alpha}_3,\boldsymbol{\alpha}_2)$ (D)$(\boldsymbol{\alpha}_1+\boldsymbol{\alpha}_2,-\boldsymbol{\alpha}_3,\boldsymbol{\alpha}_2)$

二、填空题

1.(2008) 设 $\boldsymbol{A}$ 为二阶矩阵,$\boldsymbol{\alpha}_1,\boldsymbol{\alpha}_2$ 为线性无关的 2 维列向量,$\boldsymbol{A\alpha}_1=\mathbf{0}$,$\boldsymbol{A\alpha}_2=2\boldsymbol{\alpha}_1+\boldsymbol{\alpha}_2$,则 $\boldsymbol{A}$ 的非零特征值为________.

2.(2015)　设三阶矩阵 $\boldsymbol{A}$ 的特征值为 $2,-2,1$,$\boldsymbol{B}=\boldsymbol{A}^2-\boldsymbol{A}+\boldsymbol{E}$,其中 $\boldsymbol{E}$ 为三阶单位矩阵,则行列式 $|\boldsymbol{B}|=$________.

3.(2017)　设矩阵 $\boldsymbol{A}=\begin{pmatrix}4 & 1 & -2\\ 1 & 2 & a\\ 3 & 1 & -1\end{pmatrix}$ 的一个特征向量为 $\begin{pmatrix}1\\1\\2\end{pmatrix}$,则 $a=$________.

4.(2018)　设二阶矩阵 $\boldsymbol{A}$ 有两个不同特征值,$\boldsymbol{\alpha}_1,\boldsymbol{\alpha}_2$ 是 $\boldsymbol{A}$ 的线性无关的特征向量,且满足 $\boldsymbol{A}^2(\boldsymbol{\alpha}_1+\boldsymbol{\alpha}_2)=\boldsymbol{\alpha}_1+\boldsymbol{\alpha}_2$,则 $|\boldsymbol{A}|=$________.

5.(2018)　设 $\boldsymbol{A}$ 为三阶矩阵,$\boldsymbol{\alpha}_1,\boldsymbol{\alpha}_2,\boldsymbol{\alpha}_3$ 为线性无关的向量组,若 $\boldsymbol{A}\boldsymbol{\alpha}_1=2\boldsymbol{\alpha}_1+\boldsymbol{\alpha}_2+\boldsymbol{\alpha}_3$,$\boldsymbol{A}\boldsymbol{\alpha}_2=\boldsymbol{\alpha}_2+2\boldsymbol{\alpha}_3$,$\boldsymbol{A}\boldsymbol{\alpha}_3=-\boldsymbol{\alpha}_2+\boldsymbol{\alpha}_3$,则 $\boldsymbol{A}$ 的实特征值为________.

6.设 $\boldsymbol{A}$ 满足 $\boldsymbol{A}^2-5\boldsymbol{A}+6\boldsymbol{E}=\boldsymbol{O}$,其中 $\boldsymbol{E}$ 为单位矩阵,则 $\boldsymbol{A}$ 的特征值为________.

三、计算与证明题

1.已知 $\boldsymbol{\alpha}_1=(1,1,2,3)^{\mathrm T}$,$\boldsymbol{\alpha}_2=(-1,1,4,-1)^{\mathrm T}$,求与它们都正交的向量.

2.设 $\boldsymbol{\alpha}_1,\boldsymbol{\alpha}_2,\cdots,\boldsymbol{\alpha}_n$ 是 $\mathbf{R}^n$ 的一组标准正交基,$\boldsymbol{A}$ 是一个 n 阶正交矩阵,证明:$\boldsymbol{A}\boldsymbol{\alpha}_1,\boldsymbol{A}\boldsymbol{\alpha}_2,\cdots,\boldsymbol{A}\boldsymbol{\alpha}_n$ 也是 $\mathbf{R}^n$ 的一组标准正交基.

3.设 $\boldsymbol{A}$ 为三阶方阵,其特征值为 $-1,0,4$,又已知 $\boldsymbol{A}+\boldsymbol{B}=2\boldsymbol{E}$,求 $\boldsymbol{B}$ 的特征值.

4.设矩阵 $\boldsymbol{A}=\begin{pmatrix}1 & -3 & 3\\ 3 & a & 3\\ 6 & -6 & b\end{pmatrix}$ 有特征值 $-2,4$,试求 a,b 的值.

5.已知 $\boldsymbol{A}=\begin{pmatrix}0 & 0 & 1\\ x & 1 & 0\\ 1 & 0 & 0\end{pmatrix}$ 可以相似对角化,求 x.

6.设 $\boldsymbol{A}$ 是 n 阶正交矩阵,且 $|\boldsymbol{A}|<0$,证明:$|\boldsymbol{E}+\boldsymbol{A}|=0$.(即 -1 是 $\boldsymbol{A}$ 的特征值)

7.已知 $\boldsymbol{\xi}=(1,1,-1)^{\mathrm T}$ 是 $\boldsymbol{A}=\begin{pmatrix}a & -1 & 2\\ 5 & b & 3\\ -1 & 0 & -2\end{pmatrix}$ 的特征向量,求 a,b 的值,并证明 $\boldsymbol{A}$ 的任一特征向量都可由 $\boldsymbol{\xi}$ 线性表示.

8.设 $\boldsymbol{A}$ 是一个 n 阶实矩阵,且 $\boldsymbol{A}^{\mathrm T}\boldsymbol{A}=\boldsymbol{E}$,$|\boldsymbol{A}|<0$,求 $\boldsymbol{A}$ 的伴随矩阵 $\boldsymbol{A}^*$ 的一个特征值.

9.$\boldsymbol{A}$ 是三阶实对称矩阵,特征值为 $1,-1,0$,其中对应于特征值 $1,0$ 的特征向量分别是 $(1,a,1)^{\mathrm T}$,$(a,a+1,1)^{\mathrm T}$,求矩阵 $\boldsymbol{A}$.

10.设三阶实对称矩阵 $\boldsymbol{A}$ 的特征值为 $-1,1,1$,其中对应于特征值 -1 的特征向量是 $(0,1,1)^{\mathrm T}$,求对应于特征值 1 的特征向量及矩阵 $\boldsymbol{A}$.

11. 矩阵 $\boldsymbol{A}=\begin{pmatrix}2 & -1 & 2\\ 5 & -3 & 3\\ -1 & 0 & -2\end{pmatrix}$ 可以对角化么？

12. 设矩阵 $\boldsymbol{A}=\begin{pmatrix}1 & -1 & 1\\ x & 4 & y\\ -3 & -3 & 5\end{pmatrix}$ 有 3 个线性无关的特征向量，2 是它的一个二重特征值，试求可逆矩阵 $\boldsymbol{P}$，使 $\boldsymbol{P}^{-1}\boldsymbol{AP}$ 为对角矩阵.

13. 某企业每年 1 月进行熟练工与非熟练工的人数统计，然后将 $\frac{1}{6}$ 的熟练工支援其他生产部门，其缺额由新招收的非熟练工补齐. 非熟练工经训练及实践到年底考核有 $\frac{2}{5}$ 能转化为熟练工. 将第 n 年一月统计的熟练工与非熟练工所占百分比分别记为 x_n, y_n，并写成向量 $(x_n, y_n)^{\mathrm{T}}$.

(1) 求 $(x_{n+1}, y_{n+1})^{\mathrm{T}}$ 与 $(x_n, y_n)^{\mathrm{T}}$ 的关系式，并写成 $\begin{pmatrix}x_{n+1}\\ y_{n+1}\end{pmatrix}=\boldsymbol{A}\begin{pmatrix}x_n\\ y_n\end{pmatrix}$ 的形式；

(2) 验证 $(4,1)^{\mathrm{T}}, (-1,1)^{\mathrm{T}}$ 是 $\boldsymbol{A}$ 的两个线性无关的特征向量，并求出相应的特征值；

(3) 当 $\begin{pmatrix}x_1\\ y_1\end{pmatrix}=\begin{pmatrix}\frac{1}{2}\\ \frac{1}{2}\end{pmatrix}$ 时，求 $\begin{pmatrix}x_{n+1}\\ y_{n+1}\end{pmatrix}$.

14. (2006)　设三阶实对称矩阵 $\boldsymbol{A}$ 的各行元素之和均为 3，向量 $\boldsymbol{\alpha}_1=(-1,2,-1)^{\mathrm{T}}, \boldsymbol{\alpha}_2=(0,-1,1)^{\mathrm{T}}$ 是线性方程组 $\boldsymbol{Ax}=\boldsymbol{0}$ 的两个解.

(1) 求 $\boldsymbol{A}$ 的特征值与特征向量；

(2) 求正交矩阵 $\boldsymbol{Q}$ 和对角矩阵 $\boldsymbol{\Lambda}$，使得 $\boldsymbol{Q}^{\mathrm{T}}\boldsymbol{AQ}=\boldsymbol{\Lambda}$；

(3) 求 $\boldsymbol{A}$ 及 $\left(\boldsymbol{A}-\frac{3}{2}\boldsymbol{E}\right)^6$，其中 $\boldsymbol{E}$ 为三阶单位矩阵.

15. (2004)　设矩阵 $\boldsymbol{A}=\begin{pmatrix}1 & 2 & -3\\ -1 & 4 & -3\\ 1 & a & 5\end{pmatrix}$ 的特征方程有一个二重根，求 a 的值，并讨论 $\boldsymbol{A}$ 是否可相似对角化.

16. 设矩阵 $\boldsymbol{A}=\begin{pmatrix}a & -1 & c\\ 5 & b & 3\\ 1-c & 0 & -a\end{pmatrix}$ 且 $|\boldsymbol{A}|=-1$，又 $\boldsymbol{A}$ 的伴随矩阵 $\boldsymbol{A}^*$ 有一个特征值 λ_0，属于 λ_0 的一个特征向量为 $\boldsymbol{\alpha}=(-1,-1,1)^{\mathrm{T}}$，求 a,b,c 和 λ_0 的值.

17.(2011)　设 $\boldsymbol{A}$ 为三阶实对称矩阵，$\boldsymbol{A}$ 的秩为 2，且 $\boldsymbol{A}\begin{pmatrix} 1 & 1 \\ 0 & 0 \\ -1 & 1 \end{pmatrix}=\begin{pmatrix} -1 & 1 \\ 0 & 0 \\ 1 & 1 \end{pmatrix}$.

(1)求 $\boldsymbol{A}$ 的所有特征值与特征向量；

(2)求矩阵 $\boldsymbol{A}$.

18.(2014)　证明 n 阶矩阵 $\begin{pmatrix} 1 & 1 & \cdots & 1 \\ 1 & 1 & \cdots & 1 \\ \vdots & \vdots & & \vdots \\ 1 & 1 & \cdots & 1 \end{pmatrix}$ 与 $\begin{pmatrix} 0 & \cdots & 0 & 1 \\ 0 & \cdots & 0 & 2 \\ \vdots & & \vdots & \vdots \\ 0 & \cdots & 0 & n \end{pmatrix}$ 相似.

19.(2015)　设矩阵 $\boldsymbol{A}=\begin{pmatrix} 0 & 2 & -3 \\ -1 & 3 & -3 \\ 1 & -2 & a \end{pmatrix}$ 相似于矩阵 $\boldsymbol{B}=\begin{pmatrix} 1 & -2 & 0 \\ 0 & b & 0 \\ 0 & 3 & 1 \end{pmatrix}$.

(1)求 a,b 的值；

(2)求可逆矩阵 $\boldsymbol{P}$，使 $\boldsymbol{P}^{-1}\boldsymbol{AP}$ 为对角矩阵.

20.(2016)　已知矩阵 $\boldsymbol{A}=\begin{pmatrix} 0 & -1 & 1 \\ 2 & -3 & 0 \\ 0 & 0 & 0 \end{pmatrix}$.

(1)求 $\boldsymbol{A}^{99}$；

(2)设三阶矩阵 $\boldsymbol{B}=(\boldsymbol{\alpha}_1,\boldsymbol{\alpha}_2,\boldsymbol{\alpha}_3)$ 满足 $\boldsymbol{B}^2=\boldsymbol{BA}$，记 $\boldsymbol{B}^{100}=(\boldsymbol{\beta}_1,\boldsymbol{\beta}_2,\boldsymbol{\beta}_3)$，将 $\boldsymbol{\beta}_1,\boldsymbol{\beta}_2,\boldsymbol{\beta}_3$ 分别表示为 $\boldsymbol{\alpha}_1,\boldsymbol{\alpha}_2,\boldsymbol{\alpha}_3$ 的线性组合.

21.(2017)　设三阶矩阵 $\boldsymbol{A}=(\boldsymbol{\alpha}_1,\boldsymbol{\alpha}_2,\boldsymbol{\alpha}_3)$ 有 3 个不同的特征值，且 $\boldsymbol{\alpha}_3=\boldsymbol{\alpha}_1+2\boldsymbol{\alpha}_2$.

(1)证明 $\boldsymbol{A}$ 的秩 $R(\boldsymbol{A})=2$；

(2)若 $\boldsymbol{\beta}=\boldsymbol{\alpha}_1+\boldsymbol{\alpha}_2+\boldsymbol{\alpha}_3$，求方程组 $\boldsymbol{Ax}=\boldsymbol{\beta}$ 的通解.

22.(2020)　设 $\boldsymbol{A}$ 为二阶矩阵，$\boldsymbol{P}=(\boldsymbol{\alpha},\boldsymbol{A\alpha})$，其中 $\boldsymbol{\alpha}$ 是非零向量且不是 $\boldsymbol{A}$ 的特征向量.

(1)证明 $\boldsymbol{P}$ 为可逆矩阵；

(2)若 $\boldsymbol{A}^2\boldsymbol{\alpha}+\boldsymbol{A\alpha}-6\boldsymbol{\alpha}=\boldsymbol{0}$，求 $\boldsymbol{P}^{-1}\boldsymbol{AP}$，并判断 $\boldsymbol{A}$ 是否相似于对角矩阵.

第5章　二次型

在平面解析几何中，为确定二次曲线 $ax^2+bxy+cy^2=1$ 的类型与性质，我们采用坐标变换（在代数中，称为线性变换）

$$\begin{cases} x=x'\cos\theta-y'\sin\theta, \\ y=x'\sin\theta+y'\cos\theta, \end{cases}$$

化二次曲线为标准形 $a'x'^2+b'y'^2=1$，由此二次曲线的几何性质便一目了然. 从代数学的观点来看，以上过程就是通过变量的可逆线性变换化简一个二次齐次多项式，将它化为只含平方项的形式. 在许多理论问题和实际问题中，这类问题会经常遇到. 接下来，我们把这类问题一般化，讨论含有 n 个变量的二次齐次多项式化简的问题.

5.1　二次型的概念

定义 5.1.1　二次齐次多项式

$$\begin{aligned} f(x_1,x_2,\cdots,x_n)=&a_{11}x_1^2+2a_{12}x_1x_2+\cdots+2a_{1n}x_1x_n \\ &+a_{22}x_2^2+2a_{23}x_2x_3+\cdots+2a_{2n}x_2x_n \\ &+\cdots+a_{nn}x_n^2 \end{aligned} \tag{5.1.1}$$

称为 **n 元二次型**，简称**二次型**. 如果系数 a_{ij} 为实数，则称 f 为**实二次型**；如果系数 a_{ij} 为复数，则称 f 为**复二次型**.

例如，$f(x_1,x_2,x_3)=2x_1^2+4x_1x_2+4x_2^2-x_3^2$，$f(x_1,x_2,x_3)=x_1x_2+x_1x_3+x_2x_3$ 都是二次型.

本书只讨论实二次型.

在式(5.1.1)中取 $a_{ji}=a_{ij}\ (i,j=1,2,\cdots,n)$，则二次型 f 可以表示为

$$\begin{aligned} f(x_1,x_2,\cdots,x_n)=&a_{11}x_1^2+a_{12}x_1x_2+\cdots+a_{1n}x_1x_n \\ &+a_{21}x_2x_1+a_{22}x_2^2+\cdots+a_{2n}x_2x_n \\ &+\cdots \\ &+a_{n1}x_nx_1+a_{n2}x_nx_2+\cdots+a_{nn}x_n^2 \\ =&\sum_{i=1}^{n}\sum_{j=1}^{n}a_{ij}x_ix_j. \end{aligned}$$

记 $\boldsymbol{x}=(x_1,x_2,\cdots,x_n)^{\mathrm{T}}$，$\boldsymbol{A}=(a_{ij})_{n\times n}$，则

$$f(x_1,x_2,\cdots,x_n)=(x_1,x_2,\cdots,x_n)\begin{pmatrix}a_{11}&a_{12}&\cdots&a_{1n}\\a_{21}&a_{22}&\cdots&a_{2n}\\\vdots&\vdots&&\vdots\\a_{n1}&a_{n2}&\cdots&a_{nn}\end{pmatrix}\begin{pmatrix}x_1\\x_2\\\vdots\\x_n\end{pmatrix}=\boldsymbol{x}^{\mathrm{T}}\boldsymbol{A}\boldsymbol{x},\quad(5.1.2)$$

其中 $\boldsymbol{A}$ 为对称矩阵.

由上，二次型 f 与对称矩阵 $\boldsymbol{A}$ 建立了一一对应关系，我们称由二次型 f 唯一确定的对称矩阵 $\boldsymbol{A}$ 为**二次型 f 的矩阵**，而把对称矩阵 $\boldsymbol{A}$ 的秩叫作**二次型 f 的秩**.

例如，$f=2x_1^2+2x_2^2+5x_3^2$ 的矩阵 $\boldsymbol{A}=\begin{pmatrix}2&&\\&2&\\&&5\end{pmatrix}$，秩为 3；

$f=x_1x_2+x_1x_3+2x_2^2-3x_2x_3$ 的矩阵 $\boldsymbol{A}=\begin{pmatrix}0&\frac{1}{2}&\frac{1}{2}\\\frac{1}{2}&2&-\frac{3}{2}\\\frac{1}{2}&-\frac{3}{2}&0\end{pmatrix}$；

而对称矩阵 $\boldsymbol{B}=\begin{pmatrix}4&-1&3\\-1&-2&0\\3&0&1\end{pmatrix}$ 确定的二次型为 $f=4x_1^2-2x_2^2+x_3^2-2x_1x_2+6x_1x_3$.

对于二次型(5.1.1)，我们的主要任务就是寻找一个可逆的线性变换

$$\begin{cases}x_1=p_{11}y_1+p_{12}y_2+\cdots+p_{1n}y_n,\\x_2=p_{21}y_1+p_{22}y_2+\cdots+p_{2n}y_n,\\\quad\vdots\\x_n=p_{n1}y_1+p_{n2}y_2+\cdots+p_{nn}y_n,\end{cases}\quad(5.1.3)$$

将其化为只含平方项的形式

$$f=k_1y_1^2+k_2y_2^2+\cdots+k_ny_n^2,$$

这种只含平方项的二次型称为二次型的**标准形**.

若标准形的系数为 1，-1 或 0，即为如下形式

$$f=y_1^2+y_2^2+\cdots+y_p^2-y_{p+1}^2-\cdots-y_r^2,$$

则称其为二次型的**规范形**.

把线性变换(5.1.3)写成矩阵形式

$$\boldsymbol{x}=\boldsymbol{P}\boldsymbol{y},$$

其中 $\boldsymbol{x}=(x_1,x_2,\cdots,x_n)^{\mathrm{T}}$，$\boldsymbol{y}=(y_1,y_2,\cdots,y_n)^{\mathrm{T}}$，$\boldsymbol{P}=\begin{pmatrix} p_{11} & p_{12} & \cdots & p_{1n} \\ p_{21} & p_{22} & \cdots & p_{2n} \\ \vdots & \vdots & & \vdots \\ p_{n1} & p_{n2} & \cdots & p_{nn} \end{pmatrix}$，方阵 $\boldsymbol{P}$ 为线性变换的矩阵. 显然，可逆线性变换的矩阵是可逆矩阵. 接下来的问题是：如何寻求可逆线性变换 $\boldsymbol{x}=\boldsymbol{P}\boldsymbol{y}$，将二次型 $f=\boldsymbol{x}^{\mathrm{T}}\boldsymbol{A}\boldsymbol{x}$ 化为标准形？

将 $\boldsymbol{x}=\boldsymbol{P}\boldsymbol{y}$ 代入 $f=\boldsymbol{x}^{\mathrm{T}}\boldsymbol{A}\boldsymbol{x}$ 后，得

$$f=\boldsymbol{x}^{\mathrm{T}}\boldsymbol{A}\boldsymbol{x}=(\boldsymbol{P}\boldsymbol{y})^{\mathrm{T}}\boldsymbol{A}(\boldsymbol{P}\boldsymbol{y})=\boldsymbol{y}^{\mathrm{T}}(\boldsymbol{P}^{\mathrm{T}}\boldsymbol{A}\boldsymbol{P})\boldsymbol{y}.$$

定义 5.1.2 设 $\boldsymbol{A},\boldsymbol{B}$ 为 n 阶方阵，若存在可逆矩阵 $\boldsymbol{P}$ 使得 $\boldsymbol{P}^{\mathrm{T}}\boldsymbol{A}\boldsymbol{P}=\boldsymbol{B}$，则称 $\boldsymbol{A}$ 合同于 $\boldsymbol{B}$，或 $\boldsymbol{A}$ 与 $\boldsymbol{B}$ 合同.

由定义易证矩阵间的合同关系也满足反身性、对称性和传递性，所以 $\boldsymbol{A}$ 与 $\boldsymbol{B}$ 合同，则 $\boldsymbol{A}$ 与 $\boldsymbol{B}$ 等价，从而 $R(\boldsymbol{A})=R(\boldsymbol{B})$.

由此可知，经可逆线性变换 $\boldsymbol{x}=\boldsymbol{P}\boldsymbol{y}$，二次型 f 的矩阵由 $\boldsymbol{A}$ 变为与其合同的矩阵 $\boldsymbol{P}^{\mathrm{T}}\boldsymbol{A}\boldsymbol{P}$，且二次型的秩不变. 如果二次型 $f=\boldsymbol{x}^{\mathrm{T}}\boldsymbol{A}\boldsymbol{x}$ 经可逆线性变换 $\boldsymbol{x}=\boldsymbol{P}\boldsymbol{y}$ 化为标准形 $f=\boldsymbol{y}^{\mathrm{T}}\boldsymbol{\Lambda}\boldsymbol{y}$，由于对角矩阵 $\boldsymbol{\Lambda}$ 的秩 $R(\boldsymbol{\Lambda})$ 就是其对角线上非零元素的个数，也即标准形中所含的平方项的个数，同时 $R(\boldsymbol{\Lambda})=R(\boldsymbol{A})$，所以二次型的标准形中所含的平方项的个数就是二次型的秩.

习题 5.1

1. 用矩阵记号表示下列二次型：

(1) $f=x^2-4xy+xz-2y^2+3z^2$；

(2) $f=x_1^2-2x_2^2-3x_3^2+2x_1x_2+2x_2x_3$；

(3) $f=2x_1x_2+2x_1x_3+2x_1x_4+2x_2x_4+2x_3x_4$.

2. 写出二次型 $f=\boldsymbol{x}^{\mathrm{T}}\begin{pmatrix} 1 & 2 & 4 \\ 2 & 1 & 6 \\ 2 & 2 & 1 \end{pmatrix}\boldsymbol{x}$ 的矩阵.

3. 求二次型 $f=\boldsymbol{x}^{\mathrm{T}}\begin{pmatrix} 1 & 2 & 1 \\ 0 & 1 & 0 \\ 1 & 2 & 1 \end{pmatrix}\boldsymbol{x}$ 的秩.

4. 设二次型 $f=2x_1^2+x_2^2-4x_1x_2-4x_2x_3$，求下列变换下新的二次型：

(1) $\boldsymbol{x}=\begin{pmatrix} 1 & 1 & -2 \\ 0 & 1 & -2 \\ 0 & 0 & 1 \end{pmatrix}\boldsymbol{y}$；

(2) $\boldsymbol{x}=\begin{pmatrix} \frac{1}{\sqrt{2}} & 1 & -1 \\ 0 & 1 & -1 \\ 0 & 0 & \frac{1}{2} \end{pmatrix}\boldsymbol{y}$.

5.2　化二次型为标准形

5.2.1　正交变换法化二次型为标准形

要使二次型 f 经可逆线性变换 $\boldsymbol{x}=\boldsymbol{P}\boldsymbol{y}$ 化为标准形，由于实二次型的矩阵是实对称矩阵，由定理 4.4.4 可得

定理 5.2.1　对于 n 元二次型 $f=\boldsymbol{x}^{\mathrm{T}}\boldsymbol{A}\boldsymbol{x}$，存在正交变换 $\boldsymbol{x}=\boldsymbol{P}\boldsymbol{y}$，将该二次型化为标准形

$$f=\lambda_1 y_1^2+\lambda_2 y_2^2+\cdots+\lambda_n y_n^2,$$

其中 $\lambda_1,\lambda_2,\cdots,\lambda_n$ 是对称矩阵 $\boldsymbol{A}$ 的特征值，$\boldsymbol{P}$ 的列向量组 $\boldsymbol{p}_1,\boldsymbol{p}_2,\cdots,\boldsymbol{p}_n$ 是单位正交特征向量组，且 $\boldsymbol{A}\boldsymbol{p}_i=\lambda_i\boldsymbol{p}_i\quad(i=1,2,\cdots,n)$.

推论 5.2.1　任一 n 元二次型 $f=\boldsymbol{x}^{\mathrm{T}}\boldsymbol{A}\boldsymbol{x}$，总有可逆线性变换 $\boldsymbol{x}=\boldsymbol{Q}\boldsymbol{z}$，使其化为规范形.

证　由定理 5.2.1，存在正交变换 $\boldsymbol{x}=\boldsymbol{P}\boldsymbol{y}$，将该二次型化为标准形

$$f=\lambda_1 y_1^2+\lambda_2 y_2^2+\cdots+\lambda_n y_n^2,$$

设该二次型的秩为 r，则所有特征值 $\lambda_1,\lambda_2,\cdots,\lambda_n$ 中有 r 个不为零. 不妨设 $\lambda_1,\lambda_2,\cdots,\lambda_r\neq 0,\lambda_{r+1}=\lambda_{r+2}=\cdots=\lambda_n=0$，令

$$\boldsymbol{W}=\begin{pmatrix} q_1 & & & \\ & q_2 & & \\ & & \ddots & \\ & & & q_n \end{pmatrix},\text{其中 } q_i=\begin{cases}\dfrac{1}{\sqrt{|\lambda_i|}}, & i\leqslant r,\\ 1, & i>r,\end{cases}$$

则 $\boldsymbol{W}$ 可逆，可逆线性变换 $\boldsymbol{x}=\boldsymbol{P}\boldsymbol{y}$ 及 $\boldsymbol{y}=\boldsymbol{W}\boldsymbol{z}$ 即 $\boldsymbol{x}=(\boldsymbol{P}\boldsymbol{W})\boldsymbol{z}=\boldsymbol{Q}\boldsymbol{z}$ 把二次型化为规范形

$$f=\boldsymbol{z}^{\mathrm{T}}(\boldsymbol{Q}^{\mathrm{T}}\boldsymbol{A}\boldsymbol{Q})\boldsymbol{z}=\frac{\lambda_1}{|\lambda_1|}z_1^2+\frac{\lambda_2}{|\lambda_2|}z_2^2+\cdots+\frac{\lambda_r}{|\lambda_r|}z_r^2.$$

证毕

例 5.2.1　(1)用正交变换化二次型 $f=4x_1^2+4x_2^2+4x_3^2+4x_1x_2+4x_1x_3+4x_2x_3$ 为标准形，并给出正交变换矩阵 $\boldsymbol{P}$；

(2)判别 $4x_1^2+4x_2^2+4x_3^2+4x_1x_2+4x_1x_3+4x_2x_3=1$ 是什么曲面.

解　(1)f 的矩阵 $\boldsymbol{A}=\begin{pmatrix}4&2&2\\2&4&2\\2&2&4\end{pmatrix}$，由

$$|\boldsymbol{A}-\lambda\boldsymbol{E}|\xlongequal{r_1+r_2+r_3}\begin{vmatrix}8-\lambda & 8-\lambda & 8-\lambda\\ 2 & 4-\lambda & 2\\ 2 & 2 & 4-\lambda\end{vmatrix}$$

$$=(8-\lambda)\begin{vmatrix}1 & 1 & 1\\ 0 & 2-\lambda & 0\\ 0 & 0 & 2-\lambda\end{vmatrix}=(8-\lambda)(2-\lambda)^2,$$

得 $\boldsymbol{A}$ 的特征值为 $\lambda_1=\lambda_2=2,\lambda_3=8$；

对于 $\lambda_1=\lambda_2=2$，解特征方程组 $(\boldsymbol{A}-2\boldsymbol{E})\boldsymbol{x}=\boldsymbol{0}$，可得 $x_1+x_2+x_3=0$，它的一个基础解系为 $\boldsymbol{\alpha}_1=\begin{pmatrix}-1\\1\\0\end{pmatrix},\boldsymbol{\alpha}_2=\begin{pmatrix}-1\\0\\1\end{pmatrix}$，正交化得

$$\boldsymbol{\beta}_1=\boldsymbol{\alpha}_1=\begin{pmatrix}-1\\1\\0\end{pmatrix},\boldsymbol{\beta}_2=\boldsymbol{\alpha}_2-\frac{[\boldsymbol{\beta}_1,\boldsymbol{\alpha}_2]}{[\boldsymbol{\beta}_1,\boldsymbol{\beta}_1]}\boldsymbol{\beta}_1=\begin{pmatrix}-\frac{1}{2}\\-\frac{1}{2}\\1\end{pmatrix};$$

对于 $\lambda_3=8$，可以通过解 $(\boldsymbol{A}-8\boldsymbol{E})\boldsymbol{x}=\boldsymbol{0}$，求得 $\lambda_3=8$ 的一个特征向量 $\boldsymbol{\beta}_3=\begin{pmatrix}1\\1\\1\end{pmatrix}$，再将 $\boldsymbol{\beta}_1,\boldsymbol{\beta}_2,\boldsymbol{\beta}_3$ 单位化得

$$\boldsymbol{p}_1=\begin{pmatrix}-\frac{1}{\sqrt{2}}\\\frac{1}{\sqrt{2}}\\0\end{pmatrix},\boldsymbol{p}_2=\begin{pmatrix}-\frac{1}{\sqrt{6}}\\-\frac{1}{\sqrt{6}}\\\frac{2}{\sqrt{6}}\end{pmatrix},\boldsymbol{p}_3=\begin{pmatrix}\frac{1}{\sqrt{3}}\\\frac{1}{\sqrt{3}}\\\frac{1}{\sqrt{3}}\end{pmatrix}.$$

令 $\boldsymbol{P}=(\boldsymbol{p}_1,\boldsymbol{p}_2,\boldsymbol{p}_3)$，$\boldsymbol{P}$ 就是所求正交变换矩阵. 正交变换 $\boldsymbol{x}=\boldsymbol{P}\boldsymbol{y}$ 将二次型 f 化为标准形

$$f=2y_1^2+2y_2^2+8y_3^2.$$

(2)因为正交变换不改变空间中向量的长度和夹角，故二次曲面

$$4x_1^2+4x_2^2+4x_3^2+4x_1x_2+4x_1x_3+4x_2x_3=1$$

与 $2y_1^2+2y_2^2+8y_3^2=1$ 表示同一个曲面，是一个椭球面.

计算实验：化二次型为标准形

5.2.2 配方法化二次型为标准形

用正交变换化二次型为标准形可以保持许多几何性质，固然很好，但做起来比较烦琐. 有时我们只要了解二次型的一些主要性质，就可以用其他相对简单的方法化二次型为标准形. 以下我们介绍一种最常用的方法——配方法. 分两种情况

讨论：

(1)若二次型 $f(x_1,x_2,\cdots,x_n)$ 中至少有一个变量平方项的系数不为零，且还有含该变量的交叉项，不妨设 $a_{11}\neq 0$，则先对所有含 x_1 的项进行配方. 如此下去，直到把所有含有变量平方项且有该变量交叉项的都进行配方.

(2)若二次型中某变量只有交叉项而无平方项，不妨设 $a_{12}\neq 0$，则作如下变换

$$\begin{cases} x_1=y_1+y_2, \\ x_2=y_1-y_2, \\ x_k=y_k,(k\neq 1,2), \end{cases}$$

可把二次型化为(1)的情形.

我们结合例子进行说明.

例 5.2.2 用配方法将下列二次型化为标准形，并求变换矩阵 $\boldsymbol{P}$.

(1) $f=x_1^2-3x_2^2-2x_1x_2+2x_1x_3-6x_2x_3$；

(2) $f=-4x_1x_2+2x_1x_3+2x_2x_3$.

解 (1)
$$\begin{aligned} f&=(x_1-x_2+x_3)^2-x_2^2-x_3^2+2x_2x_3-3x_2^2-6x_2x_3 \\ &=(x_1-x_2+x_3)^2-4x_2^2-4x_2x_3-x_3^2 \\ &=(x_1-x_2+x_3)^2-(2x_2+x_3)^2. \end{aligned}$$

令

$$\begin{cases} y_1=x_1-x_2+x_3, \\ y_2=\quad 2x_2+x_3, \\ y_3=\qquad x_3, \end{cases}$$

即

$$\begin{pmatrix} y_1 \\ y_2 \\ y_3 \end{pmatrix}=\begin{pmatrix} 1 & -1 & 1 \\ 0 & 2 & 1 \\ 0 & 0 & 1 \end{pmatrix}\begin{pmatrix} x_1 \\ x_2 \\ x_3 \end{pmatrix},$$

也即

$$\begin{pmatrix} x_1 \\ x_2 \\ x_3 \end{pmatrix}=\begin{pmatrix} 1 & \frac{1}{2} & -\frac{3}{2} \\ 0 & \frac{1}{2} & -\frac{1}{2} \\ 0 & 0 & 1 \end{pmatrix}\begin{pmatrix} y_1 \\ y_2 \\ y_3 \end{pmatrix},$$

则 $f=y_1^2-y_2^2$ 为标准形，变换矩阵 $\boldsymbol{P}=\begin{pmatrix} 1 & \frac{1}{2} & -\frac{3}{2} \\ 0 & \frac{1}{2} & -\frac{1}{2} \\ 0 & 0 & 1 \end{pmatrix}$.

(2)令

$$\begin{cases} x_1=y_1+y_2, \\ x_2=y_1-y_2, \\ x_3=y_3, \end{cases}$$

即

$$\begin{pmatrix} x_1 \\ x_2 \\ x_3 \end{pmatrix}=\begin{pmatrix} 1 & 1 & 0 \\ 1 & -1 & 0 \\ 0 & 0 & 1 \end{pmatrix}\begin{pmatrix} y_1 \\ y_2 \\ y_3 \end{pmatrix},$$

则 $f=-4(y_1+y_2)(y_1-y_2)+2(y_1+y_2)y_3+2(y_1-y_2)y_3$

$$=-4y_1^2+4y_1y_3+4y_2^2=-4\left(y_1-\frac{1}{2}y_3\right)^2+4y_2^2+y_3^2.$$

再令

$$\begin{cases} z_1=y_1-\dfrac{1}{2}y_3, \\ z_2=y_2, \\ z_3=y_3, \end{cases}$$

即

$$\begin{pmatrix} y_1 \\ y_2 \\ y_3 \end{pmatrix}=\begin{pmatrix} 1 & 0 & \dfrac{1}{2} \\ 0 & 1 & 0 \\ 0 & 0 & 1 \end{pmatrix}\begin{pmatrix} z_1 \\ z_2 \\ z_3 \end{pmatrix},$$

则 $f=-4z_1^2+4z_2^2+z_3^2$ 为标准形. 且由

$$\begin{pmatrix} x_1 \\ x_2 \\ x_3 \end{pmatrix}=\begin{pmatrix} 1 & 1 & 0 \\ 1 & -1 & 0 \\ 0 & 0 & 1 \end{pmatrix}\begin{pmatrix} 1 & 0 & \dfrac{1}{2} \\ 0 & 1 & 0 \\ 0 & 0 & 1 \end{pmatrix}\begin{pmatrix} z_1 \\ z_2 \\ z_3 \end{pmatrix}=\begin{pmatrix} 1 & 1 & \dfrac{1}{2} \\ 1 & -1 & \dfrac{1}{2} \\ 0 & 0 & 1 \end{pmatrix}\begin{pmatrix} z_1 \\ z_2 \\ z_3 \end{pmatrix},$$

得变换矩阵 $\boldsymbol{P}=\begin{pmatrix} 1 & 1 & \dfrac{1}{2} \\ 1 & -1 & \dfrac{1}{2} \\ 0 & 0 & 1 \end{pmatrix}$.

请读者进一步把该二次型化为规范形.

拓展阅读:初等变换法化二次型为标准形

习题 5.2

1. 分别用正交变换与配方法化下列二次型为标准形：

(1) $f=2x_1^2+2x_2^2-2x_1x_2$；

(2) $f=3x_1^2+6x_2^2+3x_3^2-4x_1x_2-8x_1x_3-4x_2x_3$.

2. 已知二次型 $f=5x_1^2+5x_2^2+cx_3^2-2x_1x_2+6x_1x_3-6x_2x_3$ 的秩为 2，求 c，并将其化为标准形.

3. 求一个正交变换，把二次曲面的方程 $x_1^2+2x_2^2+x_3^2-2x_1x_3=1$ 化为标准方程.

4. 将下列二次型化为规范形：

(1) $f=x_1^2+2x_2^2+2x_1x_2-2x_1x_3$；

(2) $f=x_1^2+x_2^2-x_4^2-2x_1x_4$.

5.3　惯性定理与正定二次型

5.3.1　惯性定理

由前面的讨论我们知道，一个二次型通过不同的可逆线性变换，所得的标准形一般不一致；但我们知道一个二次型 $f=\boldsymbol{x}^{\mathrm{T}}\boldsymbol{A}\boldsymbol{x}$ 经任意一个可逆线性变换 $\boldsymbol{x}=\boldsymbol{P}\boldsymbol{y}$ 化为标准形 $\boldsymbol{y}^{\mathrm{T}}\boldsymbol{\Lambda}\boldsymbol{y}$ 后，标准形中所含的平方项个数都等于它的秩 $r=R(\boldsymbol{A})$. 更进一步地，有

定理 5.3.1(惯性定理)　一个 n 元二次型 $f=\boldsymbol{x}^{\mathrm{T}}\boldsymbol{A}\boldsymbol{x}$ 经任意一个可逆线性变换化为标准形 $f=\boldsymbol{y}^{\mathrm{T}}\boldsymbol{\Lambda}\boldsymbol{y}=k_1y_1^2+k_2y_2^2+\cdots+k_ny_n^2$ 后，标准形中正平方项的个数 p 和负平方项的个数 q 都是唯一确定的，且 $p+q=r$.

本定理的证明略去.

二次型 $f=\boldsymbol{x}^{\mathrm{T}}\boldsymbol{A}\boldsymbol{x}$ 的标准形中的正平方项的个数 p 称为实二次型 $f=\boldsymbol{x}^{\mathrm{T}}\boldsymbol{A}\boldsymbol{x}$(或 $\boldsymbol{A}$)的**正惯性指数**，负平方项的个数 q 称为实二次型 $f=\boldsymbol{x}^{\mathrm{T}}\boldsymbol{A}\boldsymbol{x}$(或 $\boldsymbol{A}$)的**负惯性指数**，$p-q=p-(r-p)=2p-r$ 称为**二次型 f 的符号差**.

对于标准形 $f=\boldsymbol{y}^{\mathrm{T}}\boldsymbol{\Lambda}\boldsymbol{y}=k_1y_1^2+k_2y_2^2+\cdots+k_ny_n^2$，可以写成以下形式的标准形：

$$f=c_1z_1^2+c_2z_2^2+\cdots+c_pz_p^2-c_{p+1}z_{p+1}^2-\cdots-c_{p+q}z_{p+q}^2,$$

其中 $c_i>0(i=1,2,\cdots,p+q)$；进一步地，令

$$z_i=\frac{1}{\sqrt{c_i}}w_i\quad(i=1,2,\cdots,p+q),z_j=w_j\quad(j=p+q+1,\cdots,n),$$

则 $f=\boldsymbol{x}^{\mathrm{T}}\boldsymbol{A}\boldsymbol{x}$ 可以化为规范形

$$f=w_1^2+w_2^2+\cdots+w_p^2-w_{p+1}^2-\cdots-w_{p+q}^2.$$

规范形对应的矩阵为 $\mathrm{diag}(1,1,\cdots,1,-1,\cdots,-1,0,\cdots,0)$，由此得

推论 5.3.1 对于任意一个 n 阶实对称矩阵 $\boldsymbol{A}$，总存在 n 阶可逆矩阵 $\boldsymbol{P}$，使得

$$\boldsymbol{P}^{\mathrm{T}}\boldsymbol{A}\boldsymbol{P}=\mathrm{diag}(1,1,\cdots,1,-1,\cdots,-1,0,\cdots,0).$$

* **推论 5.3.2** 实对称矩阵 $\boldsymbol{A}$ 与 $\boldsymbol{B}$ 合同的充分必要条件是：二次型 $\boldsymbol{x}^{\mathrm{T}}\boldsymbol{A}\boldsymbol{x}$ 与 $\boldsymbol{x}^{\mathrm{T}}\boldsymbol{B}\boldsymbol{x}$ 有相同的正、负惯性指数.

5.3.2 正定二次型

我们先看两个例子. 设有二次型

$$f_1(x_1,x_2,x_3)=x_1^2+2x_2^2+4x_3^2,$$
$$f_2(x_1,x_2,x_3)=2x_1^2-2x_2^2-3x_3^2,$$
$$f_3(x_1,x_2,x_3)=-2x_1^2-2x_2^2-3x_3^2;$$

对于二次型 f_1，对任意的 $\boldsymbol{x}^{\mathrm{T}}=(x_1,x_2,x_3)\neq\boldsymbol{0}$，都有 $f_1>0$；对于二次型 f_2，对任意的 $\boldsymbol{x}^{\mathrm{T}}=(x_1,x_2,x_3)\neq\boldsymbol{0}$，有时 $f_2>0$，有时 $f_2<0$，有时 $f_2=0$；对于二次型 f_3，对任意的 $\boldsymbol{x}^{\mathrm{T}}=(x_1,x_2,x_3)\neq\boldsymbol{0}$，都有 $f_3<0$. 这是一个值得讨论的问题.

定义 5.3.1 设有 n 元二次型 $f=\boldsymbol{x}^{\mathrm{T}}\boldsymbol{A}\boldsymbol{x}$，若对任意 $\boldsymbol{x}\neq\boldsymbol{0}$，都有 $f>0$，则称 f 为**正定二次型**，并称 f 的矩阵 $\boldsymbol{A}$ 为**正定矩阵**；若对任意 $\boldsymbol{x}\neq\boldsymbol{0}$，都有 $f<0$，则称 f 为**负定二次型**，并称 f 的矩阵 $\boldsymbol{A}$ 为**负定矩阵**.

以上定义中把 >0 改为 $\geqslant 0$、<0 改为 $\leqslant 0$，即得**半正定二次型**及**半正定矩阵**、**半负定二次型**及**半负定矩阵**的定义. 若一个二次型既不是正定(或半正定)二次型，也不是负定(或半负定)二次型，则称其为**不定二次型**. 由此，上面的二次型 f_1 为正定二次型，f_3 为负定二次型，f_2 为不定二次型，而二次型

$$f_4(x_1,x_2,x_3)=4x_1^2+x_2^2$$

是半正定二次型.

由定义易得如下性质：

(1)实对称矩阵 $\boldsymbol{A}$ 正定当且仅当 $-\boldsymbol{A}$ 是负定矩阵；

(2)若二次型 $f=\boldsymbol{x}^{\mathrm{T}}\boldsymbol{A}\boldsymbol{x}$ 是正定二次型，则其经任意可逆线性变换 $\boldsymbol{x}=\boldsymbol{P}\boldsymbol{y}$ 后所得的二次型 $f(\boldsymbol{x})=\boldsymbol{x}^{\mathrm{T}}\boldsymbol{A}\boldsymbol{x}=(\boldsymbol{P}\boldsymbol{y})^{\mathrm{T}}\boldsymbol{A}(\boldsymbol{P}\boldsymbol{y})=\boldsymbol{y}^{\mathrm{T}}(\boldsymbol{P}^{\mathrm{T}}\boldsymbol{A}\boldsymbol{P})\boldsymbol{y}=g(\boldsymbol{y})$ 也是正定二次型.

证 (1)由定义 5.3.1 可得.

(2)对任意非零向量 $\boldsymbol{y}$，任意可逆矩阵 $\boldsymbol{P}$，有 $\boldsymbol{x}=\boldsymbol{P}\boldsymbol{y}\neq\boldsymbol{0}$；经可逆线性变换 $\boldsymbol{x}=\boldsymbol{P}\boldsymbol{y}$ 后，

$$g(\boldsymbol{y})=\boldsymbol{y}^{\mathrm{T}}(\boldsymbol{P}^{\mathrm{T}}\boldsymbol{A}\boldsymbol{P})\boldsymbol{y}=(\boldsymbol{P}\boldsymbol{y})^{\mathrm{T}}\boldsymbol{A}(\boldsymbol{P}\boldsymbol{y})=\boldsymbol{x}^{\mathrm{T}}\boldsymbol{A}\boldsymbol{x}>0,$$

即 $g(\boldsymbol{y})$ 也是正定二次型. 证毕

定理 5.3.2　设 $\boldsymbol{A}$ 为 n 阶实对称矩阵，$f=\boldsymbol{x}^{\mathrm{T}}\boldsymbol{A}\boldsymbol{x}$，则以下几个命题等价：

(1)$\boldsymbol{A}$ 是正定矩阵，或 $f=\boldsymbol{x}^{\mathrm{T}}\boldsymbol{A}\boldsymbol{x}$ 是正定二次型；

(2)$\boldsymbol{A}$ 的特征值全大于零；

(3)$\boldsymbol{A}$ 的正惯性指数为 n；

(4)$\boldsymbol{A}$ 合同于单位矩阵 $\boldsymbol{E}$；

(5)存在可逆矩阵 $\boldsymbol{B}$，使得 $\boldsymbol{A}=\boldsymbol{B}^{\mathrm{T}}\boldsymbol{B}$.

证　(1)⇒(2)　设 $f=\boldsymbol{x}^{\mathrm{T}}\boldsymbol{A}\boldsymbol{x}$ 经正交线性变换 $\boldsymbol{x}=\boldsymbol{P}\boldsymbol{y}$ 化为标准形

$$f=\boldsymbol{x}^{\mathrm{T}}\boldsymbol{A}\boldsymbol{x}=\boldsymbol{y}^{\mathrm{T}}(\boldsymbol{P}^{\mathrm{T}}\boldsymbol{A}\boldsymbol{P})\boldsymbol{y}=\lambda_1 y_1^2+\lambda_2 y_2^2+\cdots+\lambda_n y_n^2,$$

其中 $\lambda_i(i=1,2,\cdots,n)$是 $\boldsymbol{A}$ 的特征值. 令 $\boldsymbol{y}=(0,\cdots,0,1,0,\cdots,0)^{\mathrm{T}}$(第 i 个坐标为 1)，则 $\boldsymbol{x}=\boldsymbol{P}\boldsymbol{y}\neq\boldsymbol{0}$；由 $f=\boldsymbol{x}^{\mathrm{T}}\boldsymbol{A}\boldsymbol{x}$ 是正定二次型，得

$$\lambda_i=\boldsymbol{y}^{\mathrm{T}}(\boldsymbol{P}^{\mathrm{T}}\boldsymbol{A}\boldsymbol{P})\boldsymbol{y}=\boldsymbol{x}^{\mathrm{T}}\boldsymbol{A}\boldsymbol{x}>0.$$

(2)⇒(3)　若 $\boldsymbol{A}$ 的特征值全大于零，则 $f=\boldsymbol{x}^{\mathrm{T}}\boldsymbol{A}\boldsymbol{x}$ 经正交线性变换 $\boldsymbol{x}=\boldsymbol{P}\boldsymbol{y}$ 化为标准形

$$f=\lambda_1 y_1^2+\lambda_2 y_2^2+\cdots+\lambda_n y_n^2,$$

因为 $\lambda_i(i=1,2,\cdots,n)$大于零，故 $\boldsymbol{A}$ 的正惯性指数为 n.

(3)⇒(4)　若 $\boldsymbol{A}$ 的正惯性指数为 n，则 $f=\boldsymbol{x}^{\mathrm{T}}\boldsymbol{A}\boldsymbol{x}$ 可经适当的可逆线性变换 $\boldsymbol{x}=\boldsymbol{P}\boldsymbol{y}$ 化为规范形

$$f=y_1^2+y_2^2+\cdots+y_n^2,$$

即存在可逆矩阵 $\boldsymbol{P}$，使得 $\boldsymbol{P}^{\mathrm{T}}\boldsymbol{A}\boldsymbol{P}=\boldsymbol{E}$，故 $\boldsymbol{A}$ 合同于单位矩阵 $\boldsymbol{E}$.

(4)⇒(5)　若 $\boldsymbol{A}$ 合同于单位矩阵 $\boldsymbol{E}$，则存在可逆矩阵 $\boldsymbol{P}$ 使得 $\boldsymbol{P}^{\mathrm{T}}\boldsymbol{A}\boldsymbol{P}=\boldsymbol{E}$，由此 $\boldsymbol{A}=(\boldsymbol{P}^{\mathrm{T}})^{-1}\boldsymbol{P}^{-1}=(\boldsymbol{P}^{-1})^{\mathrm{T}}\boldsymbol{P}^{-1}$；记 $\boldsymbol{B}=\boldsymbol{P}^{-1}$，则 $\boldsymbol{A}=\boldsymbol{B}^{\mathrm{T}}\boldsymbol{B}$.

(5)⇒(1)　若存在可逆矩阵 $\boldsymbol{B}$ 使得 $\boldsymbol{A}=\boldsymbol{B}^{\mathrm{T}}\boldsymbol{B}$，则对任意非零向量 $\boldsymbol{x}$ 有 $\boldsymbol{B}\boldsymbol{x}\neq\boldsymbol{0}$，故

$$f=\boldsymbol{x}^{\mathrm{T}}\boldsymbol{A}\boldsymbol{x}=\boldsymbol{x}^{\mathrm{T}}\boldsymbol{B}^{\mathrm{T}}\boldsymbol{B}\boldsymbol{x}=(\boldsymbol{B}\boldsymbol{x})^{\mathrm{T}}(\boldsymbol{B}\boldsymbol{x})=\|\boldsymbol{B}\boldsymbol{x}\|^2>0,$$

即 $f=\boldsymbol{x}^{\mathrm{T}}\boldsymbol{A}\boldsymbol{x}$ 是正定二次型(或 $\boldsymbol{A}$ 是正定矩阵).　证毕

定理 5.3.3　实对称矩阵 $\boldsymbol{A}=(a_{ij})_{n\times n}$是正定矩阵的充分必要条件是它的**顺序主子式**全大于零，即

$$\Delta_1=a_{11}>0,\Delta_2=\begin{vmatrix}a_{11}&a_{12}\\a_{21}&a_{22}\end{vmatrix}>0,\cdots,\Delta_n=|\boldsymbol{A}|>0,$$

定理的证明略去.

推论 5.3.3　实对称矩阵 $\boldsymbol{A}=(a_{ij})_{n\times n}$是负定矩阵的充分必要条件是它的顺序主子式满足

$$\Delta_1=a_{11}<0,\Delta_2=\begin{vmatrix}a_{11}&a_{12}\\a_{21}&a_{22}\end{vmatrix}>0,\cdots,(-1)^k\Delta_k>0,\cdots,(-1)^n|\boldsymbol{A}|>0,$$

即其奇数阶顺序主子式为负，偶数阶顺序主子式为正.

例 5.3.1 设 n 阶矩阵 $\boldsymbol{A},\boldsymbol{B}$ 都是正定矩阵，证明 $\boldsymbol{A}+\boldsymbol{B}$，$\begin{pmatrix}\boldsymbol{A} & \boldsymbol{O}\\ \boldsymbol{O} & \boldsymbol{B}\end{pmatrix}$ 也都是正定矩阵.

证 显然 $\boldsymbol{A}+\boldsymbol{B}$ 对称；对任意非零向量 $\boldsymbol{x}$，由 $\boldsymbol{A},\boldsymbol{B}$ 都是正定矩阵，可得

$$\boldsymbol{x}^{\mathrm{T}}(\boldsymbol{A}+\boldsymbol{B})\boldsymbol{x}=\boldsymbol{x}^{\mathrm{T}}\boldsymbol{A}\boldsymbol{x}+\boldsymbol{x}^{\mathrm{T}}\boldsymbol{B}\boldsymbol{x}>0,$$

所以 $\boldsymbol{A}+\boldsymbol{B}$ 是正定矩阵；

记 $\boldsymbol{C}=\begin{pmatrix}\boldsymbol{A} & \boldsymbol{O}\\ \boldsymbol{O} & \boldsymbol{B}\end{pmatrix}$，则 $\boldsymbol{C}$ 对称；由

$$|\boldsymbol{C}-\lambda\boldsymbol{E}|=\begin{vmatrix}\boldsymbol{A}-\lambda\boldsymbol{E} & \boldsymbol{O}\\ \boldsymbol{O} & \boldsymbol{B}-\lambda\boldsymbol{E}\end{vmatrix}=|\boldsymbol{A}-\lambda\boldsymbol{E}|\cdot|\boldsymbol{B}-\lambda\boldsymbol{E}|$$

得 $\boldsymbol{C}$ 的 $2n$ 个特征值是由 $\boldsymbol{A}$ 的 n 个特征值和 $\boldsymbol{B}$ 的 n 个特征值合并组成的，故 $\boldsymbol{C}$ 的特征值全大于零，所以 $\boldsymbol{C}$ 也是正定矩阵. 证毕

例 5.3.2 判别 $f=2x_1^2+3x_2^2+4x_3^2-12x_1x_2+8x_1x_3+2x_2x_3$ 是否是正定二次型.

解 二次型 f 的矩阵 $\boldsymbol{A}=\begin{pmatrix}2 & -6 & 4\\ -6 & 3 & 1\\ 4 & 1 & 4\end{pmatrix}$，因为 $\Delta_2=\begin{vmatrix}2 & -6\\ -6 & 3\end{vmatrix}=-30<0$，

所以 f 不是正定二次型.

例 5.3.3 当 λ 取何值时，$f=\lambda x_1^2+\lambda x_2^2+2x_3^2+2x_1x_2+2x_1x_3-2x_2x_3$ 是正定二次型?

解 二次型 f 的矩阵 $\boldsymbol{A}=\begin{pmatrix}\lambda & 1 & 1\\ 1 & \lambda & -1\\ 1 & -1 & 2\end{pmatrix}$；

计算实验:二次型正定性的判别

顺序主子式 $\Delta_1=\lambda$，$\Delta_2=\begin{vmatrix}\lambda & 1\\ 1 & \lambda\end{vmatrix}=\lambda^2-1$，$\Delta_3=\begin{vmatrix}\lambda & 1 & 1\\ 1 & \lambda & -1\\ 1 & -1 & 2\end{vmatrix}=2(\lambda+1)(\lambda-2)$；

当 $\Delta_1>0,\Delta_2>0,\Delta_3>0$ 即 $\lambda>2$ 时，f 为正定二次型.

例 5.3.4 证明：当 $\|\boldsymbol{x}\|=1$ 时，n 元二次型 $f=\boldsymbol{x}^{\mathrm{T}}\boldsymbol{A}\boldsymbol{x}$ 的最大值等于 $\boldsymbol{A}$ 的最大特征值.

证 对二次型 $f=\boldsymbol{x}^{\mathrm{T}}\boldsymbol{A}\boldsymbol{x}$，存在正交变换 $\boldsymbol{x}=\boldsymbol{P}\boldsymbol{y}$，将 f 化为标准形

$$f=\lambda_1y_1^2+\lambda_2y_2^2+\cdots+\lambda_ny_n^2,$$

其中 $\lambda_1,\lambda_2,\cdots,\lambda_n$ 是 $\boldsymbol{A}$ 的特征值，不妨设 λ_i 是 $\boldsymbol{A}$ 的最大特征值. 因为

$$y_1^2+y_2^2+\cdots+y_n^2=\boldsymbol{y}^{\mathrm{T}}\boldsymbol{y}=\boldsymbol{x}^{\mathrm{T}}\boldsymbol{P}^{\mathrm{T}}\boldsymbol{P}\boldsymbol{x}=\boldsymbol{x}^{\mathrm{T}}\boldsymbol{x}=\|\boldsymbol{x}\|^2=1,$$

于是 $f=\lambda_1 y_1^2+\lambda_2 y_2^2+\cdots+\lambda_n y_n^2\leqslant\lambda_i y_1^2+\lambda_i y_2^2+\cdots+\lambda_i y_n^2=\lambda_i$.

现取 $\boldsymbol{y}$ 为第 i 个单位坐标向量 $\boldsymbol{\varepsilon}_i$，则当 $\boldsymbol{x}=\boldsymbol{P}\boldsymbol{\varepsilon}_i$ 时就有

$$f=\boldsymbol{x}^{\mathrm{T}}\boldsymbol{A}\boldsymbol{x}=\boldsymbol{y}^{\mathrm{T}}\boldsymbol{P}^{\mathrm{T}}\boldsymbol{A}\boldsymbol{P}\boldsymbol{y}=\boldsymbol{\varepsilon}_i^{\mathrm{T}}\begin{pmatrix}\lambda_1 & & & \\ & \lambda_2 & & \\ & & \ddots & \\ & & & \lambda_n\end{pmatrix}\boldsymbol{\varepsilon}_i=\lambda_i,$$

即当 $\boldsymbol{x}=\boldsymbol{P}\boldsymbol{\varepsilon}_i$ 时，$f=\boldsymbol{x}^{\mathrm{T}}\boldsymbol{A}\boldsymbol{x}$ 确实可以取到最大值 λ_i. 证毕

习题 5.3

1. 将二次型 $f=2x_1x_2+2x_2x_3+2x_3x_4+2x_1x_4$ 化为标准形，并求其秩与正惯性指数.

2. 判别下列二次型的正定性：

(1) $f=-2x_1^2-6x_2^2-4x_3^2+2x_1x_2+2x_1x_3$；

(2) $f=x_1^2+3x_2^2+9x_3^2+19x_4^2-2x_1x_2+4x_1x_3+2x_1x_4-6x_2x_4-12x_3x_4$.

3. 设 $\boldsymbol{U}$ 为可逆矩阵，$\boldsymbol{A}=\boldsymbol{U}^{\mathrm{T}}\boldsymbol{U}$，证明 $f=\boldsymbol{x}^{\mathrm{T}}\boldsymbol{A}\boldsymbol{x}$ 为正定二次型.

4. 已知 $\begin{pmatrix}2-a & 1 & 0\\ 1 & 1 & 0\\ 0 & 0 & a+3\end{pmatrix}$ 是正定矩阵，求 a 的取值范围.

5. 已知 $\boldsymbol{A}$ 是 n 阶正定矩阵，证明 $\boldsymbol{A}$ 的伴随矩阵 $\boldsymbol{A}^*$ 也是正定矩阵.

小结

一、导学

本章讨论了二次型及其相应的问题.二次型理论源于几何中二次曲线、二次曲面的分类，是研究化简二次方程与二次曲线(面)的重要方法，所以它具有重要的现实意义.本章的学习要求是：

1. 理解并掌握二次型的矩阵表示，因为对二次型的讨论基本上都转化为对二次型矩阵的讨论，了解二次型的秩等概念；

2. 掌握用正交变换化二次型为标准形的方法，会用配方法化简单的二次型为标准形，了解惯性定理；

3. 理解二次型的正定性及其判别方法.

二、基本方法

1. 用正交变换化二次型为标准形的步骤：

(1)写出二次型 f 对应的矩阵 $\boldsymbol{A}$，并求出它的全部特征值 $\lambda_1,\lambda_2,\cdots,\lambda_n$；

(2)求出对应于每个特征值的特征向量(对于 k 重特征值应求出 k 个线性无关的特征向量，一般是求出方程组 $(\boldsymbol{A}-\lambda_i\boldsymbol{E})\boldsymbol{x}=\boldsymbol{0}$ 的基础解系，并将它们正交化)，然后把所有正交化后的特征向量单位化，这样就得到矩阵 $\boldsymbol{A}$ 的 n 个两两正交的单位特征向量；

(3)以这 n 个两两正交的单位特征向量为列构成正交矩阵 $\boldsymbol{P}$，得正交变换 $\boldsymbol{x}=\boldsymbol{P}\boldsymbol{y}$，它把二次型 f 化为标准形

$$f=\lambda_1 y_1^2+\lambda_2 y_2^2+\cdots+\lambda_n y_n^2.$$

具体可见例 5.2.1.

2. n 元二次型正定性的判定方法：

(1)定义法：大多数情况下是利用配方法将二次型化为标准形，检查其正惯性指数是否等于未知数的个数 n；若是，则为正定二次型.

(2)顺序主子式法：检查二次型的矩阵的各阶顺序主子式是否都大于零；若是，则为正定二次型.

(3)特征值法：检查所有特征值是否都大于零；若是，则为正定二次型.

具体可见例 5.3.2、例 5.3.3 等.

三、疑难解析

1. 在化二次型为标准形时为什么总要求其线性变换是可逆的？

答 这是由于我们化二次型为标准形是为了通过其标准形揭示原二次型的性质，这就要求在化二次型的变换过程中，应该最大限度地保持原二次型的性质不变. 理论上可以证明，二次型的许多性质在可逆线性变换下是不变的. 因此，我们可以通过研究一个二次型在可逆线性变换下的标准形的性质来了解原二次型的性质.

2. 对同一个二次型，用正交变换法、配方法等方法得到的标准形是否相同？

答 不一定相同. 一般来讲，用正交变换法得到的标准形在不考虑变量排列顺序时是唯一的，且其系数是二次型矩阵的全部特征值；而用配方法得到的标准形会因配方的方式不同而不同. 但不论如何，各种方法得到的标准形中系数非零的平方项的个数、系数为正的平方项的个数以及系数为负的平方项的个数都是唯一确定的，且分别等于矩阵的秩、正惯性指数及负惯性指数.

3. 下述化二次型为标准形的方法正确么？若不正确，指出错误所在并纠正之.

对二次型 $f=2x_2^2-2x_1x_2-2x_1x_3+2x_2x_3$ 配方得

$$
\begin{aligned}
f&=x_1^2+x_2^2-2x_1x_2-x_1^2-2x_1x_3-x_3^2+x_2^2+2x_2x_3+x_3^2\\
&=(x_1-x_2)^2+(x_2+x_3)^2-(x_1+x_3)^2,
\end{aligned}
$$

作线性变换

$$
\begin{cases}
y_1=x_1-x_2,\\
y_2=\quad\ \ x_2+x_3,\\
y_3=x_1+\quad\ \ x_3,
\end{cases}
$$

则二次型化为 $f=y_1^2+y_2^2-y_3^2$.

解　不正确.错在所作的线性变换不是可逆的,这是因为变换矩阵的行列式

$$
\begin{vmatrix}1&-1&0\\0&1&1\\1&0&1\end{vmatrix}=0.
$$

正确的配方法为

$$
f=\frac{1}{2}(-x_1+2x_2+x_3)^2-\frac{1}{2}(x_1+x_3)^2,
$$

作线性变换

$$
\begin{cases}
y_1=-x_1+2x_2+x_3,\\
y_2=\quad x_1+\qquad\ \ x_3,\\
y_3=\qquad\qquad\quad\ \ x_3,
\end{cases}
$$

则二次型化为 $f=\frac{1}{2}y_1^2-\frac{1}{2}y_2^2$.

四、例题增补

例 5.1　设二次型 $f=3x_1^2+4x_1x_2+2x_3^2$,用正交变换化其为标准形.

解　二次型的矩阵为 $\boldsymbol{A}=\begin{pmatrix}3&2&0\\2&0&0\\0&0&2\end{pmatrix}$,其特征多项式为

$$
|\boldsymbol{A}-\lambda\boldsymbol{E}|=\begin{vmatrix}3-\lambda&2&0\\2&-\lambda&0\\0&0&2-\lambda\end{vmatrix}=-(\lambda+1)(\lambda-2)(\lambda-4),
$$

所以 $\boldsymbol{A}$ 的特征值为 $\lambda_1=-1,\lambda_2=2,\lambda_3=4$;

当 $\lambda_1=-1$ 时,求解线性方程组 $(\boldsymbol{A}+\boldsymbol{E})\boldsymbol{x}=\boldsymbol{0}$,由

$$\boldsymbol{A}+\boldsymbol{E}=\begin{pmatrix}4&2&0\\2&1&0\\0&0&3\end{pmatrix}\to\begin{pmatrix}1&\frac{1}{2}&0\\0&0&1\\0&0&0\end{pmatrix},$$

得基础解系 $\boldsymbol{\xi}_1=\begin{pmatrix}-1\\2\\0\end{pmatrix}$，单位化得 $\boldsymbol{p}_1=\frac{1}{\sqrt{5}}\begin{pmatrix}-1\\2\\0\end{pmatrix}$；

当 $\lambda_2=2$ 时，求解线性方程组 $(\boldsymbol{A}-2\boldsymbol{E})\boldsymbol{x}=\boldsymbol{0}$，由

$$\boldsymbol{A}-2\boldsymbol{E}=\begin{pmatrix}1&2&0\\2&-2&0\\0&0&0\end{pmatrix}\to\begin{pmatrix}1&0&0\\0&1&0\\0&0&0\end{pmatrix},$$

得基础解系 $\boldsymbol{\xi}_2=\begin{pmatrix}0\\0\\1\end{pmatrix}$，取 $\boldsymbol{p}_2=\boldsymbol{\xi}_2$；

当 $\lambda_3=4$ 时，求解线性方程组 $(\boldsymbol{A}-4\boldsymbol{E})\boldsymbol{x}=\boldsymbol{0}$，由

$$\boldsymbol{A}-4\boldsymbol{E}=\begin{pmatrix}-1&2&0\\2&-4&0\\0&0&-2\end{pmatrix}\to\begin{pmatrix}1&-2&0\\0&0&1\\0&0&0\end{pmatrix},$$

得基础解系 $\boldsymbol{\xi}_3=\begin{pmatrix}2\\1\\0\end{pmatrix}$，单位化得 $\boldsymbol{p}_3=\frac{1}{\sqrt{5}}\begin{pmatrix}2\\1\\0\end{pmatrix}$；

令 $\boldsymbol{P}=(\boldsymbol{p}_1,\boldsymbol{p}_2,\boldsymbol{p}_3)=\begin{pmatrix}-\frac{1}{\sqrt{5}}&0&\frac{2}{\sqrt{5}}\\\frac{2}{\sqrt{5}}&0&\frac{1}{\sqrt{5}}\\0&1&0\end{pmatrix}$，所求正交变换为 $\begin{pmatrix}x_1\\x_2\\x_3\end{pmatrix}=\boldsymbol{P}\begin{pmatrix}y_1\\y_2\\y_3\end{pmatrix}$，在此变换下，得二次型 f 的标准形为 $f=-y_1^2+2y_2^2+4y_3^2$.

例 5.2 已知二次曲面方程 $x^2+ay^2+z^2+2bxy+2xz+2yz=4$ 可以经过正交变换

$$\begin{pmatrix}x\\y\\z\end{pmatrix}=\boldsymbol{P}\begin{pmatrix}\xi\\\eta\\\varphi\end{pmatrix},$$

化为椭圆柱面方程 $\eta^2+4\varphi^2=4$，求 a,b 的值和正交矩阵 $\boldsymbol{P}$.

解 二次型 $f(x,y,z)=x^2+ay^2+z^2+2bxy+2xz+2yz$ 的矩阵为

$$A=\begin{pmatrix}1 & b & 1\\ b & a & 1\\ 1 & 1 & 1\end{pmatrix}.$$

标准形 $f(\xi,\eta,\varphi)=\eta^2+4\varphi^2$ 的矩阵为

$$B=\begin{pmatrix}0 & 0 & 0\\ 0 & 1 & 0\\ 0 & 0 & 4\end{pmatrix}.$$

因为 $\boldsymbol{A}$ 与 $\boldsymbol{B}$ 相似，所以它们有相同的特征值 $\lambda=0,1,4$，且有相同的特征多项式

$$\begin{vmatrix}1-\lambda & b & 1\\ b & a-\lambda & 1\\ 1 & 1 & 1-\lambda\end{vmatrix}=\begin{vmatrix}-\lambda & 0 & 0\\ 0 & 1-\lambda & 0\\ 0 & 0 & 4-\lambda\end{vmatrix},$$

分别将 $\lambda=0,1,4$ 代入，可得 $a=3,b=1$.

对应于特征值 $\lambda_1=0$ 的单位特征向量为方程组 $\boldsymbol{Ax}=\boldsymbol{0}$ 的解

$$\boldsymbol{p}_1=\left(\frac{1}{\sqrt{2}},0,-\frac{1}{\sqrt{2}}\right)^{\mathrm{T}}.$$

对应于特征值 $\lambda_2=1$ 的单位特征向量为方程组 $(\boldsymbol{A}-\boldsymbol{E})\boldsymbol{x}=\boldsymbol{0}$ 的解

$$\boldsymbol{p}_2=\left(\frac{1}{\sqrt{3}},-\frac{1}{\sqrt{3}},\frac{1}{\sqrt{3}}\right)^{\mathrm{T}}.$$

对应于特征值 $\lambda_3=4$ 的单位特征向量为方程组 $(\boldsymbol{A}-4\boldsymbol{E})\boldsymbol{x}=\boldsymbol{0}$ 的解

$$\boldsymbol{p}_3=\left(\frac{1}{\sqrt{6}},\frac{2}{\sqrt{6}},\frac{1}{\sqrt{6}}\right)^{\mathrm{T}}.$$

所以所求正交矩阵为

$$\boldsymbol{P}=(\boldsymbol{p}_1,\boldsymbol{p}_2,\boldsymbol{p}_3)=\begin{pmatrix}\frac{1}{\sqrt{2}} & \frac{1}{\sqrt{3}} & \frac{1}{\sqrt{6}}\\ 0 & -\frac{1}{\sqrt{3}} & \frac{2}{\sqrt{6}}\\ -\frac{1}{\sqrt{2}} & \frac{1}{\sqrt{3}} & \frac{1}{\sqrt{6}}\end{pmatrix}.$$

例 5.3 (2003) 设二次型 $f(x_1,x_2,x_3)=\boldsymbol{x}^{\mathrm{T}}\boldsymbol{Ax}=ax_1^2+2x_2^2-2x_3^2+2bx_1x_3$ $(b>0)$，其中二次型的矩阵 $\boldsymbol{A}$ 的特征值之和为 1，特征值之积为 -12.

(1)求 a,b 的值；

(2)利用正交变换将二次型 f 化为标准形，并写出所用的正交变换和对应的正交矩阵.

解 (1)二次型 f 的矩阵为 $\boldsymbol{A}=\begin{pmatrix} a & 0 & b \\ 0 & 2 & 0 \\ b & 0 & -2 \end{pmatrix}$，设 $\boldsymbol{A}$ 的特征值为 $\lambda_1,\lambda_2,\lambda_3$，由题设，有 $\lambda_1+\lambda_2+\lambda_3=a+2+(-2)=1$，$\lambda_1\lambda_2\lambda_3=\begin{vmatrix} a & 0 & b \\ 0 & 2 & 0 \\ b & 0 & -2 \end{vmatrix}=-4a-2b^2=-12$，解得$a=1,b=2$.

(2)由矩阵 $\boldsymbol{A}$ 的特征多项式 $|\boldsymbol{A}-\lambda\boldsymbol{E}|=\begin{vmatrix} 1-\lambda & 0 & 2 \\ 0 & 2-\lambda & 0 \\ 2 & 0 & -2-\lambda \end{vmatrix}$

$$=-(\lambda-2)^2(\lambda+3),$$

得 $\boldsymbol{A}$ 的特征值 $\lambda_1=\lambda_2=2,\lambda_3=-3$；

对于 $\lambda_1=\lambda_2=2$，解方程组 $(\boldsymbol{A}-2\boldsymbol{E})\boldsymbol{x}=\boldsymbol{0}$，得基础解系 $\boldsymbol{\xi}_1=(2,0,1)^{\mathrm{T}}$，$\boldsymbol{\xi}_2=(0,1,0)^{\mathrm{T}}$；

对于 $\lambda_3=-3$，解方程组$(\boldsymbol{A}+3\boldsymbol{E})\boldsymbol{x}=\boldsymbol{0}$，得基础解系 $\boldsymbol{\xi}_3=(1,0,-2)^{\mathrm{T}}$；

由于 $\boldsymbol{\xi}_1,\boldsymbol{\xi}_2,\boldsymbol{\xi}_3$ 已是正交向量组，为了得到规范正交向量组，只需将 $\boldsymbol{\xi}_1,\boldsymbol{\xi}_2,\boldsymbol{\xi}_3$ 单位化，由此得

$$\boldsymbol{\eta}_1=\left(\frac{2}{\sqrt{5}},0,\frac{1}{\sqrt{5}}\right)^{\mathrm{T}},\boldsymbol{\eta}_2=(0,1,0)^{\mathrm{T}},\boldsymbol{\eta}_3=\left(\frac{1}{\sqrt{5}},0,-\frac{2}{\sqrt{5}}\right)^{\mathrm{T}}.$$

令矩阵 $\boldsymbol{Q}=(\boldsymbol{\eta}_1,\boldsymbol{\eta}_2,\boldsymbol{\eta}_3)=\begin{pmatrix} \frac{2}{\sqrt{5}} & 0 & \frac{1}{\sqrt{5}} \\ 0 & 1 & 0 \\ \frac{1}{\sqrt{5}} & 0 & -\frac{2}{\sqrt{5}} \end{pmatrix}$，则 $\boldsymbol{Q}$ 为正交矩阵，在正交变换 $\boldsymbol{x}=\boldsymbol{Qy}$ 下，二次型化成标准形 $f=2y_1^2+2y_2^2-3y_3^2$.

五、思考题

1. 二次型的矩阵有什么特点？
2. 化二次型为标准形有哪些方法？应注意些什么？
3. 惯性定理有什么作用？
4. 判定二次型的正定性有哪些方法？

讨论：正定矩阵的性质

下列问题是否正确？若正确，试证明之；若不正确，试给出反例，并通过增加一

定的条件给出一个正确的结论并予以证明.

问题 1　设 $\boldsymbol{A}$ 是一个正定矩阵，且 $\boldsymbol{A}$ 相似于 $\boldsymbol{B}$，则 $\boldsymbol{B}$ 也是一个正定矩阵.

问题 2　设 $\boldsymbol{A},\boldsymbol{B}$ 都是正定矩阵，则 $\boldsymbol{AB}$ 是正定矩阵.

总习题五

一、选择题

1.(2015)　设二次型 $f(x_1,x_2,x_3)$ 在正交变换 $\boldsymbol{x}=\boldsymbol{P}\boldsymbol{y}$ 下的标准形为 $2y_1^2+y_2^2-y_3^2$，其中 $\boldsymbol{P}=(\boldsymbol{e}_1,\boldsymbol{e}_2,\boldsymbol{e}_3)$，若 $\boldsymbol{Q}=(\boldsymbol{e}_1,-\boldsymbol{e}_3,\boldsymbol{e}_2)$，则 $f(x_1,x_2,x_3)$ 在正交变换 $\boldsymbol{x}=\boldsymbol{Q}\boldsymbol{y}$ 下的标准形为(　　).

(A) $2y_1^2-y_2^2+y_3^2$　　(B) $2y_1^2+y_2^2-y_3^2$

(C) $2y_1^2-y_2^2-y_3^2$　　(D) $2y_1^2+y_2^2+y_3^2$

2.(2019)　设 $\boldsymbol{A}$ 为 3 阶实对称矩阵，$\boldsymbol{E}$ 是 3 阶单位矩阵，若 $\boldsymbol{A}^2+\boldsymbol{A}=2\boldsymbol{E}$，且 $|\boldsymbol{A}|=4$，则二次型 $\boldsymbol{x}^{\mathrm{T}}\boldsymbol{A}\boldsymbol{x}$ 的规范形是(　　).

(A) $y_1^2+y_2^2+y_3^2$　　(B) $y_1^2+y_2^2-y_3^2$

(C) $y_1^2-y_2^2-y_3^2$　　(D) $-y_1^2-y_2^2-y_3^2$

3.(2016)　设二次型 $f(x_1,x_2,x_3)=x_1^2+x_2^2+x_3^2+4x_1x_2+4x_1x_3+4x_2x_3$，则 $f(x_1,x_2,x_3)=2$ 在空间直角坐标下表示的二次曲面为(　　).

(A)单叶双曲面　(B)双叶双曲面　(C)椭球面　(D)柱面

4.(2007)　设矩阵 $\boldsymbol{A}=\begin{pmatrix}2&-1&-1\\-1&2&-1\\-1&-1&2\end{pmatrix}$，$\boldsymbol{B}=\begin{pmatrix}1&0&0\\0&1&0\\0&0&0\end{pmatrix}$，则 $\boldsymbol{A}$ 与 $\boldsymbol{B}$(　　).

(A)合同且相似　　(B)合同，但不相似

(C)不合同，但相似　　(D)既不合同也不相似

5.(2008)　设 $\boldsymbol{A}=\begin{pmatrix}1&2\\2&1\end{pmatrix}$，则在实数域上与 $\boldsymbol{A}$ 合同的矩阵为(　　).

(A) $\begin{pmatrix}-2&1\\1&-2\end{pmatrix}$　(B) $\begin{pmatrix}2&-1\\-1&2\end{pmatrix}$　(C) $\begin{pmatrix}2&1\\1&2\end{pmatrix}$　(D) $\begin{pmatrix}1&-2\\-2&1\end{pmatrix}$

6.(2016)　二次型 $f(x_1,x_2,x_3)=(x_1+x_2)^2+(x_2+x_3)^2-(x_3-x_1)^2$ 的正、负惯性指数依次为(　　).

(A)2,0　(B)1,1　(C)2,1　(D)1,2

二、填空题

1. 二次型 $f=x_1^2+x_2^2+ax_3^2+4x_1x_2+6x_2x_3$ 的秩为 2，则常数 $a=$________.

2.（2011） 设二次型 $f(x_1,x_2,x_3)=\boldsymbol{x}^{\mathrm{T}}\boldsymbol{A}\boldsymbol{x}$ 的秩为 1，$\boldsymbol{A}$ 的各行元素之和为 3，则 f 在正交变换 $\boldsymbol{x}=\boldsymbol{Q}\boldsymbol{y}$ 下的标准形为________.

3.（2014） 设二次型 $f(x_1,x_2,x_3)=x_1^2-x_2^2+2ax_1x_3+4x_2x_3$ 的负惯性指数是 1，则 a 的取值范围是________.

4. 设二次型 $f(x_1,x_2,x_3,x_4)=\boldsymbol{x}^{\mathrm{T}}\boldsymbol{A}\boldsymbol{x}$ 的正惯性指数为 1，而 $\boldsymbol{A}^2-2\boldsymbol{A}=3\boldsymbol{E}$，则此二次型的规范形是________.

5. 设二次型 $f=x_1^2+x_2^2+x_3^2+2ax_1x_2+2bx_2x_3+2x_1x_3$ 经一正交变换化为 $f=y_2^2+2y_3^2$，则 $a=$________，$b=$________.

三、计算与证明题

1. 已知 $(1,-1,0)^{\mathrm{T}}$ 是二次型 $f=ax_1^2+x_3^2-2x_1x_2+2x_1x_3+2bx_2x_3$ 的矩阵的特征向量，用正交变换化二次型为标准形，并求当 $\boldsymbol{x}^{\mathrm{T}}\boldsymbol{x}=2$ 时 f 的最大值.

2. 设二次型 $f=5x_1^2+5x_2^2+cx_3^2-2x_1x_2-6x_2x_3+6x_1x_3$ 的秩为 2.

(1) 求常数 c 及该二次型的矩阵的特征值；

(2) 方程 $f=1$ 表示何种曲面？

3. 判断二次型 $f=x_1^2+5x_2^2+x_3^2+4x_1x_2-4x_2x_3$ 的正定性.

4. 判断 n 元二次型 $f=\sum\limits_{i=1}^{n}x_i^2+\sum\limits_{1\leqslant i<j\leqslant n}x_ix_j$ 的正定性.

5. 求二次型 $f=(x_1+x_2)^2+(x_2-x_3)^2+(x_1+x_3)^2$ 的正、负惯性指数，指出方程 $f=1$ 表示何种二次曲面.

6.（2005） 已知二次型 $f(x_1,x_2,x_3)=(1-a)x_1^2+(1-a)x_2^2+2x_3^2+2(1+a)x_1x_2$ 的秩为 2，求：

(1) a 的值；

(2) 正交变换 $\boldsymbol{x}=\boldsymbol{Q}\boldsymbol{y}$，把 $f(x_1,x_2,x_3)$ 化成标准形；

(3) 方程 $f(x_1,x_2,x_3)=0$ 的解.

7. 设 $\boldsymbol{A}$ 为 m 阶实对称矩阵且正定，$\boldsymbol{B}$ 为 $n\times m$ 实矩阵，$\boldsymbol{B}^{\mathrm{T}}$ 为 $\boldsymbol{B}$ 的转置矩阵. 试证：$\boldsymbol{B}^{\mathrm{T}}\boldsymbol{A}\boldsymbol{B}$ 为正定矩阵的充要条件是 $R(\boldsymbol{B})=n$.

8. 设 $\boldsymbol{A}=\begin{pmatrix}1&1&1&1\\1&1&1&1\\1&1&1&1\\1&1&1&1\end{pmatrix}$，$\boldsymbol{B}=\begin{pmatrix}4&0&0&0\\0&0&0&0\\0&0&0&0\\0&0&0&0\end{pmatrix}$，证明 $\boldsymbol{A}$ 与 $\boldsymbol{B}$ 合同且相似.

9.(2010)　已知二次型 $f(x_1,x_2,x_3)=\boldsymbol{x}^{\mathrm{T}}\boldsymbol{A}\boldsymbol{x}$ 在正交变换 $\boldsymbol{x}=\boldsymbol{Q}\boldsymbol{y}$ 下的标准形为 $y_1^2+y_2^2$，且 $\boldsymbol{Q}$ 的第三列为 $\left(\frac{\sqrt{2}}{2},0,\frac{\sqrt{2}}{2}\right)^{\mathrm{T}}$.

(1)求矩阵 $\boldsymbol{A}$；

(2)证明 $\boldsymbol{A}+\boldsymbol{E}$ 为正定矩阵，其中 $\boldsymbol{E}$ 为3阶单位矩阵.

10.(2012)　已知 $\boldsymbol{A}=\begin{pmatrix}1&0&1\\0&1&1\\-1&0&a\\0&a&-1\end{pmatrix}$，二次型 $f(x_1,x_2,x_3)=\boldsymbol{x}^{\mathrm{T}}(\boldsymbol{A}^{\mathrm{T}}\boldsymbol{A})\boldsymbol{x}$ 的秩为2，求：

(1)实数 a 的值；

(2)正交变换 $\boldsymbol{x}=\boldsymbol{Q}\boldsymbol{y}$，将 f 化为标准形.

11.(2018)　设实二次型 $f(x_1,x_2,x_3)=(x_1-x_2+x_3)^2+(x_2+x_3)^2+(x_1+ax_3)^2$，其中 a 为参数，求：

(1)$f(x_1,x_2,x_3)=0$ 的解；

(2)$f(x_1,x_2,x_3)$ 的规范形.

第6章　线性空间与线性变换

在第3章中，我们把有序数组称为向量，并且介绍了向量空间的概念. 在这一章中，我们要把这些概念推广，使向量及向量空间概念更具一般性，推广后的向量概念内涵更丰富，当然也就更加抽象化了.

6.1　线性空间的概念

定义 6.1.1　设 V 是一个非空集合，F 为一数域，如果对于任意两个元素 $\boldsymbol{\alpha},\boldsymbol{\beta}\in V$，总有唯一的一个元素 $\boldsymbol{\gamma}\in V$ 与之对应，称为 $\boldsymbol{\alpha}$ 与 $\boldsymbol{\beta}$ 的和，记作 $\boldsymbol{\gamma}=\boldsymbol{\alpha}+\boldsymbol{\beta}$；又对于任意一个数 $\lambda\in F$ 与任意一个元素 $\boldsymbol{\alpha}\in V$，总有唯一的元素 $\boldsymbol{\delta}\in V$ 与之对应，称为 λ 与 $\boldsymbol{\alpha}$ 的积，记作 $\boldsymbol{\delta}=\lambda\boldsymbol{\alpha}$；并且这两种运算满足以下8条运算规律（设 $\boldsymbol{\alpha},\boldsymbol{\beta},\boldsymbol{\gamma}\in V,\lambda,\mu\in F$）.

(1) $\boldsymbol{\alpha}+\boldsymbol{\beta}=\boldsymbol{\beta}+\boldsymbol{\alpha}$；

(2) $(\boldsymbol{\alpha}+\boldsymbol{\beta})+\boldsymbol{\gamma}=\boldsymbol{\alpha}+(\boldsymbol{\beta}+\boldsymbol{\gamma})$；

(3) 在 V 中存在零元素 $\mathbf{0}$，对任何 $\boldsymbol{\alpha}\in V$，都有 $\boldsymbol{\alpha}+\mathbf{0}=\boldsymbol{\alpha}$；

(4) 对任何 $\boldsymbol{\alpha}\in V$，都有 $\boldsymbol{\alpha}$ 的负元素 $\boldsymbol{\beta}\in V$，使 $\boldsymbol{\alpha}+\boldsymbol{\beta}=\mathbf{0}$；

(5) $1\boldsymbol{\alpha}=\boldsymbol{\alpha}$；

(6) $\lambda(\mu\boldsymbol{\alpha})=(\lambda\mu)\boldsymbol{\alpha}$；

(7) $(\lambda+\mu)\boldsymbol{\alpha}=\lambda\boldsymbol{\alpha}+\mu\boldsymbol{\alpha}$；

(8) $\lambda(\boldsymbol{\alpha}+\boldsymbol{\beta})=\lambda\boldsymbol{\alpha}+\lambda\boldsymbol{\beta}$.

那么，V 就称为数域 F 上的**线性空间**（linear space），也称为**向量空间**（vector space）. V 中的元素不论其本来的性质如何，统称为数域 F 上的**向量**（或**元素**）. 若 F 为实数域，就称 V 为**实线性空间**. 而满足上述8条运算规律的加法运算及乘数运算（以下简称"数乘"），就称为**线性运算**.

本章我们主要讨论实线性空间.

在第3章中，我们对向量定义了加法和数乘运算，若同维数的向量构成的非空集合 V 对这两种运算是封闭的，就称 V 为向量空间；容易验证这些运算满足8条规律，所以 V 是一个线性空间；这是一个特殊的线性空间. 比较起来，现在的定义有了很大的推广：

(1)线性空间中的向量不一定是有序数组，而是更为广泛的对象；

(2)线性空间中的两种运算只要求满足上述 8 条运算规律，当然也就不一定是有序数组的加法及数乘运算.

在定义 6.1.1 中规定的线性运算是线性空间的本质，而其中的元素是什么并不重要. 由此可见，把向量空间叫作线性空间更为合适，对上面叙述的进一步理解，可以看以下的一些例子.

例 6.1.1　次数不超过 n 的多项式的全体，记作 $P[x]_n$，即

$$P[x]_n=\{f(x)=a_nx^n+a_{n-1}x^{n-1}+\cdots+a_1x+a_0\mid a_n,\cdots,a_1,a_0\in P, P\text{ 是一个数域}\}.$$

对于通常的多项式加法、数乘多项式构成线性空间. 这是因为：通常的多项式加法、数乘多项式这两种运算显然满足线性运算规律，故只需验证 $P[x]_n$ 对运算封闭；因为

$$(a_nx^n+\cdots+a_1x+a_0)+(b_nx^n+\cdots+b_1x+b_0)$$
$$=(a_n+b_n)x^n+\cdots+(a_1+b_1)x+(a_0+b_0)\in P[x]_n$$
$$\lambda(a_nx^n+\cdots+a_1x+a_0)=(\lambda a_n)x^n+\cdots+(\lambda a_1)x+(\lambda a_0)\in P[x]_n,$$

所以 $P[x]_n$ 是一个线性空间.

例 6.1.2　n 次多项式的全体

$$Q[x]_n=\{f(x)=a_nx^n+\cdots+a_1x+a_0\mid a_n,\cdots,a_1,a_0\in\mathbf{R}\text{ 且 }a_n\neq 0\}.$$

对于通常的多项式加法和数乘多项式运算不构成线性空间，这是因为

$$0(a_nx^n+\cdots+a_1x+a_0)=0\notin Q[x]_n,$$

即 $Q[x]_n$ 对运算不封闭.

例 6.1.3　所有 n 阶方阵的集合记为 M_n，显然 M_n 对矩阵的加法与数乘矩阵运算构成一个线性空间.

注　检验一个集合是否构成线性空间，当然不能只检验对运算的封闭性(如例 6.1.1)，若所定义的加法和数乘运算不是通常的实数间的加乘运算，就得仔细检验是否满足 8 条线性运算规律(如下面的例 6.1.5).

例 6.1.4　n 个实数组成的有序数组的全体

$$S^n=\{\boldsymbol{x}=(x_1,x_2,\cdots,x_n)^{\mathrm{T}}\mid x_1,x_2,\cdots,x_n\in\mathbf{R}\}.$$

对于通常的有序数组的加法及如下定义的乘法

$$\lambda\circ(x_1,x_2,\cdots,x_n)^{\mathrm{T}}=(0,0,\cdots,0)^{\mathrm{T}}=\mathbf{0}$$

不构成线性空间.

可以验证 S^n 对运算封闭；但因 $1\circ\boldsymbol{x}=\mathbf{0}$ 不满足运算规律(5)，即所定义的运算不是线性运算，所以 S^n 不是线性空间.

注　比较 S^n 与 $\mathbf{R}^n$，作为集合，它们是一样的，但由于在其中所定义的运算不同，以致 $\mathbf{R}^n$ 构成线性空间而 S^n 不是线性空间. 由此可见，线性空间的概念是集合

与运算两者的结合.一般地说,同一个集合,若定义两种不同的线性运算,就构成不同的线性空间;若定义的运算不是线性运算,就不能构成线性空间.

例 6.1.5 正实数的全体 $\mathbf{R}^+$,在其中定义加法及乘数运算如下:

$$a\oplus b=ab \quad (a,b\in\mathbf{R}^+),$$
$$\lambda\circ a=a^\lambda \quad (\lambda\in\mathbf{R},a\in\mathbf{R}^+),$$

验证 $\mathbf{R}^+$ 对上述加法与乘法运算构成线性空间.

证 先验证运算的封闭性:

因为对任意的 $a,b\in\mathbf{R}^+$,有 $a\oplus b=ab\in\mathbf{R}^+$,所以对加法运算封闭;又因为对任意的 $\lambda\in\mathbf{R},a\in\mathbf{R}^+$,有 $\lambda\circ a=a^\lambda\in\mathbf{R}^+$,所以对乘法运算也封闭.

再验证运算规律:

(1)$a\oplus b=ab=ba=b\oplus a$;

(2)$(a\oplus b)\oplus c=(ab)\oplus c=(ab)c=a(bc)=a\oplus(b\oplus c)$;

(3)$\mathbf{R}^+$ 中存在零元素 1,对任何 $a\in\mathbf{R}^+$,有 $a\oplus 1=a\cdot 1=a$;

(4)对任何 $a\in\mathbf{R}^+$,有负元素 $a^{-1}\in\mathbf{R}^+$,使 $a\oplus a^{-1}=aa^{-1}=1$;

(5)$1\circ a=a^1=a$;

(6)$\lambda\circ(\mu\circ a)=\lambda\circ a^\mu=(a^\mu)^\lambda=a^{\lambda\mu}=(\lambda\mu)\circ a$;

(7)$(\lambda+\mu)\circ a=a^{\lambda+\mu}=a^\lambda a^\mu=a^\lambda\oplus a^\mu=\lambda\circ a\oplus\mu\circ a$;

(8)$\lambda\circ(a\oplus b)=\lambda\circ(ab)=(ab)^\lambda=a^\lambda b^\lambda=a^\lambda\oplus b^\lambda=\lambda\circ a\oplus\lambda\circ b$.

因此,$\mathbf{R}^+$ 对于所定义的运算构成线性空间. 证毕

例 6.1.6 定义在区间$[a,b]$上的一切连续实函数的全体,按函数的加法及实数与函数的数量乘法构成实数域上的一个线性空间,记为 $C[a,b]$.

线性空间的实例是大量的,仅从以上的例子可以看出线性空间的含义是极其广泛的.线性空间的元素,也称为向量,当然它已不再局限于把有序数组称为向量.几何空间既是这种抽象的向量空间(线性空间)的特例,同时也是这种抽象的向量空间的模型.第 3 章中有关 n 元向量的线性组合、线性相关、线性无关、极大线性无关组等基本概念及其基本性质和论证,因为只涉及线性运算,所以均可以推广到数域上的线性空间,对于线性空间中的向量(元素)都同样适用,以后我们就直接引用,不另加说明.

下面我们根据定义来讨论线性空间的一些基本性质:

定理 6.1.1 线性空间中的零元素是唯一的;线性空间中任意一个元素 $\boldsymbol{\alpha}$ 的负元素是唯一的,$\boldsymbol{\alpha}$ 的负元素记作 $-\boldsymbol{\alpha}$.

证 设 $\mathbf{0}_1,\mathbf{0}_2$ 是线性空间 V 中的两个零元素,即对任意元素 $\boldsymbol{\alpha}\in V$,有

$$\boldsymbol{\alpha}+\mathbf{0}_1=\boldsymbol{\alpha},\boldsymbol{\alpha}+\mathbf{0}_2=\boldsymbol{\alpha},$$

于是有

$$\mathbf{0}_2=\mathbf{0}_2+\mathbf{0}_1=\mathbf{0}_1+\mathbf{0}_2=\mathbf{0}_1,$$

即线性空间中的零元素是唯一的；

又设 $\boldsymbol{\alpha}$ 有两个负元素 $\boldsymbol{\beta},\boldsymbol{\gamma}$，即 $\boldsymbol{\alpha}+\boldsymbol{\beta}=\mathbf{0},\boldsymbol{\alpha}+\boldsymbol{\gamma}=\mathbf{0}$，于是

$$\boldsymbol{\beta}=\boldsymbol{\beta}+\mathbf{0}=\boldsymbol{\beta}+(\boldsymbol{\alpha}+\boldsymbol{\gamma})=(\boldsymbol{\beta}+\boldsymbol{\alpha})+\boldsymbol{\gamma}=\mathbf{0}+\boldsymbol{\gamma}=\boldsymbol{\gamma},$$

所以线性空间中的元素 $\boldsymbol{\alpha}$ 有唯一的负元素.　　证毕

由线性空间的零元素与任一元素的负元素的唯一性，可得下列等式成立：

(1)$0\alpha=\mathbf{0}$；

(2)$(-1)\boldsymbol{\alpha}=-\boldsymbol{\alpha}$；

(3)$\lambda\mathbf{0}=\mathbf{0}$；

(4)$(-\lambda\boldsymbol{\alpha})=-(\lambda\boldsymbol{\alpha})$；

(5)如果 $\lambda\boldsymbol{\alpha}=\mathbf{0}$，则 $\lambda=0$ 或 $\boldsymbol{\alpha}=\mathbf{0}$.

证　(1)$\boldsymbol{\alpha}+0\boldsymbol{\alpha}=1\boldsymbol{\alpha}+0\boldsymbol{\alpha}=(1+0)\boldsymbol{\alpha}=1\boldsymbol{\alpha}=\boldsymbol{\alpha}$，所以 $0\boldsymbol{\alpha}=\mathbf{0}$；

(2)$\boldsymbol{\alpha}+(-1)\boldsymbol{\alpha}=1\boldsymbol{\alpha}+(-1)\boldsymbol{\alpha}=[1+(-1)]\boldsymbol{\alpha}=0\boldsymbol{\alpha}=\mathbf{0}$，所以$(-1)\boldsymbol{\alpha}=-\boldsymbol{\alpha}$；

(3)$\lambda\mathbf{0}=\lambda[\boldsymbol{\alpha}+(-1)\boldsymbol{\alpha}]=\lambda\boldsymbol{\alpha}+(-\lambda)\boldsymbol{\alpha}=[\lambda+(-\lambda)]\boldsymbol{\alpha}=0\boldsymbol{\alpha}=\mathbf{0}$；

(4)由线性空间定义的规律(6)，显然可得；

(5)若 $\lambda\neq0$，在 $\lambda\boldsymbol{\alpha}=\mathbf{0}$ 两边乘$\dfrac{1}{\lambda}$，得

$$\frac{1}{\lambda}(\lambda\boldsymbol{\alpha})=\frac{1}{\lambda}\mathbf{0}=\mathbf{0},$$

而

$$\frac{1}{\lambda}(\lambda\boldsymbol{\alpha})=\left(\frac{1}{\lambda}\lambda\right)\boldsymbol{\alpha}=1\boldsymbol{\alpha}=\boldsymbol{\alpha},$$

所以 $\boldsymbol{\alpha}=\mathbf{0}$.　　证毕

前面我们提出过向量空间的子空间的概念，下面给出线性空间子空间的一般定义.

定义 6.1.2　设 V 是一个线性空间，L 是 V 的一个非空子集，如果 L 对于 V 中所定义的加法和数乘两种运算也构成一个线性空间，则称 L 为 V 的**子空间**.

一个线性空间 V 的非空子集 L 要满足什么条件才构成子空间？因 L 是 V 的一部分，V 中的运算对于 L 而言，规律(1)，(2)，(5)，(6)，(7)，(8)显然是满足的，因此只要 L 对运算封闭且满足规律(3)，(4)即可. 但由线性空间的性质知，若 L 对运算封闭，则即能满足规律(3)，(4). 因此我们有

定理 6.1.2　线性空间 V 的非空子集 L 构成子空间的充分必要条件是：L 对于 V 中的线性运算封闭.

线性空间中的零元素构成一个子空间，称为**零子空间**；线性空间 V 是 V 的子

空间. 我们称以上两个子空间为线性空间 V 的**平凡子空间**.

注 由于线性空间中的零元素是唯一的,而其任一子空间是它的一个子集合,所以它的任一子空间的零元素都等同于 V 的零元.

例 6.1.7 $N_2=\left\{\begin{pmatrix} a & 0 \\ b & 0 \end{pmatrix} \middle| a,b\in \mathbf{R}\right\}$对矩阵的加法与数乘矩阵运算构成 M_2 的一个子空间.

习题 6.1

1. 验证:与向量$(0,0,1)^{\mathrm{T}}$不平行的全体三维数组向量,对于数组向量的加法和数乘运算不构成线性空间.

2. 检验下列集合对于给定的加法和数乘运算是否构成实数域 $\mathbf{R}$ 上的线性空间:

(1)全体二维向量所组成的集合 V,关于通常的向量加法及如下定义的数乘运算

$$k(a,b)=(ka,0);$$

(2)集合 V 同(1),对于运算

$$(a_1,b_1)+(a_2,b_2)=(a_1+a_2+1,b_1+b_2+1)$$
$$k(a,b)=(ka,kb);$$

(3)线性方程组$\begin{cases} x_1+2x_2-x_3=1 \\ x_2+x_3=3 \end{cases}$的全体解向量,对于向量的加法和数乘运算.

3. 验证 $\mathbf{R}$ 上三阶对称矩阵的全体 S_3 对于矩阵的加法和数乘运算构成 $\mathbf{R}$ 上的线性空间.

4. 设 S_1,S_2 是线性空间 V 的子空间,证明:$S_1\cap S_2=\{\boldsymbol{u}\mid \boldsymbol{u}\in S_1,S_2\}$和 $S_1+S_2=\{\boldsymbol{u}\mid \boldsymbol{u}=\boldsymbol{x}+\boldsymbol{y},\boldsymbol{x}\in S_1,\boldsymbol{y}\in S_2\}$都是 V 的子空间.

5. 设 $V=\{\boldsymbol{x}=(x_1,x_2,x_3)\mid x_1+x_2+x_3=b\}$,则(　　).

(A)对于任意的 b,V 均是线性空间

(B)对于任意的 b,V 均不是线性空间

(C)只有当 $b=0$ 时,V 是线性空间

(D)只有当 $b\neq 0$ 时,V 是线性空间

6.2 基、维数与坐标

在线性空间中,除零空间外,一般地,一个线性空间 V 中都有无穷多个元素. 我

们能不能像在第 3 章中一样，在 V 中找到部分线性无关的元素，而 V 中其他的元素都可由这些元素线性表示出来？也就是我们能不能搞清楚 V 的构造？这是有关线性空间的一个重要问题. 另外，由于线性空间多种多样，而我们最熟悉的莫过于前面已经讨论过的由实数域上 n 元数组构成的 n 维向量空间 $\mathbf{R}^n$；一般的线性空间与 n 维向量空间 $\mathbf{R}^n$ 有什么样的联系呢？这是我们要思考的又一个重要问题. 本节就围绕这两个问题展开.

定义 6.2.1　在线性空间 V 中，如果存在 n 个元素 $\boldsymbol{\alpha}_1,\boldsymbol{\alpha}_2,\cdots,\boldsymbol{\alpha}_n$，满足：

(1)$\boldsymbol{\alpha}_1,\boldsymbol{\alpha}_2,\cdots,\boldsymbol{\alpha}_n$ 线性无关；

(2)V 中任一元素 $\boldsymbol{\alpha}$ 总可由 $\boldsymbol{\alpha}_1,\boldsymbol{\alpha}_2,\cdots,\boldsymbol{\alpha}_n$ 线性表示；

那么 $\boldsymbol{\alpha}_1,\boldsymbol{\alpha}_2,\cdots,\boldsymbol{\alpha}_n$ 就称为线性空间 V 的一个**基**(basis)，n 称为线性空间 V 的**维数**(dimension).

只含有一个零元素的线性空间没有基，规定它的维数为 0. 维数为 n 的线性空间称为 ***n* 维线性空间**，记作 V_n.

注　线性空间的维数可以是无穷，对于无穷维的线性空间，本书不作讨论.

对于 n 维线性空间 V_n，若 $\boldsymbol{\alpha}_1,\boldsymbol{\alpha}_2,\cdots,\boldsymbol{\alpha}_n$ 为 V_n 的一个基，则 V_n 可表示为

$$V_n=\{\boldsymbol{\alpha}=x_1\boldsymbol{\alpha}_1+x_2\boldsymbol{\alpha}_2+\cdots+x_n\boldsymbol{\alpha}_n \mid x_1,x_2,\cdots,x_n\in\mathbf{R}\}=\mathrm{Span}\{\boldsymbol{\alpha}_1,\boldsymbol{\alpha}_2,\cdots,\boldsymbol{\alpha}_n\},$$

即 V_n 是由基所生成的线性空间，这就清楚地显示出线性空间 V_n 的构造.

若 $\boldsymbol{\alpha}_1,\boldsymbol{\alpha}_2,\cdots,\boldsymbol{\alpha}_n$ 为 V_n 的一个基，则对任何 $\boldsymbol{\alpha}\in V_n$，都有一组有序数 $x_1,x_2,\cdots,x_n$，使

$$\boldsymbol{\alpha}=x_1\boldsymbol{\alpha}_1+x_2\boldsymbol{\alpha}_2+\cdots+x_n\boldsymbol{\alpha}_n,$$

并且这组数是唯一的；

反之，任给一组有序数 $x_1,x_2,\cdots,x_n$，总有唯一的元素

$$\boldsymbol{\alpha}=x_1\boldsymbol{\alpha}_1+x_2\boldsymbol{\alpha}_2+\cdots+x_n\boldsymbol{\alpha}_n\in V_n.$$

这样 V_n 的元素 $\boldsymbol{\alpha}$ 与有序数组 $(x_1,x_2,\cdots,x_n)^{\mathrm{T}}$ 之间存在着一种一一对应的关系，因此可以用这组有序数来表示元素 $\boldsymbol{\alpha}$. 于是我们有

定义 6.2.2　设 $\boldsymbol{\alpha}_1,\boldsymbol{\alpha}_2,\cdots,\boldsymbol{\alpha}_n$ 是线性空间 V_n 的一个基，对于任一元素 $\boldsymbol{\alpha}\in V_n$，总有且仅有一组有序数 $x_1,x_2,\cdots,x_n$ 使

$$\boldsymbol{\alpha}=x_1\boldsymbol{\alpha}_1+x_2\boldsymbol{\alpha}_2+\cdots+x_n\boldsymbol{\alpha}_n,$$

这组有序数 $x_1,x_2,\cdots,x_n$ 就称为元素 $\boldsymbol{\alpha}$ 在基 $\boldsymbol{\alpha}_1,\boldsymbol{\alpha}_2,\cdots,\boldsymbol{\alpha}_n$ 下的**坐标**(coordinates)，并记作

$$\boldsymbol{\alpha}=(x_1,x_2,\cdots,x_n)^{\mathrm{T}}.$$

例 6.2.1　线性空间 $P[x]_2$ 中，$p_1=1$，$p_2=x$，$p_3=x^2$ 就是它的一个基. 任一不超过 2 次的多项式

$$P(x)=a_0+a_1x+a_2x^2,$$

都可表示为

$$P(x)=a_0p_1+a_1p_2+a_2p_3,$$

因此 $P(x)$ 在这个基下的坐标为 $(a_0,a_1,a_2)^{\mathrm{T}}$.

若另取一个基 $q_1=1,q_2=1+x,q_3=2x^2$，则

$$P(x)=(a_0-a_1)q_1+a_1q_2+\frac{1}{2}a_2q_3.$$

因此 $P(x)$ 在这个基下的坐标为 $\left(a_0-a_1,a_1,\frac{1}{2}a_2\right)^{\mathrm{T}}$. 由此可知，线性空间的任一元素的坐标在不同的基下是不相同的.

例 6.2.2 设 $\boldsymbol{u},\boldsymbol{v}$ 是 $\mathbf{R}^3$ 中的向量，$\mathrm{Span}\{\boldsymbol{v}\}$ 与 $\mathrm{Span}\{\boldsymbol{u},\boldsymbol{v}\}$ 的几何解释如下.

设 $\boldsymbol{v}$ 是 $\mathbf{R}^3$ 中的向量，那么 $\mathrm{Span}\{\boldsymbol{v}\}$ 就是 $\boldsymbol{v}$ 的所有数量倍数的向量集合，也就是通过 $\boldsymbol{v}$ 和坐标原点 O 的直线上的所有点的集合；若 $\boldsymbol{u}$ 和 $\boldsymbol{v}$ 是 $\mathbf{R}^3$ 中的非零向量，$\boldsymbol{v}$ 不是 $\boldsymbol{u}$ 的倍数，则 $\mathrm{Span}\{\boldsymbol{u},\boldsymbol{v}\}$ 是 $\mathbf{R}^3$ 中通过 $\boldsymbol{u},\boldsymbol{v}$ 和原点 O 的平面，特别地，$\mathrm{Span}\{\boldsymbol{u},\boldsymbol{v}\}$ 包含 $\mathbf{R}^3$ 中通过 $\boldsymbol{u}$ 与原点 O 的直线，也包含通过 $\boldsymbol{v}$ 与原点 O 的直线，如图 6.1).

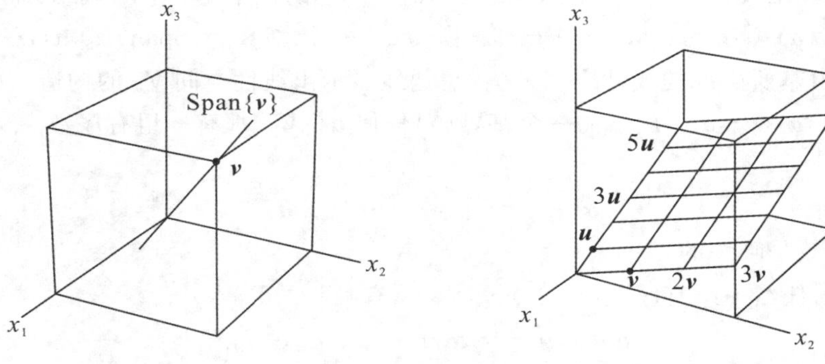

图 6.1 $\mathrm{Span}\{\boldsymbol{v}\}$ 与 $\mathrm{Span}\{\boldsymbol{u},\boldsymbol{v}\}$ 的几何解释

建立了坐标以后，就把抽象的向量 $\boldsymbol{\alpha}$ 与具体的数组向量 $(x_1,x_2,\cdots,x_n)^{\mathrm{T}}$ 联系起来了，并且还可以把 V_n 中抽象的线性运算与数组向量的线性运算联系起来.

设 $\boldsymbol{\alpha},\boldsymbol{\beta}\in V_n$，有 $\boldsymbol{\alpha}=x_1\boldsymbol{\alpha}_1+x_2\boldsymbol{\alpha}_2+\cdots+x_n\boldsymbol{\alpha}_n$，$\boldsymbol{\beta}=y_1\boldsymbol{\alpha}_1+y_2\boldsymbol{\alpha}_2+\cdots+y_n\boldsymbol{\alpha}_n$，于是

$$\boldsymbol{\alpha}+\boldsymbol{\beta}=(x_1+y_1)\boldsymbol{\alpha}_1+(x_2+y_2)\boldsymbol{\alpha}_2+\cdots+(x_n+y_n)\boldsymbol{\alpha}_n,$$

$$\lambda\boldsymbol{\alpha}=(\lambda x_1)\boldsymbol{\alpha}_1+(\lambda x_2)\boldsymbol{\alpha}_2+\cdots+(\lambda x_n)\boldsymbol{\alpha}_n,$$

即 $\boldsymbol{\alpha}+\boldsymbol{\beta}$ 的坐标是 $(x_1+y_1,x_2+y_2,\cdots,x_n+y_n)^{\mathrm{T}}=(x_1,x_2,\cdots,x_n)^{\mathrm{T}}+(y_1,y_2,\cdots,y_n)^{\mathrm{T}}$，$\lambda\boldsymbol{\alpha}$ 的坐标是 $(\lambda x_1,\lambda x_2,\cdots,\lambda x_n)^{\mathrm{T}}=\lambda(x_1,x_2,\cdots,x_n)^{\mathrm{T}}$.

总之，设在 n 维线性空间 V_n 中取一个基为 $\boldsymbol{\alpha}_1,\boldsymbol{\alpha}_2,\cdots,\boldsymbol{\alpha}_n$，则 V_n 中的向量 $\boldsymbol{\alpha}$ 与实 n 维向量空间 $\mathbf{R}^n$ 中的向量 $(x_1,x_2,\cdots,x_n)^{\mathrm{T}}$ 之间就有一个一一对应的关系，且这个对应关系具有下述性质.

设 $\boldsymbol{\alpha} \leftrightarrow (x_1, x_2, \cdots, x_n)^{\mathrm{T}}$，$\boldsymbol{\beta} \leftrightarrow (y_1, y_2, \cdots, y_n)^{\mathrm{T}}$，则：

(1) $\boldsymbol{\alpha}+\boldsymbol{\beta} \leftrightarrow (x_1, x_2, \cdots, x_n)^{\mathrm{T}}+(y_1, y_2, \cdots, y_n)^{\mathrm{T}}$；

(2) $\lambda\boldsymbol{\alpha} \leftrightarrow \lambda(x_1, x_2, \cdots, x_n)^{\mathrm{T}}$.

也就是说，这个对应关系保持线性组合的对应；因此，我们可以说 V_n 与 $\mathbf{R}^n$ 有相关的结构，我们称 V_n 与 $\mathbf{R}^n$ 同构(isomorphism).

一般地，设 V 与 U 是两个线性空间，如果在它们的元素之间有一一对应关系，且这个对应关系保持线性组合的对应，则称线性空间 V 与 U **同构**.

由上，任何 n 维线性空间都与 $\mathbf{R}^n$ 同构，即维数相等的线性空间都同构. 从而可知线性空间的结构完全由它的维数所决定.

同构的概念除元素一一对应外，主要是保持线性组合的对应关系. 因此 V_n 中的抽象的线性运算就可转化为 $\mathbf{R}^n$ 中的线性运算，并且 $\mathbf{R}^n$ 中凡是只涉及线性运算的性质就都适用于 V_n；但 $\mathbf{R}^n$ 中超出线性运算的性质在 V_n 中就不一定具备，例如 $\mathbf{R}^n$ 中的内积概念在 V_n 中就不一定有意义.

习题　6.2

1. 验证：

(1) 2 阶矩阵的全体 S_1；

(2) 主对角线上的元素之和等于 0 的 2 阶矩阵的全体 S_2；

(3) 2 阶对称矩阵的全体 S_3.

对于矩阵的加法和数乘运算构成线性空间，并写出各个空间的一个基.

2. 设 U 是线性空间 V 的一个子空间，试证：若 U 与 V 的维数相等，则 $U=V$.

3. 设 V_r 是 n 维线性空间 V_n 的一个子空间，$\boldsymbol{\alpha}_1, \boldsymbol{\alpha}_2, \cdots, \boldsymbol{\alpha}_r$ 是 V_r 的一个基；试证：V_n 中存在元素 $\boldsymbol{\alpha}_{r+1}, \boldsymbol{\alpha}_{r+2}, \cdots, \boldsymbol{\alpha}_n$，使 $\boldsymbol{\alpha}_1, \boldsymbol{\alpha}_2, \cdots, \boldsymbol{\alpha}_r, \boldsymbol{\alpha}_{r+1}, \cdots, \boldsymbol{\alpha}_n$ 是 V_n 的一个基.

4. 在 $\mathbf{R}^3$ 中求向量 $\boldsymbol{\alpha}=(3,7,1)^{\mathrm{T}}$ 在基 $\boldsymbol{\alpha}_1=(1,3,5)^{\mathrm{T}}$，$\boldsymbol{\alpha}_2=(6,3,2)^{\mathrm{T}}$，$\boldsymbol{\alpha}_3=(3,1,0)^{\mathrm{T}}$ 下的坐标.

5. 求齐次线性方程组

$$\begin{cases} x_1+3x_2+3x_3+2x_4-x_5=0, \\ 2x_1+6x_2+9x_3+5x_4+4x_5=0, \\ -x_1-3x_2+3x_3+x_4+13x_5=0, \\ -3x_3+x_4-6x_5=0 \end{cases}$$

解空间的一组基与维数.

6.3 基变换与坐标变换

由例 6.2.1 可见,同一元素在不同的基下有不同的坐标,那么不同的基与不同的坐标之间有怎样的关系呢?

设 $\boldsymbol{\alpha}_1,\boldsymbol{\alpha}_2,\cdots,\boldsymbol{\alpha}_n$ 及 $\boldsymbol{\beta}_1,\boldsymbol{\beta}_2,\cdots,\boldsymbol{\beta}_n$ 是线性空间 V_n 中的两个基,且有

$$\begin{cases}\boldsymbol{\beta}_1=p_{11}\boldsymbol{\alpha}_1+p_{21}\boldsymbol{\alpha}_2+\cdots+p_{n1}\boldsymbol{\alpha}_n,\\ \boldsymbol{\beta}_2=p_{12}\boldsymbol{\alpha}_1+p_{22}\boldsymbol{\alpha}_2+\cdots+p_{n2}\boldsymbol{\alpha}_n,\\ \qquad\vdots\\ \boldsymbol{\beta}_n=p_{1n}\boldsymbol{\alpha}_1+p_{2n}\boldsymbol{\alpha}_2+\cdots+p_{nn}\boldsymbol{\alpha}_n,\end{cases}\tag{6.3.1}$$

利用向量和矩阵的形式,式(6.3.1)可表示为

$$\begin{pmatrix}\boldsymbol{\beta}_1\\ \boldsymbol{\beta}_2\\ \vdots\\ \boldsymbol{\beta}_n\end{pmatrix}=\begin{pmatrix}p_{11}&p_{21}&\cdots&p_{n1}\\ p_{12}&p_{22}&\cdots&p_{n2}\\ \vdots&\vdots&&\vdots\\ p_{1n}&p_{2n}&\cdots&p_{nn}\end{pmatrix}\begin{pmatrix}\boldsymbol{\alpha}_1\\ \boldsymbol{\alpha}_2\\ \vdots\\ \boldsymbol{\alpha}_n\end{pmatrix}=\boldsymbol{P}^{\mathrm{T}}\begin{pmatrix}\boldsymbol{\alpha}_1\\ \boldsymbol{\alpha}_2\\ \vdots\\ \boldsymbol{\alpha}_n\end{pmatrix},$$

或

$$(\boldsymbol{\beta}_1,\boldsymbol{\beta}_2,\cdots,\boldsymbol{\beta}_n)=(\boldsymbol{\alpha}_1,\boldsymbol{\alpha}_2,\cdots,\boldsymbol{\alpha}_n)\boldsymbol{P},\tag{6.3.2}$$

其中 $\boldsymbol{P}=\begin{pmatrix}p_{11}&p_{12}&\cdots&p_{1n}\\ p_{21}&p_{22}&\cdots&p_{2n}\\ \vdots&\vdots&&\vdots\\ p_{n1}&p_{n2}&\cdots&p_{nn}\end{pmatrix}$.

式(6.3.1)或式(6.3.2)称为**基变换公式**,矩阵 $\boldsymbol{P}$ 称为由基 $\boldsymbol{\alpha}_1,\boldsymbol{\alpha}_2,\cdots,\boldsymbol{\alpha}_n$ 到基 $\boldsymbol{\beta}_1,\boldsymbol{\beta}_2,\cdots,\boldsymbol{\beta}_n$ 的**过渡矩阵**. 由于 $\boldsymbol{\alpha}_1,\boldsymbol{\alpha}_2,\cdots,\boldsymbol{\alpha}_n$ 及 $\boldsymbol{\beta}_1,\boldsymbol{\beta}_2,\cdots,\boldsymbol{\beta}_n$ 线性无关,故过渡矩阵 $\boldsymbol{P}$ 可逆.

同一元素在不同基下的坐标有如下关系:

定理 6.3.1 设 V_n 中的元素 $\boldsymbol{\alpha}$ 在基 $\boldsymbol{\alpha}_1,\boldsymbol{\alpha}_2,\cdots,\boldsymbol{\alpha}_n$ 下的坐标为$(x_1,x_2,\cdots,x_n)^{\mathrm{T}}$,在基 $\boldsymbol{\beta}_1,\boldsymbol{\beta}_2,\cdots,\boldsymbol{\beta}_n$ 下的坐标为$(x'_1,x'_2,\cdots,x'_n)^{\mathrm{T}}$;若两个基满足关系式(6.3.2),则有**坐标变换公式**

$$\begin{pmatrix}x_1\\ x_2\\ \vdots\\ x_n\end{pmatrix}=\boldsymbol{P}\begin{pmatrix}x'_1\\ x'_2\\ \vdots\\ x'_n\end{pmatrix}\text{ 或 }\begin{pmatrix}x'_1\\ x'_2\\ \vdots\\ x'_n\end{pmatrix}=\boldsymbol{P}^{-1}\begin{pmatrix}x_1\\ x_2\\ \vdots\\ x_n\end{pmatrix}.\tag{6.3.3}$$

证 因为

$$\boldsymbol{\alpha}=(\boldsymbol{\alpha}_1,\boldsymbol{\alpha}_2,\cdots,\boldsymbol{\alpha}_n)\begin{pmatrix}x_1\\x_2\\\vdots\\x_n\end{pmatrix}=(\boldsymbol{\beta}_1,\boldsymbol{\beta}_2,\cdots,\boldsymbol{\beta}_n)\begin{pmatrix}x'_1\\x'_2\\\vdots\\x'_n\end{pmatrix}=(\boldsymbol{\alpha}_1,\boldsymbol{\alpha}_2,\cdots,\boldsymbol{\alpha}_n)\boldsymbol{P}\begin{pmatrix}x'_1\\x'_2\\\vdots\\x'_n\end{pmatrix}.$$

由于 $\boldsymbol{\alpha}_1,\boldsymbol{\alpha}_2,\cdots,\boldsymbol{\alpha}_n$ 线性无关，故有关系式(6.3.3). 证毕

这个定理的逆命题也成立，即若任一元素的两种坐标满足坐标变换公式(6.3.3)，则两个基满足基变换公式(6.3.2).

例 6.3.1 在 $P[x]_3$ 中，取两个基

$$\boldsymbol{\alpha}_1=x^3+2x^2-x,\boldsymbol{\alpha}_2=x^3-x^2+x+1,$$
$$\boldsymbol{\alpha}_3=-x^3+2x^2+x+1,\boldsymbol{\alpha}_4=-x^3-x^2+1$$

及

$$\boldsymbol{\beta}_1=2x^3+x^2+1,\boldsymbol{\beta}_2=x^2+2x+2,$$
$$\boldsymbol{\beta}_3=-2x^3+x^2+x+2,\boldsymbol{\beta}_4=x^3+3x^2+x+2$$

求坐标变换公式.

解 先将 $\boldsymbol{\beta}_1,\boldsymbol{\beta}_2,\boldsymbol{\beta}_3,\boldsymbol{\beta}_4$ 用 $\boldsymbol{\alpha}_1,\boldsymbol{\alpha}_2,\boldsymbol{\alpha}_3,\boldsymbol{\alpha}_4$ 表示. 由

$$(\boldsymbol{\alpha}_1,\boldsymbol{\alpha}_2,\boldsymbol{\alpha}_3,\boldsymbol{\alpha}_4)=(x^3,x^2,x,1)\boldsymbol{A},(\boldsymbol{\beta}_1,\boldsymbol{\beta}_2,\boldsymbol{\beta}_3,\boldsymbol{\beta}_4)=(x^3,x^2,x,1)\boldsymbol{B},$$

其中

$$\boldsymbol{A}=\begin{pmatrix}1&1&-1&-1\\2&-1&2&-1\\-1&1&1&0\\0&1&1&1\end{pmatrix},\boldsymbol{B}=\begin{pmatrix}2&0&-2&1\\1&1&1&3\\0&2&1&1\\1&2&2&2\end{pmatrix},$$

得

$$(\boldsymbol{\beta}_1,\boldsymbol{\beta}_2,\boldsymbol{\beta}_3,\boldsymbol{\beta}_4)=(\boldsymbol{\alpha}_1,\boldsymbol{\alpha}_2,\boldsymbol{\alpha}_3,\boldsymbol{\alpha}_4)\boldsymbol{A}^{-1}\boldsymbol{B},$$

故坐标变换公式为

$$\begin{pmatrix}x'_1\\x'_2\\\vdots\\x'_4\end{pmatrix}=\boldsymbol{B}^{-1}\boldsymbol{A}\begin{pmatrix}x_1\\x_2\\\vdots\\x_4\end{pmatrix}.$$

用矩阵的初等行变换求 $\boldsymbol{B}^{-1}\boldsymbol{A}$：把矩阵$(\boldsymbol{B},\boldsymbol{A})$中的 $\boldsymbol{B}$ 化成 $\boldsymbol{E}$，则 $\boldsymbol{A}$ 即化成 $\boldsymbol{B}^{-1}\boldsymbol{A}$. 计算如下：

$$
(\boldsymbol{B},\boldsymbol{A})=\left(\begin{array}{cccc:cccc}
2 & 0 & -2 & 1 & 1 & 1 & -1 & -1\\
1 & 1 & 1 & 3 & 2 & -1 & 2 & -1\\
0 & 2 & 1 & 1 & -1 & 1 & 1 & 0\\
1 & 2 & 2 & 2 & 0 & 1 & 1 & 1
\end{array}\right)
$$

$$
\xrightarrow[r_1\leftrightarrow r_2]{\substack{r_1-2r_2\\ r_4-r_2}}\left(\begin{array}{cccc:cccc}
0 & -2 & -4 & -5 & -3 & 3 & -5 & 1\\
1 & 1 & 1 & 3 & 2 & -1 & 2 & -1\\
0 & 2 & 1 & 1 & -1 & 1 & 1 & 0\\
0 & 1 & 1 & -1 & -2 & 2 & -1 & 2
\end{array}\right)
$$

$$
\xrightarrow{\substack{r_1\leftrightarrow r_2\\ r_2\leftrightarrow r_4}}\left(\begin{array}{cccc:cccc}
1 & 1 & 1 & 3 & 2 & -1 & 2 & -1\\
0 & 1 & 1 & -1 & -2 & 2 & -1 & 2\\
0 & 2 & 1 & 1 & -1 & 1 & 1 & 0\\
0 & -2 & -4 & -5 & -3 & 3 & -5 & 1
\end{array}\right)
$$

$$
\xrightarrow[r_4+2r_2]{\substack{r_1-r_2\\ r_3-2r_2}}\left(\begin{array}{cccc:cccc}
1 & 0 & 0 & 4 & 4 & -3 & 3 & -3\\
0 & 1 & 1 & -1 & -2 & 2 & -1 & 2\\
0 & 0 & -1 & 3 & 3 & -3 & 3 & -4\\
0 & 0 & -2 & -7 & -7 & 7 & -7 & 5
\end{array}\right)
$$

$$
\xrightarrow[r_3\div(-1)]{\substack{r_2+r_3\\ r_4-2r_3}}\left(\begin{array}{cccc:cccc}
1 & 0 & 0 & 4 & 4 & -3 & 3 & -3\\
0 & 1 & 0 & 2 & 1 & -1 & 2 & -2\\
0 & 0 & 1 & -3 & -3 & 3 & -3 & 4\\
0 & 0 & 0 & -13 & -13 & 13 & -13 & 13
\end{array}\right)
$$

$$
\xrightarrow[\substack{r_3-\frac{3}{13}r_4\\ r_4\div(-13)}]{\substack{r_1+\frac{4}{13}r_4\\ r_2+\frac{2}{13}r_4}}\left(\begin{array}{cccc:cccc}
1 & 0 & 0 & 0 & 0 & 1 & -1 & 1\\
0 & 1 & 0 & 0 & -1 & 1 & 0 & 0\\
0 & 0 & 1 & 0 & 0 & 0 & 0 & 1\\
0 & 0 & 0 & 1 & 1 & -1 & 1 & -1
\end{array}\right),
$$

即得

$$
\begin{pmatrix} x'_1\\ x'_2\\ x'_3\\ x'_4 \end{pmatrix}=\begin{pmatrix} 0 & 1 & -1 & 1\\ -1 & 1 & 0 & 0\\ 0 & 0 & 0 & 1\\ 1 & -1 & 1 & -1 \end{pmatrix}\begin{pmatrix} x_1\\ x_2\\ x_3\\ x_4 \end{pmatrix}.
$$

习题 6.3

1. 在 $\mathbf{R}^3$ 中取两个基 $\boldsymbol{\alpha}_1=(1,2,1)^T,\boldsymbol{\alpha}_2=(2,3,3)^T,\boldsymbol{\alpha}_3=(3,7,-2)^T$ 与 $\boldsymbol{\beta}_1=(3,1,4)^T,\boldsymbol{\beta}_2=(5,2,1)^T,\boldsymbol{\beta}_3=(1,1,-6)^T$，试求坐标变换公式.

2. 已知 $\mathbf{R}^3$ 中的三个向量 $\boldsymbol{\alpha}_1=(-2,1,3)^T,\boldsymbol{\alpha}_2=(-1,0,1)^T,\boldsymbol{\alpha}_3=(-2,-5,-1)^T$：

(1)证明 $\boldsymbol{\alpha}_1,\boldsymbol{\alpha}_2,\boldsymbol{\alpha}_3$ 是 $\mathbf{R}^3$ 的一个基；

(2)求由基 $\boldsymbol{\beta}_1=(1,0,0)^T,\boldsymbol{\beta}_2=(1,1,0)^T,\boldsymbol{\beta}_3=(1,1,1)^T$ 到基 $\boldsymbol{\alpha}_1,\boldsymbol{\alpha}_2,\boldsymbol{\alpha}_3$ 的过渡矩阵.

3. 在 $\mathbf{R}^4$ 中取两个基

$$\begin{cases}\boldsymbol{\varepsilon}_1=(1,0,0,0)^T\\ \boldsymbol{\varepsilon}_2=(0,1,0,0)^T\\ \boldsymbol{\varepsilon}_3=(0,0,1,0)^T\\ \boldsymbol{\varepsilon}_4=(0,0,0,1)^T\end{cases} \quad 与 \quad \begin{cases}\boldsymbol{\alpha}_1=(1,1,-1,1)^T\\ \boldsymbol{\alpha}_2=(0,3,1,0)^T\\ \boldsymbol{\alpha}_3=(1,9,2,1)^T\\ \boldsymbol{\alpha}_4=(2,16,1,3)^T\end{cases}，求：$$

(1)由前一个基到后一个基的过渡矩阵；

(2)向量 $(x_1,x_2,x_3,x_4)^T$ 在后一个基下的坐标；

(3)在两个基下有相同坐标的向量.

6.4 线性变换及其矩阵

6.4.1 线性变换的概念

定义 6.4.1 设有两个非空集合 A,B，如果对于 A 中任一元素 $\boldsymbol{\alpha}$，按照一定的规则 T，总有 B 中一个确定的元素 $\boldsymbol{\beta}$ 和它对应，则称 T 为**集合** A **到集合** B **的变换（或映射）**. 记作

$$\boldsymbol{\beta}=T(\boldsymbol{\alpha}) \quad 或 \quad \boldsymbol{\beta}=T\boldsymbol{\alpha}\ (\boldsymbol{\alpha}\in A). \tag{6.4.1}$$

$\boldsymbol{\beta}$ 称为 $\boldsymbol{\alpha}$ 在变换 T 下的像，$\boldsymbol{\alpha}$ 称为 $\boldsymbol{\beta}$ 在变换 T 下的**源**（或**原像**），A 称为变换 T 的**源集**；像的全体所构成的集合称为**像集**，记作 $T(A)$，即

$$T(A)=\{\boldsymbol{\beta}=T(\boldsymbol{\alpha})\mid\boldsymbol{\alpha}\in A\}.$$

显然 $T(A)\subseteq B$.

变换的概念是函数概念的推广. 例如，设二元函数 $z=f(x,y)$ 的定义域为平面区域 G，函数值域为 Z，则函数关系 f 就是一个从定义域 G 到数域 Z 的变换；函数值 $f(x_0,y_0)=z_0$ 就是元素 (x_0,y_0) 的像，(x_0,y_0) 就是 z_0 的源；G 就是源集，Z 就是

像集.

定义 6.4.2 设 V_n, U_m 分别是实数域上的 n 维和 m 维线性空间，T 是一个从 V_n 到 U_m 的变换，如果 T 满足：

(1)任给 $\boldsymbol{\alpha}_1, \boldsymbol{\alpha}_2 \in V_n$，有 $T(\boldsymbol{\alpha}_1+\boldsymbol{\alpha}_2)=T(\boldsymbol{\alpha}_1)+T(\boldsymbol{\alpha}_2)$；

(2)任给 $\boldsymbol{\alpha} \in V_n, k \in \mathbf{R}$，有 $T(k\boldsymbol{\alpha})=kT(\boldsymbol{\alpha})$；

则称 T 为从 V_n 到 U_m 的**线性变换**. 若 $U_m=V_n$，那么 T 是一个从线性空间 V_n 到其自身的线性变换，称为线性空间 V_n 中的线性变换.

下面我们只讨论线性空间 V_n 中的线性变换.

例 6.4.1 设在 $\mathbf{R}^2$ 中线性变换 $T_1\begin{pmatrix}x_1\\x_2\end{pmatrix}=\begin{pmatrix}x_2\\-x_1\end{pmatrix}$，$T_2\begin{pmatrix}x_1\\x_2\end{pmatrix}=\begin{pmatrix}x_1\\-x_2\end{pmatrix}$，求 $\boldsymbol{\alpha}=\begin{pmatrix}a_1\\a_2\end{pmatrix}$ 在 T_1T_2 与 T_2T_1 下的像.

解 $T_1T_2(\boldsymbol{\alpha})=T_1T_2\begin{pmatrix}a_1\\a_2\end{pmatrix}=T_1T_2\begin{pmatrix}a_1\\a_2\end{pmatrix})=T_1\begin{pmatrix}a_1\\-a_2\end{pmatrix}=\begin{pmatrix}-a_2\\-a_1\end{pmatrix}$；

$T_2T_1(\boldsymbol{\alpha})=T_2T_1\begin{pmatrix}a_1\\a_2\end{pmatrix}=T_2(T_1\begin{pmatrix}a_1\\a_2\end{pmatrix})=T_2\begin{pmatrix}a_2\\-a_1\end{pmatrix}=\begin{pmatrix}a_2\\a_1\end{pmatrix}$.

由此可见 $T_1T_2(\boldsymbol{\alpha})\neq T_2T_1(\boldsymbol{\alpha})$，即线性变换的乘法一般不满足交换律.

例 6.4.2 在线性空间 $P[x]_3$ 中：

(1)微分运算 D 即 $\mathrm{D}[p(x)]=p'(x)$ 是一个线性变换；这是因为任取 $p(x)$，$q(x)\in P[x]_3$，$k\in\mathbf{R}$，有

$$\mathrm{D}[p(x)+q(x)]=[p(x)+q(x)]'=p'(x)+q'(x)=\mathrm{D}[p(x)]+\mathrm{D}[q(x)],$$

$$\mathrm{D}[kp(x)]=[kp(x)]'=kp'(x)=k\mathrm{D}[p(x)];$$

(2)如果 $T[p(x)]=1$，则 T 不是线性变换. 这是因为 $T[p(x)+q(x)]=1$，而 $T[p(x)]+T[q(x)]=1+1=2$，故

$$T[p(x)+q(x)]\neq T[p(x)]+T[q(x)].$$

验证一个变换是否为线性变换，可利用

定理 6.4.1 线性空间 V_n 中的变换 T 是线性变换的充分必要条件是：对任意的 $\boldsymbol{\alpha},\boldsymbol{\beta}\in V_n$，$a,b\in\mathbf{R}$，有 $T(a\boldsymbol{\alpha}+b\boldsymbol{\beta})=aT(\boldsymbol{\alpha})+bT(\boldsymbol{\beta})$.

证 设 T 是线性变换，则由定义得

$$T(a\boldsymbol{\alpha}+b\boldsymbol{\beta})=T(a\boldsymbol{\alpha})+T(b\boldsymbol{\beta})=aT(\boldsymbol{\alpha})+bT(\boldsymbol{\beta}),$$

条件成立；

反之，如果定理条件成立，则取 $a=1, b=1$，即得

$$T(\boldsymbol{\alpha}+\boldsymbol{\beta})=T(\boldsymbol{\alpha})+T(\boldsymbol{\beta});$$

取 $b=0$，即得 $T(a\boldsymbol{\alpha})=aT(\boldsymbol{\alpha})$；所以 T 是线性变换. 证毕

例 6.4.3 由关系式

$$T\begin{pmatrix}x\\y\end{pmatrix}=\begin{pmatrix}\cos\varphi & -\sin\varphi\\ \sin\varphi & \cos\varphi\end{pmatrix}\begin{pmatrix}x\\y\end{pmatrix},$$

确定 xOy 平面上的一个变换 T，说明变换 T 的几何意义.

解 记 $\begin{cases}x=r\cos\theta,\\ y=r\sin\theta,\end{cases}$ 于是

$$T\begin{pmatrix}x\\y\end{pmatrix}=\begin{pmatrix}x\cos\varphi-y\sin\varphi\\ x\sin\varphi+y\cos\varphi\end{pmatrix}=\begin{pmatrix}r\cos\theta\cos\varphi-r\sin\theta\sin\varphi\\ r\cos\theta\sin\varphi+r\sin\theta\cos\varphi\end{pmatrix}$$
$$=\begin{pmatrix}r\cos(\theta+\varphi)\\ r\sin(\theta+\varphi)\end{pmatrix}.$$

这表示变换 T 把任一向量按逆时针方向旋转 φ 角. 读者可验证这个变换是一个线性变换.

线性变换具有下述基本性质：

(1) $T(\mathbf{0})=\mathbf{0}$，$T(-\boldsymbol{\alpha})=-T(\boldsymbol{\alpha})$；即线性变换把零元素变为零元素，把 $\boldsymbol{\alpha}$ 的负元素 $-\boldsymbol{\alpha}$ 变为 $\boldsymbol{\alpha}$ 的像的负元素.

(2) 若 $\boldsymbol{\beta}=k_1\boldsymbol{\alpha}_1+k_2\boldsymbol{\alpha}_2+\cdots+k_m\boldsymbol{\alpha}_m$，则

$$T(\boldsymbol{\beta})=k_1T(\boldsymbol{\alpha}_1)+k_2T(\boldsymbol{\alpha}_2)+\cdots+k_mT(\boldsymbol{\alpha}_m),$$

即线性变换保持线性组合与线性关系式不变.

(3) 若 $\boldsymbol{\alpha}_1,\boldsymbol{\alpha}_2,\cdots,\boldsymbol{\alpha}_m$ 线性相关，则 $T(\boldsymbol{\alpha}_1),T(\boldsymbol{\alpha}_2),\cdots,T(\boldsymbol{\alpha}_m)$ 亦线性相关.

这些性质请读者自己证明. 注意性质(3)的逆命题是不成立的，即若 $\boldsymbol{\alpha}_1,\boldsymbol{\alpha}_2,\cdots,\boldsymbol{\alpha}_m$ 线性无关，则 $T(\boldsymbol{\alpha}_1),T(\boldsymbol{\alpha}_2),\cdots,T(\boldsymbol{\alpha}_m)$ 不一定线性无关，请读者举例说明；因此线性变换不一定把基变为基.

(4) 线性变换 T 的像集 $T(V_n)$ 是 V_n 的子空间，称为线性变换 T 的**像空间**，它的维数称为 T 的**秩**.

证 设 $\boldsymbol{\beta}_1,\boldsymbol{\beta}_2\in T(V_n)$，则有 $\boldsymbol{\alpha}_1,\boldsymbol{\alpha}_2\in V_n$，使 $T(\boldsymbol{\alpha}_1)=\boldsymbol{\beta}_1$，$T(\boldsymbol{\alpha}_2)=\boldsymbol{\beta}_2$，从而

$$\boldsymbol{\beta}_1+\boldsymbol{\beta}_2=T(\boldsymbol{\alpha}_1)+T(\boldsymbol{\alpha}_2)=T(\boldsymbol{\alpha}_1+\boldsymbol{\alpha}_2)\in T(V_n)\text{（因为 }\boldsymbol{\alpha}_1,\boldsymbol{\alpha}_2\in V_n\text{）},$$
$$k\boldsymbol{\beta}_1=kT(\boldsymbol{\alpha}_1)=T(k\boldsymbol{\alpha}_1)\in T(V_n)\text{（因为 }k\boldsymbol{\alpha}_1\in V_n\text{）}.$$

由于 $T(V_n)\subseteq V_n$，而由上述证明知它对 V_n 中的线性运算封闭，故它是 V_n 的子空间. 证毕

(5) 使 $T(\boldsymbol{\alpha})=\mathbf{0}$ 的 $\boldsymbol{\alpha}$ 的全体

$$\ker(T)=\{\boldsymbol{\alpha}\mid T(\boldsymbol{\alpha})=\mathbf{0},\boldsymbol{\alpha}\in V_n\}$$

也是 V_n 的子空间，称为线性变换 T 的**核**(kernel).

证 $\ker(T)\subseteq V_n$，且若 $\boldsymbol{\alpha}_1,\boldsymbol{\alpha}_2\in\ker(T)$，即 $T(\boldsymbol{\alpha}_1)=\mathbf{0}$，$T(\boldsymbol{\alpha}_2)=\mathbf{0}$，则

$$T(\boldsymbol{\alpha}_1+\boldsymbol{\alpha}_2)=T(\boldsymbol{\alpha}_1)+T(\boldsymbol{\alpha}_2)=\mathbf{0},$$

所以 $\boldsymbol{\alpha}_1+\boldsymbol{\alpha}_2\in\ker(T)$；

若 $\boldsymbol{\alpha}_1\in\ker(T),k\in\mathbf{R}$，则 $T(k\boldsymbol{\alpha}_1)=kT(\boldsymbol{\alpha}_1)=\mathbf{0}$，所以 $k\boldsymbol{\alpha}_1\in\ker(T)$；

以上表明 $\ker(T)$ 对线性运算封闭，所以 $\ker(T)$ 是 V_n 的子空间. 证毕

例 6.4.4 设有 n 阶矩阵

$$\boldsymbol{A}=\begin{pmatrix} a_{11} & a_{12} & \cdots & a_{1n} \\ a_{21} & a_{22} & \cdots & a_{2n} \\ \vdots & \vdots & & \vdots \\ a_{n1} & a_{n2} & \cdots & a_{nn} \end{pmatrix}=(\boldsymbol{\alpha}_1,\boldsymbol{\alpha}_2,\cdots,\boldsymbol{\alpha}_n),$$

其中 $\boldsymbol{\alpha}_i=(a_{1i},a_{2i},\cdots,a_{ni})^{\mathrm{T}},i=1,2,\cdots,n$；定义 $\mathbf{R}^n$ 中的变换 $\boldsymbol{y}=T(\boldsymbol{x})$ 为

$$T(\boldsymbol{x})=\boldsymbol{A}\boldsymbol{x}(\boldsymbol{x}=(x_1,x_2,\cdots,x_n)^{\mathrm{T}}\in\mathbf{R}^n),$$

则 T 为线性变换. 这是因为：

设 $\boldsymbol{\alpha},\boldsymbol{\beta}\in V_n,a,b\in\mathbf{R}$，则

$$T(a\boldsymbol{\alpha}+b\boldsymbol{\beta})=\boldsymbol{A}(a\boldsymbol{\alpha}+b\boldsymbol{\beta})=a(\boldsymbol{A}\boldsymbol{\alpha})+b(\boldsymbol{A}\boldsymbol{\beta})=aT(\boldsymbol{\alpha})+bT(\boldsymbol{\beta}).$$

又因为，T 的像空间就是由 $\boldsymbol{\alpha}_1,\boldsymbol{\alpha}_2,\cdots,\boldsymbol{\alpha}_n$ 所生成的向量空间

$$T(\mathbf{R}^n)=\{\boldsymbol{y}=x_1\boldsymbol{\alpha}_1+x_2\boldsymbol{\alpha}_2+\cdots+x_n\boldsymbol{\alpha}_n\mid x_1,x_2,\cdots,x_n\in\mathbf{R}\}.$$

T 的核 $\ker(T)$ 就是齐次线性方程组 $\boldsymbol{A}\boldsymbol{x}=\mathbf{0}$ 的解空间.

6.4.2 线性变换的矩阵

从 6.3 节中我们已经知道线性空间中的元素可以用坐标表示，这里我们通过坐标来建立线性变换的矩阵表示，把抽象的线性变换问题用矩阵来处理.

设 T 是线性空间 V_n 中的线性变换，$\boldsymbol{\alpha}_1,\boldsymbol{\alpha}_2,\cdots,\boldsymbol{\alpha}_n$ 是 V_n 的一个基，对于任一 $\boldsymbol{\alpha}\in V_n$，由

$$\boldsymbol{\alpha}=x_1\boldsymbol{\alpha}_1+x_2\boldsymbol{\alpha}_2+\cdots+x_n\boldsymbol{\alpha}_n,$$

有

$$T(\boldsymbol{\alpha})=x_1T(\boldsymbol{\alpha}_1)+x_2T(\boldsymbol{\alpha}_2)+\cdots+x_nT(\boldsymbol{\alpha}_n).$$

这就是说 V_n 中的任意元素 $\boldsymbol{\alpha}$ 的像 $T(\boldsymbol{\alpha})$ 由基的像 $T(\boldsymbol{\alpha}_1),T(\boldsymbol{\alpha}_2),\cdots,T(\boldsymbol{\alpha}_n)$ 唯一确定，即 T 由 $T(\boldsymbol{\alpha}_1),T(\boldsymbol{\alpha}_2),\cdots,T(\boldsymbol{\alpha}_n)$ 唯一确定. 设

$$\begin{cases} T(\boldsymbol{\alpha}_1)=a_{11}\boldsymbol{\alpha}_1+a_{21}\boldsymbol{\alpha}_2+\cdots+a_{n1}\boldsymbol{\alpha}_n, \\ T(\boldsymbol{\alpha}_2)=a_{12}\boldsymbol{\alpha}_1+a_{22}\boldsymbol{\alpha}_2+\cdots+a_{n2}\boldsymbol{\alpha}_n, \\ \qquad\vdots \\ T(\boldsymbol{\alpha}_n)=a_{1n}\boldsymbol{\alpha}_1+a_{2n}\boldsymbol{\alpha}_2+\cdots+a_{nn}\boldsymbol{\alpha}_n. \end{cases}$$

记 $T(\boldsymbol{\alpha}_1,\boldsymbol{\alpha}_2,\cdots,\boldsymbol{\alpha}_n)=(T(\boldsymbol{\alpha}_1),T(\boldsymbol{\alpha}_2),\cdots,T(\boldsymbol{\alpha}_n))$，上式可用矩阵表示

$$T(\boldsymbol{\alpha}_1,\boldsymbol{\alpha}_2,\cdots,\boldsymbol{\alpha}_n)=(\boldsymbol{\alpha}_1,\boldsymbol{\alpha}_2,\cdots,\boldsymbol{\alpha}_n)\boldsymbol{A}, \tag{6.4.2}$$

其中

$$\boldsymbol{A}=\begin{pmatrix} a_{11} & a_{12} & \cdots & a_{1n} \\ a_{21} & a_{22} & \cdots & a_{2n} \\ \vdots & \vdots & & \vdots \\ a_{n1} & a_{n2} & \cdots & a_{nn} \end{pmatrix}.$$

于是，对于线性变换 T，我们有由式(6.4.2)确定的矩阵 $\boldsymbol{A}$，称为**线性变换 T 在基 $\boldsymbol{\alpha}_1,\boldsymbol{\alpha}_2,\cdots,\boldsymbol{\alpha}_n$ 下的矩阵**.

反之，如果给出一个 n 阶矩阵 $\boldsymbol{A}$，由式(6.4.2)得到 n 个元素 $T(\boldsymbol{\alpha}_1),T(\boldsymbol{\alpha}_2),\cdots,T(\boldsymbol{\alpha}_n)$，将它们作为基 $\boldsymbol{\alpha}_1,\boldsymbol{\alpha}_2,\cdots,\boldsymbol{\alpha}_n$ 在某一线性变换 T 下的像，于是对于 V_n 中任意元素

$$\boldsymbol{\alpha}=x_1\boldsymbol{\alpha}_1+x_2\boldsymbol{\alpha}_2+\cdots+x_n\boldsymbol{\alpha}_n,$$

$$\begin{aligned} T(\boldsymbol{\alpha})&=x_1T(\boldsymbol{\alpha}_1)+x_2T(\boldsymbol{\alpha}_2)+\cdots+x_nT(\boldsymbol{\alpha}_n) \\ &=(T(\boldsymbol{\alpha}_1),T(\boldsymbol{\alpha}_2),\cdots,T(\boldsymbol{\alpha}_n))\begin{pmatrix} x_1 \\ x_2 \\ \vdots \\ x_n \end{pmatrix}=(\boldsymbol{\alpha}_1,\boldsymbol{\alpha}_2,\cdots,\boldsymbol{\alpha}_n)\boldsymbol{A}\begin{pmatrix} x_1 \\ x_2 \\ \vdots \\ x_n \end{pmatrix}, \end{aligned} \tag{6.4.3}$$

这个关系式唯一地确定了一个以 $\boldsymbol{A}$ 为矩阵的线性变换 T.

综上所述，在 V_n 中取定一个基以后，由线性变换 T 可唯一地确定一个矩阵 $\boldsymbol{A}$，由一个矩阵 $\boldsymbol{A}$ 也可唯一地确定一个线性变换 T，这样，在线性变换与矩阵之间就有一一对应的关系.

由关系式(6.4.3)，可见 $\boldsymbol{\alpha}$ 与 $T(\boldsymbol{\alpha})$ 在基 $\boldsymbol{\alpha}_1,\boldsymbol{\alpha}_2,\cdots,\boldsymbol{\alpha}_n$ 下的坐标分别为

$$\boldsymbol{\alpha}=\begin{pmatrix} x_1 \\ x_2 \\ \vdots \\ x_n \end{pmatrix}, T(\boldsymbol{\alpha})=\boldsymbol{A}\begin{pmatrix} x_1 \\ x_2 \\ \vdots \\ x_n \end{pmatrix},$$

即按坐标表示，有

$$T(\boldsymbol{\alpha})=\boldsymbol{A}\boldsymbol{\alpha}.$$

假如矩阵 $\boldsymbol{A}$ 的秩是 r，则 $T(\boldsymbol{\alpha}_1),T(\boldsymbol{\alpha}_2),\cdots,T(\boldsymbol{\alpha}_n)$ 的极大无关组包含 r 个元素，因此由 $T(\boldsymbol{\alpha}_1),T(\boldsymbol{\alpha}_2),\cdots,T(\boldsymbol{\alpha}_n)$ 生成的子空间的维数是 r，即 $T(V_n)$ 的维数是 r，所以线性变换 T 的秩是 r；反之，若 T 的秩是 r，显然 $\boldsymbol{A}$ 的秩也是 r；因此 $\boldsymbol{A}$ 的秩与 T 的秩一致.

若 T 的秩为 r，由于 T 的核 $\ker(T)$ 是齐次线性方程组 $\boldsymbol{A}\boldsymbol{x}=\boldsymbol{0}$ 的解空间，所以

T 的核 $\ker(T)$ 的维数为 $n-r$.

例 6.4.5 在 $P[x]_2$ 中,取基 $p_1=x^2,p_2=x,p_3=1$,求微分运算 D 的矩阵.

解 $\begin{cases}\mathrm{D}p_1=2x=0\cdot p_1+2\cdot p_2+0\cdot p_3,\\ \mathrm{D}p_2=1\ =0\cdot p_1+0\cdot p_2+1\cdot p_3,\\ \mathrm{D}p_3=0\ =0\cdot p_1+0\cdot p_2+0\cdot p_3,\end{cases}$

所以 D 在这组基下的矩阵为

$$\mathbf{A}=\begin{pmatrix}0&0&0\\2&0&0\\0&1&0\end{pmatrix}.$$

例 6.4.6 在 $\mathbf{R}^3$ 中,T 表示向量投影到 xOy 平面的线性变换(投影变换),即

$$T(x\boldsymbol{i}+y\boldsymbol{j}+z\boldsymbol{k})=x\boldsymbol{i}+y\boldsymbol{j},$$

其中 $\boldsymbol{i},\boldsymbol{j},\boldsymbol{k}$ 分别是直角坐标轴上的单位向量,试求:

(1) T 在基下 $\boldsymbol{i},\boldsymbol{j},\boldsymbol{k}$ 的矩阵;

(2) T 在基 $\boldsymbol{\alpha}=\boldsymbol{i},\boldsymbol{\beta}=\boldsymbol{j},\boldsymbol{\gamma}=\boldsymbol{i}+\boldsymbol{j}+\boldsymbol{k}$ 下的矩阵.

解 (1) $\begin{cases}T(\boldsymbol{i})=\boldsymbol{i},\\ T(\boldsymbol{j})=\boldsymbol{j},\\ T(\boldsymbol{k})=\mathbf{0},\end{cases}$

即

$$T(\boldsymbol{i},\boldsymbol{j},\boldsymbol{k})=(\boldsymbol{i},\boldsymbol{j},\boldsymbol{k})\begin{pmatrix}1&0&0\\0&1&0\\0&0&0\end{pmatrix}.$$

(2) $\begin{cases}T(\boldsymbol{\alpha})=T(\boldsymbol{i})=\boldsymbol{i}=\boldsymbol{\alpha},\\ T(\boldsymbol{\beta})=T(\boldsymbol{j})=\boldsymbol{j}=\boldsymbol{\beta},\\ T(\boldsymbol{\gamma})=T(\boldsymbol{i}+\boldsymbol{j}+\boldsymbol{k})=\boldsymbol{i}+\boldsymbol{j}=\boldsymbol{\alpha}+\boldsymbol{\beta},\end{cases}$

即

$$T(\boldsymbol{\alpha},\boldsymbol{\beta},\boldsymbol{\gamma})=(\boldsymbol{\alpha},\boldsymbol{\beta},\boldsymbol{\gamma})\begin{pmatrix}1&0&1\\0&1&1\\0&0&0\end{pmatrix}.$$

由上例可见,同一个线性变换在不同的基下有不同的矩阵. 对于不同基下的矩阵间的关系,一般有

定理 6.4.2 在线性空间 V_n 中取两个基 $\boldsymbol{\alpha}_1,\boldsymbol{\alpha}_2,\cdots,\boldsymbol{\alpha}_n$ 与 $\boldsymbol{\beta}_1,\boldsymbol{\beta}_2,\cdots,\boldsymbol{\beta}_n$,由基 $\boldsymbol{\alpha}_1,\boldsymbol{\alpha}_2,\cdots,\boldsymbol{\alpha}_n$ 到基 $\boldsymbol{\beta}_1,\boldsymbol{\beta}_2,\cdots,\boldsymbol{\beta}_n$ 的过渡矩阵为 $\boldsymbol{P}$,V_n 中的线性变换 T 在这两个基下的矩阵分别为 $\boldsymbol{A}$ 和 $\boldsymbol{B}$,则 $\boldsymbol{B}=\boldsymbol{P}^{-1}\boldsymbol{A}\boldsymbol{P}$.

证 按定理的假设,有

$$(\boldsymbol{\beta}_1,\boldsymbol{\beta}_2,\cdots,\boldsymbol{\beta}_n)=(\boldsymbol{\alpha}_1,\boldsymbol{\alpha}_2,\cdots,\boldsymbol{\alpha}_n)\boldsymbol{P}$$

及

$$T(\boldsymbol{\alpha}_1,\boldsymbol{\alpha}_2,\cdots,\boldsymbol{\alpha}_n)=(\boldsymbol{\alpha}_1,\boldsymbol{\alpha}_2,\cdots,\boldsymbol{\alpha}_n)\boldsymbol{A},$$
$$T(\boldsymbol{\beta}_1,\boldsymbol{\beta}_2,\cdots,\boldsymbol{\beta}_n)=(\boldsymbol{\beta}_1,\boldsymbol{\beta}_2,\cdots,\boldsymbol{\beta}_n)\boldsymbol{B},$$

于是

$$\begin{aligned}(\boldsymbol{\beta}_1,\boldsymbol{\beta}_2,\cdots,\boldsymbol{\beta}_n)\boldsymbol{B}&=T(\boldsymbol{\beta}_1,\boldsymbol{\beta}_2,\cdots,\boldsymbol{\beta}_n)=T[(\boldsymbol{\alpha}_1,\boldsymbol{\alpha}_2,\cdots,\boldsymbol{\alpha}_n)\boldsymbol{P}]\\&=T[(\boldsymbol{\alpha}_1,\boldsymbol{\alpha}_2,\cdots,\boldsymbol{\alpha}_n)]\boldsymbol{P}=(\boldsymbol{\alpha}_1,\boldsymbol{\alpha}_2,\cdots,\boldsymbol{\alpha}_n)\boldsymbol{AP}\\&=(\boldsymbol{\beta}_1,\boldsymbol{\beta}_2,\cdots,\boldsymbol{\beta}_n)\boldsymbol{P}^{-1}\boldsymbol{AP}.\end{aligned}$$

因为 $\boldsymbol{\beta}_1,\boldsymbol{\beta}_2,\cdots,\boldsymbol{\beta}_n$ 线性无关，所以

$$\boldsymbol{B}=\boldsymbol{P}^{-1}\boldsymbol{AP}.$$

证毕

这一定理表明 $\boldsymbol{B}$ 与 $\boldsymbol{A}$ 相似，且两个基之间的过渡矩阵 $\boldsymbol{P}$ 就是相似变换矩阵.

例 6.4.7　设 V_2 中的线性变换 T 在基 $\boldsymbol{\alpha}_1,\boldsymbol{\alpha}_2$ 下的矩阵为

$$\boldsymbol{A}=\begin{pmatrix}a_{11}&a_{12}\\a_{21}&a_{22}\end{pmatrix},$$

求 T 在基 $\boldsymbol{\alpha}_2,\boldsymbol{\alpha}_1$ 下的矩阵.

解

$$(\boldsymbol{\alpha}_2,\boldsymbol{\alpha}_1)=(\boldsymbol{\alpha}_1,\boldsymbol{\alpha}_2)\begin{pmatrix}0&1\\1&0\end{pmatrix},$$

即过渡矩阵 $\boldsymbol{P}=\begin{pmatrix}0&1\\1&0\end{pmatrix}$，求得 $\boldsymbol{P}^{-1}=\begin{pmatrix}0&1\\1&0\end{pmatrix}$，

从而得 T 在基 $\boldsymbol{\alpha}_2,\boldsymbol{\alpha}_1$ 下的矩阵为

$$\boldsymbol{B}=\boldsymbol{P}^{-1}\boldsymbol{AP}=\begin{pmatrix}0&1\\1&0\end{pmatrix}\begin{pmatrix}a_{11}&a_{12}\\a_{21}&a_{22}\end{pmatrix}\begin{pmatrix}0&1\\1&0\end{pmatrix}=\begin{pmatrix}a_{22}&a_{21}\\a_{12}&a_{11}\end{pmatrix}.$$

例 6.4.8　已知 $\mathbf{R}^3$ 中线性变换 T 在基 $\boldsymbol{\alpha}_1=\begin{pmatrix}-1\\1\\1\end{pmatrix},\boldsymbol{\alpha}_2=\begin{pmatrix}1\\0\\-1\end{pmatrix},\boldsymbol{\alpha}_3=\begin{pmatrix}0\\1\\1\end{pmatrix}$ 下的矩阵是

$$\boldsymbol{A}=\begin{pmatrix}1&0&1\\1&1&0\\-1&2&1\end{pmatrix},$$

求 T 在常用基 $\boldsymbol{\varepsilon}_1=\begin{pmatrix}1\\0\\0\end{pmatrix},\boldsymbol{\varepsilon}_2=\begin{pmatrix}0\\1\\0\end{pmatrix},\boldsymbol{\varepsilon}_3=\begin{pmatrix}0\\0\\1\end{pmatrix}$ 下的矩阵.

解 由题意知常用基到基 $\boldsymbol{\alpha}_1,\boldsymbol{\alpha}_2,\boldsymbol{\alpha}_3$ 的过渡矩阵为

$$\boldsymbol{P}=\begin{pmatrix}-1&1&0\\1&0&1\\1&-1&1\end{pmatrix},\boldsymbol{P}^{-1}=\begin{pmatrix}-1&1&-1\\0&1&-1\\1&0&1\end{pmatrix}.$$

设线性变换 T 在常用基下的矩阵为 $\boldsymbol{B}$，则有

$$\boldsymbol{A}=\boldsymbol{P}^{-1}\boldsymbol{B}\boldsymbol{P},$$

从而得

$$\boldsymbol{B}=\boldsymbol{P}\boldsymbol{A}\boldsymbol{P}^{-1}=\begin{pmatrix}-1&1&-2\\2&2&0\\3&0&2\end{pmatrix}.$$

习题 6.4

1. 判别下列变换是否是线性变换：

(1)在 $\mathbf{R}^3$ 中定义 $T\begin{pmatrix}x_1\\x_2\\x_3\end{pmatrix}=\begin{pmatrix}x_1^2\\x_2+x_3\\x_3\end{pmatrix}$；

(2)在 $\mathbf{R}^4$ 中定义 $T\begin{pmatrix}x_1\\x_2\\x_3\\x_4\end{pmatrix}=\begin{pmatrix}x_1+x_2\\x_2+x_3\\x_1+x_4\\x_2-x_4\end{pmatrix}$.

2. 函数集合 $V_3=\{f(x)=(a_2x^2+a_1x+a_0)\mathrm{e}^x\mid a_i\in\mathbf{R},i=1,2,3\}$ 对于函数的线性运算构成三维线性空间，在 V_3 中取一个基：$\boldsymbol{\alpha}_1=x^2\mathrm{e}^x,\boldsymbol{\alpha}_2=x\mathrm{e}^x,\boldsymbol{\alpha}_3=\mathrm{e}^x$，求微分运算 D 在这个基下的矩阵.

3. 二阶对称矩阵的全体 $V_3=\left\{\boldsymbol{A}=\begin{pmatrix}x_1&x_2\\x_2&x_3\end{pmatrix}\middle| x_i\in\mathbf{R},i=1,2,3\right\}$ 对于矩阵的线性运算构成一个三维线性空间. 在 V_3 中定义合同变换

$$T(\boldsymbol{A})=\begin{pmatrix}1&0\\1&1\end{pmatrix}\boldsymbol{A}\begin{pmatrix}1&1\\0&1\end{pmatrix},$$

求 T 在基 $\boldsymbol{A}_1=\begin{pmatrix}1&0\\0&0\end{pmatrix},\boldsymbol{A}_2=\begin{pmatrix}0&1\\1&0\end{pmatrix},\boldsymbol{A}_3=\begin{pmatrix}0&0\\0&1\end{pmatrix}$ 下的矩阵.

4. 在 $\mathbf{R}^3$ 中，线性变换 T 关于基 $\boldsymbol{\alpha}_1,\boldsymbol{\alpha}_2,\boldsymbol{\alpha}_3$ 下的矩阵 $\boldsymbol{A}=\begin{pmatrix}1&2&3\\-1&0&3\\2&1&5\end{pmatrix}$，求 T 在

新基 $\boldsymbol{\beta}_1=\boldsymbol{\alpha}_1,\boldsymbol{\beta}_2=\boldsymbol{\alpha}_1+\boldsymbol{\alpha}_2,\boldsymbol{\beta}_3=\boldsymbol{\alpha}_1+\boldsymbol{\alpha}_2+\boldsymbol{\alpha}_3$ 下的矩阵.

小　结

一、导学

本章是线性代数几何理论的初步知识，它使我们能用更高的角度审视前面的内容. 本章首先介绍了线性运算与线性空间的概念，然后重点介绍了 n 维（有限维）线性空间.

在 n 维线性空间 V_n 中取定一个基 $\boldsymbol{\alpha}_1,\boldsymbol{\alpha}_2,\cdots,\boldsymbol{\alpha}_n$，则 V_n 中任一向量 $\boldsymbol{\alpha}$ 就可与 $\mathbf{R}^n$ 中的一个数组向量 $\boldsymbol{x}=(x_1,x_2,\cdots,x_n)^{\mathrm{T}}$ 建立起一一对应的关系

$$\boldsymbol{\alpha}=(\boldsymbol{\alpha}_1,\boldsymbol{\alpha}_2,\cdots,\boldsymbol{\alpha}_n)\boldsymbol{x}\leftrightarrow\boldsymbol{x},$$

并且这个对应关系保持线性组合的对应，即若 $\boldsymbol{\alpha}\leftrightarrow\boldsymbol{x},\boldsymbol{\beta}\leftrightarrow\boldsymbol{y}$，则 $\lambda\boldsymbol{\alpha}+\mu\boldsymbol{\beta}\leftrightarrow\lambda\boldsymbol{x}+\mu\boldsymbol{y}$，其中 $\lambda,\mu\in\mathbf{R}$. 于是把 $\boldsymbol{x}$ 称为 $\boldsymbol{\alpha}$ 的坐标，并把 V_n 中的线性运算转化为 $\mathbf{R}^n$ 中的线性运算. 正是由于上面的对应与关系，我们称 V_n 与 $\mathbf{R}^n$ 同构. 由此可知，把 $\boldsymbol{x}$ 称为 $\boldsymbol{\alpha}$ 的坐标本质上就是 V_n 与 $\mathbf{R}^n$ 同构. 也由此，几何向量的线性运算（几何运算）就转化为数组向量的线性运算（代数运算），使我们能用代数方法解决几何问题；反之，几何向量 $\boldsymbol{\alpha}$ 作为数组向量 $\boldsymbol{x}$ 的几何形象，使我们对几何空间 $\mathbf{R}^3$ 有了直观的想象，也使我们能用几何方法解决代数问题.

关于基变换的基本关系式

$$(\boldsymbol{\beta}_1,\boldsymbol{\beta}_2,\cdots,\boldsymbol{\beta}_n)=(\boldsymbol{\alpha}_1,\boldsymbol{\alpha}_2,\cdots,\boldsymbol{\alpha}_n)\boldsymbol{P},\tag{1}$$

其中 $\boldsymbol{\alpha}_1,\boldsymbol{\alpha}_2,\cdots,\boldsymbol{\alpha}_n$ 是线性空间 V_n 的一个基. 我们可以从以下几个方面来审视这个关系式：

(1) 从坐标的角度看，$\boldsymbol{P}=(\boldsymbol{p}_1,\boldsymbol{p}_2,\cdots,\boldsymbol{p}_n)$ 的列向量 $\boldsymbol{p}_i$ 是向量 $\boldsymbol{\beta}_i$ 在基 $\boldsymbol{\alpha}_1,\boldsymbol{\alpha}_2,\cdots,\boldsymbol{\alpha}_n$ 下的坐标，即 $(\boldsymbol{\beta}_1,\boldsymbol{\beta}_2,\cdots,\boldsymbol{\beta}_n)\leftrightarrow(\boldsymbol{p}_1,\boldsymbol{p}_2,\cdots,\boldsymbol{p}_n)$，从而这两个向量组的秩也相等.

(2) 从基变换的角度看，如果 $\boldsymbol{\beta}_1,\boldsymbol{\beta}_2,\cdots,\boldsymbol{\beta}_n$ 也是线性空间 V_n 的一个基，则式(1)就是由老基 $\boldsymbol{\alpha}_1,\boldsymbol{\alpha}_2,\cdots,\boldsymbol{\alpha}_n$ 到新基 $\boldsymbol{\beta}_1,\boldsymbol{\beta}_2,\cdots,\boldsymbol{\beta}_n$ 的基变换公式，而 $\boldsymbol{P}$ 就是老基到新基的过渡矩阵.

(3) 从线性变换的角度看，式(1)唯一确定了 V_n 中的一个线性变换 T，把基向量组变成向量组 $\boldsymbol{\beta}_1,\boldsymbol{\beta}_2,\cdots,\boldsymbol{\beta}_n$（即 $T(\boldsymbol{\alpha}_1,\boldsymbol{\alpha}_2,\cdots,\boldsymbol{\alpha}_n)=(\boldsymbol{\beta}_1,\boldsymbol{\beta}_2,\cdots,\boldsymbol{\beta}_n)$），它在基 $\boldsymbol{\alpha}_1,\boldsymbol{\alpha}_2,\cdots,\boldsymbol{\alpha}_n$ 下的矩阵就是 $\boldsymbol{\beta}_1,\boldsymbol{\beta}_2,\cdots,\boldsymbol{\beta}_n$ 的坐标所构成的矩阵 $\boldsymbol{P}=(\boldsymbol{p}_1,\boldsymbol{p}_2,\cdots,\boldsymbol{p}_n)$.

学习本章应注意：

(1) 了解线性空间、基与维数、坐标等概念；理解线性空间 V_n 与数组空间 $\mathbf{R}^n$ 同

构的意义以及基变换与坐标变换的原理.

(2)了解线性变换的概念,知道线性变换的像空间与核,会求线性变换的矩阵,了解线性变换在不同基中的矩阵是彼此相似的,会求线性变换的秩.

二、基本方法

1.判断一组向量是否能构成一个线性空间的方法:

判断一组向量能否构成一个线性空间,一是要注意验证它们对于规定的线性运算的封闭性,二是在满足运算封闭性后要注意验证它们是否满足定义中的8条运算规律.

具体见例6.1.2、例6.1.4、例6.1.5等.又如下例:

设 $V=\{\boldsymbol{x}=(x_1,x_2,x_3)\mid x_1+x_2+x_3=1$,且 $x_1,x_2,x_3\in\mathbf{R}\}$,则(　　).

(A) V 是1维向量空间　　(B) V 是2维向量空间

(C) V 是3维向量空间　　(D) V 不是向量空间

应该选择(D);原因是它们对于加法运算不封闭.

2.求一个向量组生成的线性空间的维数与基的方法:

一组向量生成了一个线性空间,要求其基与维数,关键在于找出这一组向量的极大无关组,这可以用我们前面介绍的方法.这一极大无关组就是它们生成空间的一个基,而极大无关组的向量个数(或向量组的秩)就是它们生成空间的维数.

3.求一个向量在两个不同基下的坐标的方法:

一个向量在两个不同基下有不同的坐标.而由向量在一个基下的坐标求出其在另一基下的坐标,关键是要求出两基间的过渡矩阵.具体可见例6.3.1等.

三、疑难解析

1.为什么要研究线性空间与线性变换?

答　线性空间是某一类事物从量方面的一个抽象,线性变换则是反映线性空间中元素间最基本的线性联系,它们给研究线性函数提供了正确途径,所以我们可以说,线性代数就是研究线性空间、线性变换理论的学科.

2.本章所定义的线性空间与第3章所定义的 n 维向量空间 $\mathbf{R}^n$ 有什么区别?

答　n 维向量空间 $\mathbf{R}^n$ 与线性空间的区别,如表6-1所示.

表 6-1　$\mathbf{R}^n$ 与线性空间的比较

	$\mathbf{R}^n$	线性空间 V
数域	实数域 $\mathbf{R}$ 上的	某一数域 F 上的
元素	n 元有序实数组	广泛得多
线性运算	$\mathbf{R}^3$ 中向量的线性运算在 n 维向量中的推广	复杂、广泛得多
几何意义	3 维几何空间的推广，也称 n 维几何(向量)空间	没有直观的几何意义
维数	总是有限维的	可以是无限维的

3. 下列命题是否正确，为什么？

(1)线性变换 T 把线性空间 V 中线性相关的向量组变为线性相关的向量组；

(2)线性变换 T 把线性空间 V 中线性无关的向量组变为线性无关的向量组.

答　(1)正确. 设 V 中向量组 $S:\boldsymbol{\alpha}_1,\boldsymbol{\alpha}_2,\cdots,\boldsymbol{\alpha}_m$ 线性相关，则存在一组不全为零的实数 $k_1,k_2,\cdots,k_m$，使 $k_1\boldsymbol{\alpha}_1+k_2\boldsymbol{\alpha}_2+\cdots+k_m\boldsymbol{\alpha}_m=\mathbf{0}$，从而

$$k_1T(\boldsymbol{\alpha}_1)+k_2T(\boldsymbol{\alpha}_2)+\cdots+k_mT(\boldsymbol{\alpha}_m)=T(\mathbf{0})=\mathbf{0},$$

即 T 把线性空间 V 中线性相关的向量组变为线性相关的向量组.

(2)错误. 例如，设 T 是把线性空间 V 的零变换，它是一个线性变换；但对任意的非零向量 $\boldsymbol{\alpha}$，$T(\boldsymbol{\alpha})=\mathbf{0}$.

4. 所有 n 阶可逆矩阵组成的集合 W 在矩阵的加法与数乘运算下能否构成线性空间？

答　不能. 因为 W 对矩阵的加法运算不封闭. 例如，n 阶单位矩阵 $\boldsymbol{E}$ 与 $-\boldsymbol{E}$ 的和为零矩阵，不再是可逆矩阵.

相对于本例的另一个矩阵集合：所有 n 阶对称阵的集合 W_1 在矩阵的加法与数乘运算下构成线性空间. 其一个基向量组为 $\{S_{ij}\mid i,j=1,2,\cdots,n\}$，$S_{ij}$ 为第 i 行第 j 列元素与第 j 行第 i 列元素为 1，其余元素为零的矩阵；其维数为 $\dfrac{n(n+1)}{2}$.

四、例题增补

例 6.1　n 个有序实数的数组全体 $S^n=\{\boldsymbol{x}=(x_1,x_2,\cdots,x_n)^{\mathrm{T}}\mid x_i\in\mathbf{R}\}$ 对于通常的数组向量的加法与如下的乘法：$\lambda\circ(x_1,x_2,\cdots,x_n)^{\mathrm{T}}=\mathbf{0}$ 不构成向量空间. 原因请读者思考.

例 6.2　(2015)　设向量组 $\boldsymbol{\alpha}_1,\boldsymbol{\alpha}_2,\boldsymbol{\alpha}_3$ 内 $\mathbf{R}^3$ 的一个基，$\boldsymbol{\beta}_1=2\boldsymbol{\alpha}_1+2k\boldsymbol{\alpha}_3$，$\boldsymbol{\beta}_2=2\boldsymbol{\alpha}_2$，$\boldsymbol{\beta}_3=\boldsymbol{\alpha}_1+(k+1)\boldsymbol{\alpha}_3$.

(1)证明向量组 $\boldsymbol{\beta}_1,\boldsymbol{\beta}_2,\boldsymbol{\beta}_3$ 为 $\mathbf{R}^3$ 的一个基；

(2)当 k 为何值时，存在非零向量 $\boldsymbol{\xi}$ 在基 $\boldsymbol{\alpha}_1,\boldsymbol{\alpha}_2,\boldsymbol{\alpha}_3$ 与基 $\boldsymbol{\beta}_1,\boldsymbol{\beta}_2,\boldsymbol{\beta}_3$ 下的坐标相

同，并求所有的 $\boldsymbol{\xi}$.

解 (1) $(\boldsymbol{\beta}_1,\boldsymbol{\beta}_2,\boldsymbol{\beta}_3)=(\boldsymbol{\alpha}_1,\boldsymbol{\alpha}_2,\boldsymbol{\alpha}_3)\begin{pmatrix}2&0&1\\0&2&0\\2k&0&k+1\end{pmatrix}\overset{\text{记}}{=}(\boldsymbol{\alpha}_1,\boldsymbol{\alpha}_2,\boldsymbol{\alpha}_3)\boldsymbol{K}$,

而 $|\boldsymbol{K}|=\begin{vmatrix}2&0&1\\0&2&0\\2k&0&k+1\end{vmatrix}=2\begin{vmatrix}2&1\\2k&k+1\end{vmatrix}=4\neq0$,

所以 $\boldsymbol{K}$ 可逆，从而 $r(\boldsymbol{\beta}_1,\boldsymbol{\beta}_2,\boldsymbol{\beta}_3)=r(\boldsymbol{\alpha}_1,\boldsymbol{\alpha}_2,\boldsymbol{\alpha}_3)=3$，故 $\boldsymbol{\beta}_1,\boldsymbol{\beta}_2,\boldsymbol{\beta}_3$ 为 $\mathbf{R}^3$ 的一个基.

(2) 由题意令 $\boldsymbol{\xi}=k_1\boldsymbol{\beta}_1+k_2\boldsymbol{\beta}_2+k_3\boldsymbol{\beta}_3=k_1\boldsymbol{\alpha}_1+k_2\boldsymbol{\alpha}_2+k_3\boldsymbol{\alpha}_3$，$\boldsymbol{\xi}\neq\boldsymbol{0}$，即

$$k_1(\boldsymbol{\beta}_1-\boldsymbol{\alpha}_1)+k_2(\boldsymbol{\beta}_2-\boldsymbol{\alpha}_2)+k_3(\boldsymbol{\beta}_3-\boldsymbol{\alpha}_3)=\boldsymbol{0},k_i\neq0,i=1,2,3,$$

也即

$$k_1(\boldsymbol{\alpha}_1+2k\boldsymbol{\alpha}_3)+k_2\boldsymbol{\alpha}_2+k_3(\boldsymbol{\alpha}_1+k\boldsymbol{\alpha}_3)=(\boldsymbol{\alpha}_1+2k\boldsymbol{\alpha}_3,\boldsymbol{\alpha}_2,\boldsymbol{\alpha}_1+k\boldsymbol{\alpha}_3)\begin{pmatrix}k_1\\k_2\\k_3\end{pmatrix}=\boldsymbol{0}$$

有非零解，从而 $|\boldsymbol{\alpha}_1+2k\boldsymbol{\alpha}_3,\boldsymbol{\alpha}_2,\boldsymbol{\alpha}_1+k\boldsymbol{\alpha}_3|=0$，而

$$(\boldsymbol{\alpha}_1+2k\boldsymbol{\alpha}_3,\boldsymbol{\alpha}_2,\boldsymbol{\alpha}_1+k\boldsymbol{\alpha}_3)=(\boldsymbol{\alpha}_1,\boldsymbol{\alpha}_2,\boldsymbol{\alpha}_3)\begin{pmatrix}1&0&1\\0&1&0\\2k&0&k\end{pmatrix},$$

所以 $\begin{vmatrix}1&0&1\\0&1&0\\2k&0&k\end{vmatrix}=0$，得 $k=0$；

于是 $k_1\boldsymbol{\alpha}_1+k_2\boldsymbol{\alpha}_2+k_3\boldsymbol{\alpha}_1=\boldsymbol{0}$，从而得 $k_1+k_3=0,k_2=0,\boldsymbol{\xi}=k_1\boldsymbol{\alpha}_1-k_1\boldsymbol{\alpha}_3,k_1\neq0$.

例 6.3 设线性空间 M_2 中的两个基为

$$S_1:\boldsymbol{A}_1=\begin{pmatrix}1&0\\0&0\end{pmatrix},\boldsymbol{A}_2=\begin{pmatrix}0&1\\0&0\end{pmatrix},\boldsymbol{A}_3=\begin{pmatrix}0&0\\1&0\end{pmatrix},\boldsymbol{A}_4=\begin{pmatrix}0&0\\0&1\end{pmatrix},$$

$$S_2:\boldsymbol{B}_1=\begin{pmatrix}1&0\\0&0\end{pmatrix},\boldsymbol{B}_2=\begin{pmatrix}1&1\\0&0\end{pmatrix},\boldsymbol{B}_3=\begin{pmatrix}1&1\\1&0\end{pmatrix},\boldsymbol{B}_4=\begin{pmatrix}1&1\\1&1\end{pmatrix}.$$

(1) 求由基 S_1 到 S_2 的过渡矩阵；

(2) 分别求 $\boldsymbol{A}=\begin{pmatrix}a&b\\c&d\end{pmatrix}$ 在上述两个基下的矩阵；

(3) 求一个非零的二阶矩阵 $\boldsymbol{X}$，使其在上述两个基下的矩阵相同.

解 (1) $\boldsymbol{B}_1=\begin{pmatrix}1&0\\0&0\end{pmatrix}=\boldsymbol{A}_1,\boldsymbol{B}_2=\begin{pmatrix}1&1\\0&0\end{pmatrix}=\boldsymbol{A}_1+\boldsymbol{A}_2,$

$$\boldsymbol{B}_3=\begin{pmatrix}1&1\\1&0\end{pmatrix}=\boldsymbol{A}_1+\boldsymbol{A}_2+\boldsymbol{A}_3,\boldsymbol{B}_4=\begin{pmatrix}1&1\\1&1\end{pmatrix}=\boldsymbol{A}_1+\boldsymbol{A}_2+\boldsymbol{A}_3+\boldsymbol{A}_4,$$

即

$$(\boldsymbol{B}_1,\boldsymbol{B}_2,\boldsymbol{B}_3,\boldsymbol{B}_4)=(\boldsymbol{A}_1,\boldsymbol{A}_2,\boldsymbol{A}_3,\boldsymbol{A}_4)\begin{pmatrix}1&1&1&1\\0&1&1&1\\0&0&1&1\\0&0&0&1\end{pmatrix},$$

得矩阵 $\boldsymbol{P}=\begin{pmatrix}1&1&1&1\\0&1&1&1\\0&0&1&1\\0&0&0&1\end{pmatrix}$ 就是由基 S_1 到 S_2 的过渡矩阵；

(2) $\boldsymbol{A}=\begin{pmatrix}a&b\\c&d\end{pmatrix}=a\boldsymbol{A}_1+b\boldsymbol{A}_2+c\boldsymbol{A}_3+d\boldsymbol{A}_4=(\boldsymbol{A}_1,\boldsymbol{A}_2,\boldsymbol{A}_3,\boldsymbol{A}_4)\begin{pmatrix}a\\b\\c\\d\end{pmatrix}$

$$=(\boldsymbol{B}_1,\boldsymbol{B}_2,\boldsymbol{B}_3,\boldsymbol{B}_4)\boldsymbol{P}^{-1}\begin{pmatrix}a\\b\\c\\d\end{pmatrix},$$

于是得 $\boldsymbol{A}=\begin{pmatrix}a&b\\c&d\end{pmatrix}$ 在基 $\boldsymbol{A}_1,\boldsymbol{A}_2,\boldsymbol{A}_3,\boldsymbol{A}_4$ 下的矩阵为 $(a,b,c,d)^{\mathrm{T}}$，而在基 $\boldsymbol{B}_1,\boldsymbol{B}_2,\boldsymbol{B}_3,\boldsymbol{B}_4$ 下的矩阵为

$$\boldsymbol{P}^{-1}\begin{pmatrix}a\\b\\c\\d\end{pmatrix}=\begin{pmatrix}1&-1&0&0\\0&1&-1&0\\0&0&1&-1\\0&0&0&1\end{pmatrix}\begin{pmatrix}a\\b\\c\\d\end{pmatrix}=\begin{pmatrix}a-b\\b-c\\c-d\\d\end{pmatrix}.$$

(3) 设 $\boldsymbol{X}=\begin{pmatrix}x_1&x_2\\x_3&x_4\end{pmatrix}$ 在上述两个基下的矩阵相同，则有

$$\begin{pmatrix}x_1\\x_2\\x_3\\x_4\end{pmatrix}=\begin{pmatrix}x_1-x_2\\x_2-x_3\\x_3-x_4\\x_4\end{pmatrix},$$

从而得 $x_2=x_3=x_4=0$，即 $\boldsymbol{X}=\begin{pmatrix}x_1&0\\0&0\end{pmatrix}=x_1\boldsymbol{A}_1,x_1\neq 0$.

例 6.4 已知 $\mathbf{R}^3$ 中线性变换 $T\begin{pmatrix}x\\y\\z\end{pmatrix}=\begin{pmatrix}x+y+3z\\x+5y-z\\3x+9y+3z\end{pmatrix}$，分别求 T 的像子空间 $T(\mathbf{R}^3)$ 与核子空间 $\ker(T)$ 的基与维数.

解 (1)由于线性变换 T 的像空间 $T(\mathbf{R}^3)$ 就是 $\mathbf{R}^3$ 任一基在 T 下的像所生成的空间，所以我们不妨取 $\mathbf{R}^3$ 的标准正交基(自然基)$\boldsymbol{\varepsilon}_1=(1,0,0)^{\mathrm{T}}$，$\boldsymbol{\varepsilon}_2=(0,1,0)^{\mathrm{T}}$，$\boldsymbol{\varepsilon}_3=(0,0,1)^{\mathrm{T}}$，作变换

$$T(\boldsymbol{\varepsilon}_1)=(1,1,3)^{\mathrm{T}},T(\boldsymbol{\varepsilon}_2)=(1,5,9)^{\mathrm{T}},T(\boldsymbol{\varepsilon}_3)=(3,-1,3)^{\mathrm{T}}.$$

于是

$$(T(\boldsymbol{\varepsilon}_1),T(\boldsymbol{\varepsilon}_2),T(\boldsymbol{\varepsilon}_3))=\begin{pmatrix}1&1&3\\1&5&-1\\3&9&3\end{pmatrix}=\boldsymbol{A},$$

所以 $T(\mathbf{R}^3)$ 就是由矩阵 $\boldsymbol{A}$ 的列向量所生成的向量空间. 由

$$\boldsymbol{A}=\begin{pmatrix}1&1&3\\1&5&-1\\3&9&3\end{pmatrix}\xrightarrow[r_3-3r_1]{r_2-r_1}\begin{pmatrix}1&1&3\\0&4&-4\\0&6&-6\end{pmatrix}\xrightarrow[r_2\div 4]{\substack{r_1-\frac{1}{4}r_2\\ r_3-\frac{3}{2}r_2}}\begin{pmatrix}1&0&4\\0&1&-1\\0&0&0\end{pmatrix}$$

知，$\boldsymbol{A}$ 的秩为 2，且第一、第二列线性无关. 于是，$T(\mathbf{R}^3)$ 的一个基为 $(1,1,3)^{\mathrm{T}}$，$(1,5,9)^{\mathrm{T}}$，维数为 2.

(2)设 $\boldsymbol{X}=(x,y,z)^{\mathrm{T}}\in\ker(T)$，由定义，$T(\boldsymbol{X})=\mathbf{0}$，即 x,y,z 满足下方程组

$$\begin{cases}x+\ \ y+3z=0,\\x+5y-\ \ z=0,\\3x+9y+3z=0.\end{cases}$$

注意到该方程组的系数矩阵就是矩阵 $\boldsymbol{A}$，从而由上面的初等变换知该方程组的一个基础解系为 $(-4,1,1)^{\mathrm{T}}$，它就是核子空间 $\ker(T)$ 的一个基，从而知 $\ker(T)$ 的维数为 1.

讨论：线性变换的反问题

我们知道，n 维向量空间 V 的线性变换在取定 V 的一组基后，能与 n 阶方阵一一对应. 这里我们讨论线性变换的反问题，即当知道了某线性变换在一组基下的矩阵之后，反过来求这个线性变换.

问题：在三维空间 $V_3(\mathbf{R})$ 中，取一组基

$$\boldsymbol{\alpha}_1=(-1,0,0)^{\mathrm{T}},\boldsymbol{\alpha}_2=(-1,-1,0)^{\mathrm{T}},\boldsymbol{\alpha}_3=(-1,0,-1)^{\mathrm{T}},$$

已知 $V_3(\mathbf{R})$ 中线性变换 σ 在这个基下的矩阵为 $\boldsymbol{A}=\begin{pmatrix}1&0&-1\\2&1&2\\1&2&1\end{pmatrix}$，试求线性变换 σ.

总习题六

1. 说明 xOy 平面上的变换 $T\begin{pmatrix}x\\y\end{pmatrix}=\boldsymbol{A}\begin{pmatrix}x\\y\end{pmatrix}$ 的几何意义，其中：

(1) $\boldsymbol{A}=\begin{pmatrix}-1&0\\0&1\end{pmatrix}$；(2) $\boldsymbol{A}=\begin{pmatrix}0&0\\0&1\end{pmatrix}$；(3) $\boldsymbol{A}=\begin{pmatrix}0&1\\1&0\end{pmatrix}$；(4) $\boldsymbol{A}=\begin{pmatrix}0&1\\-1&0\end{pmatrix}$.

2. n 阶对称矩阵的全体 V 对于矩阵的线性运算构成一个 $\frac{n(n+1)}{2}$ 维线性空间. 给出 n 阶矩阵 $\boldsymbol{P}$，以 $\boldsymbol{A}$ 表示 V 中的任一元素，变换

$$T(\boldsymbol{A})=\boldsymbol{P}^{\mathrm{T}}\boldsymbol{A}\boldsymbol{P}$$

称为合同变换. 试证合同变换 T 是 V 中的线性变换.

3. 判断下列变换是否是线性变换：

(1) 在线性空间 V 中，定义 $T(\boldsymbol{\alpha})=\boldsymbol{\alpha}+\boldsymbol{\eta}$，其中 $\boldsymbol{\alpha}$ 是 V 中任意向量，$\boldsymbol{\eta}$ 是 V 中一个固定的向量；

(2) 在 $\mathbf{R}^3$ 中，定义 $T(x_1,x_2,x_3)=(x_1^2,x_2+x_3,x_3^2)$，其中 $\boldsymbol{\alpha}=(x_1,x_2,x_3)^{\mathrm{T}}$ 是 $\mathbf{R}^3$ 中的任意向量.

4. 已知 $\mathbf{R}^3$ 的线性变换 T，在基 $\begin{cases}\boldsymbol{\alpha}_1=(-1,1,1)^{\mathrm{T}}\\\boldsymbol{\alpha}_2=(1,0,-1)^{\mathrm{T}}\\\boldsymbol{\alpha}_3=(0,1,1)^{\mathrm{T}}\end{cases}$ 下的矩阵 $\boldsymbol{A}=\begin{pmatrix}1&0&1\\1&1&0\\-1&2&1\end{pmatrix}$，求 T 在基 $\begin{cases}\boldsymbol{\varepsilon}_1=(1,0,0)^{\mathrm{T}}\\\boldsymbol{\varepsilon}_2=(0,1,0)^{\mathrm{T}}\\\boldsymbol{\varepsilon}_3=(0,0,1)^{\mathrm{T}}\end{cases}$，下的矩阵 $\boldsymbol{B}$.

5. 在 $\mathbf{R}^3$ 中，取基 $\begin{cases}\boldsymbol{\alpha}_1=(1,1,1)^{\mathrm{T}}\\\boldsymbol{\alpha}_2=(1,1,0)^{\mathrm{T}}\\\boldsymbol{\alpha}_3=(1,0,0)^{\mathrm{T}}\end{cases}$，线性变换 T 使得 $\begin{cases}T(\boldsymbol{\alpha}_1)=(1,2,3)^{\mathrm{T}}\\T(\boldsymbol{\alpha}_2)=(-1,1,1)^{\mathrm{T}}\\T(\boldsymbol{\alpha}_3)=(1,0,-2)^{\mathrm{T}}\end{cases}$，求 T 在基 $\boldsymbol{\alpha}_1,\boldsymbol{\alpha}_2,\boldsymbol{\alpha}_3$ 下的矩阵.

6. 已知 $\mathbf{R}^3$ 的一个基 $\boldsymbol{\alpha}_1,\boldsymbol{\alpha}_2,\boldsymbol{\alpha}_3$，设

$$\boldsymbol{\beta}_1=2\boldsymbol{\alpha}_1+3\boldsymbol{\alpha}_2+3\boldsymbol{\alpha}_3,\ \boldsymbol{\beta}_2=2\boldsymbol{\alpha}_1+\boldsymbol{\alpha}_2+2\boldsymbol{\alpha}_3,\ \boldsymbol{\beta}_3=\boldsymbol{\alpha}_1+5\boldsymbol{\alpha}_2+3\boldsymbol{\alpha}_3.$$

(1) 证明 $\boldsymbol{\beta}_1,\boldsymbol{\beta}_2,\boldsymbol{\beta}_3$ 也是 $\mathbf{R}^3$ 的一个基；

(2)求由基 $\boldsymbol{\beta}_1,\boldsymbol{\beta}_2,\boldsymbol{\beta}_3$ 到基 $\boldsymbol{\alpha}_1,\boldsymbol{\alpha}_2,\boldsymbol{\alpha}_3$ 的过渡矩阵;

(3)若向量 $\boldsymbol{\alpha}$ 在基 $\boldsymbol{\alpha}_1,\boldsymbol{\alpha}_2,\boldsymbol{\alpha}_3$ 下的坐标为 $(1,-2,0)^{\mathrm{T}}$,求 $\boldsymbol{\alpha}$ 在基 $\boldsymbol{\beta}_1,\boldsymbol{\beta}_2,\boldsymbol{\beta}_3$ 下的坐标.

7.在 $\mathbf{R}^3$ 中,求由基 $\begin{cases}\boldsymbol{\alpha}_1=(1,0,0)^{\mathrm{T}}\\ \boldsymbol{\alpha}_2=(1,1,0)^{\mathrm{T}}\\ \boldsymbol{\alpha}_3=(1,1,1)^{\mathrm{T}}\end{cases}$ 通过过渡矩阵 $\boldsymbol{A}=\begin{pmatrix}1&-1&0\\0&1&-1\\0&0&1\end{pmatrix}$ 所得到的新基 $\boldsymbol{\beta}_1,\boldsymbol{\beta}_2,\boldsymbol{\beta}_3$,并求 $\boldsymbol{\alpha}=-\boldsymbol{\alpha}_1-2\boldsymbol{\alpha}_2+5\boldsymbol{\alpha}_3$ 在基 $\boldsymbol{\beta}_1,\boldsymbol{\beta}_2,\boldsymbol{\beta}_3$ 下的表达式.

8.(2019)　设向量组 $\boldsymbol{\alpha}_1=(1,2,1)^{\mathrm{T}},\boldsymbol{\alpha}_2=(1,3,2)^{\mathrm{T}},\boldsymbol{\alpha}_3=(1,a,3)^{\mathrm{T}}$ 是 $\mathbf{R}^3$ 的一组基,$\boldsymbol{\beta}=(1,1,1)^{\mathrm{T}}$ 在这组基下的坐标为 $(b,c,1)^{\mathrm{T}}$.

(1)求 a,b,c 的值;

(2)证明 $\boldsymbol{\alpha}_2,\boldsymbol{\alpha}_3,\boldsymbol{\beta}$ 为 $\mathbf{R}^3$ 的一组基,并求 $\boldsymbol{\alpha}_2,\boldsymbol{\alpha}_3,\boldsymbol{\beta}$ 到 $\boldsymbol{\alpha}_1,\boldsymbol{\alpha}_2,\boldsymbol{\alpha}_3$ 的过渡矩阵.

9.若 $\boldsymbol{\alpha}_1,\boldsymbol{\alpha}_2,\cdots,\boldsymbol{\alpha}_n$ 是线性空间 V 的一个基,T 是 V 的一个线性变换,则 T 可逆的充分必要条件为 $T(\boldsymbol{\alpha}_1),T(\boldsymbol{\alpha}_2),\cdots,T(\boldsymbol{\alpha}_n)$ 线性无关.

部分习题参考答案与提示

习题 1.2

1.(1)1； (2)$ab(b-a)$； (3)x^3+x^2-x+1； (4)$\ln x\ln y-xy^2$.

3.(1)$x=\frac{3}{2},y=\frac{1}{2}$； (2)$x=\frac{19}{7},y=\frac{3}{7}$.

4.(1)-5； (2)26； (3)$2a^3-6a^2+6$； (4)$3xyz-x^3-y^3-z^3$.

习题 1.3

1.(1)3； (2)10； (3)$\frac{n(n-1)}{2}$； (4)$n(n-1)$.

习题 1.4

1.$-a_{11}a_{23}a_{32}a_{44}$，$a_{11}a_{23}a_{34}a_{42}$.

2.(1)+； (2)−.

3.(1)10； (2)-1； (3)$(-1)^{\frac{n(n-1)}{2}}n!$； (4)$-108$.

习题 1.5

1.(1)0； (2)-3； (3)160； (4)108； (5)16； (6)8；

(7)$(a+b+c)(a-b)(a-c)(c-b)$； (8)0； (9)$4abcdef$； (10)$n!$.

习题 1.6

1.$-\begin{vmatrix} 0 & 4 \\ -2 & 1 \end{vmatrix}=-8$，$\begin{vmatrix} 0 & 4 \\ 0 & 3 \end{vmatrix}=0$.

2.-15.

3.(1)-24； (2)$abcd+ab+cd+ad+1$； (3)x^2y^2； (4)$b^2(b^2-4a^2)$；

(5)$12(x-1)(x-2)(x+2)$； (6)$n!(n-1)!\cdots 2!\,1!$；

(7)$a_1a_2\cdots a_n\left(1+\frac{1}{a_1}+\frac{1}{a_2}+\cdots+\frac{1}{a_n}\right)$.

5. 利用行列式降阶的方法或利用范德蒙德行列式，此题可以一般化进行推广：

$$S_n(x_1,x_2,\cdots,x_n)=\begin{vmatrix} 1 & 1 & \cdots & 1 \\ x_1 & x_2 & \cdots & x_n \\ \vdots & \vdots & & \vdots \\ x_1^{n-2} & x_2^{n-2} & \cdots & x_n^{n-2} \\ x_1^n & x_2^n & \cdots & x_n^n \end{vmatrix}=\left(\sum_{i=1}^n x_i\right)\prod_{1\leqslant j<k\leqslant n}(x_k-x_j).$$

此问题有多种证法，下面是证明方法之一. 利用加行加列方法构造一个 $n+1$ 阶行列式

$$S_{n+1}(x_1,x_2,\cdots,x_n)=\begin{vmatrix} 1 & 1 & \cdots & 1 & 1 \\ x_1 & x_2 & \cdots & x_n & x \\ \vdots & \vdots & & \vdots & \vdots \\ x_1^{n-2} & x_2^{n-2} & \cdots & x_n^{n-2} & x^{n-2} \\ x_1^{n-1} & x_2^{n-1} & \cdots & x_n^{n-1} & x^{n-1} \\ x_1^n & x_2^n & \cdots & x_n^n & x^n \end{vmatrix}.$$

由于 $S_{n+1}(x)$ 是 x 的 n 次多项式，$S_n(x)$ 是 $S_{n+1}(x)$ 中 x^{n-1} 的系数的相反数，利用范德蒙德行列式计算公式得

$$S_{n+1}(x)=\prod_{i=1}^n(x-x_i)\prod_{1\leqslant j<k\leqslant n}(x_k-x_j),$$

而 $S_{n+1}(x)$ 中 x^{n-1} 的系数为 $-\left(\sum\limits_{i=1}^n x_i\right)\prod\limits_{1\leqslant j<k\leqslant n}(x_k-x_j)$，

所以结论正确.

习题 1.7

1. (1) $x=1,y=2,z=3$；

(2) 只有零解；

(3) $x_1=-\frac{1}{2},x_2=-\frac{1}{2},x_3=\frac{7}{4},x_4=-\frac{3}{4}$；

(4) $x_1=1,x_2=2,x_3=3,x_4=-1$.

2. $\mu=0$ 或 $\lambda=1$.

总习题一

一、选择题

1. D　2. B　3. A　4. A　5. B　6. B

二、填空题

1. $k=1, l=5$. 2. -2. 3. -11. 4. 0. 5. -28. 6. $2^{n+1}-2$.

三、计算与证明题

2. $-2012!$.

3. (1)0； (2)5； (3)0； (4)-6； (5)$6(n-3)!$；

(6)$n=2$ 时为 a_1a_2-1，$n>2$ 时为 $a_1a_2\cdots a_n-a_2\cdots a_{n-1}$；

(7)$(a_1d_1-b_1c_1)(a_2d_2-b_2c_2)(a_3d_3-b_3c_3)$；

(8)$(-1)^{n-1}(n-1)2^{n-2}$.

4. (1)$x_1=-3, x_2=\sqrt{3}, x_3=-\sqrt{3}$； (2)$x_1=a, x_2=b, x_3=c$； (3)$x=y=z=0$.

5. (1)$x_1=\dfrac{1507}{665}, x_2=-\dfrac{1145}{665}, x_3=\dfrac{703}{665}, x_4=-\dfrac{395}{665}, x_5=\dfrac{212}{665}$；

(2)$\lambda=0$ 或 $\lambda=2$ 或 $\lambda=3$.

6. $(1-a)(1+a^2+a^4)$.

7. $f(x)=5x(x-1)$，所以 $x=0$ 或 $x=1$.

8. $(-1)^{n-1}(n-1)$.

9. 24.

10. 提示：由条件可得 $f'(x)$ 有 n 个互不相同的零点.

习题 2.1

1. $\begin{pmatrix}0&1&-1\\-1&0&1\\1&-1&0\end{pmatrix}$. 2. $\begin{pmatrix}0&1&0&1&1&1\\0&0&0&1&1&1\\1&1&0&1&0&0\\0&0&0&0&1&1\\0&0&1&0&0&1\\0&0&1&0&0&0\end{pmatrix}$.

习题 2.2

1. (1) $\begin{pmatrix}-2&13&16\\-2&-17&26\\4&29&-8\end{pmatrix}$； (2) $\begin{pmatrix}0&5&6\\0&-5&8\\2&9&-2\end{pmatrix}$；

(3) $\begin{pmatrix}3&1&1\\1&3&-1\\1&-1&3\end{pmatrix}$； (4) $\begin{pmatrix}0&1&2\\-2&-3&5\\-1&6&-2\end{pmatrix}$.

2. (1)(10)；　(2) $\begin{pmatrix}3&6&9\\2&4&6\\1&2&3\end{pmatrix}$；　(3) $\begin{pmatrix}35\\6\\49\end{pmatrix}$；

(4) $\begin{pmatrix}0&0&0\\0&0&0\\0&0&0\end{pmatrix}$；　(5) $\begin{pmatrix}6&-7&8\\20&-5&-6\end{pmatrix}$.

3. (1) $\boldsymbol{AB}\neq\boldsymbol{BA}$；

(2)因为 $(\boldsymbol{A}+\boldsymbol{B})^2=\begin{pmatrix}8&14\\14&29\end{pmatrix}$，$\boldsymbol{A}^2+2\boldsymbol{AB}+\boldsymbol{B}^2=\begin{pmatrix}10&16\\15&27\end{pmatrix}$，所以

$(\boldsymbol{A}+\boldsymbol{B})^2\neq\boldsymbol{A}^2+2\boldsymbol{AB}+\boldsymbol{B}^2$.

4. (1)例：$\boldsymbol{A}=\begin{pmatrix}0&1\\0&0\end{pmatrix}$；　(2)例：$\boldsymbol{A}=\begin{pmatrix}1&1\\0&0\end{pmatrix}$；

(3)例：$\boldsymbol{A}=\begin{pmatrix}1&0\\0&0\end{pmatrix}$，$\boldsymbol{X}=\begin{pmatrix}1&1\\-1&1\end{pmatrix}$，$\boldsymbol{Y}=\begin{pmatrix}1&1\\0&1\end{pmatrix}$.

5. $\begin{pmatrix}x&y\\0&x\end{pmatrix}$（$x,y$ 是任意实数）.

6. (1) $\begin{pmatrix}1&3\\0&1\end{pmatrix}$；　(2) $\begin{pmatrix}x^n&nx^{n-1}&\dfrac{n(n-1)}{2}x^{n-2}\\0&x^n&nx^{n-1}\\0&0&x^n\end{pmatrix}$.

习题 2.3

1. (1) $\begin{pmatrix}3&0&-2\\5&-1&-2\\0&3&2\end{pmatrix}$；　(2) $\begin{pmatrix}a&0&ac&0\\0&a&0&ac\\1&0&c+bd&0\\0&1&0&c+bd\end{pmatrix}$.

2. $(b_{11}\boldsymbol{A}_1+b_{21}\boldsymbol{A}_2+\cdots+b_{n1}\boldsymbol{A}_n\quad b_{12}\boldsymbol{A}_1+b_{22}\boldsymbol{A}_2+\cdots+b_{n2}\boldsymbol{A}_n\quad\cdots\quad b_{1s}\boldsymbol{A}_1+b_{2s}\boldsymbol{A}_2+\cdots+b_{ns}\boldsymbol{A}_n)$.

3. (1) $\begin{pmatrix}1&2&5&1\\0&1&2&-4\\0&0&-4&3\\0&0&-6&9\end{pmatrix}$；　(2) $\begin{pmatrix}1&0&0&0\\0&1&0&0\\0&0&1&0\\0&0&0&1\end{pmatrix}$.

习题 2.4

1. (1) $\begin{pmatrix}1&-1&0\\0&0&1\\0&0&0\end{pmatrix}$；　(2) $\begin{pmatrix}1&0&0&5\\0&1&0&-3\\0&0&0&0\end{pmatrix}$；　(3) $\begin{pmatrix}1&0&1&-5&-2\\0&1&-2&7&5\\0&0&0&0&0\end{pmatrix}$；

(4) $\begin{pmatrix} 0 & 1 & 0 & 5 \\ 0 & 0 & 1 & 3 \\ 0 & 0 & 0 & 0 \end{pmatrix}$； (5) $\begin{pmatrix} 1 & 0 & 2 & 0 & -2 \\ 0 & 1 & -1 & 0 & 3 \\ 0 & 0 & 0 & 1 & 4 \\ 0 & 0 & 0 & 0 & 0 \end{pmatrix}$.

2. (1) $x_1=4, x_2=2, x_3=-3$； (2) $x_1=1, x_2=2, x_3=-4$.

3. (1) $\begin{pmatrix} 0 & 0 & 1 \\ 0 & 1 & 0 \\ 1 & 0 & 0 \end{pmatrix}$； (2) $\begin{pmatrix} 1 & 0 & 0 \\ 0 & 1 & 0 \\ 3 & 0 & 1 \end{pmatrix}$； (3) $\begin{pmatrix} 1 & 0 & 0 \\ 0 & 2 & 0 \\ 0 & 0 & 1 \end{pmatrix}$.

4. $\begin{pmatrix} a_{21} & a_{22} & a_{23} \\ a_{11} & a_{12} & a_{13} \\ a_{31}+a_{11} & a_{32}+a_{12} & a_{33}+a_{13} \end{pmatrix}$.

习题 2.5

1. (1)可逆，$\frac{1}{51}\begin{pmatrix} 6 & -7 \\ 3 & 5 \end{pmatrix}$； (2)不可逆； (3)可逆，$\begin{pmatrix} 1 & 0 & 0 \\ -\frac{7}{2} & \frac{1}{2} & 0 \\ -\frac{16}{3} & \frac{2}{3} & -\frac{1}{3} \end{pmatrix}$.

2. (1) $\begin{pmatrix} -\frac{1}{2} & -\frac{3}{2} & -\frac{5}{2} \\ \frac{1}{2} & \frac{1}{2} & \frac{1}{2} \\ 0 & 1 & 1 \end{pmatrix}$； (2) $\begin{pmatrix} 1 & -1 & 1 \\ 1 & 1 & -2 \\ -1 & 0 & 1 \end{pmatrix}$；

(3) $\begin{pmatrix} \frac{7}{6} & \frac{2}{3} & -\frac{3}{2} \\ -1 & -1 & 2 \\ -\frac{1}{2} & 0 & \frac{1}{2} \end{pmatrix}$； (4) $\begin{pmatrix} 1 & 1 & -2 & -4 \\ 0 & 1 & 0 & -1 \\ -1 & -1 & 3 & 6 \\ 2 & 1 & -6 & -10 \end{pmatrix}$.

3. (1) $\begin{pmatrix} -1 & 0 \\ 0 & 0 \\ -2 & 1 \end{pmatrix}$； (2) $\begin{pmatrix} -2 & 2 & 1 \\ -\frac{8}{3} & 5 & -\frac{2}{3} \end{pmatrix}$； (3) $\begin{pmatrix} 1 & 1 \\ \frac{1}{4} & 0 \end{pmatrix}$； (4) $\begin{pmatrix} 2 & -1 & 0 \\ 1 & 3 & -4 \\ 1 & 0 & -2 \end{pmatrix}$.

4. (1) $\begin{pmatrix} 2 & 0 & 1 \\ 0 & 3 & 0 \\ 1 & 0 & 2 \end{pmatrix}$； (2) $\begin{pmatrix} 0 & 3 & 3 \\ -1 & 2 & 3 \\ 1 & 1 & 0 \end{pmatrix}$.

7. $-\frac{16}{27}$.

9. $x_1=1, x_2=0, x_3=0$.

习题 2.6

1. (1)2; (2)3; (3)2; (4)3.
2. 可能有,可能有.
3. $R(\boldsymbol{A})=R(\boldsymbol{A},\boldsymbol{b})$ 或 $R(\boldsymbol{A},\boldsymbol{b})=R(\boldsymbol{A})+1$.

习题 2.7

1. (1) $x_1=\frac{3}{2}c, x_2=\frac{3}{2}c, x_3=c, x_4=0$ (c 为任意实数);

   (2) $x_1=\frac{4}{3}c, x_2=-3c, x_3=\frac{4}{3}c, x_4=c$ (c 为任意实数);

   (3) $x_1=-\frac{1}{2}c_1+\frac{1}{2}c_2+\frac{1}{2}, x_2=c_1, x_3=c_2, x_4=0$ (c_1, c_2 为任意实数);

   (4)无解.
2. 当 $a\neq 2$ 时,有唯一解;当 $a=2, b\neq 1$ 时无解;当 $a=2, b=1$ 时有无穷多解,解为 $x_1=c+1, x_2=-c, x_3=c$ (c 为任意实数).

总习题二

一、选择题

1. B　2. C　3. C　4. D　5. A　6. C　7. C　8. D　9. A
10. A　11. C　12. A　13. B

二、填空题

1. $\left(-\frac{7}{3},-\frac{5}{3},-4,-6\right)$.　2. 2.　3. $\boldsymbol{A}^2-\boldsymbol{A}+\boldsymbol{E}$.　4. $\frac{11}{3}$.

5. $\begin{pmatrix}0&0&0\\0&27&-27\\0&-54&54\end{pmatrix}$.　6. $-\frac{1}{6}$.　7. -2.　8. 3.　9. $\frac{1}{9}$.　10. $\begin{pmatrix}3&0&0\\0&3&0\\0&0&-1\end{pmatrix}$.

三、计算与证明题

1. (1) $\begin{pmatrix}5&5&4\\9&10&3\\4&-1&-1\end{pmatrix}$; (2) $\begin{pmatrix}5&9&2\\5&8&-1\\2&3&-1\end{pmatrix}$; (3) $\begin{pmatrix}-20&-20&-7\\-36&-31&-12\\-7&4&4\end{pmatrix}$;

   (4) $\begin{pmatrix}-20&-36&-7\\-20&-31&4\\-7&-12&4\end{pmatrix}$.

2. (1) $\begin{pmatrix} 2 & 3 \\ -1 & -7 \end{pmatrix}$；(2) $\begin{pmatrix} 27 & -5 & 7 \\ 31 & 1 & -7 \end{pmatrix}$；(3) $\begin{pmatrix} 9 & -4 & 5 \\ 3 & 26 & -10 \end{pmatrix}$；

(4) $a_{11}x_1^2+a_{22}x_2^2+a_{33}x_3^2+(a_{12}+a_{21})x_1x_2+(a_{23}+a_{32})x_2x_3+(a_{13}+a_{31})x_1x_3$.

3. $\begin{pmatrix} -19 & -9 \\ -1 & -7 \end{pmatrix}$, $\begin{bmatrix} -21 & -2 & -1 \\ 10 & -4 & 2 \\ 3 & 4 & -1 \end{bmatrix}$　4. $-\dfrac{32}{3}$.　5. 128.

6. (1) $\dfrac{1}{10}\begin{pmatrix} 4 & -2 \\ 3 & 1 \end{pmatrix}$；(2) $\begin{pmatrix} \cos\theta & \sin\theta \\ -\sin\theta & \cos\theta \end{pmatrix}$；

(3) $\begin{bmatrix} -2 & 1 & 0 \\ -\dfrac{13}{2} & 3 & -\dfrac{1}{2} \\ -16 & 7 & -1 \end{bmatrix}$；(4) $\begin{bmatrix} 1 & -2 & 0 & 0 \\ -2 & 5 & 0 & 0 \\ 0 & 0 & 2 & -3 \\ 0 & 0 & -5 & 8 \end{bmatrix}$.

7. $\dfrac{1}{10}\begin{bmatrix} 1 & 0 & 0 \\ 2 & 2 & 0 \\ 3 & 4 & 5 \end{bmatrix}$.　8. $\begin{bmatrix} 15 & -\dfrac{19}{3} \\ 5 & -\dfrac{5}{3} \\ -7 & 3 \end{bmatrix}$.　9. $\begin{bmatrix} 1 & 2 & 5 \\ 0 & 1 & 2 \\ 0 & 0 & 1 \end{bmatrix}$.　10. $a=0,b=2$.　11. 2.

12. $\begin{bmatrix} 1 & -1 \\ 5 & 11 \\ 8 & 0 \\ 0 & 8 \end{bmatrix}$.

13. 当 $m\neq-1$ 时，有唯一解；当 $m=-1,k\neq1$ 时，无解；当 $m=-1,k=1$ 时，有无穷多解，解为 $x_1=-c-\dfrac{3}{7},x_2=\dfrac{1}{7},x_3=c$（$c$ 为任意实数）.

17. (1) $(\boldsymbol{A}+3\boldsymbol{E})^{-1}=\dfrac{1}{4}(2\boldsymbol{E}-\boldsymbol{A})$；(2) $\boldsymbol{A}^{-1}=\dfrac{1}{2}(\boldsymbol{A}^3+3\boldsymbol{A}^2-6\boldsymbol{A}+11\boldsymbol{E})$.

19. $|\boldsymbol{A}^8|=10^{16}$, $\boldsymbol{A}^4=\begin{bmatrix} 5^4 & 0 & 0 & 0 \\ 0 & 5^4 & 0 & 0 \\ 0 & 0 & 2^4 & 0 \\ 0 & 0 & 2^6 & 2^4 \end{bmatrix}$.

20. (1) $\begin{bmatrix} \boldsymbol{O} & \boldsymbol{B}^{-1} \\ \boldsymbol{A}^{-1} & \boldsymbol{O} \end{bmatrix}$；(2) $\begin{bmatrix} \boldsymbol{A}^{-1} & \boldsymbol{O} \\ -\boldsymbol{B}^{-1}\boldsymbol{C}\boldsymbol{A}^{-1} & \boldsymbol{B}^{-1} \end{bmatrix}$.

21. $\boldsymbol{A}^{11}=\boldsymbol{P}\boldsymbol{\Lambda}^{11}\boldsymbol{P}^{-1}=\begin{pmatrix} 2731 & 2732 \\ -683 & -684 \end{pmatrix}$.

24. 联合收入分别为 309390.86 元、137309.64 元、186548.22 元；实际收入分别为

216573.60 元、27461.93 元、55964.47 元.

习题 3.1

1.(1)$(-2,-2,0)^{\mathrm{T}}$； (2)$(2,4,6)^{\mathrm{T}}$； (3)$(0,-1,-1)$.

2.$(1,2,3,4)^{\mathrm{T}}$.

习题 3.2

1.(1)$\boldsymbol{\beta}=(11-5c)\boldsymbol{\alpha}_1+(3c-5)\boldsymbol{\alpha}_2+c\boldsymbol{\alpha}_3$,$c$ 为任意实数；

(2)$\boldsymbol{\beta}=\frac{1}{4}(5\boldsymbol{\alpha}_1+\boldsymbol{\alpha}_2-\boldsymbol{\alpha}_3-\boldsymbol{\alpha}_4)$.

2.(1)当 $b\neq2$ 时,$\boldsymbol{\beta}$ 不能由 $\boldsymbol{\alpha}_1,\boldsymbol{\alpha}_2,\boldsymbol{\alpha}_3$ 线性表示；

(2)当 $b=2$ 时,$\boldsymbol{\beta}$ 能由 $\boldsymbol{\alpha}_1,\boldsymbol{\alpha}_2,\boldsymbol{\alpha}_3$ 线性表示,且当 $a\neq1$ 时,$\boldsymbol{\beta}=-\boldsymbol{\alpha}_1+2\boldsymbol{\alpha}_2$；当 $a=1$ 时,$\boldsymbol{\beta}=(-2c-1)\boldsymbol{\alpha}_1+(c+2)\boldsymbol{\alpha}_2+c\boldsymbol{\alpha}_3$,$c$ 为任意实数.

习题 3.3

1.(1)错,例如,$\boldsymbol{\alpha}_1=(1,0)$,$\boldsymbol{\alpha}_2=(2,0)$线性相关,但 $0\boldsymbol{\alpha}_1+0\boldsymbol{\alpha}_2=\mathbf{0}$；

(2)错,例如,$\boldsymbol{\alpha}_1=(1,2,3)$,$\boldsymbol{\alpha}_2=(2,4,6)$线性相关,但 $\boldsymbol{\alpha}_1+0\boldsymbol{\alpha}_2\neq\mathbf{0}$；

(3)正确；

(4)错,例如,$\boldsymbol{\beta}=(1,0,0)$,$\boldsymbol{\alpha}_1=(0,1,0)$,$\boldsymbol{\alpha}_2=(0,2,0)$；

(5)错,例如,$\boldsymbol{\alpha}_1=(1,0,0)$,$\boldsymbol{\alpha}_2=(2,0,0)$,$\boldsymbol{\alpha}_3=(0,1,0)$；

(6)错,如取 $\boldsymbol{\alpha}_i=(0,\cdots,0,1,0,\cdots,0)$,$\boldsymbol{\beta}_i=(0,\cdots,0,-1,0,\cdots,0)$,$i=1,2,\cdots,s$；

(7)错,如取 $\boldsymbol{\alpha}_1=(1,0)$,$\boldsymbol{\alpha}_2=(2,0)$,$\boldsymbol{\beta}_1=(0,1)$,$\boldsymbol{\beta}_2=(0,3)$；令 $k_1\boldsymbol{\alpha}_1+k_2\boldsymbol{\alpha}_2=\mathbf{0}$,$k_1\boldsymbol{\beta}_1+k_2\boldsymbol{\beta}_2=\mathbf{0}$,则该方程组只有零解.

2.(1)线性无关； (2)线性相关.

6.(1)能； (2)不能.

习题 3.4

1.(1)$R(\boldsymbol{\alpha}_1,\boldsymbol{\alpha}_2,\boldsymbol{\alpha}_3)=3$,极大无关组为 $\boldsymbol{\alpha}_1,\boldsymbol{\alpha}_2,\boldsymbol{\alpha}_3$,该向量组线性无关；

(2)$R(\boldsymbol{\alpha}_1,\boldsymbol{\alpha}_2,\boldsymbol{\alpha}_3)=2$,极大无关组为 $\boldsymbol{\alpha}_1,\boldsymbol{\alpha}_2$,该向量组线性相关.

2.(1)极大无关组为 $\boldsymbol{\alpha}_1,\boldsymbol{\alpha}_2,\boldsymbol{\alpha}_3,\boldsymbol{\alpha}_4$；

(2)极大无关组为 $\boldsymbol{\alpha}_1,\boldsymbol{\alpha}_2,\boldsymbol{\alpha}_3$,$\boldsymbol{\alpha}_4=\boldsymbol{\alpha}_1+3\boldsymbol{\alpha}_2-\boldsymbol{\alpha}_3$,$\boldsymbol{\alpha}_5=-\boldsymbol{\alpha}_2+\boldsymbol{\alpha}_3$.

3.$R(\text{Ⅰ})=3$,$R(\text{Ⅱ})=3$,$R(\text{Ⅲ})=4$.

习题 3.5

1.(1)极大无关组为 $\boldsymbol{\alpha}_1,\boldsymbol{\alpha}_2,\boldsymbol{\alpha}_3$,生成空间为 $\mathrm{Span}(\boldsymbol{\alpha}_1,\boldsymbol{\alpha}_2,\boldsymbol{\alpha}_3)$,$\boldsymbol{\alpha}_1,\boldsymbol{\alpha}_2,\boldsymbol{\alpha}_3$ 为一个基,

3 维空间；

(2)极大无关组为 $\boldsymbol{\alpha}_1,\boldsymbol{\alpha}_2,\boldsymbol{\alpha}_4$，生成空间为 $\mathrm{Span}(\boldsymbol{\alpha}_1,\boldsymbol{\alpha}_2,\boldsymbol{\alpha}_4)$，$\boldsymbol{\alpha}_1,\boldsymbol{\alpha}_2,\boldsymbol{\alpha}_4$ 为一个基，3 维空间；

(3)极大无关组为 $\boldsymbol{\alpha}_1,\boldsymbol{\alpha}_2$，生成空间为 $\mathrm{Span}(\boldsymbol{\alpha}_1,\boldsymbol{\alpha}_2)$，$\boldsymbol{\alpha}_1,\boldsymbol{\alpha}_2$ 为一个基，2 维空间；

(4)极大无关组为 $\boldsymbol{\alpha}_1,\boldsymbol{\alpha}_2,\boldsymbol{\alpha}_3$，生成空间为 $\mathrm{Span}(\boldsymbol{\alpha}_1,\boldsymbol{\alpha}_2,\boldsymbol{\alpha}_3)$，$\boldsymbol{\alpha}_1,\boldsymbol{\alpha}_2,\boldsymbol{\alpha}_3$ 为一个基，3 维空间.

2. V_1 是，V_2 不是.

4. $\boldsymbol{\beta}_1=2\boldsymbol{\alpha}_1+3\boldsymbol{\alpha}_2-\boldsymbol{\alpha}_3$，$\boldsymbol{\beta}_2=3\boldsymbol{\alpha}_1-3\boldsymbol{\alpha}_2-3\boldsymbol{\alpha}_3$.

5. $\begin{pmatrix} 2 & 3 & 4 \\ 0 & -1 & 0 \\ -1 & 0 & -1 \end{pmatrix}$； $-\dfrac{1}{2}\begin{pmatrix} 1 \\ 0 \\ -1 \end{pmatrix}$.

习题 3.6

1. (1)基础解系为 $\boldsymbol{\xi}=(1,3,7)^{\mathrm{T}}$，通解为 $\boldsymbol{x}=k\boldsymbol{\xi}$，$k\in\mathbf{R}$；

(2)基础解系为 $\boldsymbol{\xi}_1=(-2,1,0,0)^{\mathrm{T}}$，$\boldsymbol{\xi}_2=(1,0,0,1)^{\mathrm{T}}$，通解为 $\boldsymbol{x}=k_1\boldsymbol{\xi}_1+k_2\boldsymbol{\xi}_2$，$k_1$，$k_2\in\mathbf{R}$；

(3)只有零解；

(4)基础解系为 $\boldsymbol{\xi}_1=(0,1,1,0,0)^{\mathrm{T}}$，$\boldsymbol{\xi}_2=(0,1,0,1,0)^{\mathrm{T}}$，$\boldsymbol{\xi}_3=(1,-5,0,0,3)^{\mathrm{T}}$，通解为 $\boldsymbol{x}=k_1\boldsymbol{\xi}_1+k_2\boldsymbol{\xi}_2+k_3\boldsymbol{\xi}_3$，$k_1,k_2,k_3\in\mathbf{R}$.

2. 当 $\lambda=1$ 或者 $\lambda=3$ 时，有非零解；

当 $\lambda=1$ 时，基础解系为 $\boldsymbol{\xi}_1=(1,-2,1)^{\mathrm{T}}$，通解为 $\boldsymbol{x}=k_1\boldsymbol{\xi}_1$，$k_1\in\mathbf{R}$；

当 $\lambda=3$ 时，基础解系为 $\boldsymbol{\xi}_2=(1,-6,3)^{\mathrm{T}}$，通解为 $\boldsymbol{x}=k_2\boldsymbol{\xi}_2$，$k_2\in\mathbf{R}$.

3. $\boldsymbol{B}=\begin{pmatrix} 2 & 3 & 3k \\ -1 & 0 & 0 \\ 0 & -1 & -k \end{pmatrix}$，$k\in\mathbf{R}$.

5. (1)唯一解 $\boldsymbol{x}=(9,6,-2)^{\mathrm{T}}$； (2)无解；

(3)通解为 $\boldsymbol{x}=k(-3,-5,1,0)^{\mathrm{T}}+\dfrac{1}{6}(5,6,0,-1)^{\mathrm{T}}$，$k\in\mathbf{R}$；

(4)通解为 $\boldsymbol{x}=k_1(-9,1,7,0)^{\mathrm{T}}+k_2(1,-1,0,2)^{\mathrm{T}}+(1,-2,0,0)^{\mathrm{T}}$，$k_1,k_2\in\mathbf{R}$.

6. (1)$\lambda=4$ 时无解； $\lambda\neq4$ 时有无穷多解，解为 $\boldsymbol{x}=k(-\lambda-4,2,1)^{\mathrm{T}}+\left(\dfrac{\lambda-6}{\lambda-4},\dfrac{1}{\lambda-4},0\right)^{\mathrm{T}}$，$k\in\mathbf{R}$；

(2)$\lambda=-3$ 时，无解； $\lambda\neq-3$ 时，有唯一解 $\boldsymbol{x}=\left(\dfrac{\lambda+5}{\lambda+3},\dfrac{-2}{\lambda+3},\dfrac{-2}{\lambda+3}\right)^{\mathrm{T}}$；

(3)$\lambda\neq1$ 且 $\lambda\neq10$ 时,有唯一解 $\boldsymbol{x}=\left(\frac{-3}{\lambda-10},\frac{-6}{\lambda-10},\frac{\lambda-4}{\lambda-10}\right)^{\mathrm{T}}$;

$\lambda=1$ 时,有无穷多解,解为 $\boldsymbol{x}=k_1(-2,1,0)^{\mathrm{T}}+k_2(2,0,1)^{\mathrm{T}}+(1,0,0)^{\mathrm{T}},k_1,k_2\in\mathbf{R}$;

$\lambda=10$ 时,方程组无解.

讨论

命题:若 n 元非齐次线性方程组 $\boldsymbol{Ax}=\boldsymbol{b}$ 有解,则它至多且一定有 $n-r+1$ 个线性无关的解向量 $\boldsymbol{\eta}_1,\boldsymbol{\eta}_2,\cdots,\boldsymbol{\eta}_{n-r+1}$,且 $\boldsymbol{Ax}=\boldsymbol{b}$ 的通解可以表示为

$$x=k_1\boldsymbol{\eta}_1+k_2\boldsymbol{\eta}_2+\cdots+k_{n-r+1}\boldsymbol{\eta}_{n-r+1},$$

其中 $k_1,k_2,\cdots,k_{n-r+1}$ 是满足 $k_1+k_2+\cdots+k_{n-r+1}=1$ 的任意实数,$r=R(\boldsymbol{A})$.

应用上述结论,解方程组如下

解 (1)由于方程组有 3 个线性无关的解,从而 $n-r+1=4-R(\boldsymbol{A})+1\geqslant3$,即 $R(\boldsymbol{A})\leqslant2$; 而系数矩阵 $\boldsymbol{A}$ 中有一个二阶子式 $\begin{vmatrix}1&1\\4&3\end{vmatrix}\neq0$,从而得 $R(\boldsymbol{A})\geqslant2$; 因此 $R(\boldsymbol{A})=2$.

(2)由 $R(\boldsymbol{A})=2$,可知 $a=2,b=-3$,

通解为 $\boldsymbol{x}=k_1(-2,1,1,0)^{\mathrm{T}}+k_2(4,-5,0,1)^{\mathrm{T}}+(2,-3,0,0)^{\mathrm{T}},k_1,k_2\in\mathbf{R}$.

总习题三

一、选择题

1.C 2.C 3.B 4.D 5.C 6.D 7.B 8.D 9.A 10.A

二、填空题

1.3. 2.$t\neq\frac{2}{3}$. 3.$\boldsymbol{x}=k(1,-1,4)^{\mathrm{T}}+(1,2,3)^{\mathrm{T}},k\in\mathbf{R}$. 4.相关.

5.$\boldsymbol{x}=k(0,1,-1,-1)^{\mathrm{T}}+\frac{1}{2}(1,1,0,2)^{\mathrm{T}},k\in\mathbf{R}$. 6.1,$\boldsymbol{\alpha}_3=3\boldsymbol{\alpha}_1+\boldsymbol{\alpha}_2$.

7.$(0,1,0,0)^{\mathrm{T}},(1,0,1,2)^{\mathrm{T}}$.

三、计算与证明题

1.$R(\boldsymbol{\alpha}_1,\boldsymbol{\alpha}_2,\boldsymbol{\alpha}_3,\boldsymbol{\alpha}_4,\boldsymbol{\alpha}_5)=3$,极大无关组为 $\boldsymbol{\alpha}_1,\boldsymbol{\alpha}_2,\boldsymbol{\alpha}_4$.

2.(1)当 $k\neq1$ 时,线性无关;

(2)当 $k=1$ 时,线性相关,极大无关组为 $\boldsymbol{\alpha}_1,\boldsymbol{\alpha}_2,\boldsymbol{\alpha}_3,\boldsymbol{\alpha}_4=\boldsymbol{\alpha}_1-\boldsymbol{\alpha}_2+\boldsymbol{\alpha}_3$.

3.(1)当 $p\neq2$ 时线性无关,$\boldsymbol{\alpha}=2\boldsymbol{\alpha}_1+\frac{3p-4}{p-2}\boldsymbol{\alpha}_2+\boldsymbol{\alpha}_3+\frac{1-p}{p-2}\boldsymbol{\alpha}_4$;

(2)当 $p=2$ 时线性相关,$R(\boldsymbol{\alpha}_1,\boldsymbol{\alpha}_2,\boldsymbol{\alpha}_3,\boldsymbol{\alpha}_4)=3$,极大无关组为 $\boldsymbol{\alpha}_1,\boldsymbol{\alpha}_2,\boldsymbol{\alpha}_3$.

4. (1)通解为 $\boldsymbol{x}=k_1(-3/2,7/2,1,0)^{\mathrm{T}}+k_2(-1,-2,0,1)^{\mathrm{T}}, k_1, k_2\in\mathbf{R}$;

(2)通解为 $\boldsymbol{x}=k_1(1/7,5/7,1,0)^{\mathrm{T}}+k_2(1/7,-9/7,0,1)^{\mathrm{T}}+(6/7,-5/7,0,0)^{\mathrm{T}}$, $k_1,k_2\in\mathbf{R}$.

9. $\boldsymbol{\beta}_1=-27\boldsymbol{\alpha}_1+9\boldsymbol{\alpha}_2+4\boldsymbol{\alpha}_3, \boldsymbol{\beta}_2=-71\boldsymbol{\alpha}_1+20\boldsymbol{\alpha}_2+12\boldsymbol{\alpha}_3$.

13. 通解为 $x=k(3/2,2,5/2,3)^{\mathrm{T}}+(2,3,4,5)^{\mathrm{T}}, k\in\mathbf{R}$.

14. (1)当 $p=1$ 时,无解;

(2)当 $p\neq1$ 且 $q\neq1$ 时,有唯一解 $\boldsymbol{x}=\left(\dfrac{11-p}{p-1},\dfrac{p-21}{p-1},\dfrac{10}{p-1},0\right)^{\mathrm{T}}$;

(3)当 $p\neq1, q=1$ 时,有无穷多解 $\boldsymbol{x}=k(1,-2,0,1)^{\mathrm{T}}+\left(\dfrac{11-p}{p-1},\dfrac{p-21}{p-1},\dfrac{10}{p-1},0\right)^{\mathrm{T}}$, $k\in\mathbf{R}$.

15. $\boldsymbol{x}=k(1,1,1,1,1)^{\mathrm{T}}+(a_1+a_2+a_3+a_4, a_2+a_3+a_4, a_3+a_4, a_4, 0)^{\mathrm{T}}, k\in\mathbf{R}$.

19. (1)(Ⅰ)的通解为 $\boldsymbol{x}=k(1,1,2,1)^{\mathrm{T}}+(-2,-4,-5,0)^{\mathrm{T}}, k\in\mathbf{R}$;

(2)由于(Ⅰ)(Ⅱ)同解,把(Ⅰ)的解代入(Ⅱ),可求出 $m=2, n=4, t=6$,此时(Ⅱ)的通解为 $\boldsymbol{x}=k(1,1,2,1)^{\mathrm{T}}+(-2,-4,-5,0)^{\mathrm{T}}, k\in\mathbf{R}$,即(Ⅰ)与(Ⅱ)同解.

习题 4.1

1. $V=\{(-k_1-k_2,k_1,k_2)^{\mathrm{T}}\mid k_1,k_2\in\mathbf{R}\}$,它表示过原点与向量 $\boldsymbol{\alpha}$ 垂直的一个平面.

2. 9.　3. $\pm\dfrac{1}{\sqrt{2}}(1,0,0,-1)^{\mathrm{T}}$.　4. (1)不是; (2)是.

5. (1) $\boldsymbol{\eta}_1=\dfrac{1}{\sqrt{6}}(1,2,-1)^{\mathrm{T}}, \boldsymbol{\eta}_2=\dfrac{1}{\sqrt{3}}(-1,1,1)^{\mathrm{T}}, \boldsymbol{\eta}_3=\dfrac{1}{\sqrt{2}}(1,0,1)^{\mathrm{T}}$;

(2) $\boldsymbol{\eta}_1=(1,0,0)^{\mathrm{T}}, \boldsymbol{\eta}_2=(0,1,0)^{\mathrm{T}}, \boldsymbol{\eta}_3=(0,0,1)^{\mathrm{T}}$.

习题 4.2

1. (1) $\lambda_1=2$,对应的特征向量为 $k_1(-1,1)^{\mathrm{T}}(k_1\neq0)$;

$\lambda_2=3$,对应的特征向量为 $k_2(-1,2)^{\mathrm{T}}(k_2\neq0)$.

(2) $\lambda_1=-1$,对应的特征向量为 $k_1(1,-1,0)^{\mathrm{T}}(k_1\neq0)$;

$\lambda_2=0$,对应的特征向量为 $k_2(1,1,-1)^{\mathrm{T}}(k_2\neq0)$;

$\lambda_3=9$,对应的特征向量为 $k_3(1,1,2)^{\mathrm{T}}(k_3\neq0)$.

(3) $\lambda_1=\lambda_2=-1$,对应的特征向量为

$$k_1(0,-1,1,0)^{\mathrm{T}}+k_2(-1,0,0,1)^{\mathrm{T}}(k_1,k_2\text{ 不全为 }0);$$

$\lambda_3=\lambda_4=1$,对应的特征向量为 $k_3(0,1,1,0)^{\mathrm{T}}+k_4(1,0,0,1)^{\mathrm{T}}(k_3,k_4$ 不全为 $0)$.

2. (1) $-4,2,6$； (2) $-\frac{3}{2},0,-\frac{2}{3}$.

3. $a=1$；$\lambda_1=0$，对应的特征向量为 $k_1(1,0,-1)^T(k_1\neq 0)$；

$\lambda_2=\lambda_3=2$，对应的特征向量为 $k_2(0,1,0)^T+k_3(1,0,1)^T(k_2,k_3$ 不全为 0).

5. -6.　　6. 18.　　7. 637.　　8. $\frac{1}{6},-\frac{1}{6},-\frac{1}{3}$.

习题 4.3

1. $x=0$.　　2. $x=4,y=5$.

6. $\boldsymbol{A}=\frac{1}{3}\begin{pmatrix}-1&0&2\\0&1&2\\2&2&0\end{pmatrix}$.　7. $x=3,\boldsymbol{P}=\begin{pmatrix}0&-1&\frac{1}{4}\\1&0&\frac{3}{4}\\0&1&1\end{pmatrix},\boldsymbol{P}^{-1}\boldsymbol{AP}=\boldsymbol{\Lambda}=\begin{pmatrix}1&0&0\\0&1&0\\0&0&6\end{pmatrix}$.

8. (1) $\lambda=-1,a=-3,b=0$； (2)不能相似于对角阵.

9. $\boldsymbol{P}=\begin{pmatrix}-\frac{1}{2}&\frac{1}{2}&0\\-\frac{1}{2}&1&0\\1&0&1\end{pmatrix},\boldsymbol{P}^{-1}\boldsymbol{AP}=\boldsymbol{\Lambda}=\begin{pmatrix}0&0&0\\0&1&0\\0&0&1\end{pmatrix},\boldsymbol{A}^{100}=\begin{pmatrix}-1&1&0\\-2&2&0\\4&-2&1\end{pmatrix}$.

习题 4.4

1. (1) $\boldsymbol{P}=\begin{pmatrix}0&1&0\\-\frac{1}{\sqrt{2}}&0&\frac{1}{\sqrt{2}}\\\frac{1}{\sqrt{2}}&0&\frac{1}{\sqrt{2}}\end{pmatrix},\boldsymbol{\Lambda}=\begin{pmatrix}2&0&0\\0&4&0\\0&0&4\end{pmatrix}$； (2) $\boldsymbol{P}=\begin{pmatrix}0&\frac{1}{\sqrt{2}}&-\frac{1}{\sqrt{2}}\\1&0&0\\0&\frac{1}{\sqrt{2}}&\frac{1}{\sqrt{2}}\end{pmatrix},\boldsymbol{\Lambda}=\begin{pmatrix}-1&0&0\\0&0&0\\0&0&2\end{pmatrix}$.

2. (1) -2； (2) $\boldsymbol{P}=\begin{pmatrix}\frac{1}{\sqrt{2}}&\frac{1}{\sqrt{6}}&\frac{1}{\sqrt{3}}\\0&-\frac{2}{\sqrt{6}}&\frac{1}{\sqrt{3}}\\-\frac{1}{\sqrt{2}}&\frac{1}{\sqrt{6}}&\frac{1}{\sqrt{3}}\end{pmatrix},\boldsymbol{\Lambda}=\begin{pmatrix}3&0&0\\0&-3&0\\0&0&0\end{pmatrix}$.

3. (1) $\begin{pmatrix}-2&-2\\-2&-2\end{pmatrix}$； (2) $\begin{pmatrix}2&2&-4\\2&2&-4\\-4&-4&8\end{pmatrix}$.　4. $\begin{pmatrix}4&1&1\\1&4&1\\1&1&4\end{pmatrix}$.

讨论

这个推广是错误的.我们可以构造如下反例.

设$\boldsymbol{A}=\begin{pmatrix}2&1&1\\1&2&1\\1&1&2\end{pmatrix}$,则$\boldsymbol{A}$的特征值为$\lambda_1=4,\lambda_2=\lambda_3=1$;属于$\lambda_1=4$的特征向量为$\boldsymbol{\alpha}_1=(1,1,1)^{\mathrm{T}}$,属于$\lambda_2=\lambda_3=1$的特征向量为$\boldsymbol{\alpha}_2=(-1,1,0)^{\mathrm{T}},\boldsymbol{\alpha}_3=(-1,0,1)^{\mathrm{T}}$;

令$\boldsymbol{P}=(\boldsymbol{\alpha}_1,\boldsymbol{\alpha}_2,\boldsymbol{\alpha}_3)$,则$\boldsymbol{B}=\boldsymbol{P}^{-1}\boldsymbol{AP}=\begin{pmatrix}4&&\\&1&\\&&1\end{pmatrix}$;$\boldsymbol{A}$与$\boldsymbol{B}$相似,$\boldsymbol{B}$的特征值为4,1,1,与其对应的特征向量分别为$\boldsymbol{\beta}_1=(1,0,0)^{\mathrm{T}},\boldsymbol{\beta}_2=(0,1,0)^{\mathrm{T}},\boldsymbol{\beta}_3=(0,0,1)^{\mathrm{T}}$;

从$\boldsymbol{A},\boldsymbol{B}$的关系可以得到

$$\begin{aligned}\boldsymbol{B}&=\boldsymbol{P}^{-1}\boldsymbol{AP}=\boldsymbol{P}^{-1}\boldsymbol{A}(\boldsymbol{\alpha}_1,\boldsymbol{\alpha}_2,\boldsymbol{\alpha}_3)=\boldsymbol{P}^{-1}(\boldsymbol{A\alpha}_1,\boldsymbol{A\alpha}_2,\boldsymbol{A\alpha}_3)\\&=\boldsymbol{P}^{-1}(\lambda_1\boldsymbol{\alpha}_1,\lambda_2\boldsymbol{\alpha}_2,\lambda_3\boldsymbol{\alpha}_3)=(\lambda_1\boldsymbol{P}^{-1}\boldsymbol{\alpha}_1,\lambda_2\boldsymbol{P}^{-1}\boldsymbol{\alpha}_2,\lambda_3\boldsymbol{P}^{-1}\boldsymbol{\alpha}_3).\end{aligned}$$

所以我们可以猜测,正确的结论可能是:

命题:若$\boldsymbol{A}$与$\boldsymbol{B}$相似,$\boldsymbol{B}=\boldsymbol{P}^{-1}\boldsymbol{AP}$,设$\lambda$是$\boldsymbol{A}$的特征值,对应的特征向量为$\boldsymbol{\alpha}$,则$\lambda$也是$\boldsymbol{B}$的特征值,而$\boldsymbol{B}$的对应于特征值$\lambda$的特征向量是$\boldsymbol{P}^{-1}\boldsymbol{\alpha}$.

证 因为$\boldsymbol{A\alpha}=\lambda\boldsymbol{\alpha}$,所以

$$\boldsymbol{B}(\boldsymbol{P}^{-1}\boldsymbol{\alpha})=\boldsymbol{P}^{-1}\boldsymbol{AP}(\boldsymbol{P}^{-1}\boldsymbol{\alpha})=\boldsymbol{P}^{-1}(\boldsymbol{A\alpha})=\boldsymbol{P}^{-1}(\lambda\boldsymbol{\alpha})=\lambda(\boldsymbol{P}^{-1}\boldsymbol{\alpha}),$$

即$\boldsymbol{P}^{-1}\boldsymbol{\alpha}$是$\boldsymbol{B}$的对应于特征值$\lambda$的特征向量. 证毕

总习题四

一、选择题

1.D　2.B　3.B　4.A　5.D

二、填空题

1.1.　2.21.　3.-1.　4.-1.　5.2.　6.2,3.

三、计算与证明题

1.$k_1(1,-3,1,0)^{\mathrm{T}}+k_2(-2,-1,0,1)^{\mathrm{T}},k_1,k_2\in\mathbf{R}$.

3.3,2,-2.　4.$a=-5,b=4$.　5.$x=0$.　7.$a=2,b=-3$.　8.1.

9.$\dfrac{1}{6}\begin{pmatrix}1&-4&1\\-4&-2&-4\\1&-4&1\end{pmatrix}$.

10.对应于1的特征向量为$k_2\begin{pmatrix}1\\0\\0\end{pmatrix}+k_3\begin{pmatrix}0\\-1\\1\end{pmatrix}$($k_2,k_3$不同时为0);$\boldsymbol{A}=\begin{pmatrix}1&0&0\\0&0&-1\\0&-1&0\end{pmatrix}$.

11. 不能对角化.

12. $x=2, y=-2, \boldsymbol{P}=\begin{pmatrix}1 & 1 & 1\\ -1 & 0 & -2\\ 0 & 1 & 3\end{pmatrix}, \boldsymbol{P}^{-1}\boldsymbol{AP}=\begin{pmatrix}2 & & \\ & 2 & \\ & & 6\end{pmatrix}$.

13. (1) $\begin{pmatrix}x_{n+1}\\ y_{n+1}\end{pmatrix}=\begin{pmatrix}\frac{9}{10} & \frac{2}{5}\\ \frac{1}{10} & \frac{3}{5}\end{pmatrix}\begin{pmatrix}x_n\\ y_n\end{pmatrix}$;

(2) $(4,1)^{\mathrm{T}}$ 属于特征值 1, $(-1,1)^{\mathrm{T}}$ 属于特征值 1/2;

(3) $\begin{pmatrix}x_{n+1}\\ y_{n+1}\end{pmatrix}=\frac{1}{10}\begin{pmatrix}8-\frac{3}{2^n}\\ 2+\frac{3}{2^n}\end{pmatrix}$.

14. (1) $\boldsymbol{A}$ 的特征值为 3,0,0,

属于 0 的特征向量为 $c_1\boldsymbol{\alpha}_1+c_2\boldsymbol{\alpha}_2$($c_1, c_2$ 不全为 0),

属于 3 的特征向量为 $c_3\boldsymbol{\alpha}_3=c_3\ (1,1,1)^{\mathrm{T}}(c_3\neq 0)$;

(2) 可取 $\boldsymbol{Q}=\begin{pmatrix}\frac{1}{\sqrt{3}} & 0 & -\frac{\sqrt{6}}{3}\\ \frac{1}{\sqrt{3}} & -\frac{1}{\sqrt{2}} & \frac{\sqrt{6}}{6}\\ \frac{1}{\sqrt{3}} & \frac{1}{\sqrt{2}} & \frac{\sqrt{6}}{6}\end{pmatrix}, \boldsymbol{Q}^{\mathrm{T}}\boldsymbol{AQ}=\boldsymbol{\Lambda}=\begin{pmatrix}3 & 0 & 0\\ 0 & 0 & 0\\ 0 & 0 & 0\end{pmatrix}$;

(3) $\boldsymbol{A}=\begin{pmatrix}1 & 1 & 1\\ 1 & 1 & 1\\ 1 & 1 & 1\end{pmatrix}, \left(\boldsymbol{A}-\frac{3}{2}\boldsymbol{E}\right)^6=\frac{729}{64}\boldsymbol{E}$.

15. 若 $\lambda=2$ 是特征方程的二重根,则 $a=-2$, $\boldsymbol{A}$ 可相似对角化;

若 $\lambda=2$ 不是特征方程的二重根,则 $a=-\frac{2}{3}$, $\boldsymbol{A}$ 不能相似对角化.

16. $a=2, b=-3, c=2, \lambda_0=1$.

17. (1) $\lambda_1=-1, \lambda_2=1, \lambda_3=0$, 与 -1 对应的特征向量为 $k_1\ (1,0,-1)^{\mathrm{T}}(k_1\neq 0)$, 与 1 对应的特征向量为 $k_2\ (1,0,1)^{\mathrm{T}}(k_2\neq 0)$, 与 0 对应的特征向量为 $k_3\ (0,1,0)^{\mathrm{T}}(k_3\neq 0)$;

(2) $\boldsymbol{A}=\begin{pmatrix}0 & 0 & 1\\ 0 & 0 & 0\\ 1 & 0 & 0\end{pmatrix}$.

19. (1) $a=4, b=5$;

(2) $\boldsymbol{P}=\begin{pmatrix}2 & -3 & -1\\ 1 & 0 & -1\\ 0 & 1 & 1\end{pmatrix}$, $\boldsymbol{P}^{-1}\boldsymbol{AP}=\begin{pmatrix}1 & 0 & 0\\ 0 & 1 & 0\\ 0 & 0 & 5\end{pmatrix}$.

20. (1) $\boldsymbol{A}^{99}=\begin{pmatrix}-2+2^{99} & 1-2^{99} & 2-2^{98}\\ -2+2^{100} & 1-2^{100} & 2-2^{99}\\ 0 & 0 & 0\end{pmatrix}$;

(2) $\boldsymbol{\beta}_1=(-2+2^{99})\boldsymbol{\alpha}_1+(-2+2^{100})\boldsymbol{\alpha}_2$, $\boldsymbol{\beta}_2=(1-2^{99})\boldsymbol{\alpha}_1+(1-2^{100})\boldsymbol{\alpha}_2$, $\boldsymbol{\beta}_3=(2-2^{98})\boldsymbol{\alpha}_1+(2-2^{99})\boldsymbol{\alpha}_2$.

21. (2) $k\begin{pmatrix}1\\ 2\\ -1\end{pmatrix}+\begin{pmatrix}1\\ 1\\ 1\end{pmatrix}$, $k\in\mathbf{R}$.

22. (2) $\boldsymbol{P}^{-1}\boldsymbol{AP}=\begin{pmatrix}0 & 6\\ 1 & -1\end{pmatrix}$, $\boldsymbol{A}$ 相似于对角矩阵.

习题 5.1

1. (1) $\begin{pmatrix}1 & -2 & \frac{1}{2}\\ -2 & -2 & 0\\ \frac{1}{2} & 0 & 3\end{pmatrix}$;　(2) $\begin{pmatrix}1 & 1 & 0\\ 1 & -2 & 1\\ 0 & 1 & -3\end{pmatrix}$;　(3) $\begin{pmatrix}0 & 1 & 1 & 1\\ 1 & 0 & 0 & 1\\ 1 & 0 & 0 & 1\\ 1 & 1 & 1 & 0\end{pmatrix}$.

2. $\begin{pmatrix}1 & 2 & 3\\ 2 & 1 & 4\\ 3 & 4 & 1\end{pmatrix}$.　　3. 2.　　4. (1) $f=2y_1^2-y_2^2+4y_3^2$;　(2) $f=y_1^2-y_2^2+y_3^2$.

习题 5.2

1. 正交变换：(1) $f=y_1^2+3y_2^2$;　(2) $f=-2y_1^2+7y_2^2+7y_3^2$;

配方法：(1) $f=2y_1^2+\frac{3}{2}y_2^2$;　(2) $f=3y_1^2+\frac{14}{3}y_2^2-7y_3^2$.

2. $c=3$, $f=4y_1^2+9y_2^2$.

3. 正交变换：$\boldsymbol{x}=\begin{pmatrix}\frac{1}{\sqrt{2}} & -\frac{1}{\sqrt{2}} & 0\\ 0 & 0 & 1\\ \frac{1}{\sqrt{2}} & \frac{1}{\sqrt{2}} & 0\end{pmatrix}\boldsymbol{y}$；方程化为 $2y_2^2+2y_3^2=1$.

4.(1)$f=y_1^2+y_2^2-y_3^2$； (2)$f=y_1^2+y_2^2-y_3^2$.

习题 5.3

1.$2y_1^2-2y_2^2$,正惯性指数为 1,秩为 2.

2.(1)负定二次型； (2)正定二次型. 4.$-3<a<1$.

讨论

问题 1 不正确.反例:设$\boldsymbol{A}=\begin{pmatrix}3&1\\1&1\end{pmatrix}$,$\boldsymbol{P}=\begin{pmatrix}1&0\\-5&1\end{pmatrix}$,$\boldsymbol{B}=\boldsymbol{P}^{-1}\boldsymbol{AP}=\begin{pmatrix}-2&1\\-14&6\end{pmatrix}$,$\boldsymbol{B}$不是正定矩阵.

正确的推论是:

推论 1 设$\boldsymbol{A}$是一个正定矩阵,且$\boldsymbol{A}$合同于$\boldsymbol{B}$,则$\boldsymbol{B}$也是一个正定矩阵.

这是因为合同的矩阵有相同的正定性.

问题 2 不正确.反例:设$\boldsymbol{A}=\begin{pmatrix}1&2\\2&5\end{pmatrix}$,$\boldsymbol{B}=\begin{pmatrix}1&3\\3&11\end{pmatrix}$,则$\boldsymbol{AB}=\begin{pmatrix}7&25\\17&61\end{pmatrix}$； 由于$\boldsymbol{AB}$不是对称矩阵,所以不可能是正定矩阵.由此可以猜测得出一个推论:

推论 2 设$\boldsymbol{A}$,$\boldsymbol{B}$都是正定矩阵,则$\boldsymbol{AB}$是正定矩阵的充分必要条件是:$\boldsymbol{AB}$是对称矩阵.(证明略)

总习题五

一、选择题

1.A 2.C 3.B 4.B 5.D 6.B

二、填空题

1.-3. 2.$3y_1^2$. 3.$-2\leqslant a\leqslant 2$. 4.$y_1^2-y_2^2-y_3^2-y_4^2$. 5.$a=b=0$.

三、计算与证明题

1.$a=0$,$b=1$,正交变换为$\boldsymbol{x}=\begin{pmatrix}\frac{1}{\sqrt{2}}&\frac{1}{\sqrt{6+2\sqrt{3}}}&\frac{1}{\sqrt{6-2\sqrt{3}}}\\-\frac{1}{\sqrt{2}}&\frac{1}{\sqrt{6+2\sqrt{3}}}&\frac{1}{\sqrt{6-2\sqrt{3}}}\\0&\frac{1+\sqrt{3}}{\sqrt{6+2\sqrt{3}}}&\frac{1-\sqrt{3}}{\sqrt{6-2\sqrt{3}}}\end{pmatrix}\boldsymbol{y}$,标准形为

$f=y_1^2+\sqrt{3}y_2^2-\sqrt{3}y_3^2$； 最大值为$2\sqrt{3}$.

2.(1)$c=3$,特征值为 9,4,0； (2)椭圆柱面.

3. 不是正定二次型.
4. 正定二次型.
5. 正、负惯性指数分别等于 2,0； 椭圆柱面.
6. (1)$a=0$； (2)$\boldsymbol{Q}=\begin{pmatrix}\frac{1}{\sqrt{2}} & 0 & \frac{1}{\sqrt{2}}\\ \frac{1}{\sqrt{2}} & 0 & -\frac{1}{\sqrt{2}}\\ 0 & 1 & 0\end{pmatrix}$,标准形为 $f=2y_1^2+2y_2^2$；

(3)$c\,(1,-1,0)^{\mathrm{T}}$,c 为任意常数.

8. 提示:矩阵 $\boldsymbol{A}$ 的特征值为 $\lambda_1=4,\lambda_2=\lambda_3=\lambda_4=0$,$\boldsymbol{B}$ 的特征值也是 4,0,0,0,所以 $\boldsymbol{A}$ 与 $\boldsymbol{B}$ 合同且相似.
9. (1)$\boldsymbol{A}=\begin{pmatrix}\frac{1}{2} & 0 & -\frac{1}{2}\\ 0 & 1 & 0\\ -\frac{1}{2} & 0 & \frac{1}{2}\end{pmatrix}$.
10. (1)$a=-1$； (2)$\boldsymbol{Q}=\begin{pmatrix}\frac{1}{\sqrt{3}} & \frac{1}{\sqrt{2}} & \frac{1}{\sqrt{6}}\\ \frac{1}{\sqrt{3}} & -\frac{1}{\sqrt{2}} & \frac{1}{\sqrt{6}}\\ -\frac{1}{\sqrt{3}} & 0 & \frac{2}{\sqrt{6}}\end{pmatrix}$,标准形 $f=2y_2^2+6y_3^2$.
11. (1)$x_1=0,x_2=0,x_3=0$；

(2)如果 $a\neq 2$,f 的规范形为 $f=y_1^2+y_2^2+y_3^2$;如果 $a=2$,f 的规范形为 $f=z_1^2+z_2^2$.

习题 6.1

1. 可取向量(1,1,1)与(−1,−1,1)验证.
2. (1)不构成,因为 $1\cdot(a,b)=(a,0)\neq(a,b)$；

(2)不构成,因为 $(0,0)+(a,b)=(a+1,b+1)\neq(a,b)$；

(3)不构成,因为该方程组两个解向量的和不一定是其解向量.

5. C

习题 6.2

4. $(33,-82,154)^{\mathrm{T}}$.
5. 基向量组为 $\boldsymbol{\alpha}_1=(-3,1,0,0,0)^{\mathrm{T}}$,$\boldsymbol{\alpha}_2=(7,0,-2,0,1)^{\mathrm{T}}$;维数为 2.

习题 6.3

1. $\begin{pmatrix} x_1' \\ x_2' \\ x_3' \end{pmatrix}=\begin{pmatrix} 13 & 19 & 43 \\ -9 & -13 & -30 \\ 7 & 10 & 24 \end{pmatrix}\begin{pmatrix} x_1 \\ x_2 \\ x_3 \end{pmatrix}$. 2.(2) $\begin{pmatrix} -3 & -1 & 3 \\ -2 & -1 & -4 \\ 3 & 1 & -1 \end{pmatrix}$.

3.(1) $\boldsymbol{P}=\begin{pmatrix} 1 & 0 & 1 & 2 \\ 1 & 3 & 9 & 16 \\ -1 & 1 & 2 & 1 \\ 1 & 0 & 1 & 3 \end{pmatrix}$; (2) $\begin{pmatrix} x'_1 \\ x'_2 \\ x'_3 \\ x'_4 \end{pmatrix}=\begin{pmatrix} 4 & 1 & -3 & -7 \\ 7 & 3 & -8 & -18 \\ -1 & -1 & 3 & 5 \\ -1 & 0 & 0 & 1 \end{pmatrix}\begin{pmatrix} x_1 \\ x_2 \\ x_3 \\ x_4 \end{pmatrix}$;

(3) $k(0,1,-2,1)^{\mathrm{T}}$.

习题 6.4

1.(1)不是； (2)是.

2. $\begin{pmatrix} 1 & 0 & 0 \\ 2 & 1 & 0 \\ 0 & 1 & 1 \end{pmatrix}$. 3. $\begin{pmatrix} 1 & 0 & 0 \\ 1 & 1 & 0 \\ 1 & 2 & 1 \end{pmatrix}$. 4. $\begin{pmatrix} 2 & 4 & 4 \\ -3 & -4 & -6 \\ 2 & 3 & 8 \end{pmatrix}$.

讨论

分析 求线性变换 σ，即求其对线性空间 $V_3(\mathbf{R})$ 中任意向量 $\boldsymbol{\alpha}$ 在某一已知基下的表达式.

解 设 $V_3(\mathbf{R})$ 中任意向量 $\boldsymbol{\alpha}$ 在标准正交基 $\boldsymbol{\varepsilon}_1=(1,0,0)^{\mathrm{T}}$，$\boldsymbol{\varepsilon}_2=(0,1,0)^{\mathrm{T}}$，$\boldsymbol{\varepsilon}_3=(0,0,1)^{\mathrm{T}}$ 下的坐标为 $(x_1,x_2,x_3)^{\mathrm{T}}$，由条件知由基 $\boldsymbol{\varepsilon}_1,\boldsymbol{\varepsilon}_2,\boldsymbol{\varepsilon}_3$ 到基 $\boldsymbol{\alpha}_1,\boldsymbol{\alpha}_2,\boldsymbol{\alpha}_3$ 的过渡矩阵为

$$\boldsymbol{P}=\begin{pmatrix} -1 & -1 & -1 \\ 0 & -1 & 0 \\ 0 & 0 & -1 \end{pmatrix},$$

其逆为

$$\boldsymbol{P}^{-1}=\begin{pmatrix} -1 & 1 & 1 \\ 0 & -1 & 0 \\ 0 & 0 & -1 \end{pmatrix},$$

所以

$$\boldsymbol{\alpha}=(\boldsymbol{\varepsilon}_1,\boldsymbol{\varepsilon}_2,\boldsymbol{\varepsilon}_3)\begin{pmatrix} x_1 \\ x_2 \\ x_3 \end{pmatrix}=(\boldsymbol{\alpha}_1,\boldsymbol{\alpha}_2,\boldsymbol{\alpha}_3)\boldsymbol{P}^{-1}\begin{pmatrix} x_1 \\ x_2 \\ x_3 \end{pmatrix}=(\boldsymbol{\alpha}_1,\boldsymbol{\alpha}_2,\boldsymbol{\alpha}_3)\begin{pmatrix} -x_1+x_2+x_3 \\ -x_2 \\ -x_3 \end{pmatrix},$$

从而得 $\sigma(\boldsymbol{\alpha})=\sigma(\boldsymbol{\alpha}_1,\boldsymbol{\alpha}_2,\boldsymbol{\alpha}_3)\begin{pmatrix}-x_1+x_2+x_3\\-x_2\\-x_3\end{pmatrix}$

$$=(\boldsymbol{\alpha}_1,\boldsymbol{\alpha}_2,\boldsymbol{\alpha}_3)\boldsymbol{A}\begin{pmatrix}-x_1+x_2+x_3\\-x_2\\-x_3\end{pmatrix}$$

$$=(\boldsymbol{\alpha}_1,\boldsymbol{\alpha}_2,\boldsymbol{\alpha}_3)\boldsymbol{A}\begin{pmatrix}-x_1+x_2+2x_3\\-2x_1+x_2\\-x_1-x_2\end{pmatrix}$$

$$=(-x_1+x_2+2x_3)\boldsymbol{\alpha}_1+(-2x_1+x_2)\boldsymbol{\alpha}_2+(-x_1-x_2)\boldsymbol{\alpha}_3.$$

总习题六

1.(1)关于 y 轴对称；(2)投影到 y 轴；(3)关于直线 $y=x$ 对称；(4)顺时针方向旋转90°.

3.(1)不是；(2)不是.

4. $\begin{pmatrix}-1&1&-2\\2&2&0\\3&0&2\end{pmatrix}$. 5. $\begin{pmatrix}3&1&-2\\-1&0&2\\-1&-2&1\end{pmatrix}$.

6.(2) $\begin{pmatrix}-7&-4&9\\6&3&-7\\3&2&-4\end{pmatrix}$；(3) $(1,0,-1)^{\mathrm{T}}$.

7. $(\boldsymbol{\beta}_1,\boldsymbol{\beta}_2,\boldsymbol{\beta}_3)=\begin{pmatrix}1&0&0\\0&1&0\\0&0&1\end{pmatrix}$；$\boldsymbol{\alpha}=2\boldsymbol{\beta}_1+3\boldsymbol{\beta}_2+5\boldsymbol{\beta}_3$.

8.(1) $a=3,b=2,c=-2$；(2) $\begin{pmatrix}1&1&0\\-\frac{1}{2}&0&1\\\frac{1}{2}&0&0\end{pmatrix}$.

参考文献

[1] 同济大学数学系. 工程数学:线性代数[M]. 六版. 北京:高等教育出版社,2014.

[2] 同济大学数学系. 线性代数附册:学习辅导与习题全解(同济・第六版)[M]. 北京:高等教育出版社,2014.

[3] 吴赣昌. 线性代数(理工类・第五版)[M]. 北京:中国人民大学出版社,2017.

[4] David C. Lay,Steven R. Lay. 线性代数及其应用(原书第 5 版)[M]. 刘深泉,张万芹,陈玉珍,等译. 北京:机械工业出版社,2018.

[5] Steven J. Leon. 线性代数(原书第 9 版)[M]. 张文博,张丽静,译. 北京:机械工业出版社,2015.

[6] 许梅生,薛有才. 线性代数[M]. 杭州:浙江大学出版社,2003.

[7] 薛有才,许梅生. 线性代数[M]. 2 版. 北京:机械工业出版社,2015.

[8] 胡金德. 线性代数学习指导[M]. 北京:中国人民大学出版社,2014.

[9] 任广千,谢聪,胡翠芳. 线性代数的几何意义[M]. 西安:西安电子科技大学出版社,2015.

[10] 邵建峰,刘彬. 线性代数学习指导与 MATLAB 编程实践[M]. 北京:化学工业出版社,2017.